普通高等教育"十一五"国家级规划教材

测控技术与仪器实践能力训练教程

第2版

林玉池　毕玉玲　马凤鸣　主编

丁天怀　赵跃进　主审

机 械 工 业 出 版 社

本书系普通高等教育“十一五”国家级规划教材。

本书根据教育、教学改革成果和宽口径、综合性人才培养目标，从电子技术、计算机应用、工程光学、传感技术、测控技术与仪器等方面设计了一系列实验和实践课题，并附有与实验相关的参考文献及资料。书中概述了测控技术与仪器学科内涵和创新能力与创造性学习的相关知识，并以设计性、综合性、创意性和自助性实验为主，兼顾基础性实验，选材尽量做到新颖、实用、先进、趣味和普及。实验题目以独立小课题、小产品的形式出现，提高学习者的兴趣。通过典型实例，训练学生的实践能力，提高学生的创新意识和创新能力。

本书不仅适用于测控技术与仪器类专业，同时也适合机电类、自动化类、信息类专业作为实验、实践教材，也可供相关学科的教师和广大工程技术人员参考。

图书在版编目（CIP）数据

测控技术与仪器实践能力训练教程/林玉池等主编．—2版．—北京：机械工业出版社，2009.2（2016.7重印）

普通高等教育“十一五”国家级规划教材

ISBN 978-7-111-15733-5

Ⅰ．测…　Ⅱ．林…　Ⅲ．①测量系统：控制系统－高等学校－教材②电子测量设备－高等学校－教材　Ⅳ．TM93

中国版本图书馆CIP数据核字（2008）第165966号

机械工业出版社（北京市百万庄大街22号　邮政编码100037）

策划编辑：贡克勤　王小东　责任编辑：贡克勤　责任校对：张晓蓉

封面设计：王伟光　责任印制：常天培

北京机工印刷厂印刷（三河市南杨庄国丰装订厂装订）

2016年7月第2版第3次印刷

184mm×260mm·20印张·493千字

标准书号：ISBN 978-7-111-15733-5

定价：35.00元

凡购本书，如有缺页、倒页、脱页，由本社发行部调换

电话服务	网络服务
服务咨询热线：010-88379833	机工官网：www.cmpbook.com
读者购书热线：010-88379649	机工官博：weibo.com/cmp1952
	教育服务网：www.cmpedu.com
封面无防伪标均为盗版	金书网：www.golden-book.com

第2版前言

《测控技术与仪器实践能力训练教程》作为测控技术与仪器专业第一本综合性专业实践性教材，自出版以来承蒙各位读者厚爱，被推荐为普通高等教育“十一五”国家级规划教材。

在理论指导下加强实践能力训练是培养创造性人才的关键环节，也是当前高等院校教育教学改革核心内容之一，但如何加强实践能力？如何深化教育教学改革？如何培养出新一代具有强烈创新意识的创造性人才？各方都在不断探索中。

本书作为教育教学改革的产物，是为提高测控技术与仪器专业学生实践能力而编写的指导性教材，其训练内容一般区别于跟具体课程教学进度结合紧密的验证性实验，选材主要是设计性、综合性的实验题材，兼顾了少量基础性实验，并附有大量参考资料，着力于学生的解决实际问题能力、理论与实践结合能力的训练。每一个实验题目都以一个独立的小课题、一个小产品的形式出现，完成一个实验可体验研制小产品的过程，提高学习者的兴趣，从实验成功中得到愉悦感和成就感。

测控技术与仪器专业是仪器科学与技术学科的唯一本科专业，是研究信息的获取和预处理以及对相关要素进行控制的理论与技术；是电子、光学、精密机械、测量、控制、计算机与信息技术多学科互相渗透而形成的一门高新技术密集型综合性学科。专业涉及面宽，培养的学生要求知识面广，非常适合于设计性、综合性的科技题材的研究与开发。

近年来，仪器学科迅速发展，设立测控技术与仪器专业的院校已由20世纪的几十所迅速发展到现在的二百多所，遍布全国近30个省、市、自治区。为了满足学科发展的需要，更好地交流教育教学改革成果，特将本书修订再版。

再版保留了原书风格，全书仍分三篇加一个附录。其中改写了第1篇绪论的部分内容，第2篇、第3篇的个别实验做了调整，增加了部分实验内容；更正了原书的个别错误，吸收了最新的改革成果。如第3篇增加了第12章快乐DIY，全部是自助性实验课题，也是近年来新出现的一种改革形式。这种只给题目，没有具体过程要求的课题，目的是让参与者从收集资料、制定与论证方案、准备器材与器件、具体制作到成果验证的全过程中接受锻炼，体验过程的艰辛和收获的喜悦。

本书内容丰富翔实，涉及仪器学科基础的方方面面，参考性强；不仅适用于测控技术与仪器类专业，同时也适合机电类、自动化类、信息类等工程与物理类专业作为实验、实践和参考教材，也可供相关学科的教师和广大工程技术人员参考。

承本书再版之际，对给予本书关心和提出宝贵意见者，深表谢意。由于编者水平所限，书中缺点和错误在所难免，恳请广大读者继续给予批评指正。

编者　于天津大学

第1版前言

人类社会进入了充满希望和竞争的21世纪，创新之风吹拂全球，科学技术突飞猛进，创新成果层出不穷。当前的国际竞争，其实质是各国综合国力的较量，是各国科技实力的较量，是各国人才素质的较量，归根到底是人的创造力的较量。高等院校作为国家人才培养基地，为国家培养大批优秀高素质的创新型人才，是义不容辞的历史责任。

一切科学理论都是在生产实践和科学实验的基础上发展起来的，实践是理论的源泉，是检验科学理论正确与否的标准，而实践的开展也离不开科学理论和科学思想的指导。高等学校教学改革的重点之一就是强化实践能力训练，突出理论联系实际，力求提升学生的创新意识和创新能力。实验是学生理论联系实际的主要形式，设计性实验是培养学生创新意识和创新能力的有效模式。

在近年的教育、教学改革中，天津大学测控技术与仪器专业为克服教学中重理论轻实践的弊病，特在培养方案中增加作为独立学分的能力训练课程。学生除完成理论课和相关实验外，还要在课外完成能力训练内容。本书原本是作为学生课外能力训练指导书编写的，这次在内容上重新进行了修订，以适应更多方面的需要。

书中内容根据测控技术与仪器专业学科基础和宽口径、综合性人才培养目标，从电子技术、计算机应用、工程光学、传感技术、测控技术与仪器等方面设计了一系列实验和实践课题，并附有与实验相关的参考文献及资料。

全书分三篇和一个附录。第一篇绪论安排一章测控技术与仪器专业及学科特点简介，以便让学生更清楚地了解专业内涵，认清测控技术与仪器专业是多学科互相渗透而形成的一门高新技术密集型综合学科，是培养复合型人才的良好平台，从而提高学习的积极性和自觉性；另一章简介创新意识、创新能力、创新性学习基本常识和实践能力训练的关系，实验教学的一些程序性要求、注意事项和实验中的数据处理问题。第二篇从电子、微控制器、光学、精密机械等学科基础方面，第三篇则从专业涉及的测量、控制和仪器设计等方面，安排了一系列实验和实践课题。附录中提供了较丰富的相关参考资料，力求使学生从简单到复杂、从基础到专业得到较系统的能力训练。实验内容较多，不一定要求全做，可以根据时间和条件，选做其中的内容。

本书根据高等学校教育、教学改革的重点，即培养学生的创新精神和实践能力的要求编写，力求突出时代特色。全书以设计性实验为主，兼顾基础性实验、综合性和创意性实验，采取分门别类、循序渐进的方式编排实验内容。这些实验具有以下特点：

1. 实验内容的选取尽量做到新颖、实用、先进、趣味和普及。新的、有趣的内容，实用性实验成果，容易受到学生关注，激发他们的兴趣；新颖、先进的内容有利于学生活跃思维，提出新点子、好方法，从而更贴近现实的创新设计。为了便于各高校之间的交流，绝大多数实验采用常规仪器。

2. 实验内容难度不大，比较贴近学生的知识水平，阐述通俗易懂，便于学生自学。

3. 每个实验都提供较多的参考资料。要做好设计性实验，单凭学生现有的知识和经验往往是不够的，需要广泛收集资料信息，参考别人的成功经验，应用创新思维方法进行加工，才能设计出较佳的方案。提供的参考资料，一方面便于学生参考，另一方面有利于学生扩展知识面，同时也使学生更具体地认识到信息资料对设计的重要性。

4. 实验内容不仅适合于测控技术与仪器类专业的学生，同时也适合于机电类、自动化类、信息类专业的学生，也可供相关学科的教师和广大工程技术人员参考。

参加本书编写的有林玉池、毕玉玲、马凤鸣、丁北生、贺顺忠、王向军、孙长库、杨学友、李健、马艺闻、秦鹏等，由林玉池、毕玉玲、马凤鸣统稿。本书的编写得到天津大学精密仪器与光电子工程学院实验中心全体老师的大力支持和帮助，他们不辞辛苦，验证了书中的绝大多数实验；学科的许多教师和研究生也参加了本书的工作。清华大学丁天怀教授、北京理工大学赵跃进教授、北京航空航天大学王中宇教授、河北工业大学徐安平教授、天津理工大学吴维厚副教授、天津科技大学李淑清教授、天津大学陈林才教授等对本书提出了宝贵的修改意见。机械工业出版社的贡克勤作为总策划做了大量的组织工作。在编写工作中还参考了很多作者、网站的书籍和各种资料，在此谨向大家一并致以衷心的感谢。

本书的实验模式及内容安排是一种新的尝试，错误和不当之处在所难免，恳请各位读者提出批评指正，作者将非常感谢。

编　者
于天津大学

目　录

第 3 篇　测控技术实践

第1篇　绪　　论

第1章　测控技术与仪器概述

1.1.1　测控技术与仪器专业历史沿革

仪器广泛应用于机械制造、冶金、化工、能源、环保、医疗以及国防工业等国计民生各部门，是观察、测量、计算、记录和控制自然现象与生产过程的工具，发展国民经济，发展科学技术，进行科学实验，都离不开仪器。

解放前，我国没有独立的仪器工业。新中国成立后，1951 年开始的我国第一个五年计划期间国家陆续建立了一批大型骨干工业企业，而这些企业中必须配备大量的仪器，国家急需仪器制造业方面的专门人才。为此，中央决定在高等学校设立仪器类专业，培养新中国的仪器专门人才。

1952 年全国高校院系调整后，中央教育部委托天津大学筹建“精密机械仪器专业”，委托浙江大学筹建“光学机械仪器专业”，这是新中国成立后在我国高等学校中最先设置的两个仪器类专业，这两个专业的建立为有计划地培养仪器设计、制造、使用维修、科学研究的高层次工程技术人员奠定了基础。

在第一个五年计划期间，我国的高等教育基本上是按照前苏联的模式进行的，特别是仪器类专业更是在前苏联专家的直接帮助下建立的。从教学计划、教学大纲到培养目标都是参照前苏联部分高校仪器专业制定的，教材也主要是翻译前苏联高校教材。

而后，为满足国家经济建设和国防建设的需要，全国许多高等学校先后开设了仪器类专业。如清华大学、哈尔滨工业大学、合肥工业大学、上海交通大学、长春理工大学（原长春光机学院）、北京理工大学、北京航空航天大学、南京航空航天大学等也相继成立了仪器仪表专业，并且随着服务行业的不同，电测仪表、热工仪表、航空仪表、导航仪表、自动化仪表、石油地球物理仪器等仪器仪表专业相继诞生。1966 年以前，全国共有 30 余所院校设有十几个仪器仪表类专业，分属教育部、机械部、电子部、石油部、国防科委等部委领导。仪器仪表类专业的建立为有计划地培养能够独立进行仪器设计、制造、使用维修、科学研究的高层次工程技术人员奠定了基础。特别是在 20 世纪 50 年代末到 60 年代末的大发展阶段，仪器类专业曾多达十几个，设立仪器类专业的院校达数十所，专业的划分也越来越细。

改革开放后，我国的高等教育迅速发展，教育思想发生了根本性的改变。为适应社会主义市场经济的需要，人才培养从单一化向多样化转变，专业教育从专才教育向通识教育转变。国家教委高教司［1995］168 号文件，决定试行《工科本科引导性专业目录》，对当时的工科本科专业进行了比较大的调整，有近 1/2 的工科专业被合并或撤销。1998 年教育部颁布了高教［1998］8 号文件，规定推行新的《普通高等学校本科专业目录》。新目录中仪器学科只设立“测控技术与仪器”一个本科专业，它覆盖了原仪器学科的精密仪器、光学技术与光电仪器、检测技术及仪器、电子仪器及测量技术、几何量计量测试、热工计量测试、力学计量测试、光学计量测试、无线电计量测试、检测技术与精密仪器、分析仪器等十几个专业。

近年来，随着科学技术的发展，尤其是信息技术的飞速发展，仪器技术的内涵发生了重大改变，从以机械技术为主，发展为机电一体，进而成为融光、机、电、计算机为一体，集现代高新技术于一身的信息技术的三大组成部分之一。测控技术与仪器专业也成为信息技术类专业中的一员。由于仪器学科包容了当代先进的科学技术，测控技术与仪器专业培养具有复合型知识结构的人才，所以市场需求良好，导致这个学科近年来迅速发展，近十年来设置该专业的院校由几十所发展到二百多所，遍布全国近三十个省、市、自治区，在校生人数基本稳定在3万人左右。

1.1.2 仪器科学技术与仪器学科

1. 现代仪器技术的发展

什么是仪器？概括来说仪器是认识世界的工具，是对物质世界的信息进行测量与控制的基础手段和设备。什么是仪表？辞海中是这样解释的：仪表是用于测量各种自然量（如压力、温度、速度、电压、电流等）的一种仪器。按用途可分为航空仪表、航海仪表、气象仪表、热工仪表、电气仪表等。常用的有：指示式，具有指示装置，能够指示测得的数值；记录式，具有记录装置，能自动记录测得的数值及其变化；信号式，具有信号发送装置，能发出信号，显示数字，常用于自动控制系统。从上述定义可以看出，仪表只是仪器的一种类型，仪器和仪表的界线从来就不是非常清楚。而且，随着科学技术的发展，仪器功能的增加，这种界线就越来越模糊了，人们只是习惯将仪器、仪表统称为仪器仪表。就其科学内涵来说已没有必要区分仪器与仪表，所以本书除引用一些资料时，保持其原来的仪器仪表提法外，都采用仪器的称呼，而不再称呼仪器仪表。

从人类社会发展来看，提高生产力是决定性因素，而科学技术又是发展生产力的首要因素。可以这样认为，科学是认识世界的知识，技术是改造世界的知识。现代科学技术发展证明，在人们认识世界、改造世界的过程中，发现与应用、科学与工程是密不可分的。二者相互联系，相互促进，互为因果，从而构成第一生产力。生产力的实现要靠生产资料和工具。科学研究的工具主要是仪器，而实现技术的工具主要是机器。由此可理解为仪器是认识世界的工具，相对而言，机器则是改造世界的工具。仪器起着扩展和延伸人的感官神经系统的作用，增强认识世界的能力，而机器则替代和延伸人的体力劳动。

认识世界有两个方面，一是探索自然规律，积累科学知识；二是对生产现场情况的了解，用以指导生产。认识世界往往是改造世界的先导，因而，认识世界和改造世界同等重要，所以仪器和机器同样重要。在一定条件下，仪器也是生产的物质先导，历史上许多生产水平的飞跃源自相关仪器的诞生。因此，仪器和机器有着不同的属性，仪器不是机器。仪器是认识和改造物质世界的工具，而机器只能改造却不能认识物质世界。

在过去很长一段时间里，由于国家把仪器工业归口机械部管理而形成的习惯印象，许多人往往认为仪器只是一种机械或一种工具，是为机器配套的，是从属于机械的，仪器工业只是机械工业的一个组成部分；有的认为仪器仅仅是为科研服务的一种技术后勤，在科学上仪器科技只是机械学科的一个分支，是配套技术等等。这种观念必须彻底转变。

今天人们对待仪器的看法和过去相比有了很大的改变。正确的观念应当是把仪器和机器放在同等的地位上来看待，把仪器工业与机械工业同等看待，因为它们都具有独立性，都是为各行各业服务的工业体系，仪器工业已是信息工业的主要组成部分。仪器不是机器，也不是简单的机械结构；不是单纯的精密机械，也不是单纯的光学加精密机械，而是机、电、光、算、材、物理、化学、生物等先进技术的高度综合的产物。

现今在制造行业中盛行着机电一体化的说法，实际上是机械与信息设施的集成，但绝不因此就把仪器看作是机器的从属设备或配套设施。如果那样，就等于看一个人的活动，只见躯体，不见脑袋。

今天，世界正从工业化、机械化时代进入信息化时代。这个时代的特征是以计算机为核心延伸人的大脑功能，起着扩展人类脑力劳动的作用，使人类正在走出机械化过程，进入以物质手段扩展人的感官神经系统及脑力智力的时代。这时，仪器的作用主要是获取信息，作为智能行动的依据。

人们将通过仪器获得的信息（信息获取）进行选择转换或分析计算（信息转换和处理），使其成为易于人们阅读和识别表达（信息的显示、转换和运用）的量化形式，或进一步信号化、图像化，以利观察、入库存档或直接进入自动化智能化运转控制系统。仪器作为信息获取工具成为信息技术的源头。和信息化生产体系相比，旧的工业生产体系可比喻为恐龙，它躯体庞大，头脑弱小，行动迟缓，象征着信息指挥系统不灵，管理薄弱，体制分散，尾大难调，效率低下等缺陷。由于不适应时代要求，最终被淘汰。而信息化时代的生产体系则是生气勃勃、呼风唤雨的蛟龙。硕大的龙头是强有力的信息指挥系统，炯炯有神的龙眼则是仪器。对于腾飞的经济巨龙，眼睛起着至关重要的作用。

仪器是国家科技发展水平的标志。特别是今天高技术发展的信息化时代，仪器完全是现代化的综合因素之一，因而仪器科技在学科上也应具有适应时代发展的独立的科技地位。在学科分类上也应有这样的体现。只有对仪器的地位和作用树立了正确的观念，才能有利于仪器事业的发展。

由于仪器在国家科技、产业经济、国防和社会发展中具有重要战略地位，各国都把加速发展科学仪器作为科技投入重点，制定了专门发展战略，极大地推动了仪器技术的飞速发展。概括起来，现代仪器技术具有如下发展趋势：

（1）技术指标不断提高　仪器的技术指标永远是追求更大、更细、更快、更高，测量范围追求越来越大，分辨力追求越来越细，测量控制的速度追求越来越快，精度指标越来越高。

（2）最先应用新的科学研究成果，高新技术大量采用　仪器是人类认识世界改造世界的工具，是人类进行科学研究和过程技术开发的最基本的工具。新的科学研究成果和发现（如信息论、控制论、系统工程理论、微观和宏观世界研究成果）及大量高新技术（如微弱信号提取技术，计算机软、硬件技术，网络技术，激光技术，超导技术，纳米技术等）均成为仪器和测量控制科学技术发展的重要动力。不仅仪器本身已成为高新技术的新产品，而且利用新原理、新概念、新技术、新材料和新工艺等最新科技成果集成的装置和系统层出不穷。

（3）单个装置微小型化、智能化，可独立使用、嵌入式使用和联网使用　测量控制仪器大量采用新的传感器、大规模和超大规模集成电路、计算机及专家系统等信息技术产品，不断向微小型化、智能化发展，从目前出现的“芯片式仪器”、“芯片实验室”看，单个装置的微小型化和智能化将是长期发展趋势。从应用技术看，微小型化和智能化装置的嵌入式连接和联网应用技术得到重视。

(4) 便携式、手持式、个性化仪器大发展　随着生产的发展和人民生活水平的提高，人们对自己的生活质量和健康水平日益关注，检测与人们生活密切相关的各类商品、食品质量的仪器，预防和治疗疾病的各种医疗仪器是今后发展的一个重要趋势。科学仪器的现场化、实时在线化，特别是家庭和个人使用的健康状况和疾病示警仪器将得到较大的发展。

(5) 测量控制系统化、网络化　随着仪器所测控的既定区域不断向立体化、全球化甚至星球化发展，仪器和测控装置已不再呈单个装置形式，它必然向测控装置系统化、网络化方向发展。

仪器应用领域广泛，覆盖了工业、农业、交通、科技、环保、国防、文教卫生、人民生活等各方面，在国民经济建设各行各业的运行过程中承担着把关者和指导者的任务。

仪器的类型划分，目前没有统一的标准。按照我国国民经济行业分类标准，仪器大行业包括仪器及计量器具等 20 多个专业分类类别，即工业自动化仪表、电工仪器、光学仪器、计时仪器、导航制导仪器、分析仪器、试验机、实验室仪器、通用仪器元器件、农林牧渔仪器、地质地震仪器、气象海洋及水文天文仪器、核仪器、医疗仪器及设备、电子测量仪器、传递标准用计量仪器、衡器、船用仪表、汽车用仪表及其他通用仪器等。按产品的主要服务对象和领域分，通常把仪器大行业概括为生产过程测量控制仪表及系统、科学测试仪器、专用仪器、仪表材料和元器件四大类。

中国仪器学会把现代仪器按其应用领域和自身技术特性大致划分为 6 个大类，即工业自动化仪表与控制系统，科学仪器，电子与电工测量仪器，医疗仪器，各类专用仪器，传感器与仪器元器件及材料。工业自动化仪表与控制系统，主要指工业，特别是流程产业生产过程中应用的各类检测仪表、执行机构与自动控制系统装置。科学仪器主要指应用于科学研究、教学实验、计量测试、环境监测、质量和安全检查等各个方面的仪器。电子与电工测量仪器，主要指低频、高频、超高频、微波等各个频段测试计量专用和通用仪器。医疗仪器主要指用于生命科学研究和临床诊断治疗的仪器。各类专用仪器指农业、气象、水文、地质、海洋、核工业、航空、航天等各个领域应用的专用仪器。现代仪器虽然作了大致分类，实际上各类仪器存在着许多交叉，比如农业所用的大量仪器都是科学仪器。

2. 仪器科学技术与仪器学科的特点

仪器科学是一门技术科学，又是一门应用基础科学，它是研究物质世界的信息，进行测量与控制的基础原理、方法、手段及其设备（包括设计、制造、使用）的科学。仪器是人类五官功能和生物界感官功能的模仿和发展，是五官的工程模拟物。

仪器产品的高科技化，已经成为现代仪器科技与产业的发展主流。近二十年来，微电子技术、计算机技术、精密机械技术、高密封技术、特种加工技术、集成技术、薄膜技术、网络技术、纳米技术、激光技术、超导技术、生物技术等高新技术获得了迅猛发展。这一背景和形势，不断地向仪器提出了更高、更新、更多的要求，如要求速度更快、灵敏度更高、稳定性更好、样品量更少、检测微损甚至无损、遥感遥测遥控更远距、使用更方便、成本更低廉、无污染等，同时也为仪器科技与产业的发展提供了强大的推动力，并成为仪器进一步发展的物质、知识和技术基础。尤其需要指出的是：近十年来，由于包括纳米级的精密机械研究成果、分子层次的现代化学研究成果、基因层次的生物学研究成果、新型传感器技术与智能化技术研究成果，以及高精密超性能特种功能材料研究成果和全球网络技术推广应用成果等在内的一大批当代最新科技成果的竞相问世，使得仪器领域发生了根本性的变革——这些新成果，不仅成为现代仪器及其产业赖以生存与发展的土壤、基础、支撑与动力，而且还正在迅速改变仪器的工作原理与本质特征，并使其具备和拥有了传统仪器根本无法企及与实现的、众多的、全新的、超高的功能。可以说，现代仪器产品已成为最具典型性的高科技产品。目前，它不但已经完全突破了传统的光、机、电的框架，向着计算机化、网络化、智能化、多功能化的方向迅速发展，而且由于大量采用高新科学技术的研究成果、跨学科的综合设计、高精尖的制造技术与严格科学的实际应用，因而使得它还正朝着更高速、更灵敏、更可靠、更简捷地获取被分析、检测、控制对象全方位信息的方向阔步前进。通过以上分析可以看出，高科技化不但是现代仪器的主要特征，而且是振兴仪器工业的必由之路，也是新世纪仪器及其产业的发展主流。

归纳起来，仪器科学技术具有如下特点：

1）仪器科学技术是知识密集、技术密集、多学科交叉的综合性学科。

2）仪器科学技术是集各学科高新技术之大成的学科。

3）处于现代高科技发展前沿，各学科的最新科技成果都往往率先迅速地应用于仪器。

4）对象特征鲜明，由于应用的多样性，各种各样的仪器的性能结构千差万别。

5）仪器结构突破了传统的光、机、电的框架，向着计算机化、系统化、网络化、智能化、多功能化的方向迅速发展：具有机光电一体化、智能化、信息化、系统化、网络化的鲜明特征。

6）使能发酵作用。由于仪器科学技术的“先行官”、“倍增器”、“战斗力”、“物化法官”的使能作用，以及“吃穿用、农轻重、海陆空”无所不在的应用领域，仪器对国家的整体国力的增强具有巨大的发酵作用。

仪器行业除了具有上述特点外，还是一个“三高三低”（即高技术、高投入、高产出；低能耗、低材耗、低污染）行业，其产品性能具有高精度、高灵敏度、高可靠性、高环境适应性；生产特点多数属于多品种、小批量。

据辞典的解释，“学科”是按照学问的性质而划分的门类，另一层意思是知识或教学的一个分支。由此可知，仪器学科应包括仪器科学技术研究及仪器科学的工程教育。

长期以来，我国高校的人才培养模式是实行“专才”教育，专业划分很细。仪器学科下设置了十几个专业，每个专业的教学内容都很窄。实行新专业目录后，测控技术与仪器专业成为我国高等学校仪器学科的唯一专业，其专业内容覆盖了整个仪器科学和技术，人才培养模式开始步入通才教育时代。

测控技术与仪器专业是我国高等学校仪器学科的唯一本科专业，与其对应的研究生教育的一级学科名称是仪器科学与技术，下分两个二级学科：精密仪器及机械、测试计量技术及仪器。

仪器学科承担着仪器科学技术的科研、教学和人才培养工作。仪器科学技术的特点决定了仪器学科具有一些鲜明的特色，主要有：

1）仪器学科是多学科交叉形成的边缘学科，具有知识密集、技术密集、内涵丰富的特点，因而有利于培养宽口径、复合型人才。

2）仪器学科是各种高新技术综合应用的前沿学科，有利于学生了解最新科技成果，掌握最新科学技术。

3）要有扎实的数学、物理学科基础，需经过多学科的综合训练，面向众多的应用对象，有利于学生进行接受科学方法、科学思想的熏陶，思路更开阔；有利于创新人才的培养。

4）上述特点的综合效果，不但有利于培养合格的仪器人才，也必将有利于培养“将才”、“帅才”。

3. 仪器科学技术的地位作用

（1）工业生产的“倍增器”　在国民经济运行中，仪器是“倍增器”，对国民经济有着巨大的辐射作用和影响力。美国商务部国家标准局20世纪90年代中发布的调查数据表明，美国仪器产业的产值约占工业总产值4%，而它拉动的相关经济的产值却达到社会总产值的66%，仪器发挥出“四两拨千斤”的巨大的“倍增”作用。

（2）科学研究的“先行官”　在科学研究中，仪器是“先行官”。离开了科学仪器，一切科学研究都无法进行。发展高新技术必须要有先进的仪器做依托，现代仪器是发展高新技术必须的及重要的手段和技术基础。在重大科技攻关项目中，几乎一半的人力财力都是用于购置、研究和制作测量与控制的仪器设备。先进的科学仪器设备既是知识创新和技术创新的前提，也是创新研究的主体内容之一和创新成就的重要形式。科学仪器的创新是知识创新与技术创新的组成部分。诺贝尔奖设立至今，在物理学奖和化学奖中大约有1/4是属于测试方法和仪器创新的。众多获奖者都是借助于先进仪器的诞生才获得重要的科学发现；甚至许多科学家直接因为发明科学仪器而获奖。据统计资料显示，近80年来获诺贝尔奖同科学仪器有关的达38人。这表明，科学技术重大成就的获得和科学研究新领域的开辟，往往是以检测仪器和技术方法上的突破为先导的。1992年诺贝尔化学奖获得者R. R. Emst说：“现代科学的进步越来越依靠尖端仪器的发展”。钱伟长教授说：“飞机要上天，离开了航空仪表就飞不起来”。曾任我国国家科委主任和国防科委主任的聂荣臻元帅在回忆中国研制“两弹一星”的历程时说：“一家人过日子，少不得柴米油盐酱醋茶，这叫开门七件事，依我看，新型原材料、精密仪器仪表、大型设备，就是办国防工业和尖端科学的柴米油盐酱醋茶。”在神州1号至神州7号上，有数百台（套）科学仪器装置，为神州号飞船的成功发射并获取大量宝贵的飞行试验数据和科学资料提供保证。基因测量仪器的问世，使世界基因研究计划提前6年完成就是最好的证明。要加快科学研究和高新技术的发展，仪器仪表必须先行。仪器是科学发展的支柱，仪器的进展也代表着科技的前沿。

（3）军事上的“战斗力”　在军事上，仪器是“战斗力”。仪器的测量、控制精度决定了武器系统的打击精度，仪器的测试速度、诊断能力则决定了武器的反应能力。先进的、智能化的仪器已成为精确打击武器装备的重要组成部分。1991年海湾战争美国使用的精密制导炸弹和导弹只占8%，12年后伊拉克战争中，美国使用的精密制导炸弹和导弹达到了90%以上，这些先进武器都是靠一系列先进的测量与控制仪器系统装备实现其控制功能的。1994年美国国防部成立了“自动测试系统执行局”，以统一海陆空三军的测试技术、产品与标准，保证立体式作战的有效实施。现代武器装备，几乎无一不配备相关的测量控制仪器。

（4）当今社会的“物化法官”　现代仪器还是当今社会的“物化法官”。检查产品质量、监测环境污染、查服违禁药物、识别指纹假钞、侦破刑事案件等，无一不依靠仪器进行“判断”。此外，仪器在教学实验、气象预报、大地测绘、交通指挥、控测灾情，尤其是越来越受人关注的诊治疾病等社会生活许多领域都有着广泛应用。可以说，遍及“吃穿用、农轻重、海陆空”无所不在。

(5) 国家科技水平和综合国力的重要体现 先进制造业的规模和水平是衡量一个国家综合实力和现代化程度的主要标志。当代经济最发达的国家，几乎都是制造业最发达的国家。美国的强大主要是因为它有发达的先进成套装备制造业。美国先进的航天器、人造卫星、飞机、舰船、电子通信设备和尖端科学仪器等，是由建立在先进科学技术基础上的装备制造业制造出来的。面对激烈的国际竞争，要使我国从一个“制造大国”转变成一个“制造强国”，必须实施信息化带动工业化的战略，没有一个先进的仪器产业的支持，不可能完成这个任务。

现代仪器的发展水平，是国家科技水平和综合国力的重要体现，仪器制造水平反映出国家的文明程度，欧洲、美国、日本等国家都把“发展一流的科学仪器支撑一流的科研工作”作为国家战略，对科学仪器的装备和创新给予重点扶持。

目前，在科学仪器发展的战略目标和资金投入方面，发达国家都制定了各自的发展战略并锁定了目标，有专门的投入，已成为有意识、有政策、有目标的政府行为。各个发达国家都把研发先进的大型科学仪器和实验设施、构建世界级实验设施基础平台，上升为创造世界一流科研成果、培养和吸引优秀人才的一项战略措施。

我国已把科学仪器研发列入《国家中长期科学和技术发展规划纲要（2006～2020年）》，并在国家中长期科学技术发展规划的第三专题《制造业发展科技问题研究》中作为“与信息化、智能化相适应的仪器仪表”列入专题研究。国家发改委将工业自动化仪表与控制系统及科学仪器产业化分别列为高技术产业化专项。科技部也已将“流程工业数字化仪器仪表”列入国家“863”计划先进制造技术领域重点项目，将《科学仪器设备研制与开发》列入“十一五”国家科技支撑计划重大项目。2006年国务院《关于加快振兴装备制造业的若干意见》中将“自动化控制系统”、“关键精密测试仪器”分别列入主要任务和16项重点突破任务中。

4. 仪器科学发展和自主创新的重大意义 从一定意义上说，谁掌握了最先进的科学仪器，谁就掌握了科技发展的优先权、人民健康的保障权、商业标准的制定权以及突发事件的主动控制权。加强科学仪器发展和自主创新意义重大。

(1) 是建设创新型国家的迫切需求 党中央提出全面贯彻落实科学发展观，建设创新型国家的战略。建设创新型国家，核心就是把增强自主创新能力作为发展科学技术的战略基点，走出中国特色自主创新道路，推动科学技术的跨越式发展。“对外技术的依存度低于30%”是创新型国家十分重要的指标，而目前，作为科学技术这个第一生产力的“工具”的科学仪器严重依赖进口，与创新型国家建设的要求严重不符。为此，加强科学仪器自主研发，降低对国外科学仪器的依存度，是增强创新能力自我装备和提升的重要途径，是推进创新型国家建设的重要工作。发展科学仪器已成为国家的一项战略措施。

(2) 是贯彻落实《规划纲要》和支撑国家重大工程的重要举措 一方面，《国家中长期科学和技术发展规划纲要（2006～2020年）》明确提出要“加强科学仪器设备及检测技术的自主研究开发”和“科学实验与观测方法、技术和设备的创新”。同时，《规划纲要》在环境、能源、水和矿产资源、制造业、人口与健康以及公共安全等重要领域中近30处提出要加强监测技术、检测技术、测试技术、勘探测试技术等研究工作。另一方面，科学仪器是我国西气东输工程、南水北调工程、北斗星定位系统等重大工程、重大装备不可或缺的组成部分，这些重大工程和重大装备往往关系到国家的重大利益，它们的实施更需我国自主研发的科学仪器。同时，科学仪器也是我国载人航天工程、探月工程的重要组成部分，如神舟飞船由“测控与通信”、“环境控制与生命保障”、“仪表”等13个部分组成，实际上，上述“测控与通信”等3个部分等都是由若干科学仪器组成。因此，加强科学仪器的自主创新，是贯彻落实《规划纲要》精神以及有效支撑国家重大工程的重要举措。

（3）是诺贝尔奖等一流科技成果的重要源泉　先进的科学仪器既是技术创新和知识创新的前提，也是创新研究的主体内容之一和创新成果的重要体现形式，科学仪器的创新往往成为最有价值、最具活力、最有竞争力和发展前景的创新。如上一节中所述，大批的科学家因为在科学仪器方法和技术方面的直接成果获得诺贝尔自然科学奖；诺贝尔物理学奖、化学奖和生物医学奖颁发给了那些在电子显微镜、质谱仪、CT断层扫描仪、X光物质结构分析仪、光学相差显微镜和新开辟领域的扫描隧道显微镜等科学仪器及其技术方面有杰出创新的科学家；2002年的诺贝尔化学奖更是全部奖给了3名在分析仪器研究领域有杰出贡献的分析化学家；2005年的诺贝尔物理学奖授予了对极宽频带的高准确计量激光仪发展奠定了重要基础的三名物理学家。

（4）是抢占科技战略制高点的必然途径　虽然我国已向国外购买了大批的科学仪器，但真正的核心技术是买不来的，尤其是涉及军事、纳米、生命科学等领域的具有战略意义的科学仪器，发达国家一直对我国进行封锁。如SARS爆发后，我国拟建立生物安全p4实验室所需的核心仪器。风洞在国防、铁道、桥梁等领域具有十分重要作用，而其中关键仪器，高档激光干涉仪是超高精密测量和加工的必备测量仪器，仅有极少数的几个国家生产。这些关键仪器都全部禁止向中国出口。为了彻底打破发达国家的技术封锁，加强科学仪器的核心技术的自主研究和开发，积极努力开发具有自主知识产权的高新科学仪器，有效避免“受制于人”，是抢占科技战略制高点的重要举措。

（5）是增强我国在国际贸易中的话语权的重要手段　近年来，尤其是我国加入WTO后，国外发达国家采用提高有关项目的测试指标等手段，设置技术壁垒，致使我国在国际贸易中蒙受了巨大的经济损失。为此，加强我国科学仪器自主创新，提高其检测水平和能力，摆脱受制于人的局面具有十分重要的现实意义。同时，如果能针对我国特色资源和优势资源的检测需求，发展起具有我国特色的科学仪器产业，可以提高我国特色资源和优势资源的技术壁垒，限制或减少国外商品涌入中国，从而达到反标准控制的作用。

（6）是发展我国科学仪器民族工业的必然选择　经过几十年来，特别近十年来的建设与发展，我国仪器仪表已经初步形成产品门类品种比较齐全，具有一定生产规模和开发能力的产业体系，成为亚洲除日本以外第二大仪器仪表生产国。但是，我国科学仪器产业尚为幼稚产业，并且很多产品仅限于中低档水平。主要表现在：一方面，核心技术匮乏、工艺水平不高、配套性差等不足，另一方面，生产高档次科学仪器的企业基本空白，中低档科学仪器产业却是“千军万马过独木桥”，有些领域甚至存在国内企业之间的恶性竞争。我国仪器产业存在上述问题的重要原因之一就是长期以来各有关方面对仪器的自主创新重视不够。为此，加强仪器自主创新，提升仪器研究开发的技术水平和管理水平，是在WTO时代我国仪器产业做大做强的必由之路。

1.1.3　测控技术与仪器专业的知识结构与课程体系

测控技术与仪器专业是仪器科学与技术学科的本科专业，是研究信息的获取和预处理，以及对相关要素进行控制的理论与技术；是电子、光学、精密机械、测量、控制计算机与信息技术多学科互相渗透而形成的一门高新技术密集型综合学科。

本专业的培养目标是经过多学科基础理论与实用技能的严格训练，培养具有现代科学创新意识和国际化意识、德智体等方面全面发展、可从事计算机应用、电子信息、精密机械、测量与控制等多领域的科学研究、产品设计制造、科技开发、企业管理等方面的外向型高级工程技术人才。

随着科学技术尤其是电子信息技术的飞速发展，仪器的内涵较之以往发生了很大改变。其自身结构已从单纯机械结构、机电结构发展成为集传感器技术、计算机技术、电子技术、现代光学、精密机械等多种高新技术于一身的产品，其用途也从单纯数据采集发展为集数据采集、信号传输、信号处理以及控制为一体的测控系统。

分析仪器科学技术包含的内容、基本概念和它所涉及的科学技术领域，测控技术与仪器专业的知识结构体系应该由三层知识（见图1-1），包括5个知识领域，它们分别是：

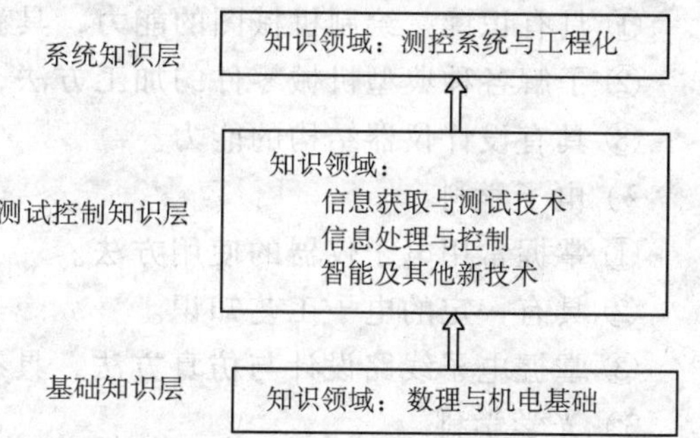

图1-1　测控技术与仪器专业的知识结构

（1）基础知识层　含一个知识领域，即数理与机电基础。

（2）测试控制知识层　含三个知识领域，分别为信息获取与测试技术、信息处理与控制、智能及其他新技术。

（3）系统知识层　含一个知识领域，即测控系统与工程化。

基于相同的知识结构，并考虑学校的不同背景和培养目标差异（研究型、研究应用型、应用型），面向不同的行业和地区，面向不同的学制，加上教学计划制订者的见仁见智，全国100多所高校将有100多套专业教学计划和课程体系，这是不足为怪的。下面，作为一个例子，给出测控技术与仪器专业的知识结构体系中的各个知识领域包含的知识单元，仅供参考。

数理与机电领域包含：数学（含高等数学、线性代数、概率与数理统计、复变函数）、物理（大学物理、实验物理）、化学、工程光学、工程力学、电路基础、电子技术基础（模电、数电）、计算机软件技术、计算机原理、微机原理与接口、工程制图、精密机械设计基础、仪器制造工艺、计算机辅助设计等。

传感与测试技术领域包含：测试理论基础、传感器技术、误差与数据处理、测控电路、检测技术、质量工程、计算机视觉、光电测量技术、微纳测量技术等。

信息处理与控制技术领域包含：信号与系统、数字信号处理、数据结构、模式识别、图像处理、自动控制原理、现代控制理论、智能控制技术、自适应控制等。

智能及其他新技术技术领域包含：人工智能、建模技术、仿真技术等。

测控系统与工程化技术领域包含：测控技术与系统、测控仪器设计、测量仪器总线、虚拟仪器技术等。

测控技术与仪器专业的毕业生应获得以下知识和能力：

1）有较扎实的自然科学基础，较好的人文社会科学基础和外语综合能力。

2）掌握专业必须的技术基础理论知识，如数学、物理、光学、机械、电学、计算机基础理论和应用技术。

3）较好地掌握测试理论与技术基础，较好地掌握系统控制理论与方法，具有1~2个专业方向的专门知识和技能，了解本学科的学科前沿和发展趋势。

4）获得较好的测试系统分析、设计和工程实践训练。

5）在本专业领域具有一定的科研或科技开发以及组织管理能力。

6）具有团队合作精神和与不同领域科技人员有效沟通能力。

测控技术与仪器专业要求毕业生不但具有扎实、雄厚的理论知识，还要具有较强的实践能力，部分要求列举如下：

1）机械学科

① 具有识读、绘制机械图的能力，具有利用计算机进行机械设计的能力。

② 了解各种典型机械零件的加工方法，了解常用工程材料的性能并会选用。

③ 具有设计仪器结构的能力。

2）电子学科

① 掌握常用电子仪器的使用方法。

② 具有一定的电子工艺知识。

③ 掌握电子线路设计与仿真方法，具有分析、设计、调试典型电路的能力。

3）光学学科

① 会选用光学元件搭建光学系统。

② 掌握基本光路设计及安装调试方法。

4）测控技术

① 掌握常用测量仪器的使用方法，熟知典型物理量的检测方法。

② 具有设计简单测控系统的能力。

③ 掌握信号获取、传输、处理及检测的一般方法。

④ 了解常用传感器、控制元件的性能，并学会选用。

5）计算机技术

① 掌握计算机知识，能够熟练地操作计算机。

② 了解常用工程应用软件的基本功能和应用领域，掌握常用工程软件的使用方法。

③ 能够利用计算机解决各种工程设计问题，具有计算机软件编程能力，掌握微处理器及接口技术，具有计算机应用系统的设计、调试能力。

随着科学技术的飞速发展，知识经济已见端倪。知识经济的本质就是创新。为适应时代的需要，迎接时代的挑战，高等教育必须转变教学观念，将培养创新型人才作为教育的根本任务。为适应人才培养模式转变的客观需要，在教学过程中既要重视知识的传授，又要注重能力和素质的培养，尤其要激发学生的独立思考和创新意识。而能力与创新意识的培养、离不开实践训练，离不开实验教学，尤其工科专业，更是如此。

在本科教学中，实验教学承担着两项任务：其一是帮助学生理解和掌握课堂教学的内容，掌握从事专业工作所必须具备的基本操作技能；其二是培养学生分析问题、解决问题的能力和创造性思维能力，理论联系实际的工作作风和严谨的科学态度。但在以往的教学过程中，实验教学多与课堂教学捆绑在一起，实验内容与课堂教学内容联系密切，针对性强。实验往往针对某一个知识点而设计，内容简单、琐碎；实验步骤明确，学生思维限制在教师所设计实验题目的狭小范围内，所作的仅仅是被动的验证工作，不利于对学生综合利用所学知识分析和解决实际问题能力的培养，更谈不上创造性思维能力的培养。其次，教学安排以课堂教学为主，实验为辅。实验只对课堂知识进行验证，而对学生应该掌握的基本实验技能没有足够的训练环节，更没有人去关心实验内容间的相互联系和课程之间的技术相关性对实验教学的影响。实验内容低水平重复。这种实验教学方法，很难发挥学生的主观能动性，学生没有从实验中得到应得到的收益，因而对实验教学不感兴趣，更没有积极性。这样的实验教学难以适应培养高素质、创新型人才的要求。

进入21世纪以来，高等教育有关人才培养的热门话题就是培养创新型人才。虽然什么是创新型人才，怎样培养创新型人才，还有待深入的研究和实践，但创新型人才应具有基础扎实、知识面宽、实践能力强、综合素质高的特点，创新型人才的培养必须摒弃应试教育，开展素质教育是教育工作者的普遍共识。

素质教育的本质就是要充分开发学生的潜能以适应市场经济与知识经济时代对人才素质的内在要求。人才的素质主要体现在其能力上，能力是素质的外在表现。因而，加强素质教育的实质就是注重能力的培养。能力体现在获取知识的能力、动手能力、专业实践能力等方面，更体现在驾驭知识的能力、创新能力、思维与抉择能力以及适应现代社会生活的心理能力等方面。具备发现问题、提出问题、分析问题和解决问题的能力，这些是构成创新型人才的基本能力，而善于发现问题、敢于提出问题是创新型人才的重要素质、也是测控技术与仪器专业人才培养的目标，培养能力强、素质高的专业人才则是测控专业今后教学改革的一个重要目标，也是编写此教材的初衷。

1.1.4 参考资料

[1] 国家计委产业发展司，国家经贸委投资与规划司，科学技术部条件财务司．关于振兴我国仪器产业对策与建议——对全国仪器行业开展调查研究的总结报告［R］．http：//www. bjx. com. cn 北极星仪表新闻 2003. 3. 24．

[2] 王大珩，胡柏顺．加速发展我国现代仪器事业，迎接21世纪挑战［J］．现代科学仪器，2000（3）．

[3] 王大珩．现代仪器仪表技术与设计（上、下卷）［M］．北京：科学出版社，2003.

[4] 中国科学技术协会．仪器科学与技术学科发展报告 2006－2007［R］．北京：中国科学技术出版社，2007.

[5] 林玉池．测量控制与仪器仪表前沿技术及发展趋势［M］．天津：天津大学出版社，2005.

[6] 中国测量控制与仪器仪表中长期科技发展规划［R］．http：//www. eecce. com［中国机电企业网］，2006. 6. 15.

[7] 中国仪器仪表学会．现代仪器仪表的发展和未来五年我国对仪器仪表市场需求的分析报告［R］．2004. 7.

第 2 章　创新能力与实验教学

2.1　创新能力与创造性学习

2.1.1　创造与创新

1. 创造与创新概述

创新，是人类发展的永恒主题。人类的历史，就是一部创新史，是一部由知识创新到知识应用的历史。对一个民族来说，创新是一个民族的灵魂，是一个国家兴旺发达的不竭动力。没有创新，就没有人类的进步，就没有人类的未来。当代科学技术的发展，更加雄辩地证明了这一点。一个没有创新能力的民族，不能屹立于世界先进民族之林。

创造和创新，是近年来几乎各行各业谈论最多、出现频率最高的两个词语。它们既有联系，又有区别。

按字义，创造就是破旧立新。也就是打破世界上已有的、创立世界上尚没有的精神和物质。换言之，创造就是一切具有独创性、新颖性、时间性的人类活动。它是人们为了实现开发前所未有的独创性成果目标，借助于有灵感激发的高智能劳动，产生新社会价值的活动。这个成果可以是新概念、新设想、新理论、新方法，也可以是新技术、新工艺、新产品，要求是新颖、独特、前所未有、有社会价值。

创新最初只是经济学领域内的名词，创新概念的起源可追溯到 1912 年美籍奥地利经济学家约瑟夫·阿罗斯·熊彼特（Joseph Alosis Schumpeter，1883 ~ 1950）的《经济发展概论》。熊彼特在其著作中提出：创新是指把一种新的生产要素和生产条件的“新结合”引入生产体系。它包括 5 种情况：①生产一种新的产品，或者开发一种产品的新属性；②采用一种新的生产方法，新方法既可以是出现在制造环节的新工艺，也可以是出现在其他商务环节的新方式；③开辟一个新的市场，不管这个市场以前是否存在；④控制原材料或配件的一种新的供应来源，不管这种来源以前是否存在；⑤实现任何一种产业的新的组织，比如造成一种垄断地位，或者打破一种垄断地位。熊彼特的创新概念包含的范围很广，如涉及到技术性变化的创新及非技术性变化的组织创新。

从上述的观点和后来人们的研究、使用情况来看，创新不仅含有一定的新颖性，而且还具有其经济上的价值性。所以创新除了强调新颖性外，它还强调市场价值和经济效益，即创新的成果效应。

创新在目前可以称得上是某种时尚，人人谈创新，处处谈创新。事实上，创新不能是仅仅局限在表面，创新蕴藏着十分深刻的内涵。创新其实存在于各种行业和各个领域，可以说创新无处不在，在任何一个领域都存在创新的条件。创新也可以称作为改革、改造，是一种方法，一种体制，一种模式，一种文化，一种理念的变更和变化。这种变更或变化和过去的相比提高了效率或效益，并被实践证明是一种行之有效的方法。创新是相对的概念，是某个领域内部的方法的变化，有可能这种方法在外部其他领域早已经被应用。如果你将它引用到这个领域，并辅助实施，还取得了成功，那么，对这个领域就算做创新。创新更多的是强调某个领域内部的变化，强调的是向好的方向变化，是更好，而并非更糟。

创造强调“首创”，是一个具体结果。创新是创造的过程和目的性结果，侧重宏观影响的结果。创造表示一个从无到有的发生过程，创新则体现在对现有事物的更新改造过程中。二者虽然都能给予认识主体一种“全新的”感觉，但是作为结果，前者意味着“从未见过”的结果，后者给人一种“旧貌换新颜”和“推陈出新”的感觉。所以，创造与创新的根本区别在于“出新”的前提是“有”还是“无”。

从应用的范围来看，创造主要体现在理论和思想的原创性以及这个世界和万事万物的原创性方面；创新则更多地被应用于技术、制度、管理等具体的事物方面。

从最基本的含义来看，创造体现着本体论和基本理论思维层面上的原创性；而创新则更多地体现了认识论和方法论层面上的变革。

从思维科学的角度看，创造是人类思维的跳跃，体现了逻辑过程的中断和非连续性；创新由于兼有继承和发展双重因素，因而是逻辑过程的连续性和非连续性的统一。也就是说，一个客体产生的原创性越强，新颖度越高，其思维的跳跃性可能就越大，其逻辑过程就可能表现出更多的非连续性。

从理论本身的结构来看，一个新的基础理论的“硬核”的形成，往往是创造的结果；而其“保护带”为了保护“硬核”，需要不断地进行调整，这样就使得理论“保护带”的替换成为创新的结果。

总之，创造的威力在于它的原创性能够孕育前所未有的东西。然而，创造并不意味着完美。只有创新才能使我们踏上寻求尽善尽美之路。因此，创造与创新是推动人类社会发展和进步的永恒动力，我们无法说清楚究竟哪一个更为重要。历史告诉我们，走在世界前列的民族，无不是“两创精神”（创造、创新）弘扬的结果。在21世纪经济全球化的浪潮中，竞争将更为激烈。如果把一切竞争归结为科学技术、人才或制度的竞争，还不如进一步归结为“两创精神”这一人类社会制高点上的竞争。中华民族要想在21世纪崛起，舍此绝无他路。

2. 创新的一般特性

创新的特性从不同角度总结，可以有不同的提法。从创新与社会、传统文化的关系方面，可以看出如下特性：

（1）实践性　创新的基础和推动力是活生生的社会实践，离开了社会实践，任何创新都难以成功。一切创新都来源于实践，并受实践的检验。

（2）继承性　一切科学理论都植根于所处的时代，一切科学理论的发展都以继承已有的成果为基础。也就是说，只有在不断深化已有正确认识的基础上，把前人的成果作为理论创新的起点，对其进行合理的借鉴，才能在前人成果的基础上不断有所发现、有所创造。离开了文化背景、民族传统，离开了对已有正确理论的继承，任何创新就失去了应有的前提和条件。没有继承，就没有创新。

（3）现实性　任何具有创新意义的东西，都要反映时代脉搏，服从和服务于现实。这就要求创新必须始终坚持与时俱进，时刻关注时代的变化，紧紧抓住时代的课题，切实把对重大现实问题的研究作为创新的重点，并努力做出符合时代和现实要求的理论阐释和说明。

（4）探索性　从科学发展的历程看，任何一门学科的发展都必然要走向探索未来、展望未来的阶段，探知尚未发生而又必然发生的问题和现象。从一定意义上说，创新的过程，就是一个不断进行探索未知、预见未来的过程。

创新，顾名思义就是创造新事物，创造新事物必然要打破一些旧的框框束缚，所以创新首先要树立敢于创新、善于创新的精神；要解放思想，大胆探索，不唯上、不唯书，才能打破陈规陋习，破除旧框框的束缚，想别人所未想，发现别人未发现，从而创立新知；要不怕风险，善于抓住机遇。当然创新不是异想天开，不是无源之水，更不能违背客观规律。创新是智慧的发挥和科学方法的运用，要从实际出发，在广泛学习和借鉴他人知识经验的基础上创造新成果；要有自信心，要有锲而不舍的坚强意志，提倡理性的怀疑，不怕失败，把创新思想变为创新实践。

2.1.2 创造力与创新人才

1. 什么是创造力

创造力是人类特有的一种综合性本领。一个人是否具有创造力，是一流人才和三流人才的分水岭。它是由知识、智力、能力及优良的个性品质等复杂多因素综合优化构成的。创造力是指产生新思想，发现和创造新事物的能力。它是成功地完成某种创造性活动所必需的心理品质。例如创造新概念、新理论，更新技术，发明新设备、新方法，创作新作品都是创造力的表现。创造力是一系列连续的复杂的高水平的心理活动。它要求人的全部体力和智力的高度紧张，以及创造性思维在最高水平上进行。

真正的创造活动总是给社会产生有价值的成果，人类的文明史实质是创造力的实现结果。对于创造力的研究日趋受到重视，由于侧重点不同，出现两种倾向：一种是不把创造力看作一种能力，认为它是一种或多种心理过程，从而创造出新颖和有价值的东西；另一种是认为它不是一种过程，而是一种产物。不过大都认为创造力既是一种能力，又是一种复杂的心理过程和有价值的东西。

有人认为，创造力较强的人通常有较高的智力，但智力高的人不一定具有卓越的创造力。根据西方学者研究表明，智商超过一定水平时，智力和创造力之间的区别并不明显。创造力强的人对于客观事物中存在的明显失常、矛盾和不平衡现象易产生强烈兴趣，对事物的感受性特别强，能抓住易为常人漠视的问题，推敲入微，意志坚强，比较自信，自我意识强烈，能认识和评价自己与别人的行为和特点。

创造力与一般能力的区别在于它的新颖性和独创性。它的主要成分是发散思维，即无定向、无约束地由已知探索未知的思维方式。按照美国心理学家吉尔福德的看法，发散思维当表现为外部行为时，就代表了个人的创造能力。

(1) 创造力的构成 创造力构成可归结为 3 个方面：

1) 作为基础因素的知识，包括吸收知识的能力、记忆知识的能力和理解知识的能力。吸收知识、巩固知识、掌握专业技术、实际操作技术、积累实践经验、扩大知识面、运用知识分析问题，是创造力的基础。任何创造都离不开知识，知识丰富有利于更多更好地提出创造性设想，对设想进行科学的分析、鉴别与简化、调整、修正，并有利于创造方案的实施与检验，而且有利于克服自卑心理，增强自信心。

2) 以创造性思维能力为核心的智能。智能是智力和多种能力的综合，既包括敏锐、独特的观察力，高度集中的注意力，高效持久的记忆力和灵活自如的操作力，也包括创造性思维能力，还包括掌握和运用创造原理、技巧和方法的能力等。

3) 创造个性品质，包括意志、情操等方面的内容。它是在一个人生理素质的基础上，在一定的社会历史条件下，通过社会实践活动形成和发展起来的，是创造活动中所表现出来的创造素质。优良素质对创造极为重要，是构成创造力的重要部分。

优良的个性品质如永不满足的进取心、强烈的求知欲、坚韧顽强的意志、积极主动的独立思考精神等是发挥创造力的重要条件和保证。

总之，知识、智能和优良个性品质是创造力构成的基本要素，它们相互作用、相互影响，决定创造力的水平。

(2) 创造力的行为表现特征　创造力的行为表现有3个特征：

1) 变通性。思维能随机应变，举一反三，不易受功能固着等心理定势的干扰，因此能产生超常的构想，提出新观念。

2) 流畅性。反应既快又多，能够在较短的时间内表达出较多的观念。

3) 独特性。对事物具有不寻常的独特见解。聚合思维在创造能力结构中同样具有重要作用。所谓聚合思维是指利用已有定论的原理、定律、方法，解决问题时有方向、有范围、有程序的思维方式。发散思维与聚合思维二者是统一的、相辅相成的。人们在进行创造性活动时，既需要发散思维，也需要聚合思维。任何成功的创造性都是这两种思维整合的结果。创造力与一般能力有一定的关系，研究表明，智力是创造能力发展的基本条件，智力水平过低者，不可能有很高的创造力。

另外，创造力与人格特征也有密切关系，综合多人研究的结果表明，高创造力者具有如下一些人格特征：兴趣广泛，语言流畅，具有幽默感，反应敏捷，思辨严密，善于记忆，工作效率高，从众行为少，好独立行事，自信心强，喜欢研究抽象问题，生活范围较大，社交能力强，抱负水平高，态度直率、坦白，感情开放，不拘小节，给人以浪漫印象。

(3) 创造力的培养　创造力的培养概括为以下几个方面：

1) 激发求知欲和好奇心。培养敏锐的观察力和丰富的想像力，特别是创造性想像，以及培养善于进行变革和发现新问题或新关系的能力。

2) 重视思维的流畅性、变通性和独创性。

3) 培养求异思维和求同思维。

4) 培养急骤性联想能力。急骤性联想是指集思广益方式在一定时间内采用极迅速的联想作用，引起新颖而有创造性的观点。

2. 创新人才

(1) 什么是创新人才　创新人才是指具有创新精神、创新意识和创新能力，能取得创新性成果的人才，其核心是创新思维。一般认为：仅有创新意识和创新能力还不能算是创新人才，创新人才首先是全面发展的人才；个性的自由独立发展是创新人才成长与发展的前提，作为工具的人、模式化的人和被套以种种条条框框的人不可能成为创新性人才；当代社会的创新人才，是立足于现实而又面向未来的创新人才。

在对创新人才的理解上，一般有以下几点基本认识：

1) 创新人才是与常规人才相对应的一种人才类型。所谓创新人才，就是具有创新意识、创新精神、创新能力并能够取得创新成果的人才。而所谓常规人才则是常规思维占主导地位，创新意识、创新精神、创新能力不强，习惯于按照常规的方法处理问题的人才。创新人才与通常所说的理论型人才、应用型人才、技艺型人才等是相互联系的，它们是按照不同的划分标准而产生的不同分类。无论是理论型人才、应用型人才还是技艺型人才，都需要有创造性，都需要成为创新人才。

2）创新人才的基础是人的全面发展。创新意识、创新精神、创新思维和创新能力并不是凭空产生的，也不是完全独立发展的，它们与人才的其他素质有着密切的联系。从这个意义上讲，创新人才首先是全面发展的人才，是在全面发展的基础上创新意识、创新精神、创新思维和创新能力高度发展的人才。

3）个性的自由发展是创新人才成长与发展的前提。日本临时教育审议会关于教育改革的第一次审议报告指出："创造性与个性有着密切的联系。"大学要培养具有创造性的创新人才，就必须首先使他们成为一个作为人的人、真正自由的人、具有个体独立性的人，而不是成为作为工具的人、模式化的人、被套以种种条条框框的人。虽然不能说个性自由发展了人就有创造性，就能成为创新人才，但没有个性的自由发展，创新人才就不可能诞生。从这个意义上讲，创新人才就是个性自由、独立发展的人。

4）无论是创新还是创新人才都是历史的概念。在不同的历史时期，人们对创新和创新人才的理解都会有一些异同。当代社会的创新人才，是立足于现实而又面向未来的创新人才，应该具备以下几个方面的素质：博、专结合的充分的知识准备；以创新能力为特征的高度发达的智力和能力；以创新精神和创新意识为中心的自由发展的个性；积极的人生价值取向和崇高的献身精神；强健的体魄。

对创新人才必须有一个全面正确的理解，在创新人才理念上的局限性，容易导致对创新人才的误解和实践上的偏颇。如有的把创新人才与理论型人才、应用型人才、技艺型人才对立起来；有的认为培养创新人才就是要使学生具有动手能力，而把创新能力与知识对立起来；有的认为培养创新人才就是为学生开设几门"创造学"、"创造方法"课程，而把所谓的创新素质与人的全面发展特别是个性发展对立起来。掌握了所谓的创造知识、创造方法的人未必就能成为真正的创新人才。

（2）创新人才的素质特征　创新人才包括哪些素质结构？目前似乎没有一致的见解。不同的行业、不同的职业有不同的素质要求，其创新能力自然也就表现在不同方面。对于大学生，教育部颁发的《普通高等学校本科教学工作随机性水平评估方案》（试行）中指出：

新时期，我国处于工业经济时代，创新既是追求利益最大化、竞争最优化的坦途，又是引领社会向知识经济时代迈进的动力源。故当前创新教育具有双重使命，既服务于利益及竞争需求，又服务于社会进步，培养创新人才成为高校的最重要任务。创新人才素质基本特征体现在：健康的人生价值取向与崇高的献身精神；对创新需求的敏锐预测和准确把握；善于观察、独立思考并勇于挑战；充分的知识准备与有效的知识综合；遵循创新规律并注重科学素养；规范的创新行为与人文关怀；科学的创新思维与艺术修养；良好的心理品质与个性的弘扬；创业精神与创新成果的转化能力。

北京师范大学钟秉林教授指出：创新型人才就是具有创新意识、创新精神、创新思维、创新能力并能够取得创新成果的人才。创新型人才应具备6个特征：博、专结合的充分的知识准备；高度发达的智力和能力；自由发展的个性；积极的人生价值取向和崇高的献身精神；国际视野、竞争意识和国际竞争力；创新型人才还要有强健的体魄。

所谓创新型科技人才，首先要有深厚而扎实的基础知识，精通本专业的最新科学成就和发展趋势，并且还要了解相邻学科及必要的横向学科知识，这是在科技竞争日趋激烈的情况下作出创新贡献的基本条件。第二，创新型科技人才要有极为敏锐的观察力，能够从本源上发现重大问题，准确把握科技发展趋势，及时发现他人没有发现的东西。第三，创新型科技人才要具有严谨的科学思维能力和对事物作出系统、综合分析与准确判断的能力。第四，创新型科技人才要具有敢于创新的勇气和善于创新的能力，要敢于面对困难，走别人没有走过的道路，同时又要符合科学思维规律。

有人总结创新人才的素质特征如下：

1）善表达，勤思考，主意多。不隐藏观点，敢于亮出观点，将其表达出来，供上司、同事、合作者参考；面对问题，开动大脑，以最快的速度反映问题，发散、逆向、形象、联想等多种思维方式并用，不迷信惯性思维，不人云亦云，多角度、多层次、多方面思考，务实地求解问题之道。

2）重视灵感，及时记录和探究灵感的来龙去脉。灵感总像黑夜的闪电一样，转瞬即逝。创新人才总是敏锐捕捉、及时记录、善加辨析、探根究底，并使之成为习惯。这正应了古语“好记性不如烂笔头”。相比起来，我们也有偶尔的灵光闪现，可真正重视起来、记录起来、行动起来的太少。

3）尚疑。学起于思，源于疑。大圣孔子曾说“学而不思则罔，思而不学则殆”，苏格拉底曾说“问题是接生婆，它能帮助新思想的诞生”，创新伴随着疑问、疑难、质疑；要创新，就得有一颗善疑的大脑。善疑是建立在敏锐的观察和丰富的想像基础上的，养成细心观察，富于想像的性格是创新人才的重要特征。简而言之，小疑则小进，大疑则大进，不疑则无进，寡疑则少进。

4）注重专注领域的知识积累。既注重从实践获取真知，也重视汲取前人的研究成果。注意兼听、辨析。还有一个很重要的习惯是跟踪和学习前沿理论。前沿最新动态预示着领域内的变化，甚至巨变。善加辨析，有助于启发思维，拓展思路，创新思考。

5）创新不求面面俱到，讲究专攻。“闻道有先后，术业有专攻，如是而已”，创新人才力求全面发展，但绝不求全责备。龚自珍有云：“我劝天公重抖擞，不拘一格降人才”。人才并不是全能，更多的是在某些方面下更多功夫，花更多时间；在特定领域里，力求全面。爱因斯坦曾说：“如果让普通人在一个干草垛里找一根针，那个人在找到一根针后会停下来；而我会把整个草垛掀开，把可能散落在草垛里的针全部找出来。”

6）创新人才讲究作风、学风、文风。作风踏实、学风务实、文风平实是创新人才的一个重要标准。科学来不得半点虚假，创新必然要经得住检验。只有踏实、务实、平实起来，学问才有精进，才能“不为积习蔽，不为时尚惑”，才能求真、求实、求是、求变、求新。

7）具有执着精神。创新是一种探索，多半是伴随着逆境成长的，不易言开始，但更不轻言放弃，不达目的不罢休，孜孜以求，创新不止。总是积极主动去实践，去反复，不断探索，试验新方法，检验新思路，以求得正解。对于权威，不盲从；对于失败，不气馁。这种执着的精神是他们成功的法宝。居里夫人克服生活的艰辛，在坚强意志力支持下，经过无数次艰苦、繁重的试验，用4年的日夜苦战，从8吨沥青铀矿残渣中，提炼出十分之一克镭，最终成为世界上第一位获得诺贝尔奖的女性；为培养第一代杂交稻，袁隆平用8年时间历经磨难的“过五关”（提高雄性不育率关、三系配套关、育性稳定关、杂交优势关、繁殖制种关），最终配制杂交水稻成功，为中国和世界的粮食问题做出巨大的贡献。这样的例子还有很多，但是反映了一个普遍的道理，创新不是一蹴而就的，需要克服困难和曲折，不断在逆境和失败中积累经验，摸索道路，最终破解难题，实现创新。

8）高端创新人才强调协作精神。随着知识的不断增长，课题涉及内容的增多，特别是边缘科学、交叉科学的兴起，创新人才更加强调合作。统计表明，2000～2006年诺贝尔奖获得者中，“双胞胎、三胞胎”占了大多数。这种小组团队合作对集思广益、协同攻关有着显著的作用。创新难，养成创新的习惯更难；创新又不难，一句话，一个点子就可能激发灵感，突破思维的瓶颈，解决未解的难题。时代在进步，创新不分你我，人人都成为创新的主体；生活工作，点点滴滴都能成为人们创新的土壤。

（3）创新实践是创新人才培养的重要途径　创新人才需要具备宽厚的基础知识、突出的创新精神、卓越的实践能力和高度的责任心，因而需要多方面、多途径地加以培养。所谓创新实践是相对重复性的实践活动而言，泛指人们从事的一切具有创造性的现实的实践活动，如科技创新、制度创新等。创新实践在创新人才培养中的作用主要表现在以下几个方面：

1）创新实践有助于强化创新者的创新意识。在创新实践中，创新者能够深切意识到创新的意义和价值，从而产生强烈的社会责任感，形成以创新奉献社会的道德观念、追求理想目标的进取心、发现问题的探索欲和批判精神，产生强烈的创造欲望或激情。

2）创新实践可以极大丰富创新者的创新经验。经验对于任何一项工作来说都是必不可少的，即使对于从事理论研究的人来说也是这样。创新经验只能来自亲身经历的创新实践，创新经验越丰富，创新的能力也越强。

3）创新实践可以极大增强创新者的创新动力。在“真枪实弹”的创新实践中，创新者不再是旁观者，而是创新实践的主体，是身处战场中的战士，在创新实践中担负着特定的创新任务和责任，而且通常与自身的前途、利益和荣誉紧密联系在一起，这种状况使创新者能够以严肃认真的态度全身心地投入工作，从而激发自己的创造潜能，使创新者在创新实践中意志得到磨练，能力得到增强。

4）创新实践可以增强创新者的协作能力和社交能力。协作能力和社交能力是创新人才必备的一种素质。一个具有良好社会交往的人会比一个缺乏正常社会交往的人能够在信息获取等许多方面得到更多的及时的帮助和支持，从而更能获得成功。在创新实践中，工作的需要会迫使创新者进行协作和广泛交往，从而使创新者的协作能力和社交能力得到磨练而增强。

5）创新实践最重要的作用就是能够极大地提高创新者的创新能力。创新能力是创新人才最基本最重要的能力，如果仅有强烈的创新意识而缺乏创新能力，心有余而力不足，创新实践是无法进行下去的。创新能力主要指与智力因素相对应的创造力，包括信息的获取和加工能力、接受新知识的能力、运用知识和创新技法的能力、发现问题的能力、创造性思维能力以及实际动手能力等。在创新实践中，创新者需要调动其积极性和主动性，勤于思考、勤于动手、勇于创造，从而使创新者的学习能力、思维能力、动手能力得到训练，创新能力得到迅速提高。

2.1.3 创造性学习

1. 创造性学习概述

创造性学习是经心理学界长期探索而提出来的。创造性学习（Creative Learning）一词来自创新学习（Innovative Learning）。“创新学习”的概念最早出现在牛津、纽约等6家出版社于1979年出版的《学无止境》（No Limits to learning，作者是James W. Botkin，Mahdi Elmandjra，Mircea Malitza）一书中，它是针对全球存在的环境问题、能源危机等而提出来的。创新学习是与传统的学习方法——维持学习（Maintenance Learning）相对立的一种学习；维持学习是获得固定的见解、方法、规则以处理已知的和再发生的情形的学习，它对于封闭的、固定不变的情形是必不可少的。创新学习是能够引起变化、更新、改组和形成一系列问题的学习，它的主要特点是综合，适用于开放的环境和系统以及宽广的范围。预期和参与构成创新学习过程的概念框架，创新学习需要创造性的工作。维持学习和创新学习的另一区别在于：维持学习所要解决的问题来源于科学权威或行政领导，其解决方案容易被公众理解和接受。对创造学习而言，问题解决本身比其被接受更重要，它们在与更大的社会环境整合中获得价值和意义，因此，创造学习的关键目标是在充足的时间内扩大观念的影响范围。20 世纪 80 年代初，提出的"创造性学习"概念，探讨学生创造性学习，是为了促进创造性人才的成长。

维持性学习（或称适应性学习、接受性学习、继承性学习）强调的是要培养对现实社会的适应能力。它的功能在于获得人类社会几千年积累起来的已有知识经验，以适应解决当前已经发生的现实问题能力的需要。它重视模仿继承，即重新获取知识成果和积累信息的能力。

创造性学习提倡通过学习提高个人发现、吸收新信息和提出与解决新问题的能力，以迎接和处理社会日新月异的变化。目前强调创新性学习，主要是针对现实教学中存在的过分强调记忆式接受问题，有它的现实针对性。

随着信息时代和知识社会的来临，人们看到，一方面是知识生产量的急剧增长，另一方面则是知识与技术的迅速老化。从下面一组数字就可以清楚地看到这种社会发展的大趋势：

- 据估计，全世界最近 50 年生产的知识量约占人类社会知识总量的 90%。
- 1998 年的美国国情咨文中说，人类的全部知识每 5 年翻一番。有人预测，2020 年的知识总量约为现时的 3~4 倍，2050 年的知识总量约为现时的 100 倍。
- 知识的平均老化周期，18 世纪为 80~90 年，19 世纪~20 世纪初为 30 年，20 世纪末为 5~10 年。

在这种严峻的形势下，依靠学校来传授与学习知识的方式已难以适应知识与技术迅速发展与变化的状况，学习需要改变形式，学习呼唤着革命。

在教育教学大讨论中，提出了一些关于学习方式的新术语概念，如："创造性学习"、"创新性学习"、"研究性学习"、"探究性学习"等。它们的含义是什么，有什么特征，其定义、区别、模式等又如何，尚无定论。从目前发表的研究结果来看，应该说这几者之间实质、内涵并没有本质的差别，只是侧重点有些微小的差别。有的强调创新过程，有的强调创新结果。

本书所指的创造性学习，就是适应素质教育的要求，科学地把握现代学习的本质，以自主持续发展为目标，以提高创新意识和创新能力为目的的学习活动；从个人的学习活动来看，是学生在学习过程中，不拘泥书本，不迷信权威，不墨守成规，以已有的知识为基础，结合学习的实践和对未来的设想，独立思考，大胆探索，别出心裁，标新立异，积极提出自己的新思想、新观念、新思路、新问题、新设计、新建议、新方法的学习活动。

创造性学习是一种崭新的学习方式。作为一种学习方式，"创造性学习"是针对"维持性学习"和"训练性学习"而提出的，通常是指教师或他人不把现成的结论告诉学生，而是学生在教师的指导下，自主发现问题、探究问题、获得结论的过程，显然，作为一种新的学习方式，它是渗透于学生学习的所有学科、所有活动中。

我们提倡创造性学习，决不是全盘否定传统学习。创造性学习是针对传统学习的弊端而提出的，创造性学习与传统学习既不是对立的，也不是简单的修修补补，创造性学习是传统学习的补充和发展。学习的本质不仅有“学而习得”，还有“发展”的含义，创造学习不仅要求传统学习观中对“知识的继承”，更强调对已有知识的整合、重组和发展，从而得到新的结果。而创造学习以必备的基础知识为载体，知识的获得是传统学习观的主要目标之一。创造学习是以人的发展为核心理念，而传统学习是以知识的获得为核心。创造学习是对传统学习的一种突破，重意识、精神和能力的“习得”，不单纯局限于知识的传承。因此，我们认为创造性学习是传统学习的补充和发展。

2. 创造性学习的基本特征

创造性学习的内涵和创造性学习的基本特征是紧密联系在一起的，弄清创造性学习的基本特征，创造性学习的内涵就不难理解了。创造性学习的基本特征有主体性、开放性、过程性、实践性、互动性和创新性。

(1) 主体性　创造性学习强调学生是真正的主体，是学习的主人，是以学生的自主持续发展为目标。把学生真正地置于主体地位。主体性的实质在于通过培养学生的自主意识、自主能力、自主习惯，来充分发挥每个人的创造潜能，促使学生在学习过程中的自我实现、自我创新、自我发展。

(2) 开放性　开放性是指在现代社会，学生获取知识的渠道和方法是多种多样的，因而学习内容和地点是开放的，即学习内容的开放性和学习时空的开放性；学生思维活跃，发现问题、解决问题的方式方法也是多种多样的，呈开放态势；学生由于个人兴趣、经验和学习活动的目的不同，其学习过程也呈开放性；学生在交流评价时，标准应是多元的、开放的。

(3) 过程性　创造性学习将实施的过程看得比结果更为重要。当然，创造性学习也看结果，但研究结果对学生而言往往不是最重要的，最重要的是学生在研究过程中学习和掌握了研究一般问题的流程和方法，亲身经历了自我观察、实验、归纳、类比、思考、猜测、推理和他人交流合作等较为复杂的探索活动，体验了知识产生发展的过程，增强了研究意识和问题意识，学会了如何学习，如何去解决问题。价值取向重点是学生参与研究的过程，在过程中，培养学习方式、思维方式、知识的整理与综合、信息的收集、处理和判断，重视的是学习的主动性、创造性和积极性。在课堂教学中要以学为本，以学为标，让学生感知认识产生的过程；在课外，通过选择课题、设计方案，查找资料，社会调查，动手实践等方式，可亲身感受学习的艰辛，尝试与他人合作，体验知识产生发展的过程。

(4) 实践性　主要是让学生成为积极的探索者，通过自己提出问题和解决问题，来了解知识产生和发展过程。为了达到这个目的，学生可以到实验室做实验，到社会上做调查，也可以到大学、科研机构访问请教，还可以在学校中查阅资料、上网和老师讨论问题。学习不再局限于对学生进行纯学术性书本知识的传授，而是让学生自己动手实践。实践具有多样性，让学生在观察、实验、实习、探究、生产劳动、创作、社会实践等活动中，自己发现问题，自己解决问题，体验和感受生活，培养他们勇于探索，不怕挫折，敢于实践，勇于创新的个性品质。

(5) 互动性　互动性是自主创造性学习的重要特征。在学习过程中，能通过调节师生关系及其相互作用，形成和谐的师生互动、生生互动、学习个体与学习媒体的互动，强化人与环境、实践的交互影响，从而达到提高学生学习兴趣、激发创新潜能的目的。

(6) 创新性　创新性是创造性学习的本质特征，指在教育教学实践中，着重培养学生的创新思维和创新实践能力，激发学生创新潜能，让学生体验到创新的情感，塑造创新性人格。学生在自主创造性学习过程中有批判意识和探索精神，有不同于书本或教师所讲的推导过程与思维过程，能提出独到的、新颖的观点或结论。

3. 如何学会学习

美国著名未来学家阿尔温·托夫勒曾经指出："未来的文盲不再是不识字的人，而是没有学会怎样学习的人"。在未来世界，学会如何学习是每一个人都要面对的时代课题，大学生自然也不例外，它既是打开终身学习之门的钥匙，也是进入知识经济时代的通行证。联合国教科文组织指出，21 世纪教育的使命是帮助学生学会做人、学会做事、学会学习、学会共处。那么大学生怎样才能"学会学习"呢？

(1) 远大的目标　理想是一种精神力量，是大学生学习的内在驱动力。只有树立了崇高的理想，才能树立远大的奋斗目标，从而产生巨大的动力，激励自己锲而不舍、坚韧不拔、努力拼搏、奋勇向前、攀登科学高峰。

(2) 自主学习的学习观　所谓自主学习就是学生自己主动地学习，自己有主见地学习。自主性学习是发展学生个性的核心要素，要充分尊重学生的自主性，积极鼓励自主学习，并创造各种机会让学生自主学习，从而使学生充分释放其潜能，促使其积极地发展。自主性学习是对被动适应式学习的超越，它是以学生为学习的主人，以发展学生自主性、能动性、创造性为目的的现代教育理念。

(3) 科学的学习方法　学习方法就是学生学习时所采用的方式、手段、途径和技巧。科学的学习方法是人们的认识规律和学习规律的反映，它具有共同性和普遍性。同时，学习方法由于受学习目的、学习内容、学习条件、教育者的个体特征（如教授方法，学识水平，教育，教学思想）、学习者的个体特征（如年龄、文化基础、素质、个性）等因素制约，而这些因素又是复杂的、多变的，因此，学习方法又呈现出多样性并具有个性化。另外，教育是随着社会生产力的发展而发展的，教育内容不但是社会科学技术发展水平的反映，同时教育的手段和方法也是社会生产力发展水平决定的，因此与教育内容、教育手段和方法相适应的学习方法也必然有时代特点。

要研究学习规律，掌握基本的学习方法。掌握了学习的规律，就会自觉地遵循学习规律进行学习。合乎学习规律的学习方法是科学的学习方法，它具有普遍的意义，比如：巧妙运筹时间的方法；灵活运用大脑的方法；循序渐进的方法；记忆的方法；理论联系实际的方法等等，这些是对每个大学生都适用的基本方法。

要重视借鉴前人和外国的学习经验，因为它是人类共同的智慧和财产。同时又要注意联系学习的实际，研究具有不同针对性的学习方法。在研究具体的学习方法时，它又具有针对性、有不同的特点。如：不同的学习阶段、学习目标、学习内容、学习对象与学习环境，学习方法不同；专业性质和课程特点不同，学习方法就有差异；教学环节不同，教学形式不同，学习方法也必然不同。因此，学习方法要因课、因时而宜，针对不同的内容和要求，采取不同的学习方法。

要从个人实际出发，采用和创建适合自己特点的科学学习方法。每个人的发展基础不同，智力和非智力因素有差异，学习习惯、特点不同，因此，在研究、采用和创建科学的学习方法时，必须切合个人实际，切忌"千人一方"，"学有其法，学无定法"。最好的学习方法应当既是科学的，又是适合于自己的。

(4) 关注学习技巧 如果对学会学习的能力技巧方法的学习不加以关注和持续的提高，那么一段时间之后，就是成绩极其优秀者也会掉队的。因为信息社会知识的总量和信息增加的速度永远是一个人无法来全部穷尽的，只有不断关注学会学习能力的提高，才能不断适应社会的变化，使得自身的知识结构保持一定的刷新率。学会学习能力的不断提高就是在成长过程中不断削减消弱成长中带来的限制因素。

1) 学习合作技巧 通过参加有意义的小组活动和集体活动，提倡共享天分和资源，应对共同活动中的冲突，培养一起解决问题的能力。

2) 质询探究技巧 寻找有关所给问题的信息，并对获得的信息进行评价。涉及探究学习的活动包括形成问题，收集数据，发散思考或形成观点，评价选择方案，并给出解决问题的方法等等。

3) 反思技巧 反思包括在学习过程中对学习的集中思考。然而，学生常常疲于完成任务，不花时间进行反思。学生从两种类型的反思活动中进行学习。第一类关注内容，学生提出诸如“我现在已经知道什么”、“如何用这些信息满足项目目标”等问题。第二类是关于学习过程的反思，学生提出诸如“在此环境中我怎样做一个学习者——一个自主学习者，一个问题解决者，一个合作者”、“我的力量及缺点是什么”、“我如何改进提高”等问题。

4) 利用时间技巧 关于时间的安排上，有一种提法，即按照事情紧急和重要程度两个维度，将自己的所有的任务放在四个域中，即紧急而且重要，重要但不紧急，紧急但不重要，不紧急也不重要。对于学会学习来说属于重要不紧急的事情。这类事情看起来一点也不急迫，但却是我们每一个学生需要关注、花更多时间来学习和处理的。想一想，我们每一天、每一周、每一月、每一学期、甚至每一年中哪些是重要不紧急的事情？要注意做好这些事情。

学习技巧还有很多，诸如观察、沟通、比较、分类、找出关系、推论、自我认识、自我调控等等。必须不断学习、不断总结，找出适合自己特点的学习技巧。

(5) 善于自学，养成学习习惯 通常学习有两种基本形式：师授与自学。不管社会教育制度如何改革，终身教育如何发达，正如华罗庚所说：“对一个人来讲，一辈子总是自学的时间多。”钱三强说，“自学是一生中最好的学习方法。”一个人知识的积累和更新主要是依靠自学。自学是学会学习的基本途径，也是成才的必由之路。自学的主要途径是读书。从某种意义讲，学会自学就是学会读书。当今时代，图书资料浩如烟海，仅就科技图书而言，每分钟就有 3000 页问世，没有科学的读书方法是不能在知识海洋中自由航行的。

习惯是人的行为活动的一种固定化倾向，要做到有规律、有计划地学习，养成良好的学习习惯。

(6) 改变学习方式，从“学会”转向“会学” 学习有两种方式：一是维持性学习或称适应性学习，其功能在于掌握已有的知识、经验，提高解决当前已经发生的问题的能力，即“学会”；二是创造性学习或自主创造性学习，其功能在于通过学习提高发现、吸收新知识、新信息和提出新问题的能力，迎接和处理未来社会发生的日新月异的变化，即“会学”。我们再也不能刻苦地、一劳永逸地获取知识了，而需要终生学习如何建立一个不断演进的知识体系。只有学会学习，才有资格和能力成为 21 世纪的新主人。

(7) 要创新学习手段，学会利用现代化学习工具 信息手段决定着人们获取信息量的大小和学习的模式，影响学习的效率。以计算机网络为代表的信息高速公路为人们提供了一个取之不尽的信息库，全世界的学习资源都可以用来为我的学习服务。信息手段的革命性变化为人们的学习展示了美好的前景，也提出了更高的要求。大学生学会使用现代信息和传授技术，会使其学习的效果起到事半功倍的作用。

学会自学，应掌握自学的方法与技能，学会有效使用学习资源、学习工具等。如学会利用图书馆，学会使用工具书，学会文献检索、资料查询，学会做学习笔记，学会积累和整理资料，学会对所学知识（包括书本上的和实践中的）进行分析、归纳和总结等。

学习是艰苦的，学习又是快乐的。学习有不解时的困惑，有探求时的执着，有理解后的轻松愉悦。在学习过程中释放创新意识，锻炼实践能力，享受成长的快乐。在未来，你所拥有的唯一持久的竞争优势就是：有能力比你的竞争对手学习得更好、更快。

2.1.4 高等院校创造性人才培养

从创造和创新的原意和创新人才条件看，高等院校培养的目标应该是培养大批创造性人才，就教育对象的多数，达到创新人才的要求是不现实的。

1. 培养创造性人才，必须更新教育思想

创造精神是人类文明发展的基本动力，创造精神常常表现为批判性、独立思考能力和创新能力。我们的传统教育往往不重视创新，强调统一性和规范性，每一个受过教育的大脑都是教育生产流水线产出的思维标准件，整齐划一，循规蹈矩。凡要标新立异，就可能成为次品、等外品。

我们必须改变传统教育思想中的价值观、质量观、人才观、教师观、学生观等等，使我们的教育思想真正从专才教育转变为通识教育，从应试教育转变为素质教育，变接受式教育为创新式教育，变知识再现型学生为知识发现型学生，变学生的适应型学习为创新型学习。我们必须把传统的知识质量观以及能力质量观转变为含知识、能力在内的全面素质质量观。

2. 培养创造性人才，必须改革教学方法

创造性人才的培养，有赖于学校创造性的教育，而学校实施教育的途径是教学。因此，改革传统教学方法，就成了培养创造性人才的重要环节。传统的教学方法存在许多缺点：重教有余，重学不足；灌输有余，启发不足；复制有余，创新不足。这就严重影响了学生的思维活力，压抑了学生的创新精神，不利于创造性人才的培养，所以必须进行改革。

（1）改革教育教学方法，摒弃注入式、填鸭式的教学方法，努力把演绎法和归纳法结合起来。

（2）重视工程实践训练 加强工程实践训练，培养学生利用多门学科知识综合分析问题和解决问题的能力。这既是培养学生动手能力、实践能力的需要，也是培养学生创造能力和创造精神的需要。

（3）重视第二课堂活动 利用第二课堂弥补第一课堂的不足，让学生各展所长，并充分发展学生的非智力因素。

（4）把科学研究引入大学教学过程，努力使教学过程带有研究性质 例如，开设带有研究性质的实验课、实习课和大作业；把学年论文、课程设计、毕业论文、毕业设计纳入某项课题的研究之中等等。当然，让学生亲自参加科学研究工作，更是直接培养学生创造能力的有效途径。

（5）建立平等、和谐的师生关系，提倡师生共同研讨问题 大学生已初步建立起了个体化的认识体系，他们思维的独立性、批判性、选择性已有较大发展。大学生是根据自己的兴趣、意志对教师的言传身教进行加工、改造、吸收，使其纳入到原有的知识体系之中，并在此基础上形成自觉的评价标准的。平等的研讨、自由的双向交流，最有利于激发学生创造性思维的火花。要通过启发式、讨论式、研究式等教学方法，培养学生的开拓精神、创新能力和参与意识，帮助学生学会学习，学会思考，学会探索；要通过开设带有研究性的实验课、实习课、综合性作业等，培养学生的科技态度、合作精神和创新能力；要在学校整个教育过程中贯穿素质教育的思想，体现素质教育的目标。

3. 培养创造性人才，必须注重学生的个性发展

高等教育在整个教育教学过程中，既要注重全体学生知识的获得，又要注重每个学生的个性发展。个性教育，要照顾学生的个性差异，要让学生充分发挥其独特的个性优势，形成独立的个性。个性教育的目标对学生的个性发展有四方面的要求：个人的性格、气质特点得到健康发展；个人的兴趣爱好得到良好的发展；个人的潜在能力得到充分发展；个人的主动性、创造性得到有效发展。个性教育和个性化教学，对教育者而言是因材施教，对学生而言是鼓励其各显神通特别是发展他们的创新意识和创造精神。

4. 培养创造性人才，必须加强创造性思维的训练和非智力因素的培养。

（1）保护好奇心，激发求知欲。

（2）鼓励直觉思维。

（3）发展语言逻辑思维。

（4）培养发散思维与集中思维。

2.2 实验教学

2.2.1 实验教学概述

1. 实验教学的地位与作用

实验是指科学上为阐明某一现象而创造特定的条件，以便观察它的变化和结果的过程。科学实验是发现科学真理的基础，又是检验科学真理的标准。近代科技发展史表明，实验工作在科学发明的过程中起着重大作用，它不仅仅是验证理论的客观标准，还常常是新的发明和发现的线索或依据。1820 年奥斯特在一项实验中观察到放置在通有电流的导线周围的磁针会受力偏转，他由此认识到电流能产生磁场。从此使原来分立的电与磁的研究开始结合起来，开拓了电磁学这一新领域。1873 年麦克斯韦建立了完整的电磁场方程（即麦克斯韦方程组），预言了电磁波，并提出光的本质也是电磁波的论点。1887 年赫兹做了电磁波产生、传播和接收的实验，这项实验的成功不仅为无线电通信创造了条件，还从电磁波传播规律上确认了它和光波一样具有反射、折射和偏振等特性，终于证实了麦克斯韦的论点。在门捷列夫以前，化学已有相当的发展，从大量实验中对已发现的化学元素如氢、氧、钾、钠等都有了一定的认识，确定了这些元素各自具有的化学性质。但是，这种认识是孤立的，只是肯定了各元素的个性。门捷列夫整理了前人的大量实验结果，研究诸元素间性质上的联系，终于发现了元素周期律，并据此预言了一些当时尚未发现的元素的存在和它们应有的性质。他的这些预言后来都为实验所证实。周期律大大推进了化学理论的进展。另外，天文学上发现海王星的例子也可进一步说明实验研究导致新的科学发现的过程。在人们刚刚发现的天王星进

行大量观测和分析之后，产生了一个疑问，为什么它的实际位置与用万有引力定律计算的理论位置并不相符？这导致人们思考，或是引力定律自身存在问题，或是另有一颗未知的行星在起作用。这引起当时才 28 岁的英国大学生亚当斯和法国青年勒威耶的兴趣。他们受后一估计的启发，利用已掌握的天文资料，经数年努力先后独立地用数学方法推算出那颗未知行星的运行轨道，随后又经柏林天文台观测证实，海王星就这样被发现了。

实验在科学技术工作中所具有的重要意义是很明显的。实验教学是高等工程教育的重要组成部分，在培养工程类人才方面具有关键作用。然而，要做好实验工作还需注意以下几个重要方面：

一般讲，一次完整的实验应包括定性与定量两方面的工作。做实验首先强调观察，集中精力于研究对象，观察它的现象、它对某些影响因素的响应、它的变化规律和性质等等，这些属于定性；对研究对象本身的量值、它响应外部条件而变化的程度等等做数量上的测量属于定量。定性是定量的基础，定量是定性的深化，二者互为补充。在完成定性观察和定量测量取得实验数据之后，工作并未结束。实验的重要一环是对数据资料进行认真整理和分析，去伪存真，去粗取精，由此及彼，由表及里，以求对实验的现象和结果得出正确的理解和认识。

1892 年，英国科学家瑞利在测量氮气密度时偶然发现，分别来自空气和氮化物中的氮气密度，在小数点之后第三位上有所不同，分别为 1.257g/L 和 1.2502g/L。然而，微不足道的差异却引起了他的特别关注。他不认为小数点后第三位的不同源于“测量误差”，而对小数点后第三位的不同提出好几种假说，例如，假定大气氮中含有与臭氧 O_3 相似的成分 N_3；而且还在《自然》杂志上发表了文章。但是，学术界并不特别青睐瑞利的新发现，只有苏格兰化学家拉姆齐猜想这其中必有蹊跷，并表示要和瑞利共揭奥秘。于是他又重新测定了这“两种氮气”的密度，分别得到 1.257g/L 和 1.251g/L 的结果。他还宣布，两者密度之差，就是因为大气氮中含有 N_3。但是，当拉姆齐把眼球对准大气光谱时，却大吃一惊：除了已知氮的光谱之外，还有不属于任何一种已知元素的一组红色和绿色的、清清楚楚的光谱。看来大气中含有某种未知元素，而不是 N_3。那么新元素又是何方神圣呢？他又想起了当年英国科学家卡文迪许做过的实验：让含有充足氧气的空气通过放电来氧化全部氮气。但结果是仍然有体积约 1/80 的“氮气”不和氧气“喜结连理”，要打单身。自此，新的设想出现了：空气中一定含有一种懒惰的新元素。于是地球上第一个惰性元素——氩，被二人在 1894 年从百余吨液态空气的慢慢蒸发中发现了。接着，拉姆齐还发现了其他 5 种惰性气体。瑞利和拉姆齐因此分别获得 1904 年诺贝尔物理学奖和化学奖。这一发现，当时曾被称为“第三位小数的胜利”。

什么是科学家，科学家就是“斤斤计较”的人。明明水的沸点是 100℃（这个整数多好嘛！）偏偏国际度量衡委员会在 1989 年发出正式通知：从 1990 年 1 月 1 日起，在标准大气压下，水的沸点被修订为 99.975℃。科学家们必须睁大眼睛，盯住那“小数点之后”，否则就会与重大发现擦肩而过。而学生在实验教学中就要培养这种“斤斤计较”的科学作风，养成勤于动脑，善于分析的好习惯。

实验教学是学生理论联系实际，进行能力训练的一个重要环节，其目的是使学生掌握各种常用仪器、设备的使用方法及各种测试手段，加深对所学理论的理解，掌握科学实验、数据处理、误差分析的方法，培养理论联系实际、独立思考、分析和解决实际问题的能力，因而实验教学是培养学生创新能力和动手能力的重要环节。如能很好地发挥这一环节的作用，将有助于加深学生对自然科学概念、原理和规律的理解，更有助于创新思维的训练和实践动手能力的培养，将对学生综合能力的培养起到至关重要的作用。

实践教学与理论教学既密切联系，又相对独立。它对提高学生的综合素质，培养创新精神与实践能力有着理论教学不可替代的特殊作用。实验教学在理工科教育中的地位和作用一直受到教育界的普遍关注，投入了大量的人力、物力进行实验室和实验教学建设，也创造了许多行之有效的经验，为国家的经济建设培养了大批的科技骨干。但是在应试教育模式下的实验教学，往往被置于教学辅助环节，受到有意无意的冲击，影响了实验对人才培养综合作用的发挥。

随着知识经济时代的到来，迫切需要的是具有综合能力、创新能力、实践能力的人才，而高校的实验教学恰恰是理论和实践相结合，培养学生创新能力和实践能力的重要环节。随着现代科技的飞速发展及各学科之间的相互渗透，传统的实验室和实验教学方法及内容已无法满足高等院校现行人才培养目标的需要。为适应 21 世纪对高等教育人才的需要，就必须不断更新实验教学内容、方法和手段，使学生能够接受先进的科学技术，掌握先进的实验操作规程，具有较高的实践动手能力，这样才能使学生适应商品经济社会对人才的需求。因此，深化实验教学改革，充分发挥实验教学和实验室的作用，对提高实验教学质量和培养创新人才有着积极的意义。

2. 传统实验教学的不足

我国高等教育大多存在以理论教学为主，实验实践教学为辅的现象。传统的实验教学一般指导思想是：通过实验，使学生进一步加深对理论课程的理解，同时掌握一定的基本知识、基本技能和基本方法，接受科学实验的初步训练，为课程和以后的学习打下一定的实验基础。长期以来，这种观点一直是我们组织实验教学的指导思想。

传统实验教学，一直被人们看作是课堂教学的辅助和补充，是从属于课堂教学的教学环节。传统的实验教学大体上实行的是“课前预习—课堂实验—课后学生完成报告—教师评阅”的四段串行模式，在本质上是和应试教育相适应的，因为相当比例的学生的实验最终目的是通过考核获得到好的分数，所以常会出现学生不重视预习，实验时不愿意动手，课后不认真总结思考，甚至出现缺课、抄袭报告等习以为常的非正常现象。

传统实验教学的不足主要体现在：

1）实验教学的地位偏差。实验单纯依附课程，为课堂教学和理论教学服务；

2）“三基”（基本知识、基本技能、基本方法）要求贯彻过死，把“训练”看得过重。在每个实验中，都要定要求、定内容、定步骤，学生只能循规蹈矩，按部就班，即所谓“按方抓药”。虽然对培养学生办事力求严谨、规范有利，但造成思维定势严重，学生的创新意识受到抑制，影响了学生的学习积极性。

3）教学模式的不足。教学中以教师为中心，为主体，学生是被动地学习实验和操作技能的。教什么和怎么教，没能考虑学生发展的需要，不能培养学生的个性和创造性。上课时，教师讲，学生听，听完之后，“依葫芦画瓢”地做一遍，若得到的结果与理论一致（或相似）则实验成功，实验也就做完了。

4）教学形式单一。实验只以课堂教学的各个课程分类，完全割裂开各课程中理论知识与技术技能的联系。这种分类，虽然可以训练基本技能，但不利于创新能力的培养。

5）教学内容的不足。教学内容即实验内容，基本是课本中的理论或定律的验证和求证。常规实验大多是一些经典的、传统的，而反映现代高新技术的内容较少；单学科的实验多，综合性的实验少。

6）评价方法的不足。学生实验成绩的评价，以教师为中心，完全按是否符合老师事先给定的答案来评价，学生总处于被动的地位。这容易使学生在性格和情感受到压抑，不易形成创造性人格，严重影响了学生学习视野的拓宽。

3. 实验教学的改革

目前，理工科大学的实践教学环节包括实验、实习、社会实践、课程设计、学年论文、毕业论文（设计）等，不同类型的实践教学环节在教学计划中的地位、顺序、时间分配等情况不同，目的要求不同，所采取的教学模式也应该不同。

教学实验是为达到某种教学目的而设计安排的一种与实际联系的教学环节，实验类型大体可分为：验证、演示、操作、设计、综合应用和研究探索等几类。综合性实验是指实验内容涉及相关的综合知识或运用综合的实验方法、实验手段，对学生的知识、能力、素质形成综合的学习与培养的实验。设计性实验是指学生在教师的指导下，根据给定的实验目的和实验条件，自己设计实验方案、确定实验方法、选择实验器材、拟定实验操作程序，自己加以实现并对实验结果进行分析处理的实验。研究探索性实验是指学生在教师指导下，在自己的研究领域或教师选定的学科方向，针对某一或某些选定研究目标所进行的具有研究、探索性质的实验，是学生早期参加科学研究，教学科研早期结合的一种重要形式。应该肯定，各类实验形式对培养学生的综合素质，加深理论知识的消化、吸收，提高实践能力，有着不同的作用。采取哪种实验形式？各种实验形式各占多大比例？应从实际出发、全面考虑，切忌赶时髦。

教学模式、教学方式方法都是为教学目的服务的，不同的实验教学目的必然有不同的实验教学模式。传统的实验教学定位于课堂理论教学的辅助与补充，为了使学生进一步加深对理论课程的理解而设置，因此，传统的实验内容大多是所谓验证性实验。

验证性实验是为了培养学生的实验操作、数据处理和计算技能，学生们根据实验所获得的数据，通过计算得出结果，与已知的结果相比较，得出正确结论或分析产生误差的原因。

面对汹涌而至的知识经济时代，世界各国纷纷调整教育发展战略，我国正在积极进行创新教育和教育创新。中国目前的教育模式受科举制所定格的应试教育和守成教育模式影响很深，虽然在教育的内容上已有质的变化，但在教育模式上尚无质的改变。

创新教育要在加强基本理论和基础知识教育的同时，高度重视培养学生的创新能力，如自学能力、研究能力、分析能力、实验能力、设计能力、表达能力、组织管理能力等等。实验教学是学生理论联系实际，进行能力训练，培养创新能力和动手能力的一个重要环节，在整个教学体系中有着不可替代的作用。

随着教育改革的不断深入，为适应创新人才的教育模式，包括实验教学在内的教育教学改革正在深入展开。归纳起来，体现在以下几个方面：

（1）实验教学观念和指导思想的改革　实验教学改革突出“以学生为本”的现代教育教学理念，建立一切为了学生，为了一切学生，适合专业培养目标要求的实验教学新体系。新体系从机制上突出学生的主体地位，充分尊重学生的兴趣和特长，激发学生个性的弘扬，全面调动学生学习的主动性、积极性，促使学生自我约束，自我激励，敢于竞争，主动学习，不断进步优良学风的形成。

(2) 实验教学体系的改革

1) 改革按课程、按专业设立实验室存在的重复建设、分散闲置和资源浪费等弊端，按学科功能建立实验中心，建设学科实验平台。

2) 重新整合实验教学内容，减少低层次重复性、验证性实验，增加综合性、设计性、研究性实验教学内容。

3) 把部分实验课从理论课中剥离，独立设课，改变了实验教学依附于理论教学的从属地位，赋予其培养学生各种能力的全新使命和主渠道地位。

4) 按纵、横两条线，既按课程又按专业设置不同的实验课程体系。

5) 建立创新工作室，由学校出资、出设备设施，积极支持学生各种创新立项，提高学生实践能力、培养创新意识、创新精神与创新能力。

6) 将教师最新科研成果及时转化成学生实验项目，培养学生的科研意识和实践能力，鼓励学生参加教师科研课题。

(3) 实验教学方法的改革　改变实验室运行方式，实行开放式管理，变封闭式教学为开放式教学。在开放实验过程中，学生可以自主选择实验内容和实验时间。

开放实验室，不仅在时间和空间上是开放的，而且在教学方法、实验内容和仪器设备等方面也是开放的，即全天候、全方位开放。在开放实验室学生是实验教学的主体，充分让学生自己去思维，去发挥，让学生自己从反复的实验中得到锻炼提高。

近年来出现的所谓自助实验，是实验教学模式改革的一种大胆尝试，必将对现行实验教学和实验室管理体制带来极大挑战，带来新一轮实验教学变革。

(4) 改善实验教学条件　加大实验室建设投入，全面改善实验室条件，保证实验教学改革顺利进行。优化实验技术管理与教学队伍，加强队伍建设工作，建立一支相对稳定、与实验教学改革相适应的实验室工作队伍。

(5) 改革评价体系　教学评价的主要作用在于改善和促进学生的学习。实施学生自我评价，把评价的主动权一部分移交给学生，重视鼓励学生自我评价和相互评价，在学生自我评价时，教师仅起一定的引导作用。变以教师为中心的评价为以学生自我评价为中心的实验评价体系。

4. 设计性综合性实验与创新能力培养

设计性综合性实验由老师提出实验目的和要求，提出要完成的任务，让学生自己选择仪器、设计实验方案、拟定实验步骤，进行观察、分析和测量，直到最后得出实验结果，完成实验要求，相当于工程设计的模拟训练。同时设计性、综合性实验的规模、难度一般不大，完成一个设计性实验，相当于让学生做一个微型科研项目，培养学生的科研能力。设计性、综合性实验是对学生思维能力的高层次要求，它要求学生运用所学知识和一定的实验技能，通过分析、综合、推理、联想、想像等多种思维活动设计出实验的具体方案，并用实验加以验证。它能让学生亲自尝试创新思维和能力的飞跃，对激发学生学习兴趣，提高学生学习的主动性和自觉性，培养学生学习的合作意识，开发学生的创新能力，可以获得意想不到的效果。

设计性、综合性实验在各高校中普遍受到重视，认为它是培养学生创新意识和创新能力的一种有效模式，是实验教学模式和教学方法改革的一大进步。

设计性、综合性实验一般分为三个阶段：第一个阶段是准备、设计阶段。首先由老师提出实验要求，介绍有关背景材料和信息，并根据不同情况适当给予提示。随后，学生根据要求，查找资料、动脑筋、设计实验方案，选配实验仪器，拟定实验步骤，期间还可以和老师讨论。第二阶段是实验阶段。学生要自己独立实验，正确调节和使用仪器，观察现象，测量数据，思考和分析问题，排除故障，保证实验顺利进行。期间老师可以给予适当指导。第三阶段为书面小结阶段，写出实验报告，能以论文形式提交实验结果则更好。如有条件，各实验课题也可以口头形式进行交流讨论，效果会更好。

2.2.2 实验程序与实验报告的撰写

1. 实验程序

本书实验以设计性综合性实验为主，其内容涉及光、机、电、算、测量、控制及仪器等多门学科，不要求同学们把所有实验全部做一遍，但希望同学们在接受必需的基本训练之后，能够根据自己的条件、兴趣和可能，选做相应的实验。设计性综合性实验是一个小型课题，它与验证性实验重要的不同点是，每个实验都没有规定具体的实验方案、步骤，而是要求学生自己根据实验任务、目标，按照教材的提示，参阅给出的参考资料或自己查阅参考资料，自己制定实验（或设计）方案（确定总体方案和实验方法，选择仪器，制定实验步骤），自己动手实验，观察实验现象，测量和分析数据，排除可能出现的故障，直到得出正确的实验结果并写出完整的报告，在实验研究的全过程中得到较为系统的训练。诚然，这需要实验者有充分的实验准备，要多花一些时间和精力，但这对于实验者知识和能力的提高无疑是有益的。授之以鱼，只供一饭之需；授之以渔，则终身受用无穷。愿同学们在学习期间能够得到良好的实验技术和实验技能的训练，在学习理论知识的同时，提高分析问题、解决问题的能力。

测控专业的知识领域涉及光学、电学、机械学、计算机技术等基础学科领域，虽然不同的学科有不同的实验方法和实验技术，但就总体来说也存在一般规律。无论做哪一学科的实验，一般要掌握好以下三个基本环节。

(1) 实验预习（准备）　预习是实验的准备阶段。只有做好预习，才能打有准备之战，在有限的时间内做好实验，得到较大的收获。在实验前要仔细阅读实验指导教材，明确实验目的、任务，查找并认真阅读、理解有关资料，制定实验方案，写出预习报告。预习报告应包括以下内容：

1）实验目的、任务。扼要说明该实验所要解决的中心问题。

2）实验仪器和材料。说明实验中要用到仪器的型号、规格以及实验所需的实验材料。

3）实验原理。简要阐述实验所依据的学科理论知识，附以必要的原理图，如在涉及电学、光学等方面的实验中要画出电路原理图、光路简图等。

4）实验方案、方法。拟定实验计划、实验步骤或操作程序。

5）数据表格。设计好测量数据记录表格，以便实验中及时填写。

实验前的认真准备，是做好设计性实验的关键所在。如果说做验证性实验时可以临时抱书本，看一步做一步，照葫芦画瓢地进行的话，那么对设计性实验，如果没有事前的认真准备，将一事无成。

(2) 实验操作　学生进入实验室后应遵守实验室规则，像一个科学工作者一样要求自己，井井有条地布置仪器、工具，精心操作，细心观察实验现象，认真记录实验数据。在实验中要有耐心，有恒心，不要期待实验工作一帆风顺，在遇到问题时，要冷静地进行分析和处理。遇到问题是学习的良机，分析和解决问题的过程也是自己能力、知识的提高和升华过程。实验仪器发生故障时要在教师的指导下学习排除故障的方法。

另外，实验中要注意培养严谨的科学作风，要严肃对待实验数据，注意保持原始数据的完整和清晰，实验中数据不要先记录到草纸上，然后再誊写到实验数据表格中，这样容易出错，而且，这也不是原始记录了。保存好原始数据有利于对实验现象、实验结果的分析。

总之，要通过实验提高自己的实验能力，培养科学作风，而不只是测出几个数据。

实验结束时要还原仪器、整理好工具后再离开实验室。

(3) 实验报告　实验报告是实验工作的全面总结。撰写实验报告时，要求文字通顺，字迹端正，图表规整，结果正确，讨论深刻。

2. 实验报告的撰写

(1) 实验报告的定义及作用　实验报告，就是在某项科研活动或专业学习中，实验者把实验的目的、方法、步骤、结果等，用简洁的语言写成的书面报告。

实验报告必须在科学实验的基础上进行。成功的或失败的实验结果的记载，有利于不断积累研究资料，总结研究成果，提高实验者的观察能力，分析问题和解决问题的能力，培养理论联系实际的学风和实事求是的科学态度。

根据实验数据写出一份既简单扼要又内容完整的实验报告，是学生在校期间应当培养的一个很重要的技能。实验报告的质量是衡量实验者技术水平的一个重要方面。

(2) 实验报告的书写规范　实验报告一般具有以下结构、格式及规范。

1) 实验名称　实验名称一般写在实验报告的封面上，封面上还应注明作者及参与此实验的其他人员。实验报告提交的日期即实验完成的日期。实验名称要用最简练的语言反映实验的内容。如设计某产品，可写成“×××设计与制作”；如测量的实验报告，可写成“×××的检测”或“×××的测试与精度分析”等。

2) 实验目的、任务　实验目的要明确，要抓住重点，简明扼要地介绍实验的主要目的、任务，包括实践训练的一些基本内容。如掌握课题研究的基本方法，学会使用仪器或器材的技能技巧等。实验目的要具体。

3) 实验方案和实验方法、步骤　这部分是实验报告极其重要的内容。这部分要写明依据何种原理、定律或操作方法进行实验，要写明经过哪几个步骤。还应该画出实验装置的结构示意图，再配以相应的文字说明，这样既可以节省许多文字说明，又能使实验报告简明扼要、清楚明白。对众所周知的基本知识无需详细说明。

4) 仪器、设备和材料　在实验中所使用的仪器直接影响实验数据的可靠性和准确性，因此在实验报告中必须列出使用的仪器、电源以及其他实验装置的类型及型号。这也是为其他人员为了得到相同的实验结果重复这一实验提供条件。

5) 数据记录和处理　在实验中，要认真做好记录。由于测试误差的存在，实验数据不可能完全正确。如何使实验数据更接近实际值，需要对实验数据进行处理。

①　原始数据。实验中测到的数据、波形、现象即实验的原始数据。要认真地将原始数

据记录到预习报告上，这样，既便于自己检查分析实验结果，也便于他人复现实验结果。一般用表格表示，每个数据都要注明单位。

② 数据处理。数据处理就是对从实验中获得的原始数据进行分析，从原始数据中求出被测量的最佳估计值，并计算其准确度。在数据处理的过程中，要对测量数据进行加工、整理，并通过分析最后得出正确的科学结论，必要时还要把测量数据绘制成曲线或归纳成经验公式。必要时，要进行精度分析。

对失败的实验或实验中观测到的未知现象、超常规数据，要进行认真分析。

6）实验结果　即根据实验过程中所见到的现象和测得的数据，做出结论。

7）备注或说明　可写上实验成功或失败的原因，实验后的心得体会、建议等。

另外，实验报告又可分为预习报告和终结报告。

预习报告的主要内容包括：

① 实验名称。

② 实验目的。

③ 实验仪器名称、型号。

④ 实验内容及简要设计，测试用的逻辑图和主要实验步骤。

⑤ 预习思考题的解答。

终结报告的主要内容包括：

① 经验证的实验原理、方案、方法、步骤等方面总结性阐述。

② 原始记录。

③ 经过整理的数据、曲线和图表。

④ 分析和结论。

有的实验报告采用事先设计好的表格，使用时只要逐项填写即可。

（3）撰写时应注意事项　写实验报告是一件非常严肃、认真的工作，要讲究科学性、准确性、求实性。在撰写过程中，应注意下几点：

1）仔细观察，及时、准确、如实记录。事后补记可能造成重要数据、现象的缺失。想当然地修改数据，虚构实验现象等，是严重违反科学道德的。

2）层次清晰，说明准确。

3）语言规范，采用专业术语阐述。

4）外文、符号、公式准确，使用统一规定的名词和符号。

2.2.3　实验数据处理简介

本节概述测量误差、有效数字的基本概念和数据处理方法，数据处理的详细理论和方法请参考相关书籍。

1. 测量误差

（1）测量与测量方法　测量是以确定被测对象量值为目的的全部操作。在测量过程中，人们借助于专门的设备，依据一定的理论，通过实验的方法来确定被测量的量值。量值是由数值和计量单位的乘积所表示的量的大小。没有计量单位的数值是不能作为量值的，也是没有物理意义的。

为了实现测量目的，正确选择测量方法是极其重要的，它直接关系到测量工作能否正确进行和测量结果的有效性。测量原理和测量方法有多样性，一个测量方案可以纳入不同的分类方法，因而可以赋予不同的名称。测量常见的分类方法有以下几种。

根据测量手段的不同，分为直接测量和间接测量；根据测量性质的不同分为时域测量，频域测量和数据域测量；根据测量过程的控制不同，分为人工测量和自动测量；根据被测量与测量结果获取地点的关系分为本地测量和远地测量；根据被测量在测量过程中是否变化，分为动态测量和静态测量；根据对测量精度的要求不同，分为工程测量和精密测量；根据工作频率的不同，分为低频测量、高频测量和微波测量等。其中：

直接测量——不必测量与被测量有函数关系的其他量，而能直接得到被测量值的测量方法称为直接测量。它是直接从测量仪器上得到的被测量值。因此，直接测量简单、方便。例如，用电压表测量电压，用千分尺测量轴的直径。

间接测量——通过测量与被测量有函数关系的其他量，才能得到被测量值的测量方法称为间接测量。在不便使用直接测量，缺乏直接测量的仪器或间接测量的结果更准确的情况下，常采用间接测量。例如，要测量电路中已知电阻 R 上的消耗功率 P，先测量加在 R 两端的电压降 U，再根据公式 $P=U^2/R$ 求出 P。

测量方法有多种，其选择原则一般是在测量任务确定以后，根据被测量的特点（包括性质、大小、变化、范围、稳定性、允许的测量时间和空间等）、测量所要求的准确度、测量环境条件以及现有测量设备等进行综合考虑，选择正确的测量方法和合适的测量仪器。

（2）测量误差的定义　要取得对某一物理量的数量认识，必须对它进行测量。真值是指一个特定的物理量在一定条件下所具有的客观量值，它是一个理想概念。在测量过程中，通常用实际值代替真值使用，实际值的定义是满足规定准确度的用来代替真值使用的量值，而把测量结果称为测得值。在测量过程中由于测量方法和仪器设备的不完善，以及各种环境因素和人为因素的影响，测得值与真值之间总会存在一定的误差，这种测得值与被测量真值之差称为测量误差。不同的测量，对其测量误差的大小也就是测量准确度的要求往往是不同的。但是，随着科技的发展和生产水平的提高，对减小误差提出了越来越高的要求。对很多的测量来讲，测量工作的价值完全取决于测量的准确度。当测量误差超过一定限度，测量工作和测量结果不但变得毫无意义，甚至会给工作带来很大危害。因此，对测量误差的控制就成为衡量测量技术水平的标志之一。

（3）测量误差的分类　误差可以按照不同的方式进行分类。按照其表示形式，误差可以分为绝对误差和相对误差。按照其性质特点，误差又可以分为系统误差、随机误差和粗大误差。

1）按表示形式分类　绝对误差指某量值的测得值和真值之差，通常简称为误差。

相对误差指绝对误差与被测量的真值之比，由于绝对误差可能为正值或负值，因此相对误差也可能为正值或负值。相对误差是没有单位的，通常以百分数来表示。

2）按性质分类　系统误差是指在同一条件下，对同一被测量进行多次测量时，绝对值和符号保持不变，或在条件改变时，按一定规律变化的误差。例如标准量值的不准确、仪器刻度的不准确引起的误差。

由于系统误差具有一定的规律性，因此可以根据其产生的原因，采取一定的技术措施消除或减小；也可以在相同条件下用标准器具进行多次重复测量等方法找出其系统误差的变化规律后对测量结果进行修正。

随机误差又称为偶然误差，指在同一测量条件下，多次测量同一量值时，绝对值和符号以不可预定的方式变化的误差。

随机误差产生于实验条件的偶然性微小变化，如温度变化、噪声干扰、振动等。虽然单次测量的随机误差没有规律，但是经过大量的重复测量可以发现，它是遵循某种统计规律的，因此可以用概率统计的方法处理随机误差，在测量结果中正确反映其影响。

粗大误差简称粗差，指明显超出统计规律预期值的误差。如操作疏忽或失误，测量条件的突然变化等引起的误差。此误差值较大，显著歪曲了测量结果，故应按照一定的准则进行判别，将含有粗大误差的测量数据予以剔除。

系统误差和随机误差的定义是不能混淆的，但在测量实践中，由于误差划分的人为性和条件性，使得它们在一定条件下可以相互转化。一个具体误差究竟属于哪一类，应根据实际问题和具体条件，经分析和实验后确定。

本节的数据均指消除了系统误差和粗大误差的实验数据。

（4）测量误差的来源　无论哪种测量，都必须使用测量装置。同时，测量工作又是在某个特定的环境里，由测量人员按照一定的测量方法来完成。因此总体上讲，测量误差主要来自以下五个方面。

1）测量装置误差　测量装置本身性能不完善引起的误差称为测量装置误差。例如标准量块、标准砝码等标准量具，它们本身体现的量值，都含有误差。测量装置误差在整个测量中起主要作用。此项误差范围可由测量装置的技术说明书中得到。

2）环境误差　由于实验环境未达到实验规定条件所引起的误差称为环境误差。环境误差包括：由于温度、湿度、振动、频率、电磁干扰等外界因素不同引起的误差。环境由多种因素组成，对于不同的测量，影响的主要因素也不同。

3）方法误差　测量中依据的理论不够严密，或者用近似方法简化测量公式所引起的误差称为方法误差。例如，在某些情况下用电压表测电压和用电流表测电流时，完全不考虑电表内阻对测量的影响，将会导致方法误差。

4）人员误差　测量人员主观因素和操作技术所引起的误差称为人员误差。如：由于人眼分辨力有限，操作者水平不高和固有习惯、感觉器官的生理变化等因素造成的误差。

5）被测量不稳定误差　由测量对象本身的不稳定变化引起的误差称为被测量不稳定误差。由于测量是需要一定时间的，若在时段内被测量不稳定而发生变化，那么即使有再好的测量条件也是无法得到稳定的测量结果。被测量不稳定与被测对象有关，可以认为被测量的真实值是时间的函数。

在测量工作中，对于误差的来源要认真分析，采取相应措施，尽可能消除其影响，并对最后结果中未能消除的误差做出估计，这是科学实验中不可缺少的工作。

2. 有效数字

（1）有效数字的舍入修约规则　直接测量数据是从测量仪表上直接读取得到的。读取数据的基本原则是允许最后一位有效数字（包括零）是估读的欠准确数字，其余各高位都必须是确知数字。测量结果的有效数字位数应该取得与测量误差相对应，例如测得电压值为5.672V，测量误差为±0.05V，则测量结果应为5.67V。

测量结果中有时会出现多余的有效数字，一般按“四舍六入五凑偶”的舍入原则处理：当多余的尾数最高位小于5则舍，大于5则入，等于5则把尾数凑成偶数（当多余的有效数字等于5时，要看该数字的前一位是奇数还是偶数，奇数则入，偶数则舍）。例如，把下列箭头左端的数各舍掉一位有效数字，按上述原则即得右端之结果：

$$4.186 \rightarrow 4.19 \qquad 62.734 \rightarrow 62.73$$

$$0.825 \rightarrow 0.83 \qquad 0.815 \rightarrow 0.82$$

（2）有效数字的运算规则　间接测量数据是通过对直接测量数据进行加、减、乘、除等运算得到的。在进行计算时，有效数字保留过多，没有意义，运算复杂易出错；有效数字太少又会影响实验的测量精度。

1）加、减运算规则　对于整数进行加减运算时和普通加减法一样。对于小数运算时，应以小数点后位数最少的数作为标准，其他数按修约规则舍入，变成相同位数的有效数字后进行加减运算。

2）乘、除运算规则　在进行乘除运算时，应以有效位数最少的数作为标准数，并将其他数修约到比标准位多一位，而最后结果应与有效位数最少的数据位数相同。

3）乘方、开方运算时，运算结果应取比原数据多保留一位的有效数字。

4）对数运算时，所取对数应取相同的有效数位。

总之，运算结果应取的有效数字位数，原则上由参加运算诸数中精度最差的那个数来决定。例如，$10.872+6.13+21.432=38.434$，应取38.43；$3.98\times4.125/2.5=6.567$，应取6.6。这种处理方法比较简单，适用于要求不很严格的场合。若需精确计算，尚有严格规则可循，可查阅误差理论的有关内容。

3. 数据处理的基本方法

实验的最终目的往往是为了通过获得的数据，通过处理，从中揭示出有关物理量的关系，或找出事物的内在规律性，或验证某种理论的正确性，或为了了解某仪器设备的性能等。数据处理贯穿于从获得原始数据到得出结论的整个实验过程。其基本过程包括数据记录、整理、计算、作图、分析等诸方面。涉及数据运算的处理方法，常用的有：列表法、图示法、图解法、逐差法和最小二乘线性拟合法、计算机软件处理等，下面分别予以简单介绍。

（1）列表法　列表法是将实验所获得的数据用表格的形式进行排列的数据处理方法。列表法的作用有两种：一是记录实验数据，二是能显示出物理量间的对应关系。其优点是，能对大量的杂乱无章的数据进行归纳整理，使之既有条不紊，又简明醒目；既有助于表现物理量之间的关系，又便于及时地检查和发现实验数据是否合理，减少或避免测量错误；同时，也为作图法等处理数据奠定了基础。

用列表的方法记录和处理数据是一种良好的科学工作习惯，要设计出一个栏目清楚、行列分明的表格，也需要在实验中不断训练，逐步掌握、熟练，并形成习惯。

一般来讲，在用列表法处理数据时，应遵从如下原则：

1）栏目条理清楚，简单明了，便于显示有关物理量的关系。

2）在栏目中，应给出有关物理量的符号，并标明单位（一般不重复写在每个数据的后面）。

3）填入表中的数字应是有效数字。

4）必要时需要加以注释说明。

例如，用螺旋测微计测量钢球直径的实验数据记录如表2-1所示。

表 2-1　用螺旋测微计测量钢球直径的实验数据记录

次数	起始读数/mm	终了读数/mm	直径/mm	$(D_i-\bar{D})$/mm
1	0.004	6.002	5.998	+0.0013
2	0.003	6.000	5.997	+0.0003
3	0.004	6.000	5.996	−0.0007
4	0.004	6.001	5.997	+0.0003
5	0.005	6.001	5.996	−0.0007
6	0.004	6.000	5.996	−0.0007
7	0.004	6.001	5.997	+0.0003
8	0.003	6.002	5.999	+0.0023
9	0.005	6.000	5.995	−0.0017
10	0.004	6.000	5.996	−0.0007

根据表 2-1 可计算出：

$$\bar{D}=\frac{\sum D_i}{n}=5.996\underline{7}\text{mm}$$

取

$$\bar{D}\approx 5.99\underline{7}\text{mm},\ v_i=D_i-\bar{D}$$

不确定度的 A 分量为（运算中 $\bar{D}$ 保留两位存疑数字）

$$S_D=\sqrt{\frac{\sum v_i^2}{(n-1)}}\approx 0.00\underline{11}\text{mm}$$

B 分量为（按均匀分布）

$$U_D=\frac{\Delta}{\sqrt{3}}\approx 0.00\underline{23}\text{mm}$$

则

$$\sigma=\sqrt{S_D^2+U_D^2}\approx 0.00\underline{26}\text{mm}$$

取

$$\sigma=0.00\underline{3}\text{mm}$$

测量结果为

$$D=(5.997\pm 0.003)\ \text{mm}$$

（2）图示法　图示法就是用图像来表示物理规律的一种实验数据处理方法。一般来讲，一个物理规律可以用三种方式来表述：文字表述、解析函数关系表述、图像表示。图示法处理实验数据的优点是能够直观、形象地显示各个物理量之间的数量关系，便于比较分析。一条图线上可以有无数组数据，可以方便地进行内插和外推，特别是对那些尚未找到解析函数表达式的实验结果，可以依据图示法所画出的图线寻找到相应的经验公式。因此，图示法是处理实验数据的好方法。

要想制作一幅完整而正确的图线，必须遵循如下原则及步骤：

1）选择合适的坐标纸　作图一定要用坐标纸，常用的坐标纸有直角坐标纸、双对数坐标纸、单对数坐标纸、极坐标纸等。常用的原则是尽量让所作图线呈直线，有时还可采用变量代换的方法将图线作成直线。

2）确定坐标的分度和标记　一般用横轴表示自变量，纵轴表示因变量，并标明各坐标轴所代表的物理量及其单位（可用相应的符号表示）。坐标轴的分度要根据实验数据的有效数字及对结果的要求来确定。原则上，数据中的可靠数字在图中也应是可靠的。即不能因作图而引进额外的误差。在坐标轴上应每隔一定间距均匀地标出分度值，标记所用有效数字的位数应与原始数据的有效数字的位数相同，单位应与坐标轴单位一致。要恰当选取坐标轴比例和分度值，使图线充分占有图纸空间，不要缩在一边或一角。除特殊需要外，分度值起点可以不从零开始，横、纵坐标可采用不同比例。

3）描点　根据测量获得的数据，用一定的符号在坐标纸上描出坐标点。一张图纸上画几条实验曲线时，每条曲线应用不同的标记，以免混淆。常用的标记符号有⊙、+、×、△、□等。

4）连线　要绘制一条与标出的实验点基本相符的图线，图线尽可能多的通过实验点，由于测量误差，某些实验点可能不在图线上，应尽量使其均匀地分布在图线的两侧。图线应是直线或光滑的曲线或折线。

5）注解和说明　应在图纸上标出图的名称，有关符号的意义和特定实验条件。如，在绘制的热敏电阻-温度关系的坐标图上应标明“电阻-温度曲线”；“+—实验值”；“×—理论值”；“实验材料：碳膜电阻”等。

（3）图解法　图解法是在图示法的基础上，利用已经作好的图线，定量地求出待测量或某些参数或经验公式的方法。

由于直线不仅绘制方便，而且所确定的函数关系也简单，因此，对非线性关系的情况，应在初步分析、把握其关系特征的基础上，通过变量变换的方法将原来的非线性关系化为新变量的线性关系。即，将“曲线化直”，然后再使用图解法。

下面仅就直线情况简单介绍一下图解法的一般步骤：

1）选点　通常在图线上选取两个点，所选点一般不用实验点，并用与实验点不同的符号标记，此两点应尽量在直线的两端。如记为 $A(x_1,y_1)$ 和 $B(x_2,y_2)$，并用“+”表示实验点，用“⊙”表示选点。

2）求斜率　根据直线方程 $y=kx+b$，将两点坐标代入，可解出图线的斜率为

$$k=\frac{y_2-y_1}{x_2-x_1}$$

3）求与 y 轴的截距　可解出

$$b=\frac{x_2y_1-x_1y_2}{x_2-x_1}$$

4）与 x 轴的截距　为

$$X_0=\frac{x_1y_2-x_2y_1}{y_2-y_1}$$

例如，用图示法和图解法处理热敏电阻的电阻 R_T 随温度 T 变化的测量结果。

曲线化直　根据理论，热敏电阻的电阻—温度关系为

$$R_T=a\mathrm{e}^{b/T}$$

为了方便地使用图解法，应将其转化为线性关系，取对数，则

$$\ln R_T=\ln a+\frac{b}{T}$$

令 $y=\ln R_T$，$a'=\ln a$，$x=1/T$，有

$$y = a' + bx$$

这样，便将电阻 R_T 与温度 T 的非线性关系化为了 y 与 x 的线性关系。

转化实验数据　将电阻 R_T 取对数，将温度 T 取倒数，然后用直角坐标纸作图，将所描数据点用直线连接起来。

使用图解法求解　先求出 a'和 b'；再求 a；最后得出 R_T-T 函数关系。

（4）逐差法　由于随机误差具有抵偿性，对于多次测量的结果，常用平均值来估计最佳值，以消除随机误差的影响。但是，当自变量与因变量成线性关系时，对于自变量等间距变化的多次测量，如果用求差平均的方法计算因变量的平均增量，就会使中间测量数据两两抵消，失去利用多次测量求平均的意义。例如，在拉伸法测杨氏模量的实验中，当荷重均匀增加时，标尺位置读数依次为 x_0，x_1，x_2，x_3，x_4，x_5，x_6，x_7，x_8，x_9，如果求相邻位置改变的平均值有

$$\overline{\Delta x} = \frac{1}{9}[(x_9 - x_8) + (x_8 - x_7) + (x_7 - x_6) + (x_6 - x_5) + \cdots + (x_1 - x_0)]$$
$$= \frac{1}{9}[x_9 - x_0]$$

即中间的测量数据对$\overline{\Delta x}$的计算值不起作用。为了避免这种情况下中间数据的损失，可以用逐差法处理数据。

逐差法是物理实验中常用的一种数据处理方法，特别是当自变量与因变量成线性关系，而且自变量为等间距变化时，更有其独特的特点。

逐差法是将测量得到的数据按自变量的大小顺序排列后平分为前后两组，先求出两组中对应项的差值（即求逐差），然后取其平均值。例如，对上述杨氏模量实验中的 10 个数据的逐差法处理为

1）将数据分为两组

Ⅰ组：x_0，x_1，x_2，x_3，x_4

Ⅱ组：x_5，x_6，x_7，x_8，x_9

2）求逐差：$x_5 - x_0$，$x_6 - x_1$，$x_7 - x_2$，$x_8 - x_3$，$x_9 - x_4$

3）求差平均：

$$\overline{\Delta x'} = \frac{1}{5}[(x_5 - x_0) + \cdots + (x_9 - x_4)]$$

在实际处理时可用列表的形式较为直观（见表 2-2）。

表 2-2　逐差法处理数据

Ⅰ组	Ⅱ组	逐差（$x_{i+5} - x_i$）
x_0	x_5	$x_5 - x_0$
x_1	x_6	$x_6 - x_1$
x_2	x_7	$x_7 - x_2$
x_3	x_8	$x_8 - x_3$
x_4	x_9	$x_9 - x_4$

但要注意的是：使用逐差法时之$\overline{\Delta x'}$，相当于一般平均法中$\overline{\Delta x}$的 $n/2$ 倍（n 为 x_i 的数据

个数）。

（5）最小二乘法　通过实验获得测量数据后，可确定假定函数关系中的各项系数，这一过程就是求取有关物理量之间关系的经验公式。从几何上看，就是要选择一条曲线，使之与所获得的实验数据更好地吻合。因此，求取经验公式的过程也就是曲线拟合的过程。

那么，怎样才能正确地获得与实验数据对应的最佳曲线呢？常用的方法有两类：一是图估计法，二是最小二乘拟合法。

图估计法是凭眼力估测直线的位置，使直线两侧的数据均匀分布，其优点是简单、直观、作图快；缺点是图线不唯一，准确性较差，有一定的主观随意性。如图解法、逐差法和平均法都属于这一类，是曲线拟合的粗略方法。

最小二乘拟合法是以严格的统计理论为基础，是一种科学而可靠的曲线拟合方法。此外，还是方差分析、变量筛选、数字滤波、回归分析的数学基础。在此仅简单介绍其原理和对一元线性拟合的应用。

1）最小二乘法的基本原理　设在实验中获得了自变量 x_i 与因变量 y_i 的若干组对应数据（x_i，y_i），在使偏差平方和 $\sum[y_i - f(x_i)]^2$ 取最小值时，找出一个已知类型的函数 $y = f(x)$（即确定关系式中的参数）。这种求解 $f(x)$ 的方法称为最小二乘法。

根据最小二乘法的基本原理，设某量的最佳估计值为 x_0，则

$$\frac{\mathrm{d}}{\mathrm{d}x_0}\sum_{i=1}^{n}(x_i - x_0)^2 = 0$$

可求出

$$x_0 = \frac{1}{n}\sum_{i=1}^{n}x_i$$

即

$$x_0 = \bar{x}$$

而且可证明

$$\frac{\mathrm{d}^2}{\mathrm{d}x_0^2}\sum_{i=1}^{n}(x_i - x_0)^2 = \sum_{i=1}^{n}(2) = 2n > 0$$

说明 $\sum\limits_{i=1}^{n}(x_i - x_0)^2$ 可以取得最小值。

可见，当 $x_0 = \bar{x}$ 时，各次测量偏差的平方和为最小，即平均值是在相同条件下多次测量结果的最佳值。

根据统计理论，要得到上述结论，测量的误差分布应遵从正态分布（高斯分布）。这是最小二乘法的统计基础。

2）一元线性拟合　设一元线性关系为

$$y = a + bx$$

实验获得的 n 对数据为（x_i，y_i）（$i = 1$，2，…，n）。由于误差的存在，当把测量数据代入所设函数关系式时，等式两端一般并不严格相等，而是存在一定的偏差。为了讨论方便起见，设自变量 x 的误差远小于因变量 y 的误差，则这种偏差归结为因变量 y 的偏差，即

$$v_i = y_i - (a + bx_i)$$

根据最小二乘法，获得相应的最佳拟合直线的条件为

$$\frac{\partial}{\partial a}\sum_{i=1}^{n} v_i^2 = 0, \quad \frac{\partial}{\partial b}\sum_{i=1}^{n} v_i^2 = 0$$

若记

$$I_{xx} = \sum (x_i - \bar{x})^2 = \sum x_i^2 - \frac{1}{n}(\sum x_i)^2$$

$$I_{yy} = \sum (y_i - \bar{y})^2 = \sum y_i^2 - \frac{1}{n}(\sum y_i)^2$$

$$I_{xy} = \sum (x_i - \bar{x})(y_i - \bar{y}) = \sum (x_i y_i) - \frac{1}{n^2}\sum x_i \sum y_i$$

代入方程组可以解出

$$a = \bar{y} - b\bar{x}, \quad b = \frac{I_{xy}}{I_{xx}}$$

由误差理论可以证明，最小二乘法一元线性拟合的标准差为

$$S_a = \sqrt{\frac{\sum x_i^2}{n\sum x_i^2 - (\sum x_i)^2}}S_y$$

$$S_b = \sqrt{\frac{n}{n\sum x_i^2 - (\sum x_i)^2}}S_y$$

$$S_y = \sqrt{\frac{\sum (y_i - a - bx_i)^2}{n-2}}$$

为了判断测量点与拟合直线符合的程度，需要计算相关系数

$$r = \frac{I_{xy}}{\sqrt{I_{xx}I_{yy}}}$$

一般地，$|r| \leqslant 1$。如果$|r| \to 1$，说明测量点紧密地接近拟合直线；如果$|r| \to 0$，说明测量点离拟合直线较分散，应考虑用非线性拟合。

从上面的讨论可知，回归直线一定要通过点$(\bar{x}, \bar{y})$，这个点叫做该组测量数据的重心。注意，此结论对于我们用图解法处理数据是很有帮助的。

一般来讲，使用最小二乘法拟合时，要计算上述六个参数：a，b，S_a，S_b，S_y，r。

(6) 数据处理的计算机实现　在很多实验中，大量的实验数据需要处理，而且数据处理过程同实验过程一样重要，这种情况下人工处理过程非常复杂、繁琐，工作量较大，尤其是当需要复验时更是如此。用软件处理数据很好地解决了这个问题。上述的列表法、图示法、图解法、逐差法和最小二乘线性拟合法等均可通过计算机软件来实现。此外，软件处理还可以实现输入数据、处理数据、数据分析以及数据输出的自动化过程。

处理实验数据的软件可以是通用软件（如 Matlab、Excel 等）、专用软件（如 SAS、CEA-S 等）和程序设计软件。

应用电子表格软件 Excel 对实验数据进行处理有快速、简便、自动化程度高的优点，而且对使用者要求也不高。如将表 2-1 所得到的原始数据输入 Excel 表格，通过软件提供的统计函数 Average 即可得到 $\bar{D}$，其他参数亦可类似得到。

Matlab 是 MathWorks 公司推出的一套高性能的数值计算和可视化软件。下面应用 Matlab 对数据进行一元线性回归处理。

设一组测量数据为 $x_0 = 0:0.1:1$；$y_0 = [1.2, 1.5, 1.7, 2.0, 2.4, 2.5, 2.8, 3.1, 3.5, 4.0, 4.5]$；则对 x_0，y_0 进行一元拟合为 $P = \mathrm{polyfit}(x_0, y_0, 1)$；计算出拟合后的多项式值 $yy = \mathrm{ployval}(P, x_0)$；最后画出数据处理图形如图 2-1，可以看出数据的特点。

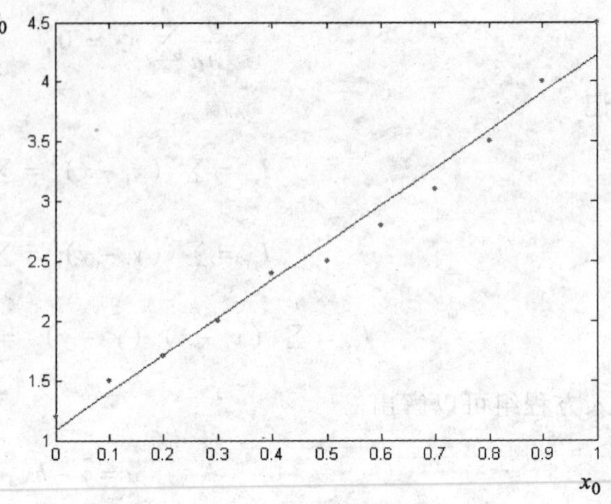

图 2-1　一元线性回归数据处理图

2.2.4　做好设计性综合性实验的注意事项

设计性综合性实验的教学目的在于提高学生的实际动手能力，训练学生的科学研究能力，培养学生的创新意识和创新能力。通过设计性综合性实验，使学生从挫折与失败中受到锻炼，得到整体素质的提高。

设计性综合性实验的特点是学生根据设计任务的要求，自行确定实验方法，自行选择实验仪器，自行拟订实验步骤，通过查阅资料、文献，根据实验原理，制定实施方案和注意事项。实验中的每一个环节，包括调试仪器、准备器材等全部由学生自己完成，直至做出具有一定水平的实验结果，写出完整的实验报告。设计性综合性实验的教学要求是要体现出独立性、完整性、新颖性。在完成设计性综合性实验的整个过程中，充分反映实验者的个性、自己的实际水平与能力，力求新意。为了做好设计性综合性实验，需要注意以下几点：

1）认真学习有关的创新理论。培养创新精神和创造能力是高等教育改革的重点，学生应该加强创新理论的学习，因为只有掌握必要的理论，才能更好地指导创新实践。

2）创新思维是一种积极主动的思维，要做好设计性综合性实验，一定要有热情、有信心、有恒心，要不怕困难，通过实验的锻炼来塑造自己的创新品格。

3）实验前要认真阅读实验附录并根据实验所提供的参考文献认真查阅资料，搜集尽可能多的信息，制定详细实验方案，写出预习报告。

4）要认真对待实验小结（实验报告）。最好是学会以论文的形式来小结，这更贴近以后发表研究成果的实际需要、论文一般分为摘要和正文两部分。正文又可分为前言（有关课题的国内外研究动态、本身工作的特点等）、课题原理、实验（仪器装置、方法特点、实验数据）、结果和讨论（结论、问题分析、改进意见）。

5）学习期间的设计性综合性实验，实验结果不是最重要的，重要的是实验过程。在做实验的过程中提高分析问题、解决问题的能力，提高科学素养，培养创新意识，通过亲自动手，学会理论联系实际，这是进行设计性综合性实验的初衷。只要我们在实验中勤于动脑、敢于动手，认真实现自己的设计，即使实验失败了，也可从分析失败原因的过程中有所收获。

6）本书所列举的设计性综合性实验是为训练测控专业本科生的基本实践能力而编写的，实验方案不要求用高级仪器、较深的理论来进行；提倡在通常一般实验条件下，运用基本理论提出有价值、有新意的设想或方案，并努力实现它。

7）注意在实验中尽可能体现科学实验设计原则，即实验方案的选择——最优化原则

测量方法的选择——误差最小原则

测量仪器的选择——误差均分原则

测量条件的选择——最有利原则

8）本书提供较多的实验内容，一方面是便于各个学校根据自身的条件选用，另一方面也是便于同学们根据自己的兴趣选做。每个实验各有特点：有的以培养基本思维方法的运用为主；有的是要求“原理创新”（即提出或验证实现课题的原理）；有的是要求“方法创新”；有的是侧重于实践能力的培养……做实验时，要提出尽可能多的设想，再根据时间和条件，实践一、二种方案。即使有的实验无条件进行，也可以提出各种新的设想，这同样也是一种创新思维的训练形式。

2.2.5 参考资料

[1] 刘国平，刘树武．创造方法学［M］．哈尔滨：哈尔滨工业大学出版社，1998.

[2] 陶学忠．创新能力培育［M］．北京：海潮出版社，2003.

[3] 毕富生．科学研究与思维方法［M］．北京：当代中国出版社，1997.

[4] 刘大椿，万重英．发现与创新之路［M］．武汉：华中理工大学出版社，2000.

[5] 刘奎林．灵感——创新的非逻辑思维艺术［M］．哈尔滨：黑龙江人民出版社，2003.

[6] 刘助柏，梁辰．知识创新学［M］．北京：机械工业出版社，2002.

[7] 栾玉广．科技创新的艺术［M］．北京：科学出版社，2000.

[8] 周济，汪继祥．科技创新院士谈（上、下）［M］．北京：科学出版社，2001.

[9] 江泽民．论科学技术［M］．北京：中央文献出版社，2001.

[10] 江泽民．在庆祝北京师范大学建校一百周年大会上的讲话［R］．人民日报，2002.

[11] 萧莉．科学素质的结构与功能初探［J］．中国高等教育研究杂志，2004（101）.

[12] 程增熙，于建国．电路、信号与系统实验［M］．西安：西安电子科技大学出版社，2003.

[13] 王振宇．实验电子技术［M］．北京：电子工业出版社，2004.

[14] 王立欣，杨春玲．电子技术实验与课程设计［M］．哈尔滨：哈尔滨工业大学出版社，2003.

[15] 胡德敬，谢嘉祥，曹正东．设计性物理实验集锦——创新教育之实践［M］．上海：上海教育出版社，2002.

[16] 任隆良，谷晋骐．物理实验［M］．天津：天津大学出版社，2003.

[17] 吴锋，王若田．大学物理实验教程［M］．北京：化学工业出版社，2003.

第 2 篇　测控基础训练

第 3 章　电子技术基础训练

电子技术是当今时代发展很快又十分活跃的一门科学技术。测控技术中无论是测量还是控制，无论是大型检测装置还是精巧的仪表都离不开电子技术。因而，电子技术是仪器科学重要的学科基础之一，也是自动化、机电工程等领域工程技术人员必须掌握的一门应用技术。

本章从帮助学生加深理解电子技术基础、测控电路等课程的课堂知识，掌握电子技术实验方法，训练学生解决实际电路问题能力的角度，安排了多个实验题目。其中大多为适应低年级训练的基础性实验，也有一些适用于高年级的综合性实验。这些实验内容具有电路简单，实用性强的特点。每个训练都有特定的功能，电路调试成功后再精心包装就可成为一个完整的仪器或装置。

实验 3-1　光控报警装置

1. 引言

光控报警电路功能是通过发光二极管 VL 的亮灭状态检查光电开关中间是否插入遮光物，进而实现光控报警功能。

2. 电路工作原理

如图 3-1 所示，当光电开关 S 中间插入遮光物时，发光二极管 VL 发光；当电路中的光电开关中间没有插入遮光物时，发光二极管 VL 不亮。因此，从发光二极管 VL 的亮灭状态能知道光电开关中间是否插入遮光物，从而达到检查报警目的。

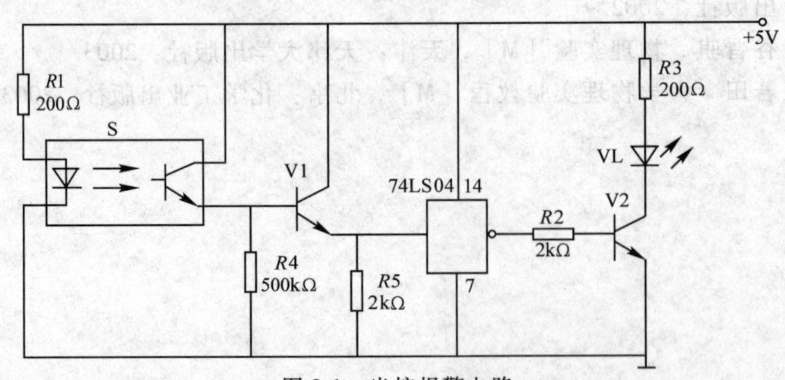

图 3-1　光控报警电路

3. 实验器材

数字万用表、工具、实验板、稳压电源、74LS04 芯片、光控开关、发光二极管、晶体管、电阻等。

4. 注意事项

在实验过程中，遮光物（如纸板）厚度要适中。

5. 参考资料

［1］马宝君．简易光控报警器［J］．地震地磁观测与研究，1995，16（1）．

［2］肖成定．光控自动浇花器［J］．电子制作，2004（2）．

6. 思考题

1）为什么当电路中的光电开关中间插入遮光物时，发光二极管 VL 会发光？

2）电阻 $R4$ 的作用是什么？它选择太小（如 300Ω）会出现什么现象？

3）如何在该电路的基础上将其整合为报警装置。

实验 3-2　声、光、磁控机器猫

1. 引言

声、光、磁控机器猫是一电动玩具。机器猫一旦受到声（用手掌拍几下或用口对准传声器吹气）、光（手电筒照射在光敏三极管传感器上）、磁（用磁铁靠近干簧管传感器）的感应，电动机就会转动，进而带动机械装置使机器猫行走，延时一段时间后，便自动停止。本实验旨在通过此装置的制作使同学加深对传感器的了解，熟悉检测电路，建立起简单的测控概念。

2. 电路工作原理

(1) 系统的组成　机器猫声、光、磁控的电路原理图见图 3-2。该系统主要由声控检测电路、光控检测电路、磁控检测电路、触发电路、单稳态电路、开关组成。声敏元件传声器 B 与电阻 $R1$、$R2$ 组成声敏取样电路，主要是将声信号转变为电信号，为单稳态电路提供触发信号。光敏三极管、干簧管可以将光信号、磁场信号转变为电信号，为单稳态电路提供触发信号。

(2) 声控工作原理　平时，声敏元件传声器 B 没有声音激发时，其电导率很低，且呈高阻抗，使得 V1 反偏截止，电源通过 $R10$ 加在 V2 的基极上，使 V2 截止，IC 的 2 脚输入高电平，处于复位状态，3 脚输出低电平，则电动机 M 不工作，机器猫保持静止状态。

当声敏元件传声器 B 处在一定强度的声波之中时，其内部会产生一系列电子密度的变化，因而传声器 B 电阻变得很小。这时，声波检测信号通过 $C1$ 直接耦合到 V1 的基极上而使其导通，并且反向，再通过 $C3$ 直接耦合到 V2 的基极，与通过 $R10$ 的电压叠加变成高电平，V2 导通，使得 IC 等元件组成的单稳态电路 2 脚输入从高电平跳变为低电平，IC 被触发翻转，3 脚输出高电平，电动机 M 开始工作，机器猫便开始行走了，同时行走的时间将延长到单稳态触发器的延续时间为止。

当 IC 的 3 脚输出高电平带动电动机工作的同时，VD2 导通。高电平直接加到 V3 的基极上，V3 导通，进而 V2 截止，IC 的 2 脚输入由低电平跳为高电平，IC 处于复位状态。

由于声波的延续，使得声敏元件传声器 B 连续不断地受到声波的作用，则 IC 的 2 脚会不断得到触发，3 脚持续输出高电平，这时将一直驱动电动机 M 工作，机器猫便持续行走，直到声波消失。

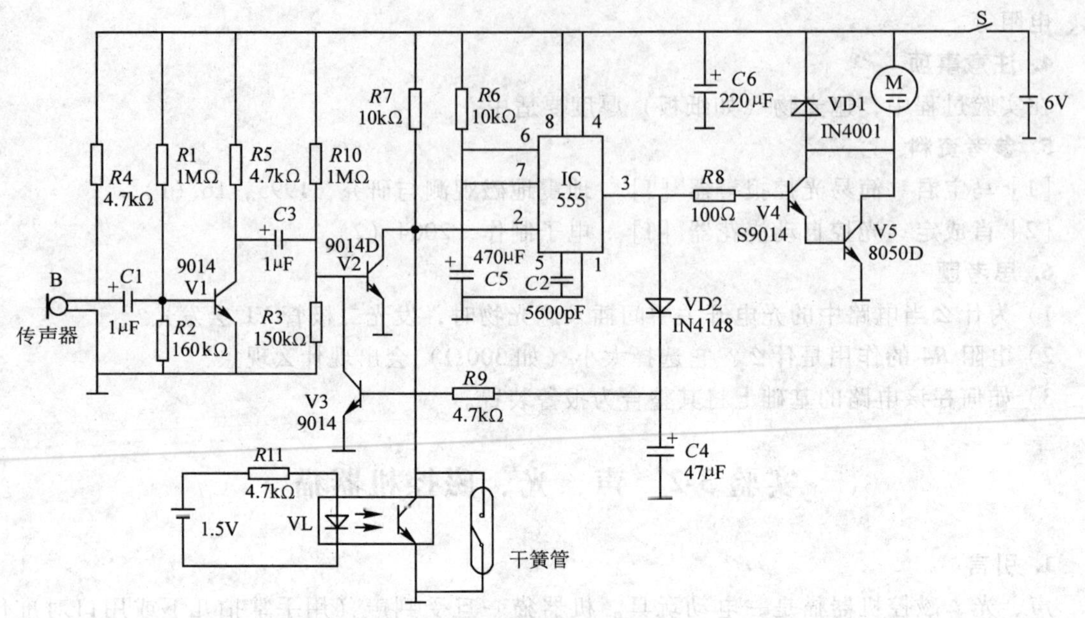

图 3-2 机器猫电路原理图

（3）光控、磁控工作原理 当光敏晶体管或干簧管被激发时，他们可以直接将光信号、磁信号转变为电信号，使得 IC 等元件组成的单稳态电路 2 脚由高电平跳变为低电平，从而 IC 被触发翻转，3 脚输出高电平，电动机 M 开始工作，机器猫便开始行走了，同时行走的时间将延长到单稳态触发器的延续时间为止。

当 IC 的 3 脚输出高电平，带动电动机工作的同时，VD2 导通。高电平直接加到 V3 的基极上，V3 导通，进而 V2 截止，IC 的 2 脚输入由低电平跳为高电平，IC 处于复位状态。由于光信号、磁信号的延续，使得光敏接收管和干簧管连续不断地受到光信号、磁信号的作用，则 IC 的 2 脚会不断得到触发，且 3 脚持续输出高电平，这时该电路将一直驱动电动机 M 工作，机器猫会持续行走，直到光信号或磁信号消失为止。

3. 参考资料

[1] 郝国防．2004 电子消费新宠［J］．国外科技动态，2004（2）．

[2] 管见．妙趣横生的智能型声控娃娃［J］．电子制作，2000（8）．

[3] 刘洋，李琦．基本控制演示仪［J］．物理实验，2003，23（10）．

4. 思考题

1）分析 IC、*R*6、*C*5 组成的电路功能。

2）分析 VD2、C4、*R*9、V2、V3 组成的电路功能。

3）分析 *R*8、V4、V5、VD1、M 组成的电路功能。

4）单稳态延时时间是如何决定的？

实验 3-3 电子元件鉴别装置

1. 引言

制作几个小的很有实用价值的电子元件鉴别装置，其中逻辑电平指示器电路功能是通过两只发光二极管的点亮状态来判断高低逻辑电平及数据流信号。二极管快速分选器的功能是可以快速检测二极管，判断出二极管的极性、有无短路或断路。晶体管鉴别器的功能是判别晶体管是NPN型还是PNP型，是好的还是坏的。555和741芯片鉴别器功能是鉴别555芯片和741芯片的功能是否正常。

2. 逻辑电平指示器

（1）电路工作原理　如图3-3所示，当探头在A点测得的是低电平信号时，经VD1、U_{1A}、U_{1B}支路，使VL2发光。当探头在A点测得的是高电平信号时，经VD2、V、U_{1C}支路，使VL1发光。当信号为连续的数据信号流时，VL1和VL2交替发光。当信号的频率较高时，VL1和VL2呈全亮状态。

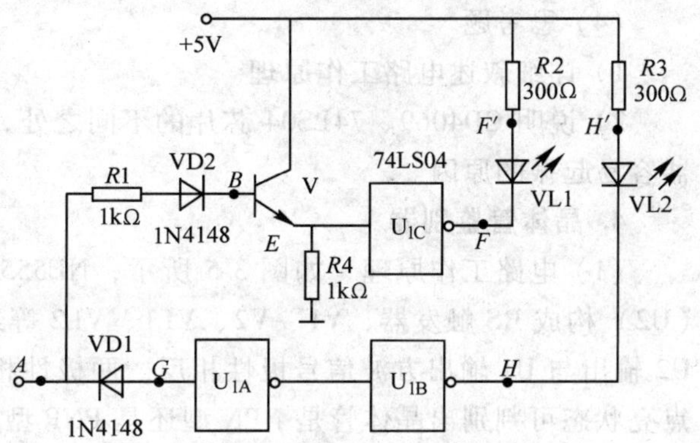

图3-3　逻辑电平指示电路

（2）实验器材　数字万用表、实验板、稳压电源、74LS04芯片、晶体管、二极管、发光二极管、电阻、工具等。

（3）注意事项　在实验过程中，如果信号频率很高，VL1和VL2交替发光变换很快，使人眼难以分辨，看上去VL1和VL2呈全亮状态。

（4）思考题

1）详细叙述电路工作原理，测试图中*A*、*B*、*E*、*F*、*G*、*H*各点电位。

2）试采用其他芯片如555定时器，设计另一电路实现相同功能。

3. 二极管快速分选器

（1）电路工作原理　如图3-4所示，非门U_{1A}、U_{1B}组成超低频振荡器，产生3～5Hz的振荡信号，其余的非门并联作缓冲放大。振荡信号经*C*2耦合至发光二极管VL1和VL2，与待测二极管VD*x*构成回路。利用VL1（发绿光）、VL2（发红光）的点亮状态，可以判断被测二极管VD*x*的极性与好坏。

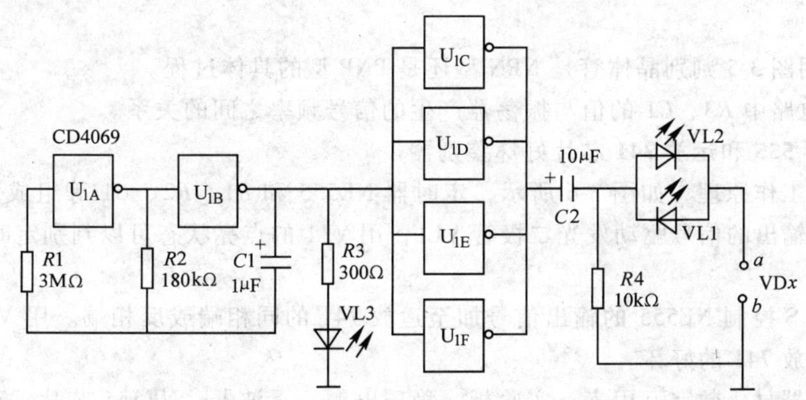

图3-4　二极管快速分选器电路

（2）实验器材　数字万用表、实验板、稳压电源、示波器、CD4069 芯片，74LS04 芯片、发光二极管、电解电容、被测二极管、电阻、工具等。

（3）注意事项　在实验过程中，使用 74LS04 与电阻、电容组成的振荡器不容易起振，而使用 CD4069 效果较好。

（4）思考题

1）详细叙述电路工作原理。

2）说明 CD4069、74LS04 芯片的不同之处，进而说明用 CD4069 与电阻、电容组成振荡器容易起振的原因。

4. 晶体管鉴别器

（1）电路工作原理　如图 3-5 所示，NE555（U1）和 *R*3、*C*1 组成多谐振荡器，NE555（U2）构成 RS 触发器，V1、V2、VL1、VL2 等组成测试电路。U1 输出控制 U2 的工作状态，U2 输出与 U1 输出方波信号极性相反，两极性相反的方波信号加至测试电路。由 VL1、VL2 点亮状态可判别出晶体管是 NPN 型还是 PNP 型，是好的还是坏的。

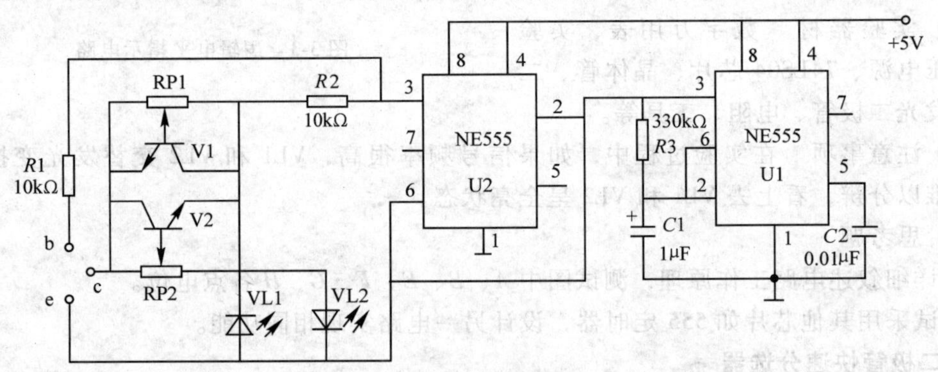

图 3-5　晶体管鉴别器电路

（2）实验器材　数字万用表、实验板、稳压电源、示波器、NE555 芯片、发光二极管、电容、电位器、晶体管、被测晶体管、电阻、工具等。

（3）注意事项　电路中 *R*3、*C*1 要选择合适的值，使电路产生的振荡器信号频率适中，从而 VL1、VL2 亮灭的变换频率适中。

（4）思考题

1）写出用图 3-5 判别晶体管是 NPN 型还是 PNP 型的具体过程。

2）分析电路中 *R*3、*C*1 的值与振荡器产生的信号频率之间的关系。

5. 定时器 555 和运放 741 芯片好坏鉴别器

（1）电路工作原理　如图 3-6 所示，定时器 NE555 和 *R*1、*R*2、*C*1 等组成多谐振荡器，NE555 的 3 脚输出的信号驱动发光二极管 VL1，用 VL1 的点亮状态可以判别定时器 555 的好坏。

转换开关 S 控制 NE555 的输出信号加至运放 741 的同相端或反相端。用 VL2 的点亮状态可以判别运放 741 的好坏。

（2）实验器材　数字万用表、实验板、稳压电源、示波器、NE555 芯片、741 芯片、发光二极管、电容、转换开关、电阻、工具等。

（3）注意事项　电路中 *R*1、*R*2、*C*1 要选择合适的值，使电路产生的振荡器信号频率适

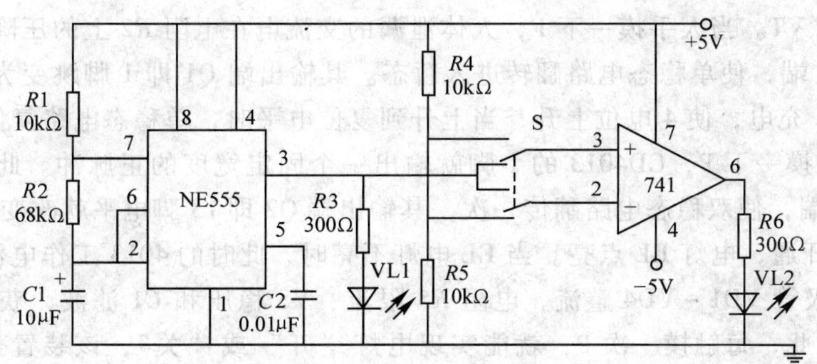

图 3-6　定时器 555 和运放 741 总片好坏鉴别器电路

中，便于观察现象。

（4）思考题　为什么用 VL1、VL2 的点亮状态可以判别 555、741 的好坏？写出判别过程。

6. 参考资料

［1］姚维玉．从晶体管特性曲线看放大电路的检修及晶体管的检测方法［J］．家电检修技术，1998（11）．

［2］柯晓丹，盛文蔚，王石刚．基于非线性插值的 IC 芯片检测算法［J］．计算机测量与控制，2003，11（8）．

实验 3-4　台灯触摸开关控制

1. 引言

如图 3-7 所示，该电路的功能是利用触摸开关实现台灯的开启与闭合。

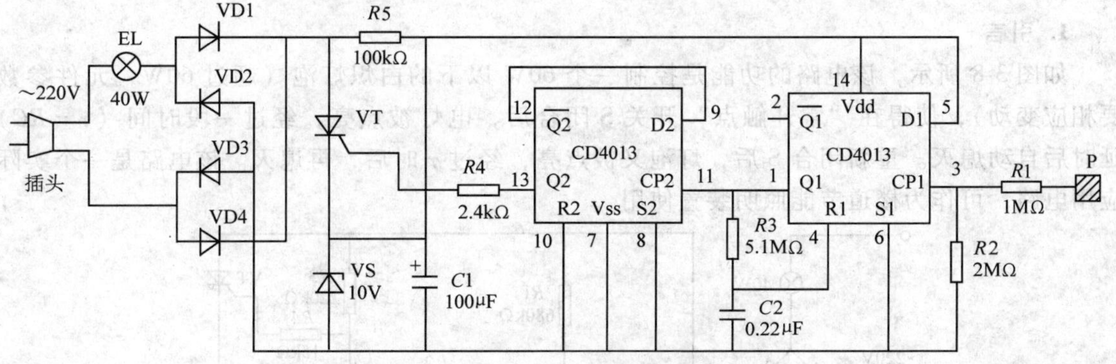

图 3-7　台灯触摸开关控制电路

利用双 D 触发器制作台灯触摸开关电路，实验一方面是了解数字电路芯片 CD4013 的使用方法，另一方面是将数字电路与模拟电路的知识应用到实际中来，在完成控制触摸台灯电路的实施过程中，提高动手能力。

2. 电路原理

如图 3-7 所示，CD4013 是双 D 触发器，分别接成一个单稳态电路和一个双稳态电路。单稳态电路的作用是对触摸信号进行脉冲展宽整形，保证每次触摸动作都可靠。双稳态电路用来驱动晶闸管 VT。当人手摸一下 P，人体泄漏的交流电在电阻 $R2$ 上的压降，其正半周信号进入 3 脚 CP1 端，使单稳态电路翻转进入暂态。其输出端 Q1 即 1 脚跳变为高电平，此高电平经 $R3$ 向 $C2$ 充电，使 4 电位上升，当上升到复位电平时，单稳态电路复位，1 脚恢复低电平，所以每触摸一下 P，CD4013 的 1 脚就输出一个固定宽度的正脉冲。此正脉冲将直接加到 11 脚 CP2 端，使双稳态电路翻传一次，其输出端 Q2 即 13 脚电平就改变一次，当 13 为高电平时，VT 开通，电灯 EL 点亮。当 EL 电灯不亮时，此时的 4013 工作电源由 220V 交流电经灯 EL、二极管 VD1 ~ VD4 整流、电阻 $R5$ 限流、VS 稳压和 $C1$ 滤波，获得 10V 直流工作电压供电。因此，每触摸一次 P，就能实现电灯“开”或“关”，该装置仅两根引出线，安装和使用都十分方便。

3. 实验器材

数字万用表、示波器、实验板、40W 灯泡、灯座，二极管（IN4007），晶闸管（97A6）、稳压管（10V）、CD4013 芯片、电解电容 100μF、0.22μF、电阻、工具等。

4. 参考资料

[1] 王小林．实用市电触摸开关电路［J］．电子制作，2001（12）．

[2] 陈有卿．触摸开关电路（1）［J］．无线电，2002（3）．

[3] 陈有卿．触摸开关电路（2）［J］．无线电，2002（4）．

[4] 陈有卿．触摸开关电路（3）［J］．无线电，2002（5）．

5. 注意事项

本实验涉及 220V 交流电，要注意安全，白炽灯的引线接头要用绝缘胶布包好，切忌裸露。

实验 3-5 熄灯延时控制装置

1. 引言

如图 3-8 所示，该电路的功能是控制一个 60W 以下的白炽灯泡（超过 60W，元件参数要相应变动），使得在“常开触点”开关 S 闭合后，电灯被点亮，经过一段时间（$\tau = RC$）延时后自动熄灭。重新闭合 S 后，灯泡又被点亮，经过 τ 时后，再熄灭。该电路是一个实际应用电路，可作为楼道节能照明装置使用。

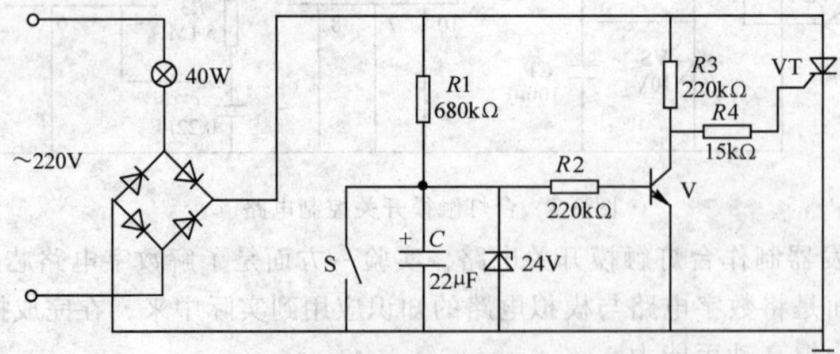

图 3-8 熄灯延时控制电路

2. 电路原理

将 40W 的电灯与四个 4007 型二极管组成的桥路串联，将桥的两端通以交流电，而另外两端作为桥的直流输出。输出的直流作为控制电路的电源。上电后，由于40W电灯与整流桥串联，形成交流通路，而桥的直流输出端，通过680kΩ电阻，对22μF/50V的电容进行充电，充电时间$\tau=RC$，当电容充满后（电容两端电压被限制在稳压管要求的电压以内，以防电容损坏），晶体管基极电位被提高而大于0.7V，则晶体管V导通，管子处于放大饱和状态，集电结与发射极电流增大，引起集电极电位下降，而晶体管集电极与可控硅控制极是通过15kΩ电阻相连，所以晶闸管的控制极电位将小于晶闸管的开启电压3.8V。晶闸管被关断，这时整流桥直流输出端无电流输出，电位相等，交流端电阻无限大而导致交流回路中40W电灯被关断。此时与开关S闭合时相比延时一段时间。

3. 实验器材

万用表、实验板、40W灯泡、二极管（IN4007）、晶闸管（BT16单向）、稳压管（24V）、晶体管、电容22μF/50V、电阻、工具等。

4. 注意事项

本实验涉及220V交流电，应注意用电安全。

5. 参考资料

[1] 张继辉．用DP801Z制作彩投延时控制电路［J］．电子世界，2003（6）．
[2] 周应业．楼梯灯延时开关的制作［J］．家电检修技术，2003（3）．
[3] 顾平和．王秋丰．通用长延时控制器［J］．电子制作，2001（5）．
[4] 刘芝银．自动报警延时控制器在电子秤上的应用［J］．水泥，2000（2）．

6. 思考题

采用其他芯片和元件设计另一种电路方案，实现熄灯延时。

实验3-6　简单有线对讲机

1. 引言

图3-9是一个简单对讲机的电路。对讲机设有一只双刀双掷的开关和两只扬声器，两只扬声器各是对讲机的一方，每只扬声器都具有双重角色，当开关选择了一个状态，扬声器可以是听筒，接收对讲机另一方的讲话；当开关选择了另一个状态，扬声器又可以是话筒，授话给对讲机的另一方。将该有线对讲电路稍加改进，就可以应用在办公室、楼层管理、病房呼叫等场合。

2. 电路原理

有线对讲电路是使用低频放大电路将拾取的音频信号进行放大的装置。本实验采用的LM386是一种模拟集成电路，它具有音频功率放大的功能。图3-9电路中，由于将LM386的1脚与8脚之间接入一个10μF电容，使得LM386的放大倍数达到最大，从而对输入很小（几毫伏）的音频信号，能够产生足够大的音量输出。电路中$C1$、$C3$、$C4$电容分别为输入、输出隔直流电容。$R1$是音量调节电阻。双刀双掷开关S用于转换扬声器HA1、HA2分别为听、讲的工作状态。

3. 实验器材

万用表、实验板、稳压电源、示波器、元器件明细见表3-1。

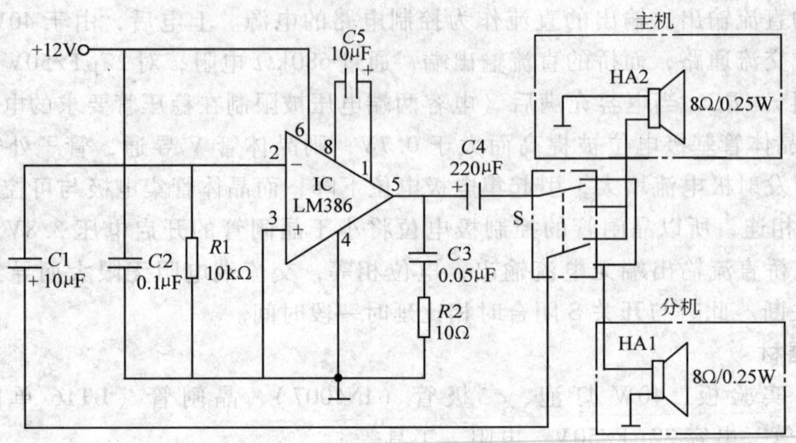

图 3-9　对讲机原理图

表 3-1　实验器材明细表

标号	元件名称	标称值	数量	标号	元件名称	标称值	数量
HA1/HA2	扬声器	8Ω/0.25W	2	*C*2	电容	0.1μF	1
IC	功率放大器	LM386	1	*R*1	电阻	10kΩ	1
*C*4	电解电容	220μF	1	*R*2	电阻	10Ω	1
*C*1/*C*5	电解电容	10μF	2	*S*	开关	双刀双掷	1
*C*3	电容	0.05μF	1				

4. 实验提示

1）LM386 是所有音频功率放大集成电路中使用最简单的一种，只要电路组装正确，无急调试即可使用。

2）信号源在输入端加入一正弦信号（频率为 50～500Hz，电压为几十毫伏），将示波器串接在输出电路中，观察输出的变化。

3）双刀双掷开关 S 分别置于扬声器 HA1、HA2 为听、讲的工作状态，模拟有线对讲机来检验电路的放大效果。

5. 参考资料

[1] 金爱华，陈亮．一种新型的对讲机电路［J］．现代电子技术，2001（4）．

[2] 李建太．几种手持对讲机的编程［J］．警察技术，2000（3）．

[3] 杨连镳．有线对讲机［J］．电子制作，1999（5）．

[4] 王传新．多路声控半双工对讲机［J］．电声技术，1998（8）．

[5] 谢忠平，邹尔宁．一种准双工有线自动对讲机［J］．北京联合大学学报，1997，11（3）．

6. 思考题

电路中 *C*1、*C*2、*C*3、*C*4 作用是什么？（伴随输入信号的变化，输出功率会在大范围内上下快速波动，由于负载的变化会引起电源电压的变化，这将造成工作不稳定和电气性能变坏，利用电容 *C*2 两端电压不能瞬时跃变的特点，就可以防止这类现象的发生。电容 *C*2 称为去耦电容，为了提高对高频信号的滤波效果，故采用了小电容 0.1μF。）

7. 附录

（1）LM386 芯片介绍　LM386 为双列直插式塑封集成电路。引脚排列方式如图 3-10 所示。

LM386 是美国国家半导体公司系列功放集成电路中的一个品种，因其有功耗低、工作电源电压范围宽、外围元件少和装置调整方便等优点，故被广泛应用于通信设备、收录音机、电子琴和各类电子设备中，其典型电参数如下：工作电压范围 4～12V，静态电流 4mA，输出功率 660mW（最大），电压增益为 46dB（最大），带宽 300kHz，谐波失真 0.2%，输入阻抗 50kΩ，输入偏置电流 250nA。该放大器的电源电压范围非常宽，最高可使用到 15V。该电路有同相、反相两个输入端，即：从 5 脚输出电压信号的极性与 3 脚（同相端）输入信号的极性相同，而与 2 脚（反相端）输入信号的极性相反。这两种输入形式单从声音上是听不出差别的，无论哪一种输入，电路都一样工作。1 脚与 8 脚为增益调整，当两脚悬空时，电路的增益由设计决定，可根据实际需要调整。当电源电压为 15V 时，在 8Ω 的负载情况下，可提供几百毫瓦的功率。它的典型输入阻抗为 50kΩ。

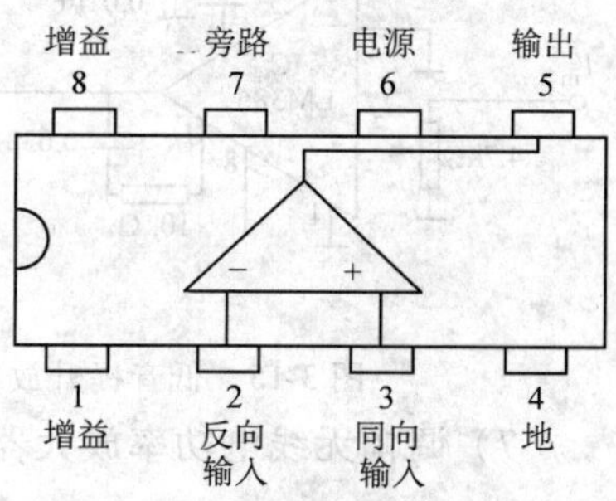

图 3-10　LM386 外形引脚图

（2）LM386 音响功率放大器的其他电路　试分析以下电路图，尽量搭出实验电路并调试电路。

1）增益为 20 倍的放大（见图 3-11）

2）增益为 50 倍的放大（见图 3-12）

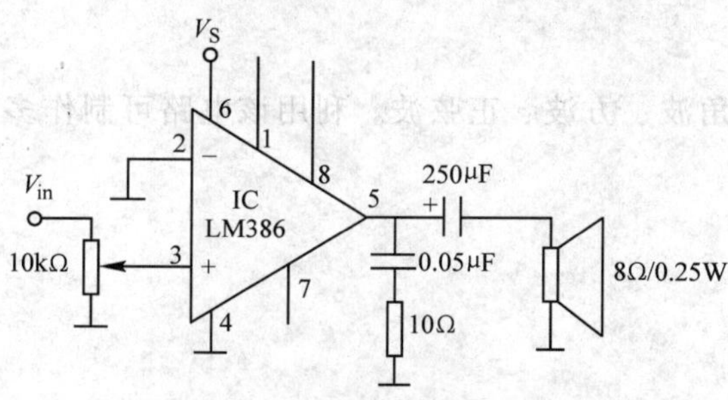

图 3-11　增益为 20 倍放大电路

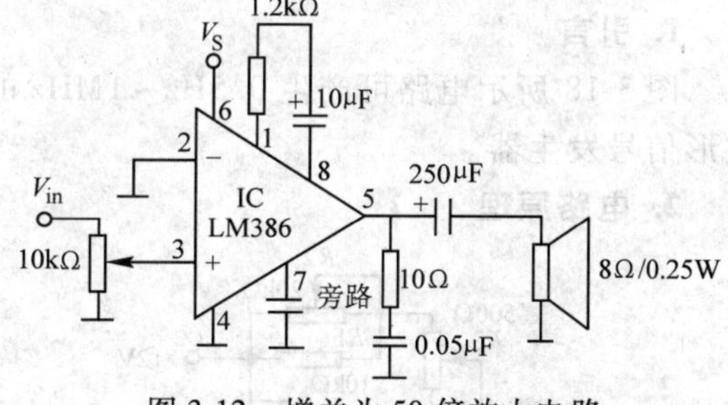

图 3-12　增益为 50 倍放大电路

3）增益为 200 倍的放大（见图 3-13）

4）低失真功率维氏电桥振荡（见图 3-14）

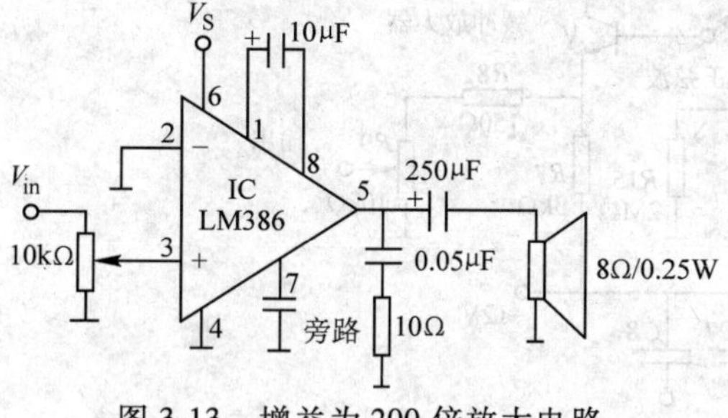

图 3-13　增益为 200 倍放大电路

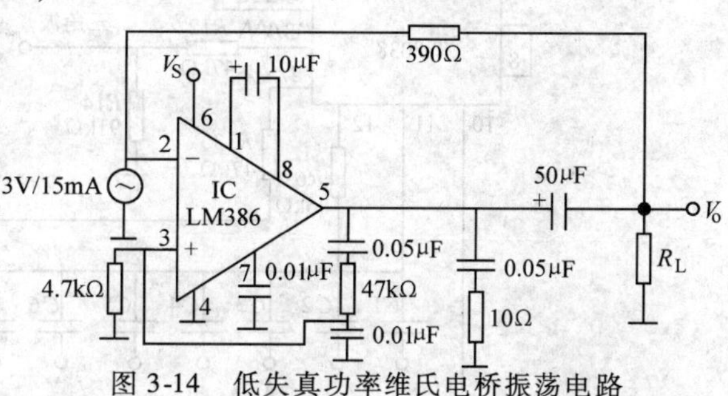

图 3-14　低失真功率维氏电桥振荡电路

5）低音提升放大器（见图 3-15）

6）矩形波振荡器（见图 3-16）

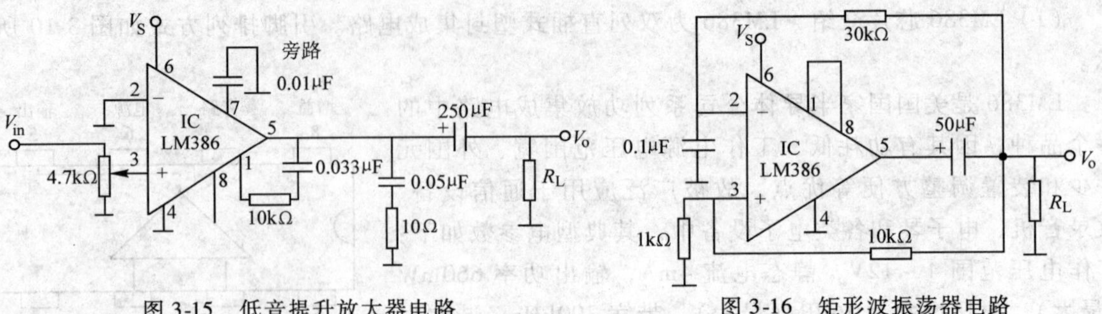

图 3-15　低音提升放大器电路　　　　图 3-16　矩形波振荡器电路

7）调幅无线电功率放大器（见图 3-17）

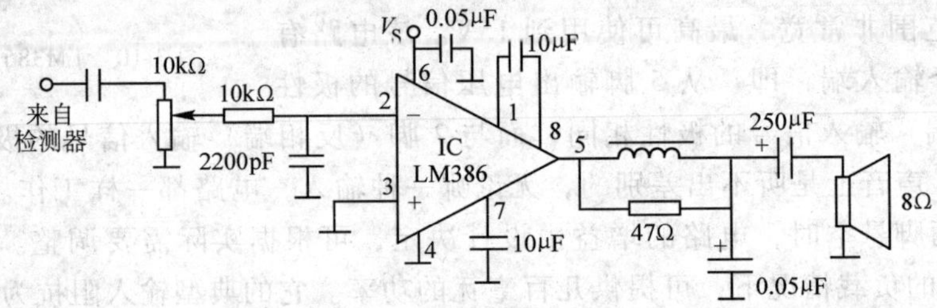

图 3-17　调幅无线电功率放大器电路

实验 3-7　多波形信号发生器

1. 引言

图 3-18 所示电路可产生 0.5Hz～1MHz 的三角波、方波、正弦波。利用该电路可制作多波形信号发生器。

2. 电路原理

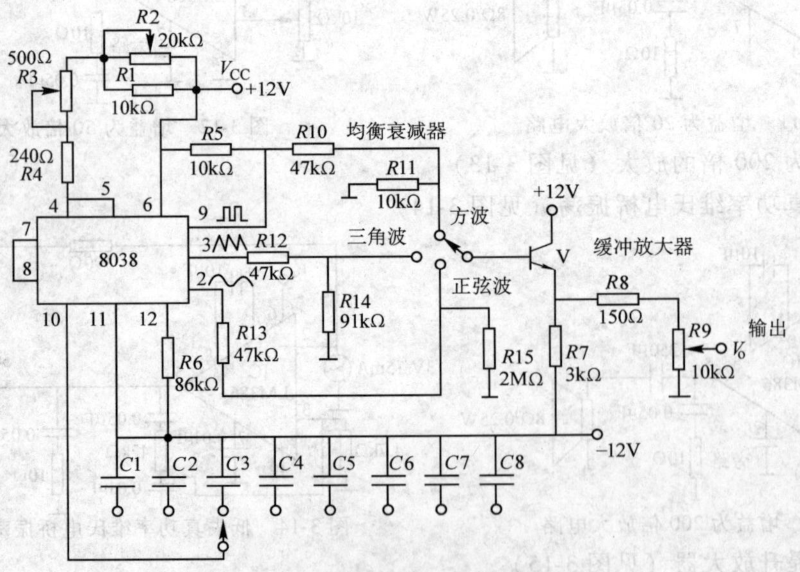

图 3-18　多波形的信号发生器电路

图 3-18 中的 8038 为函数发生器专用芯片，它能输出三角波、方波、正弦波三种波形。8038 的第 10 脚外接定时电容，该电容的容值决定了输出波形的频率，电路中的定时电容从 $C1 \sim C8$ 决定了信号频率的十个倍频程，从 500μF 开始，依次减小，直到 5500pF。频率范围相应的从 0.05～0.5～5～50～500Hz～5～50～500kHz。如果 $C8$ 取 250pF，频率可达 1MHz。图中的晶体管 V、$R7$、$R8$ 构成缓冲放大器，$R9$ 用于改变输出波形的幅值。

整个电路的频率范围为 0.05Hz～1MHz，占空比可以从 2% 至 98% 调整，失真不大于 1%，线性好。误差不大于 0.1%，因此电路很有使用价值。

3. 参考资料

[1] 梁明理，邓仁清．电子线路 [M]．北京：高等教育出版社，2001.

[2] 钟川桃．多波形数字频率合成器 [J]．长沙航空职业技术学院学报，2003，3 (1)．

4. 思考题

1）试分析此电路的优缺点。

2）电路中 $R2$、$R3$ 均为可调电阻，为什么？它们在电路中起什么作用？

3）要求不使用 8038 专用芯片，设计另一种方案，产生三角波、方波、正弦波。

实验 3-8　二阶有源滤波电路设计

1. 引言

测量系统从传感器拾取的信号往往包含噪声和一些与被测量无关的信号，另外，原始的测量信号经过传输、放大、变换、运算等处理后也会混入各种不同形式的噪声，从而影响测量精度。而滤波器是具有频率选择作用的电路或运算处理单元，利用滤波器则可以从频域中实现对噪声的抑制，提取所需要的测量信号。因此滤波器电路是各种测控系统中必不可少的组成部分，常用于信号处理、数据传送和干扰抑制等，其功能是在特定的频域内，让有用信号通过，同时抑制（衰减）无用信号。本实验与前面实验的不同之处在于没有给出具体电路，而是让同学自已根据所学知识设计电路，再进行试验。

2. 实验要求

1）设计一个二阶 1dB 无限增益多路反馈切比雪夫低通滤波器，通带增益为 $K_p = 2$，截止频率为 $f = 5\text{kHz}$。画出电路图并注明元件参数，画出幅频特性和相频特性曲线，说明测试幅频特性和相频特性原理与测试方法。

2）设计一个二阶 1dB 无限增益多路反馈切比雪夫高通滤波器，通带增益为 $K_p = 2$，截止频率为 $f = 2\text{kHz}$。画出电路图和幅频特性曲线。

3）设计一个二阶 1dB 无限增益多路反馈切比雪夫带通滤波器。

4）设计一个二阶压控电压源带通滤波器，通带增益为 $K_p = 2$，中心频率为 $f_0 = 1\text{kHz}$，品质因数 $Q = 10$，画出电路图和幅频特性曲线。

5）组装调试设计的滤波器，进而对滤波器性能进行测试。

3. 实验提示

1）要设计一个由运算放大器和电阻、电容组成的有源滤波电路，首先要给定要求的截止频率或中心频率和增益，之后，选择滤波器的类型及选择适当的电阻、电容元件，这样就可构成所需滤波器。图 3-19 所示为无限增益多路反馈电路的一般形式，选择适当类型的元件 Y1 ~ Y5（Y1 ~ Y5 可能是电阻元件，也可能是电容元件）就可构成二阶低通滤波器或高通滤波器。将高通滤波器和低通滤波器连接一起，可以形成带阻或带通滤波器。

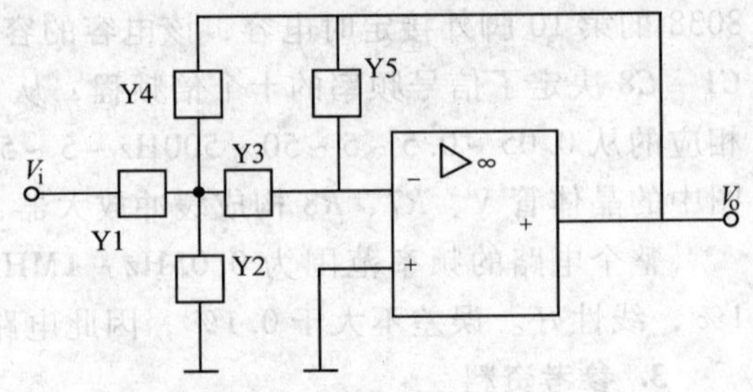

图 3-19 无限增益多路反馈电路的一般形式

2）参考电路如图 3-20 所示。

3）调试电路。按照设计所确定的电路参数在实验电路板上连接低通滤波器。之后，将信号发生器输出正弦信号的电压幅值调到 1V，接入低通滤波器输入端，调整信号频率，在低通滤波器输出端测量所对应信号的幅值。记录输入信号频率值和所对应的输出信号幅值。根据测量值画出幅频特性曲线。用示波器李沙育图形测试低通滤波器的相频特性。

按照设计所确定的电路参数在实验电路板上连接高通滤波器，重复上述过程，测试其幅频特性和相频特性。

将高通滤波器和低通滤波器连接一起，可以形成带通或滞阻滤波器。重复上述过程，测试其幅频特性和相频特性。

按照设计所确定的电路参数在实验电路板上连接二阶压控电压源带通滤波器，重复上述过程，测试其幅频特性和相频特性。

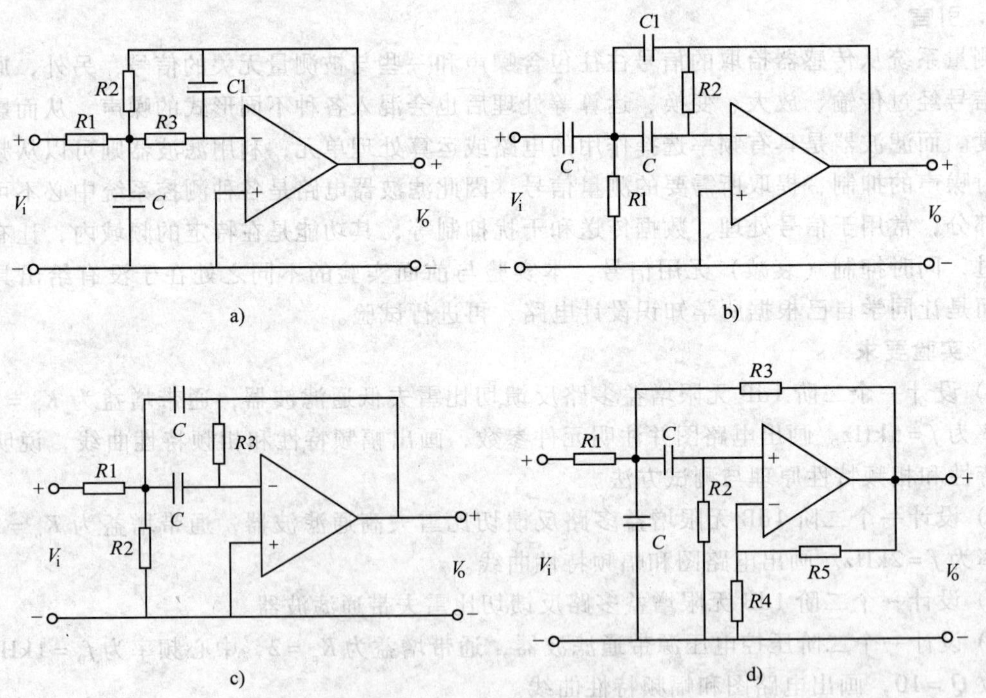

图 3-20 二阶有源滤波器

a）二阶无限增益多路反馈低通滤波器 b）二阶无限增益多路反馈高通滤波器

c）二阶无限增益多路反馈带通滤波器 d）二阶压控电压源带通滤波器

4. 注意事项

1）采用查表归一法快速设计 RC 有源滤波器，要先给定要求的截止频率 f_C、增益 K_p，之后再选取滤波器的类型（压控电压源型、无限增益多路反馈型、切比雪夫型、巴特沃斯型），（低通、高通、带通、带阻）及阶数，最后查表选参数。

2）在低阶时通常选允差为5%或2%标称值电阻，允差为10%标称值电容即可。

3）可用一个电位器代替电阻使滤波器增益可调，并能容易地调到要求的值。

4）由于每种滤波器特点不同，幅频特性与相频特性不同，应用场合也不同。因此设计滤波器时应根据应用场合和特性要求选取某一类型的滤波器。

5. 参考资料

[1] 张国雄，金篆芷．测控电路 [M]．北京：机械工业出版社，2000.

[2] 张国雄，沈生培．精密仪器电路 [M]．北京：机械工业出版社，1987.

[3] 邓延安．模拟电子技术实验与实训教程 [M]．上海：上海交通大学出版社，2002.

[4] 杨龙麟，刘忠中，唐伶俐．电路与信号实验指导 [M]．北京：人民邮电出版社，2004.

6. 思考题

1）如果将低通滤波器与高通滤波器相串联，得到什么类型的滤波器，其通带与通带增益各为多少？请在实验中予以观测和证实，并画出其特性曲线。

2）为构成1）中所述的滤波器，对低通滤波器与高通滤波器的特性有无特定要求。两者哪个在前有无关系？

7. 附录

（1）滤波器分类　按照所处理信号形式不同，滤波器分为模拟和数字滤波器两类。模拟滤波器处理的对象是连续的模拟信号；数字滤波器处理的对象是离散的数字信号。模拟式滤波器又分有源和无源滤波器。

1）LC无源滤波器由电感、电容组成。具有良好的频率选择性，信号能量损耗小，但在低频及超低频范围品质因数低，电感体积大，不便于集成化，测控系统中应用不多。

2）RC无源滤波器由电阻、电容组成，频率选择性较差，一般只作低性能滤波器。

3）RC有源滤波器由运算放大器、电阻、电容等组成，具有良好的频率选择性，测控系统中应用较多。主要有低通滤波器（一阶有源低通滤波器、二阶有源低通滤波器），高通滤波器（一阶有源高通滤波器、二阶有源高通滤波器），带通滤波器（二阶有源带通滤波器），带阻滤波器。其缺点是在音频范围内要求较大的电容和精确的RC时间常数，造成集成电路制造困难，甚至不可能。

4）开关电容滤波器由MOS开关电容（SC）和MOS运放组成开关电容滤波器（SCF），其优点是易于集成，时间常数仅取决于电容比，而电容比的精度可达到0.1%。开关电容滤波器（SCF）可以直接处理连续（模拟）信号，而不用A/D和D/A转换器，因而处理速度快。SCF的局限性主要表现在MOS运放的频带不够宽，目前仅在低频范围内运用。

（2）二阶有源滤波电路的快速设计方法

1）先选择电容 C 的标称值，电容 C 的初始值靠经验决定，通常以下面的数据作参考：

$f_C \leqslant 100\text{Hz}$　　$C = 10 \sim 0.1\mu\text{F}$

$f_C = 100 \sim 1000\text{Hz}$　　$C = 0.1 \sim 0.01\mu\text{F}$

$f_C = 1 \sim 10\text{kHz}$　　$C = 0.01 \sim 0.001\mu\text{F}$

$f_C = 10 \sim 1000\text{kHz}$　　　　$C = 1000 \sim 100\text{pF}$

$f_C \geqslant 100\text{kHz}$　　　　$C = 100 \sim 10\text{pF}$

2）根据所选择的电容 C 的实际值，再按照下式计算电阻换标系数 K

$$K = 100/(f_C C)$$

其中，f_C 的单位为 Hz；C 的单位为 μF。

3）从表 3-2 ~ 表 3-6 中查出 C 和 $K=1$ 时的电阻值，再将这些电阻值乘以电阻换标系数 K，之后将计算的电阻值靠标称的实际电阻值。

表 3-2　二阶无限增益多路反馈切比雪夫低通滤波器设计用表

纹波高度/dB	电路元件	归一化电路元件值			
		增益			
		1	2	6	10
0.1	$R1$/kΩ	2.163	1.306	1.103	1.069
	$R2$/kΩ	2.163	2.611	6.619	10.690
	$R3$/kΩ	1.767	2.928	2.310	2.167
	$C1$	0.2C	0.1C	0.05C	0.033C
0.5	$R1$/kΩ	3.374	2.530	1.673	1.608
	$R2$/kΩ	3.374	5.060	10.036	16.083
	$R3$/kΩ	3.301	3.301	5.045	4.722
	$C1$	0.15C	0.1C	0.033C	0.022C
1	$R1$/kΩ	3.821	2.602	2.284	2.213
	$R2$/kΩ	3.821	5.204	13.705	22.128
	$R3$/kΩ	6.013	8.839	5.588	5.191
	$C1$	0.1C	0.05C	0.03C	0.02C
2	$R1$/kΩ	4.658	3.999	3.009	3.113
	$R2$/kΩ	4.658	7.997	18.053	31.133
	$R3$/kΩ	13.216	7.697	8.524	6.591
	$C1$	0.05C	0.05C	0.02C	0.015C
3	$R1$/kΩ	6.308	6.170	3.754	3.617
	$R2$/kΩ	6.308	12.341	22.524	36.171
	$R3$/kΩ	11.344	6.169	10.590	9.892
	$C1$	0.05C	0.047C	0.015C	0.01C

表 3-3　二阶压控电压源带通滤波器设计用表

Q	电路元件/kΩ	归一化电路元件值					
		增益					
		1	2	4	6	8	10
1	$R1$	3.183	1.592	0.796	0.531	0.398	0.318
	$R2$	2.251	3.183	5.668	8.550	11.578	14.669
	$R3$	1.741	1.592	1.019	0.671	0.468	0.377
	$R4$、$R5$	4.502	6.366	11.336	17.110	23.158	29.338

（续）

Q	电路元件/kΩ	归一化电路元件值 增益 1	2	4	6	8	10
2	*R*1	6.366	3.183	1.592	1.067	0.796	0.637
	*R*2	2.251	2.684	3.741	4.993	6.366	7.811
	*R*3	1.367	1.342	1.178	0.972	0.796	0.661
	*R*4、*R*5	4.501	5.368	7.482	9.986	12.732	15.662
3	*R*1	9.549	4.775	2.387	1.592	1.194	0.955
	*R*2	2.251	2.532	3.183	3.939	4.775	5.668
	*R*3	1.276	1.266	1.194	1.079	0.955	0.840
	*R*4、*R*5	4.502	5.064	6.366	7.878	9.550	11.336
4	*R*1	12.732	6.366	3.183	2.122	1.592	1.273
	*R*2	2.251	2.459	2.925	3.456	4.039	4.667
	*R*3	1.235	1.299	1.189	1.120	1.035	0.946
	*R*4、*R*5	4.502	4.918	5.850	6.912	8.078	9.334
5	*R*1	15.915	7.958	3.979	2.653	1.989	1.592
	*R*2	2.251	2.416	2.778	3.183	3.626	4.100
	*R*3	1.211	1.208	1.183	1.137	1.077	1.010
	*R*4、*R*5	4.502	4.832	5.556	6.366	7.252	8.200
6	*R*1	19.099	9.594	4.775	3.183	2.387	1.910
	*R*2	2.251	2.387	2.684	3.010	3.363	3.741
	*R*3	1.196	1.194	1.176	1.144	1.100	1.049
	*R*4、*R*5	4.502	4.774	5.368	6.020	6.726	7.482
8	*R*1	25.465	12.732	6.366	4.244	3.183	2.546
	*R*2	2.251	2.352	2.569	2.802	3.052	3.318
	*R*3	1.177	1.176	1.167	1.148	1.123	1.090
	*R*4、*R*5	4.502	4.704	5.138	5.604	6.104	6.036
10	*R*1	31.831	15.915	7.958	5.305	3.979	3.183
	*R*2	2.251	2.332	2.502	2.684	2.876	3.078
	*R*3	1.167	1.166	1.160	1.148	1.131	1.110
	*R*4、*R*5	4.502	4.664	5.004	5.368	5.752	6.156

表 3-4　二阶无限增益多路反馈带通滤波器设计用表

Q	电路元件/kΩ	归一化电路元件值 增益 1	2	4	6	8	10
3	*R*1	4.775	2.387	1.194	0.796	0.597	0.477
	*R*2	0.281	0.298	0.341	0.398	0.477	0.597
	*R*3	9.549	9.549	9.549	9.549	9.549	9.549

（续）

归一化电路元件值							
Q	电路元件/kΩ	增　益					
		1	2	4	6	8	10
4	*R*1	6.336	3.18	1.592	1.061	0.796	0.637
	*R*2	0.205	0.212	0.227	0.245	0.265	0.289
	*R*3	12.732	12.732	12.732	12.732	12.732	12.732
5	*R*1	7.958	3.979	1.989	1.326	0.995	0.796
	*R*2	0.162	0.166	0.173	0.181	0.189	0.199
	*R*3	15.915	15.915	15.915	15.915	15.915	15.915
6	*R*1	9.549	4.775	2.387	1.592	1.194	0.955
	*R*2	0.134	0.136	0.140	0.145	0.149	0.154
	*R*3	19.099	19.099	19.099	19.099	19.099	19.099
7	*R*1	11.141	5.570	2.785	1.857	1.393	1.114
	*R*2	0.115	0.116	0.119	0.121	0.124	0.127
	*R*3	22.282	22.282	22.282	22.282	22.282	22.282
8	*R*1	12.732	6.336	3.183	2.122	15.92	1.273
	*R*2	0.100	0.101	0.103	0.104	0.106	0.108
	*R*3	25.465	25.465	25.465	25.465	25.465	25.465
10	*R*1	15.915	7.958	3.979	2.653	1.989	1.592
	*R*2	0.080	0.080	0.081	0.082	0.083	0.084
	*R*3	31.831	31.831	31.831	31.831	31.831	31.831

表 3-5　二阶无限增益多路反馈切比雪夫高通滤波器设计用表

归一化电路元件值					
纹波高度/dB	电路元件	增　益			
		1	2	5	10
0.1	*R*1/kΩ	1.258	1.510	1.716	1.798
	*R*2/kΩ	6.669	11.115	24.453	46.684
	*C*1	*C*	0.5*C*	0.2*C*	0.1*C*
0.5	*R*1/kΩ	0.756	0.908	1.031	1.080
	*R*2/kΩ	5.078	8.463	18.619	35.546
	*C*1	*C*	0.5*C*	0.2*C*	0.1*C*
1	*R*1/kΩ	0.582	0.699	0.794	0.832
	*R*2/kΩ	4.795	7.992	17.583	33.368
	*C*1	*C*	0.5*C*	0.2*C*	0.1*C*
2	*R*1/kΩ	0.426	0.512	0.581	0.609
	*R*2/kΩ	4.889	8.148	17.925	34.221
	*C*1	*C*	0.5*C*	0.2*C*	0.1*C*

（续）

纹波高度/dB	电路元件	归一化电路元件值			
		增益			
		1	2	5	10
3	$R1$/kΩ	0.342	0.411	0.467	0.489
	$R2$/kΩ	5.241	8.736	19.219	36.690
	$C1$	C	$0.5C$	$0.2C$	$0.1C$

表 3-6　二阶压控带阻滤波器设计用表

	归一化电路元件值/kΩ
$R1$	$0.796/Q$
$R2$	$3.183Q$
$R3$	$R2/(4Q^2+1)$

实验 3-9　倍频/分频器

1. 引言

图 3-21 是一种利用 CMOS 集成锁相环 CD4046（或 CC4046）实现的频率变换电路。锁相倍（分）频是将一种频率变换为另一种频率，例如，将 35kHz 的频率变换为 28kHz，或者相反。显然，用一般的数字电子技术进行非整数倍分频或倍频是困难的，但使用锁相环技术则很容易实现。而 CD4046（或 CC4046）是低频多功能单片数字集成锁相环集成电路，最高工作频率为 1MHz，电源电压 5～15V。常用于信号处理如跟踪滤波、调制解调、频率合成、锁相接收、频率变换、锁相倍频等方面。

2. 锁相倍（分）频原理

图 3-21 也是使用锁相环 CD4046 实现任意数字的倍频或分频电路。其中，$\div M$ 和 $\div N$ 是两个分频比分别为 M 和 N 的分频器。当 CD4046 工作在锁定状态时，则有

$$\frac{f_i}{M}=\frac{f_o}{N} \tag{3-1}$$

故

$$f_o=\frac{N}{M}f_i \tag{3-2}$$

式中，f_i、f_o 分别为变频前后的信号频率。

要实现 35kHz 到 28kHz 的频率变换，令 $f_i=35\text{kHz}$，$f_o=28\text{kHz}$，由式（3-2）可得 $N/M=0.8$。若选 $N=8$，$M=10$，则可分别采用八进制计数/分配器 CC4022 和十进制计数/分配器 CC4017。

图 3-22 所示给出了利用锁相环 CD4046 组成的 60 倍频电路。60 倍频电路输出信号频率为 f_o，是输入信号频率 f_i 的 60 倍，倍频电路

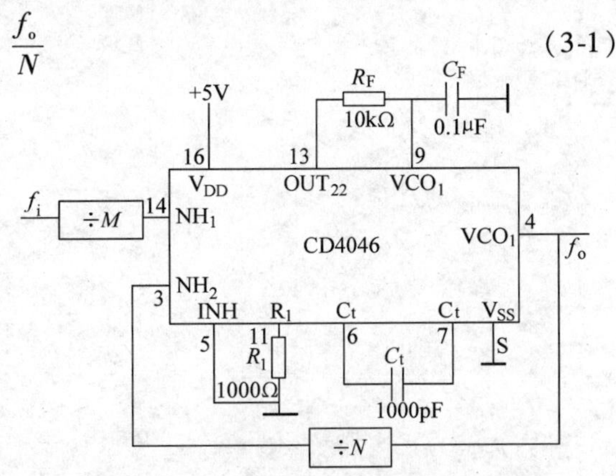

图 3-21　锁相环 CD4046 实现任意数字的倍频或分频电路

是由锁相环及六十进制分频器组成，分频器被插入在 VCO 和鉴相器之间，当锁相环锁定时，其输出信号频率和锁相环输入信号频率 f_i 关系为 $f_o = 60f_i$，达到了 60 倍频的目的。60 分频的分频器是锁相环组成 60 倍频电路的一个关键部分。该电路由一片 CD4518 的集成芯片组成，由 CD4518 组六十进制计数器，之后与 CD4046 锁相环一起构成 60 倍频电路。

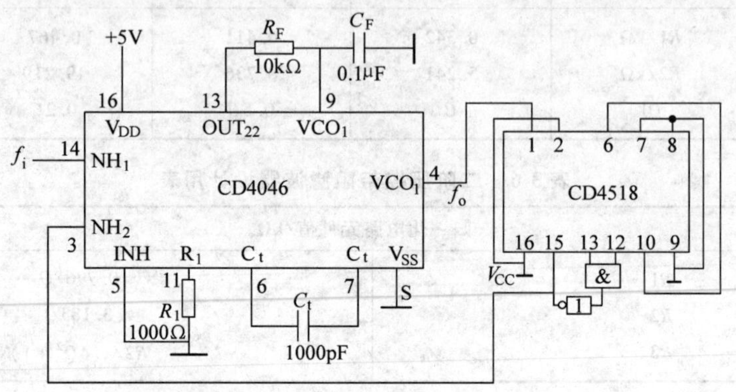

图 3-22　CD4046 和 CD4518 组成的 60 倍频电路

3. 参考资料

［1］郝媚美，郑应文．一种实用的利用锁相环实现的倍频电路［J］．福建电脑，2003（9）．

［2］高吉祥．电子技术基础实验与课程设计［M］．北京：电子工业出版社，2002.

［3］谢自美．电子线路设计·试验·测试［M］．武汉：华中理工大学出版社，1994.

4. 思考题

1）设计 CD4046 和 CD4518 组成的 100 倍频电路。

2）什么叫锁相环？什么叫锁相环频率合成器？

3）如何使用 CD4046 设计电压/频率变换电路？

第4章 工程光学基础训练

光学在现代科学技术中占有重要地位。特别是近几十年来，由于激光的出现和现代光学的兴起，光学在工程技术中得到更加广泛的应用。激光技术的引入促使光学实验方法和技术进一步得到提高，使各种干涉计量技术得到全面快速的发展。现在，由于各种先进的电光、磁光元件的引入，光测技术不断的完善和发展。它已成为工程技术中的一个重要组成部分。

光学实验的特点是：实验与理论的联系比较密切，测量精度高，实验仪器比较精密、贵重、易损，调试要求较严格，实验规律性强，重复性好。光学仪器和光学零部件一般都需要防尘、防潮，使用完毕，注意放回原处。因此，要求学生在实验前充分做好预习，了解实验的基本原理，熟悉调整仪器的基本思想，在实验中正确地使用仪器，仔细观察，分析现象，正确处理实验数据；实验后认真总结经验，不断提高实验技能。

实验4-1 光学元部件的清洗

1. 引言

一个实验工作者，在光学实验中，不但要爱护自己的眼睛，还要十分爱惜实验室的各种光学元件。实践经验证明，只有认真注意保养和正确地使用元部件，才能调整观察到满意的现象，测得符合实际的结果，同时，这也是培养良好实验素质的重要方面。由于光学元件表面加工（磨平，抛光）比较精细，有的还镀有膜层，而且光学元件又大都是由透明、易碎的玻璃材料制成，因此，使用时务必十分小心，不可粗心大意。如果使用和维护不当，很容易造成不必要的损失，所以，光学实验必须遵守下列规则：

1）必须在了解元件的使用方法和操作要求后，才能使用元件。

2）光学元件多为玻璃制品，使用时要轻拿轻放，勿使元件碰撞，更要避免摔坏，暂时不用或已用完的光学元件，要放回盛放器皿或元件盒中的原处。在暗室中操作要更加小心谨慎，摸索时，手要贴着桌面，动作要轻缓，以避免碰到或带落元件。

3）光学元件的光学表面（光线在此表面反射，折射）是经过精细加工的。因此，任何时刻都不能用手去触摸，而只能拿非光学面，即磨砂面。

4）不要面对光学表面说话，打喷嚏，咳嗽等，以免玷污光学表面。如果发现光学表面有灰尘，被污染，有指纹等应及时清理，避免大的损失。

通过实验让学生学会并掌握光学元部件的使用、维护和清洗方法，培养操作光学元部件的基础能力。

2. 实验要求

1）学习并掌握清除光学表面灰尘的方法。

2）学习并掌握清洗光学表面上油迹（指纹或其他污染）的方法。

3. 实验器材

脱脂棉球、脱脂软毛刷、橡皮球、长纤维脱脂棉、小木棒、无水乙醇、乙醚等。

4. 基本操作

1）光学表面有灰尘，可用棉球或软毛刷轻轻抹去，或用橡皮球挤吹掉。

2）光学表面有油迹（指纹时），可将小木棒头削圆滑，并卷上长纤维的脱脂棉，然后蘸上少量无水乙醇加乙醚（1∶3～1∶5）的混合液顺着一个方向在镜面上轻轻擦拭，并且一边擦一边转动棉球，禁止使用眼镜布擦拭。

3）当元件表面为镀膜面时，首先判断是金属膜还是介质膜（有的膜层较软不能擦拭），然后在老师指导下进行处理。

5. 注意事项

1）乙醇和乙醚都是易燃物，千万注意要远离火源，以免发生火灾。

2）乙醚有麻醉作用，清洗时动作要轻要快，清洗完毕应马上开窗通风。

6. 参考资料

[1] 朱国学. 浅谈计量仪器的光学零件清洗方法 [J]. 计量与测试技术，2007（10）.

[2] 侯瑞祥. 光学零件超声波清洗综述 [J]. 光学仪器，1996（6）.

[3] 李应选. 塑料光学元件的清洗、镀膜和胶合 [J]. 光学技术，1982（4）.

[4] 贺顺忠. 工程光学实验教程 [M]. 北京：机械工业出版社，2007.

实验 4-2　薄透镜焦距的测量

1. 引言

透镜是组成各种光学仪器的基本光学元件，掌握透镜的成像规律，学会光路的分析和调整技术，对于了解光学仪器的构造、使用以及光学设计等都是有益的。

焦距是透镜的主点到焦点的距离，是透镜的重要参数之一。透镜的成像位置及状态（大小，虚实）均与它有关。由于透镜的种类繁多，焦距有长有短，且测焦的准确度要求不一样。所以通过本实验应了解透镜焦距的各种测量方法，以及测量时所需用的基本仪器和可能达到的准确度，并比较各种测量方法的优缺点。同时，通过实验学会简单光路的分析和共轴光路的调整方法。

2. 实验要求

1）共轭法测凸透镜焦距。

2）自准直法测焦距。

3）平行光管法或焦距仪测焦距。

3. 实验提示

1）用自准直法找到与原物同样大小的倒立像，测量此时凸透镜光心到像之间的距离。

2）用共轭法测焦距时，应使物和屏之间的距离大于 4 倍焦距并保持不变，测量时利用 $p_1 = q_2$，$p_2 = q_1$ 的共轭关系。

3）平行光管法测量焦距，测量工作在光具座上进行。首先调节平行光管、待测透镜、测量显微镜三者基本共轴，将平行光管调整到发出平行光，且使其光轴与导轨平行，然后再进行测量。

4）平行光管法测量负透镜焦距时，应选用放大倍率较小（工作距离较长）的测量显微镜物镜。

4. 注意事项

1）所有实验用光学抛光表面，不得用手触摸或随意擦抹，要轻拿轻放，安装光学元件如反射镜时不可拧得过紧，以免应力集中而破裂。

2）使用实验仪器时必须先了解仪器性能，熟悉仪器的调节和使用方法后才能操作。

3）更换实验仪器部件、安装被测元件时必须轻拿轻放，严防跌落，严禁未经允许自行拆卸仪器。

4）实验完毕，关掉仪器电源，取下仪器上放置的实验部件，放回原处。

5. 参考资料

［1］郁道银，谈恒英．工程光学［M］．北京：机械工业出版社，1999.

［2］王子余．几何光学及光学设计［M］．浙江：浙江大学出版社，1989.

［3］杨之昌．几何光学实验［M］．上海：上海科学技术出版社，1986.

［4］高峰，张登玉．如何准确测定薄透镜的焦距［J］．物理通报，2003（4）．

［5］于有凡，戚非．用光电法测定薄透镜的焦距［J］．实验室科学，实验室科学，2007（6）．

6. 附录

（1）自准直法　如果将发光点放置在凸透镜 L 的焦点上，那么它发出的光将由透镜作用变成一束平行光。若用一与主光轴垂直的平面镜 M 将此平行光反射回去，则反射光再由此透镜作用会聚于焦点上，这就是自准直法或自准直原理。如果在此透镜的焦平面上放上一个物体 AB，则由自准直法得到 AB 的像 $A'B'$ 仍在焦平面上，并且与原物大小相等，呈倒立的实像，如图 4-1，其中 f 为透镜焦距。

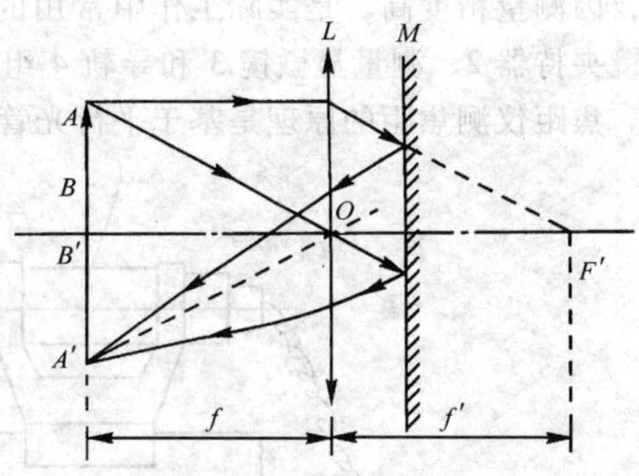

图 4-1　自准直法测量光路

（2）共轭法　如图 4-2 所示，当凸透镜放在 O_1 处时，屏上成放大实像；若将此透镜移到 O_2 处时，屏上成缩小实像，设 O_1 和 O_2 间距离为 a，物到像的距离为 b，f 为待测透镜焦距，且使 $b>4f$ 并保持不变。根据共轭关系 $p_1=q_2$，$p_2=q_1$，可以证明：

$$f=\frac{b^2-a^2}{4b} \tag{4-1}$$

可见：若用实验测得 a、b 值就可由式（4-1）求出 f。

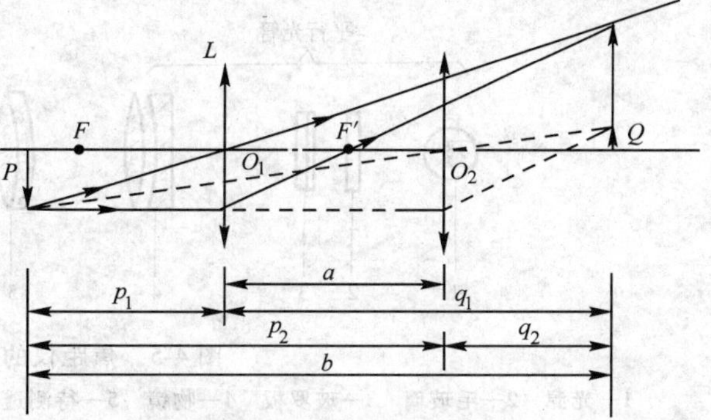

图 4-2　共轭法测凸透镜焦距

（3）平行光管法测量焦距原理　测量原理光路图如图 4-3 所示。

由物（物高为 y）发出的光经平行光管物镜 L 后成为平行光，再经待测物镜 L_x 成像在其焦平面上得到像高 y'，由图 4-3 可知，$\tan\omega_0=y/f$，$\tan\omega=y'/f_x$ 且 $\tan\omega=\tan\omega_0$，所以

$$f_x = f\frac{y'}{y} \qquad (4\text{-}2)$$

式中，y'为被测透镜所成的像的高度；y 为物高（实际测量时，y 为位于平行光管物镜焦平面上玻罗板中某一对平行线的线距）；f 为平行光管物镜焦距；f_x 为待测透镜的焦距，单位为 mm。

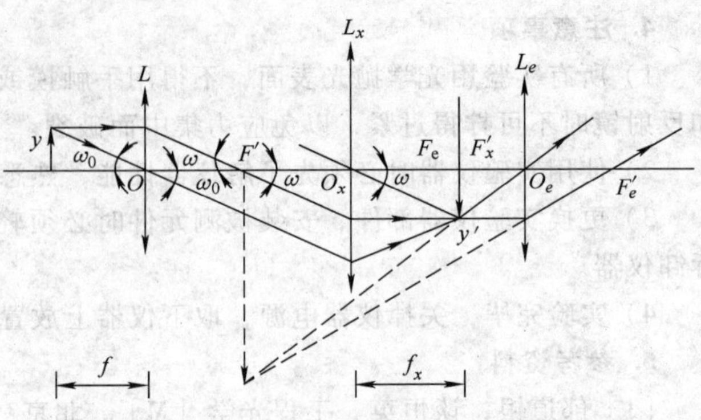

图 4-3 平行光管法测量焦距光路图

y—物高 f—平行光管物镜焦距 L—平行光管物镜

y'—像高 f_x—待测透镜焦距 L_x—待测透镜

实际测量透镜焦距时，像的大小一般由测量显微镜测出，这时就要考虑测量显微镜物镜的放大倍率，因此式（4-2）改写为

$$f_x = f\frac{y'}{y\beta} \qquad (4\text{-}3)$$

式中，β 为物镜的放大倍率。

（4）焦距仪简介　焦距仪是用于测量透镜或光学系统焦距、截距和像质检测的专用仪器，因测量精度高，是实际工作中常用的测量仪器。实验室用的焦距仪主要由平行光管 1、透镜夹持器 2、测量显微镜 3 和导轨 4 组成，如图 4-4 所示，其光学系统的机构如图 4-5 所示。焦距仪测焦距的原理是基于平行光管法测量焦距的原理。

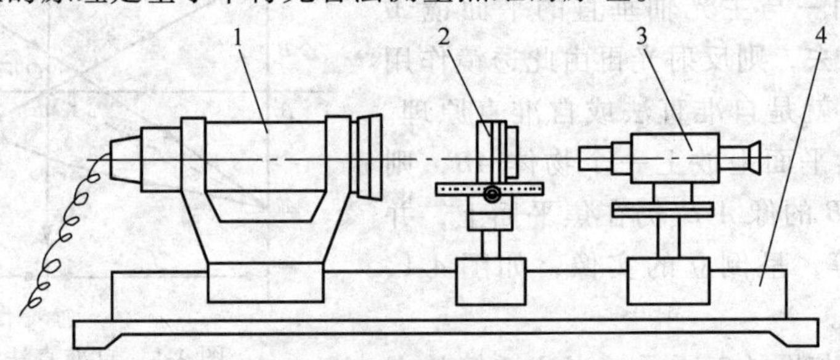

图 4-4 焦距仪外形结构图

1—平行光管 2—透镜夹持器 3—测量显微镜 4—导轨

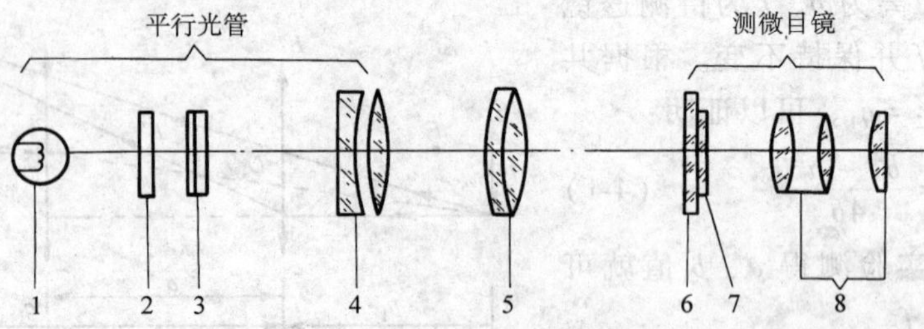

图 4-5 焦距仪的光学系统

1—光源 2—毛玻璃 3—玻罗板 4—物镜 5—待测透镜 6—活动分划板 7—固定分划板 8—目镜

常用的平行光管物镜焦距有 500mm、1000mm 和 2000mm，一般标注在平行光管镜筒外侧。测量使用的分划板位于平行光管物镜的焦平面上，根据用途分为玻罗板、鉴别率板、星点板。用于测量透镜焦距、截距的玻罗板上刻有 5 对平行线，如图 4-6 所示，图中标出了每一对平行线的线距标称值，最外面一对长线的线距为 20mm，实验时根据具体情况选用合适

的线距进行测量。

测量显微镜包括物镜和测微目镜。物镜放大倍率根据被测透镜焦距具体参数进行选择。测微目镜的结构如图 4-7 所示，固定分划板上有 8 个分格，每分格距离为 1mm（见图 4-8）。活动分划板上刻有叉丝和两条平行线（见图 4-9）。活动分划板与固定分划板实际很接近，可以认为两者在同一平面上。鼓轮上刻有 100 个分格。鼓轮转一圈，活动分划板移动 1mm。

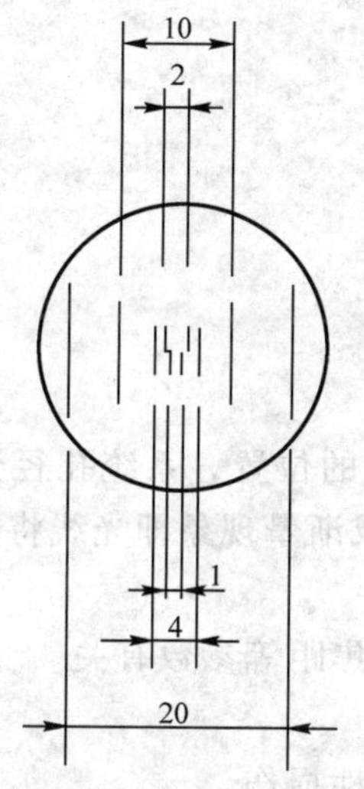

图 4-6 玻罗板的分划线及线距标称值

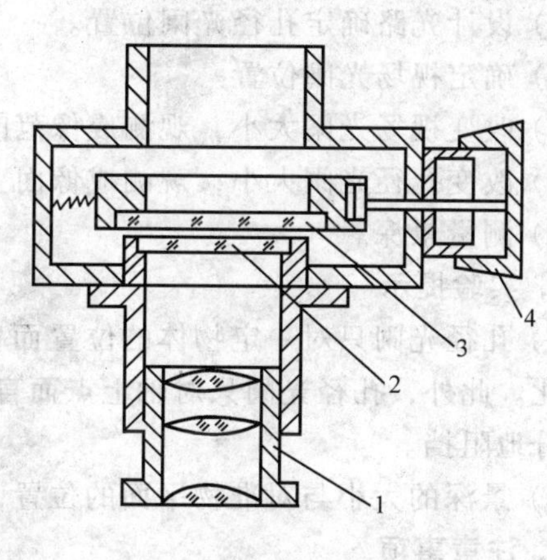

图 4-7 测微目镜的结构

1—目镜 2—固定分划板 3—活动分划板 4—鼓轮

图 4-8 固定分划板

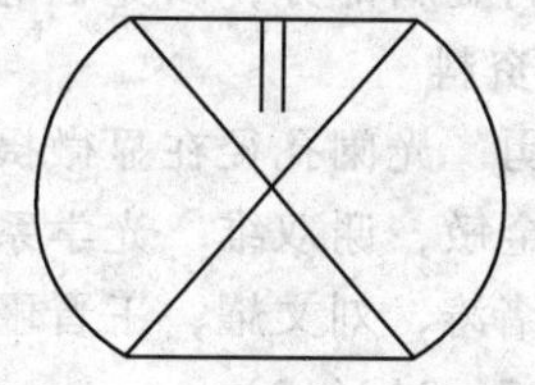
图 4-9 活动分划板

7. 思考题

1）能否用自准直法测凹透镜的焦距，若能，试画出其光路原理图。

2）在用共轭法测量凸透镜焦距时，如果凸透镜光心与滑块上刻线不在垂直于导轨的同一平面内，对实验结果有无影响？为什么？

3）试分析焦距仪测焦距时可能存在的误差。

4）如何调节平行光管、被测透镜、测量显微镜三者基本共轴？

5）本实验所介绍的三种测焦距 f 方法中哪一种更好？为什么？

实验 4-3 孔径光阑、视场光阑和景深

1. 引言

孔径光阑、视场光阑和景深是几何光学中很重要的概念，也是光学设计，光学装调必须

考虑的问题，它们关系到光学系统像面的照度、成像范围、系统的像差、分辨力和成像质量等。同时，这些概念又是几何光学学习的难点，因此，安排此实验是很有必要的。

通过实验让学生深入理解孔径光阑（入、出瞳），视场光阑（入、出窗）及景深的概念，学会确定孔径光阑，视场光阑及测量景深的方法。

2. 实验要求

1）对各种光学元器件进行等高、同轴调整。

2）设计光路确定孔径光阑位置。

3）确定视场光阑位置。

4）改变视场光阑大小，观测成像范围的变化。

5）改变孔径光阑大小，观测成像面上的照度变化。

6）测量景深。

3. 实验提示

1）孔径光阑只对一定物体的位置而言，如果改变物体的位置，系统孔径光阑的位置也会变化。此外，孔径光阑只对轴上点而言，对轴外点将形成渐晕现象即光线将被其他光学元件部分地阻挡。

2）景深的大小与对准物平面的位置，入瞳大小及物镜焦距等参数有关。

4. 注意事项

1）绝对不能用眼睛直视激光束，以免造成视网膜永久性损伤。

2）激光器激励电源电压达数千伏，实验时千万别触摸与其输出线相连通的或与输出电压耦合的任何金属部分，以免触电。

5. 参考资料

[1] 郑勇. 光阑孔径在显微摄影中的作用［J］. 照相机，2005（6）.

[2] 胡金敏，谢双维. 光学系统的景深［J］. 物理通报，2006（3）.

[3] 莫绪涛，刘文耀，王晋疆. 大景深光学成像系统关键技术的研究［J］. 光电工程，2007，34（12）.

6. 附录

（1）孔径光阑——光学系统中各光阑在物空间的像对轴上的物点 A 的张角最小的光阑，其大小决定成像面上的照度。

入瞳——孔径光阑经其后面（迎着光的传播方向而言）透镜组在物空间所成的像。

出瞳——孔径光阑经其前面透镜组在像空间所成的像。

（2）视场光阑——光学系统中各光阑在物空间的像对入瞳中心的张角最小的光阑，其大小决定像面上的成像范围。

（3）景深——系统能成清晰像时的两个物面间的距离。

理论证明：（见图 4-10）

后景深：
$$\Delta l_1 = p_1 - p = \frac{250p^2\varepsilon}{Df' - 250p\varepsilon} \tag{4-4}$$

前景深：
$$\Delta l_2 = p_2 - p = \frac{250p^2\varepsilon}{Df' + 250p\varepsilon} \tag{4-5}$$

总景深：
$$\Delta l = \Delta l_1 + \Delta l_2 = \frac{500Df'p^2\varepsilon}{D^2f'^2 - 62500p^2\varepsilon^2} \tag{4-6}$$

式中，ε 为人眼分辨极限角；f'为物镜焦距。

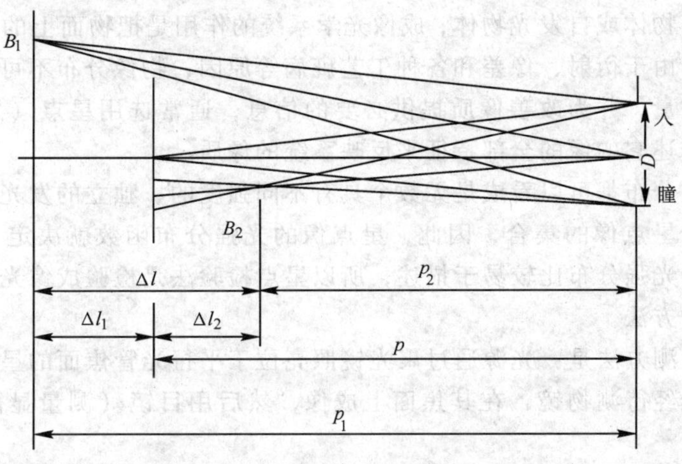

图 4-10 景深测量光路

由式（4-4）、式（4-5）可知：摄影物镜的后景深大于前景深，并与下列因素有关：

1）入瞳直径 D 越小，其景深越大。

2）摄影物镜焦距f'越小，其景深也越大。

3）对准平面的位置 p 越大，其景深越大。

7. 思考题

1）孔径光阑设在什么位置上时，可使物镜尺寸最小？

2）当采用较大透明图片作被测物时，系统可能出现渐晕现象，试问怎样才能使渐晕现象减到最小？

3）如何观测光阑的虚像位置和大小？

4）如何减小景深测量的误差？

实验 4-4 光学系统像差检测

1. 引言

透镜成像系统中的单会聚、单发散透镜以及球面镜在生产工艺中虽然可以做得尽量完善，但是一旦实验条件得不到满足近轴条件时，则总是存在像差。比如当成像光束孔径角增大或成像范围增大时就会产生球差、慧差、像散、像面弯曲和畸变等单色像差，又如当光学系统采用白光或复色光成像时还会产生位置色差和倍率色差等。像差使像变模糊、失真，在光学测量中还会影响测量准确度。此外，像差知识也是几何光学学习的重点和难点，因此，安排像差实验对加深概念的理解是很有必要的。

通过实验让学生了解并掌握透镜像差产生的原因，学会减小或消除像差的办法。

2. 实验要求

1）了解和熟悉检验物镜像差的一般性方法——星点法。

2）搭建以 CCD 摄像头为主要元件的像差光电图像采集系统，观测透镜的数字化图像，分析几何像差对成像的影响，定性判断物镜像差的性质和大小。

3）试验透镜像差的校正方法。

3. 实验提示

对非相干照明物体或自发光物体，成像光学系统的作用是把物面上的光强分布转换为像面上的光强分布。由于衍射、像差和各种工艺疵病等原因，物像分布不可能完全一致。为了评定系统的成像质量，并为改善像质提供必要的信息，通常选用星点（发光点）作为代表性的物体，通过描述它的像的全部特征来反映系统的像质。

由于任意物的分布都可以看成是无数个具有不同强度的、独立的发光点的集合，任意物的像就是这无数个星点像的集合，因此，星点像的光强分布函数就决定了该系统的成像质量。另外星点像的光强分布比较易于描述，所以星点检验法是检验成像光学系统质量时最基本、最简单的一种方法。

传统的星点检测方法是：光源通过聚光镜照亮位于平行光管焦面的星点板小孔，从平行光管出射的平行光经待测物镜，在其焦面上成像，然后用目镜（测量显微镜）对所成的像进行观察。

随着 CCD 和计算机技术的发展，光学图像数字化已成为必然的趋势。用计算机采集星点图像，不但能够减轻人眼观察的疲劳，而且可以同时再现焦前、焦面和焦后的星点图像，便于比较、判断像差的性质和大小，也有利于全面理解和掌握像差理论。几何像差测试系统如图 4-11 所示。

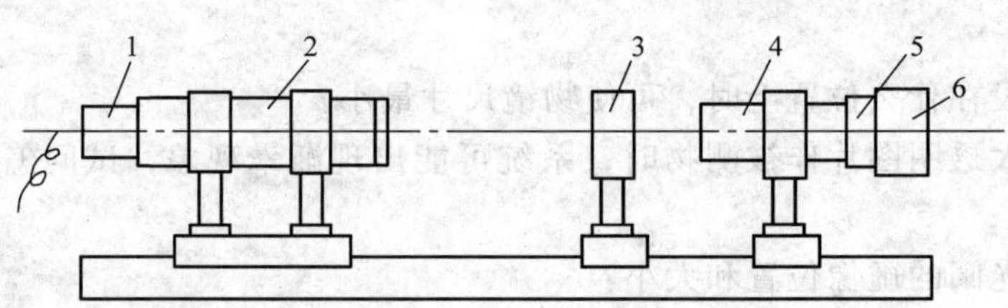

图 4-11 几何像差数字图像测试系统
1—星点板 2—平行光管 3—待测物镜 4—测微目镜（去掉接目镜）
5—连接套管 6—CCD 摄像头

4. 实验用仪器和设备

光具座一台、被检物镜若干、星点板、分辨率板（用于辅助光路的调整）、数字图像采集和显示系统（包括 CCD 摄像头、图像采集卡和个人电脑）。

5. 参考资料

[1] 何芸. 镜头的像差 [J]. 甘肃科技，2004，20（8）.

[2] 刘磊，何在新. 几何像差的自动检测方法 [J]. 天津大学学报，1996（4）.

[3] 柳长习. 运用“星点法”校正显微镜光学误差 [J]. 实用医学进修杂志，2002，30（4）.

[4] 郁道银，谈恒英. 工程光学 [M]. 北京：机械工业出版社，2006.

6. 附录

1）参考的像差观测用光路（见图 4-12）。

2）参考的像差校正光路（见图 4-13 ~ 图 4-18）。

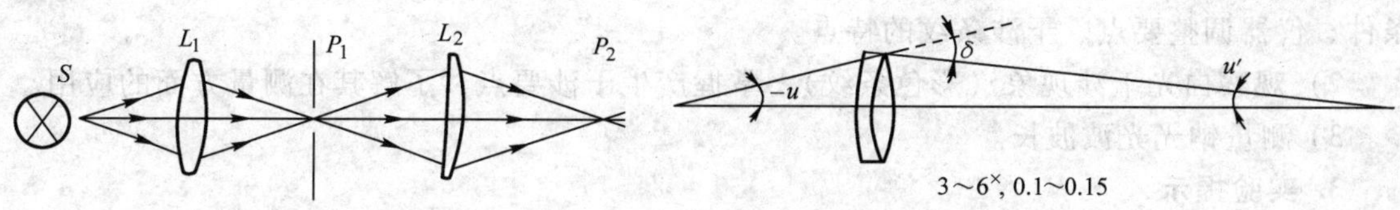

图 4-12　透镜像差观测光路　　　　图 4-13　可校正色差、球差、慧差光路

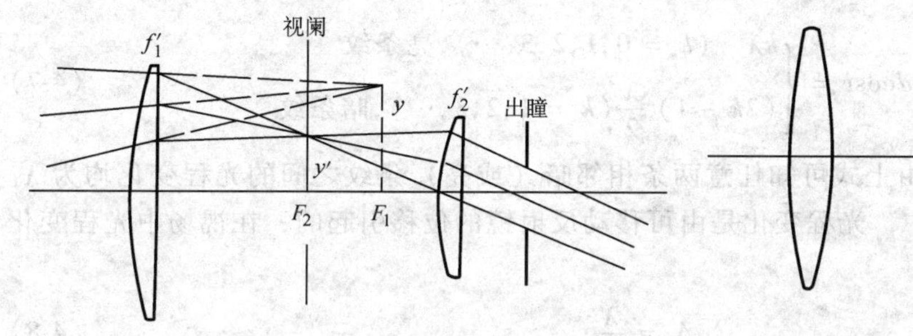

图 4-14　可校正倍率色差，慧差和像散　　　　图 4-15　可校正倍率色差、慧差和像散

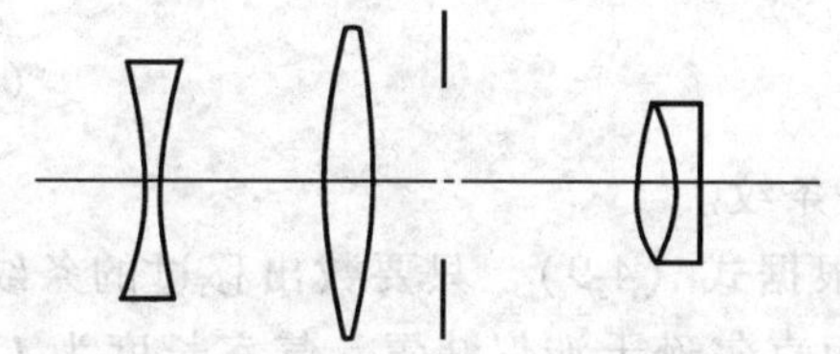

图 4-16　可校正倍率色差、慧差、像面弯曲和像散

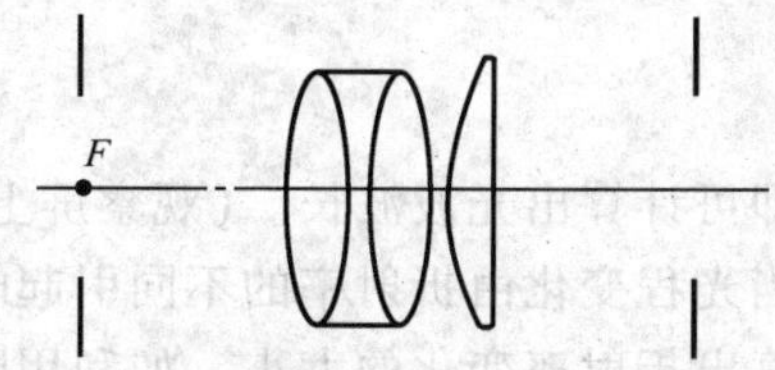

图 4-17　可校正倍率色差、慧差、像散和畸变

7. 思考题

1）为了使球差、色差更显著怎样选取物距？物距大好还是小好？球差的测量精度主要由哪些因素决定？

2）为什么有的望远物镜采用双胶合透镜？它能消除哪些像差？

3）一个由分开一定距离的并用两个平凹—双凸胶合的透镜镜组能校正哪些像差？

4）如何减小像散测量的误差？

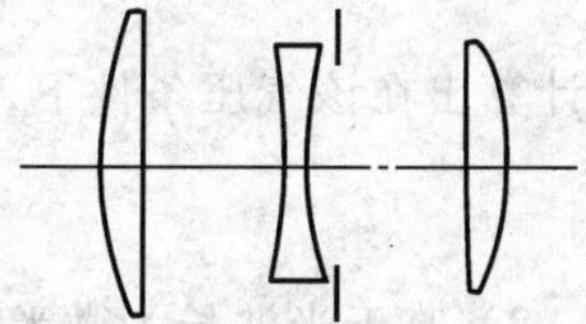

图 4-18　可校正七种单色差

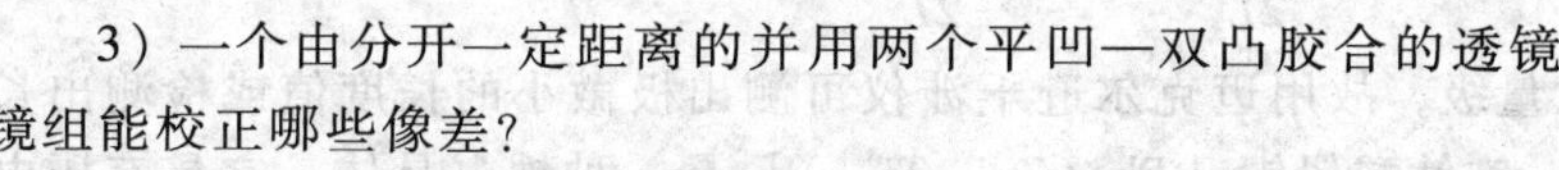

实验 4-5　迈克尔逊干涉仪调整与光波波长测量

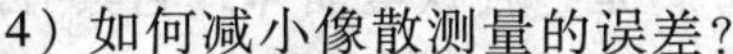

1. 引言

迈克尔逊干涉仪是许多现代干涉仪的原型，其变形种类很多。它在近代物理和计量技术中有着广泛的应用。例如：利用迈克尔逊干涉仪测量光波的波长、微小长度、位移、振动、角度、气体折射率、光源相干长度，此外，还可用它来研究温度、压力对光传播的影响等等。

2. 实验要求

1）观察单色光的各种干涉现象（如等厚、等倾、非定域干涉），讨论产生干涉的基本条件、仪器调整要点、干涉条纹的特点。

2）观察白光干涉现象（彩色条纹），掌握产生干涉要点，了解其在测量方面的应用。

3）测量钠光光波波长。

3. 实验提示

1）迈克尔逊干涉仪的干涉属于分振幅的双光束干涉现象。根据干涉条件，当光程差 Δ 满足以下关系时：

$$\Delta = 2nd\cos i = \begin{cases} k\lambda \quad (k = 0,1,2,3,\cdots), \text{亮条纹} \\ (2k-1)\dfrac{\lambda}{2}(k = 1,2,3,\cdots), \text{暗条纹} \end{cases} \tag{4-7}$$

将产生亮（或暗）条纹，由上式可知任意两条相邻暗（或亮）条纹之间的光程变化均为 λ。在实际的迈克尔逊干涉仪中，光程变化是由可移动反射镜的位移引起的，在视场中光程变化 $\lambda/2$，即

$$\Delta = \frac{\lambda}{2} \tag{4-8}$$

当有 N 个条纹移动时：

$$\Delta = N\frac{\lambda}{2} \tag{4-9}$$

由上式即可计算出光波波长。（观察屏上）移过一条条纹。

而当光程变化由折射率的不同引起时，则同样根据式（4-9），只要数出移过的条纹数，即可估算出折射率变化的大小。如利用附有气室的迈克尔逊干涉仪装置，气室长度为 L，入射激光波长满足 $\lambda = 0.6328\mu m$。先使干涉仪视场中呈现出明显的干涉条纹，利用手动抽气筒抽出气室中的空气，然后缓慢地将外界干燥空气放入气室，同时数出放入干燥空气中过程中在视场移过的干涉条纹总数 N（估读至 1/10～1/15 条）。则根据气室中光程的变化：

$$\Delta = 2L(n-1) = N\lambda \tag{4-10}$$

可计算出在该气压条件下，空气的折射率为

$$n = \frac{N\lambda}{2L} + 1 = \frac{2L + N\lambda}{2L} \tag{4-11}$$

2）鉴于光波长为微米数量级，故用迈克尔逊干涉仪可测出极微小的长度值或检测出长度的微小变化量。压电陶瓷—锆钛酸铅钡［$Pb(Zr_{0.55}Ti_{0.7})$］是一种铁电晶体，它具有压电特性，若在其外敷层电极上施加外电压 U，则沿其特定的方向上晶体片的尺寸（长度或厚度）随之发生微小变化，单位电压所引起长度变化称为压电系数，即 $\Delta L/\Delta U$。实测时，将一块反射镜粘贴在压电陶瓷片的一侧，把此反射镜置于干涉仪光路中，则依据移过的干涉条纹数可测得 ΔL，用相应量程的电表可测得 ΔU。

应该注意：铁电晶体的压电系数并不总是常数，它还与实验的起始状态、条件有关，即它具有与铁磁性物质的铁磁性相似的铁电性，故在实验中可以观测到类似磁滞回线的电滞回线。

4. 注意事项

1）所用分光镜、补偿板、反射镜的表面绝对不能用手抚摸或玷污，如有灰尘应用吹气球吹掉。

2）所用调整装置其结构极其精密，其调整范围均有一定的限度，调整时应仔细、认真、

轻缓，千万不可盲目地乱调。

3）及时总结、分析和解释实验中所出现的各种现象。

5. 参考资料

［1］洪丽，石端文．迈克尔逊干涉仪的调节［J］．海南大学学报，2007，25（4）．

［2］戴忠玲．快速调节迈克尔逊干涉仪的方法［J］．大学物理实验，2002，15（1）．

［3］费英．Michelson 干涉仪测光波波长原理新释［J］．锦州师范学院学报，2002，23（4）．

6. 附录

迈克尔逊干涉仪简介。

应用场合和测量对象不同，迈克尔逊干涉仪有多种多样的形式，其基本光路如图 4-19 所示，图中 S 为光源，A、B 为平行平面玻璃板，A 为分束镜，在它的一个表面镀有半透半反金属膜 M，B 称为补偿板，C、D 为互相垂直的平面镜，A、B 与 C、D 均成 45°角。

从面光源 S 发出的一束光，在平行平面玻璃板 A 的半透半反射面 M 上被分成反射光束 1 和透射光束 2。两束光的光强近似相等。光束 1 射出 A 后投向 C 镜，反射回来再穿过 A；光束 2 经过 B 投向 D 镜，反射回来再通过 B，在膜面 M 上反射。于是，这两束相干光在空间相遇并产生干涉，通过望远镜或人眼可以观察到干涉条纹。

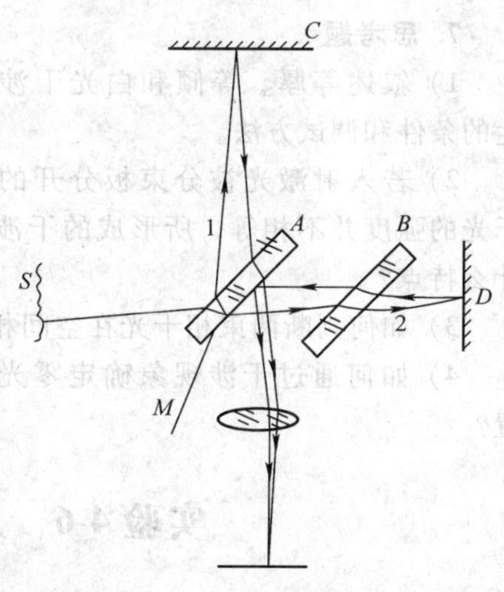

图 4-19 迈克尔逊干涉仪光路示意图

补偿板 B 的作用是补偿第一束光线因在 A 板中往返两次所多走的光程，使干涉仪对不同波长的光可同时满足等光程要求。因此，A、B 两板的折射率和厚度都应相同，而且两者应相互平行。为了确保它们的厚度和折射率完全相同，在制作时将同一块平行平面玻璃板分割为两块，一块作为分束镜，一块作为补偿板。

迈克尔逊干涉仪的结构如图 4-20 所示。一个机械台面 4 固定在较重的铸铁底座 2 上，底座上有三个调节螺钉 1，用来调节台面的水平。在台面上装有螺距为 1mm 的精密丝杠 3，丝杠的一端与齿轮系统 12 相连接，转动手轮 13 或微动鼓轮 15 都可使丝杠转动，从而使固定在丝杠上的反射镜 C（6）沿着导轨 5 移动。C 镜的位置及移动的距离可从装在台面 3 一侧的毫米标尺（图中未标出）、读数窗 11 及微动鼓轮 15 上读出。手轮 13 分为 100 分格，它每转过一分格，C 镜就平移 1/100mm（由读数窗读出）。微动鼓轮 15 每转一周，手轮随之转过一分格。鼓轮又分为 100 格，因此鼓轮转过一格，C 镜平移 10^{-4}mm，这样，最小读数可估计到 10^{-5}mm，D 镜 8 是固定在镜台上的。C、D 二镜的后面各有三个螺钉 7，可调节镜面的倾斜度。D 镜台下面还有一个水平方向的拉簧螺钉 14 和一个垂直方向的拉簧螺钉 16，其松紧使 D 镜台产生一极小的形变。从而可以对 D 镜倾斜度作更精细的调节。9 和 10 分别为分束镜 A 和补偿板 B。

在读数与测量时要注意以下两点：

1）微动鼓轮时，手轮随着转动，但转动手轮时，鼓轮并不随着转动。因此在读数前应先调整零点，方法如下：将鼓轮 15 沿某一方向（例如顺时针方向）旋转至零，然后以同方向转动手轮 13 使之对齐某一刻度。这以后，在测量时只能仍以同方向转动鼓轮使 C 镜移动，这样才能使手轮与鼓轮二者读数相互配合。

2）为了使测量结果正确，必须避免引入空程，也就是说，在调整好零点以后，应将鼓轮按原方向转几圈，直到干涉条纹开始移动后，才可开始读数测量。

7. 思考题

1）叙述等厚、等倾和白光干涉条纹产生的条件和调试方法。

2）若入射激光被分束板分开的两束相干光的强度并不相等，所形成的干涉条纹有什么特点？

3）如何判断两束相干光在空间相遇？

4）如何通过干涉现象确定零光程差位置？

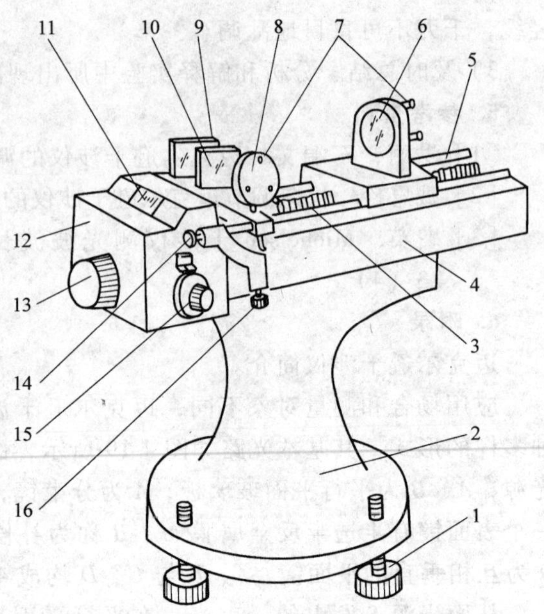

图 4-20　迈克尔逊干涉仪的结构图

实验 4-6　用衍射法测量狭缝的宽度

1. 引言

夫琅和费单缝衍射是光学中一个很普通的实验。它的主要内容是测出衍射场上暗纹之间的角间距，再根据夫琅和费单缝衍射公式用已知的入射光的波长计算出狭缝的宽度（在某些情形下也可以利用已知的缝宽计算出光波波长）。在测量暗纹间距时，一般是利用直尺或读数显微镜进行的，精度低，使学生感到乏味。为此，设计一个简单的方法来提高暗纹间距的测量精度，并使这个古老的实验与实际应用结合起来，增加学生的学习兴趣，加深对夫琅和费衍射原理的理解。

2. 实验要求

1）设计一个提高暗纹间距测量精度的实验光路。

2）测量光谱仪狭缝在不同示值（指狭缝部件上读数鼓轮指示的值）时的缝宽，以检验狭缝鼓轮示值的准确度。

3）检验狭缝两刀口的平行度。

3. 实验提示

1）根据单缝夫琅和费衍射图样是单缝对光源像的展开。因此，人眼通过紧靠它的被测缝可看到光源像被单缝展开的夫琅和费衍射图样。

2）采用单色光照明可提高衍射图样的可见度。

3）利用如图 4-21 所示双缝片提供两个光源。因而，可看到上下两组单缝衍射图样。

4）单缝衍射图样的暗纹是等间隔分布的。

5）前后移动被测缝使两组图样的中央亮纹之间有 2 条暗纹对齐。

6）利用 $a=(z+1)\dfrac{\lambda D}{b}$，测出 D（暗条纹对齐时双缝到被测缝的距离），z（两中央亮纹间对齐的暗纹数），就可求出待测缝宽 a。图 4-22 为测量实验光路图，图 4-23 为测量显微镜滑座。

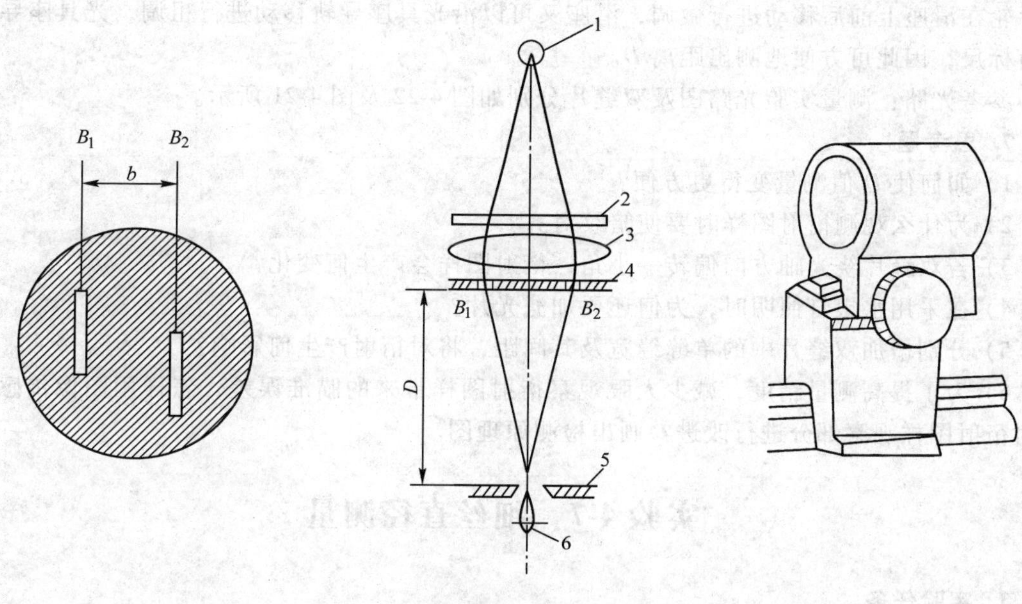

图 4-21 双缝片

图 4-22 测量实验光路图

1—水银灯 2—滤光片 3—聚光镜 4—双缝片 5—被测狭缝 6—人眼

图 4-23 测量显微镜滑座

7）测量光谱仪狭缝两刀口的平行度时，应在被测狭缝后放一个光阑片，光阑片上开有上、中、下三个小孔。在平常测量狭缝宽度时，眼睛靠在中孔后面来观察衍射条纹。在测量平行度时，先让眼睛靠在上孔后面，移动狭缝，使两中央亮纹之间的暗纹上下对齐。再让眼睛靠在下孔后面，如果狭缝的两刀是不平行的，上下暗纹就不再对准了。移动狭缝，使上下暗纹重新对齐。记下狭缝移动的距离 ΔD，就可以按下式计算出在上孔与下孔之间狭缝宽度之差：

$$\Delta a=(z+1)\frac{\lambda}{b}\Delta D \tag{4-12}$$

4. 注意事项

1）为了保证测量精度，被测缝的移动量不可太过，一般取 1 ~2 个暗纹对齐（在两中央暗纹之间）。

2）被测缝应与双缝平行，以减少光源对图样清晰的影响。

3）光源，双缝中心，被测缝中心都在聚光镜的光轴上并平行于光具座导轨。

4）应使光源像大致成在被测缝上。

5. 参考资料

［1］潘洁，李叶芳. 一种数字图像测量实验的设计［J］. 物理实验，2000，20（3）.

［2］韩力，卢杰，李莉. 动态激光衍射法测量细丝直径［J］. 物理实验，2006，

26（4）.

[3] 李勤，等. 狭缝法测量 X 射线斑点大小 [J]. 强激光与粒子束，2006，18（10）.

6. 附录

被测狭缝安装在光具座测量显微镜的滑座上，如图 4-23 所示，被测狭缝可借助滑座上的手轮在滑座上前后移动进行微调，滑座又可以沿光具座导轨移动进行粗调，光具座导轨上装有标尺，因此可方便地测出距离 D。

参考光路：测量实验光路图及双缝片分别如图 4-22 及图 4-21 所示。

7. 思考题

1）如何使 D 值测量变得更方便？

2）为什么观测衍射图样时要使暗纹对齐？

3）若双缝片绕光轴方向偏转一小角，衍射图样会产生何变化？

4）在采用水银灯照明时，为何还要加滤光片？

5）分别增加双缝片中的单缝缝宽及其间距，将对衍射产生何影响？

6）为了提高测量精度，减少人眼观察衍射图样带来的瞄准误差，怎样用图像传感器技术对衍射图样观察部分进行改进？画出检测原理图。

实验 4-7　细丝直径测量

1. 实验任务

1）利用衍射法测量细丝直径。

2）利用图像法测量 ϕ2mm ~ ϕ5mm 钢丝的直径。

2. 实验要求

1）根据远场夫朗和费衍射公式，导出细丝直径 d 的计算式。

2）设计衍射法测量细丝直径的实验装置，包括光学系统及接收电路。

3）设计图像法测量钢丝直径的测量光路及其电路系统。

4）分析选择测量方法与细丝直径大小之间的关系，为什么？

5）总结细丝直径测量的方法。

3. 实验提示

1）随着生产的发展，各种线材、棒材、管材规格品种愈来愈多，应用也愈来愈广。金属的、塑料的、玻璃的，材料各不相同，大小、粗细也五花八门，小至直径只有微米数量级的光导纤维，大至直径在 1m 以上的管道。在生产过程中，一般都要对它们进行质量监测，直径的大小和均匀性往往是质量检测的一个重要参数，而监测控制多数都是在生产线上进行，环境条件比较恶劣，其中不少是在温度较高的场合，各种振动、电磁的干扰较大，这都给监测带来了不便。多年以来，不同部门根据测径的需要已开发出多种方法，多数是采用非接触式的光电测量法，如测量钟表中的游丝，有的游丝宽度只有 0.12mm，厚度只有 0.04mm，生产中曾用单缝衍射原理来测量，为了保证测量的精度，还借助光敏二极管接收薄带表面的反射光束来帮助游丝定位，及时制止游丝的偏斜。有的把待测细丝和标准细丝都放在相互平行的光路中产生夫琅和费衍射，再经透镜会聚在焦平面上，由电视摄像机摄取两组不同的条纹并转换成电信号，由电子线路处理比较，最后在数字显示器上输出结果，测量范围在 0.008 ~ 2.5mm 之间。

光电子学的发展，新型光电器件的出现，特别是 CCD 传感器的普及应用，为非接触式在线测径技术的推广带来了有利条件。在玻璃管生产线、电线电缆生产线、橡塑管挤压成形线上，都使用了激光测径仪，在高温（约 200℃）、高速（700m/min）的条件下，监控加工器件的外径。激光测径一般采用激光恒速扫描遮光法，即激光恒速平行移动，当光束受被测物遮挡时，其后的 PIN 光敏二极管就无光照，不同量的光信号被遮挡，对应不同的线径。光信号经光电转换，由微处理机芯片采集、处理、运算、显示和回控，可达到测量和反馈控制的目的，此种仪器可测 0.1 ~ 200mm 的线径。另一种是激光扩束投影成像技术，即用扩束的平行激光照射被测物，照明光束和被测物的阴影在其后的 CCD 传感器光敏面上均被接收，并转变成电信号，经电子电路处理显示测量结果。激光测径仪是一种光、机、电技术密集型产品，为适合自动化生产的需要，有的还配上闭环控制器，当线径超出规定时，测径仪的闭环控制器可发出信号调整生产过程中的关键工艺参数，如运行速度、温度、压力或流量，以保证生产过程的稳定，实现自动控制的目的。有的还配上外部远程显示屏，供有关人员了解生产过程。

2）激光衍射互补测量法。激光衍射互补测量细丝直径是基于巴俾涅（Babinet）定理：两个互补的障碍物，其夫朗和费衍射图形、光强分布相同，相位相差 π/2，因此，当细丝直径与狭缝宽度相等时，它们为两互补障碍物，可以用测量狭缝的方法测量细丝直径。

测量原理如图 4-24 所示。

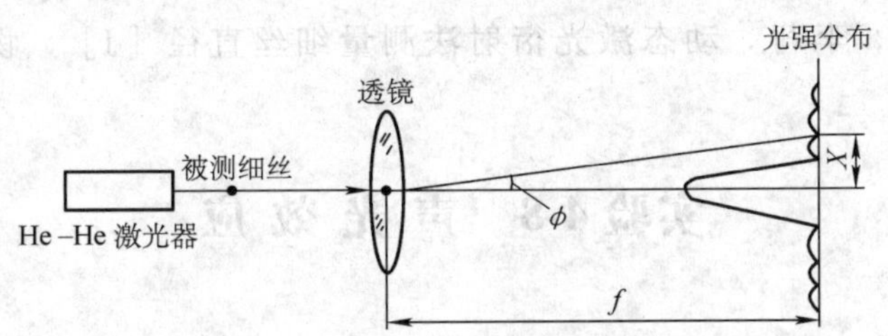

图 4-24　激光衍射法测量细丝直径原理

当一束激光照射到被测细丝上，发生衍射效应，在透镜焦距 f 处接收其衍射光强分布图，由衍射光强分布图测出第 n 级暗纹中心到中央零级条纹中心的距离 X，即可计算出细丝直径。值得注意的是：细丝衍射与狭缝衍射在中央零级亮纹光强分布上是有区别，因此，准确判断暗纹衍射级次对正确处理测量数据是至关重要的。衍射法虽然测量精度较高，但一般只适用于测量直径在 0.5mm 以下的细丝，同时要求 $f \gg d$。

3）图像法测量细丝直径。用 CCD 传感器可实现细丝生产过程中的快速、非接触、高精度测量，其测量原理及 CCD 的应用，请参考第八章的有关资料。测量装置的主要部分为光学系统、CCD 传感器和电路系统，如图 4-25 所示。光学系统主要由成像透镜把被测物成像于 CCD 传感器光敏面上，以达到非接触式测量和放大或缩小被测物的目的。如果用 D、D' 和 K 分别表示被测物的直径、CCD 光敏面上像的直径和光学系统的放大率，则 $D = D'/K$，只要测出 D'，就可求出 D。其中放大率的选取，要和 CCD 传感器参数及测量要求相匹配，即光敏面的长度要大于像直径并且留有适当余量。测量系统由 CCD 传感器驱动电路、模拟放大电路——二值化电路、检测系统和显示器组成。CCD 传感器主要将光敏面上接收到的反映像直径大小的光信号转变为视频信号输出，用电平切割比较法，通过电路来获取反映像直径大小的脉冲信号。如光路中无被测物时，CCD 传感器的输出脉冲数为 N，光路中有被测物时，经二值化处理后，输出的脉冲数为 $N_1 - N_2$，则像直径所对应的脉冲数为 $N - (N_1 - N_2)$，如图 4-25 所示。如 a 为脉冲当量（CCD 相邻光敏元中心距），则待测物的直径为

$$D = \frac{[N - (N_1 - N_2)]a}{K} \tag{4-13}$$

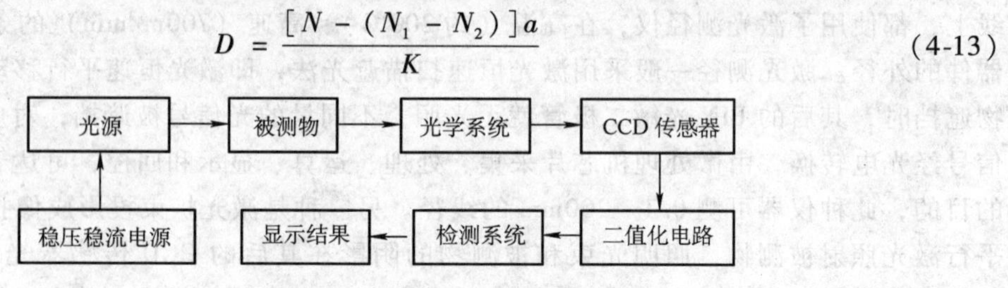

图 4-25　图像法测量细丝直径系统图

4. 参考资料

[1] 刘义族．提高非接触式细丝直径测量精度的技术和方法探讨［J］．天津师范大学学报，2002，22（2）．

[2] 孙定源，周桂贤．衍射法测量细丝直径的研究［J］．辽宁大学学报，2003，30（1）．

[3] 陈岳林．CCD 动态细丝测量系统的设计及误差分析．传感器世界，1997，3(10)．

[4] 胡德敬，谢嘉祥，曹正东．设计性物理实验集锦——创新教育之实践［M］．上海：上海教育出版社，2002.

[5] 韩力，卢杰，李莉．动态激光衍射法测量细丝直径［J］．物理实验，2006，26（4）．

实验 4-8　声光效应

1. 引言

声光效应是指光通过某一受到超声波扰动的介质发生的衍射现象，这种现象是光波与介质中声波相互作用的结果。早在 20 世纪 30 年代就开始了声光衍射的实验研究，60 年代激光的问世为声光现象的研究提供了理想的光源，促进了声光效应理论和应用研究的迅速发展。声光效应为控制激光束的频率、方向和强度提供了一个有效的手段。利用声光效应制成的声光器件，如声光调制器、声光偏转器和可调谐滤光器等，在激光技术、光信号处理和集成光通信等方面有着重要的应用。

2. 实验要求

1）观察喇曼—纳斯衍射和布拉格衍射，包括观测衍射光的偏振方向，比较两种衍射的实验条件和特点。

2）在布拉格衍射下测量衍射光相对于入射光的偏转角与超声波频率（即电信号频率）f_s 的关系曲线，并计算声速 v_s。

3）在布拉格衍射下，固定超声波功率，测量衍射光相对于零级衍射光的相对强度与超声波频率的关系曲线，并定出声光器件的带宽和中心频率。

4）测定布拉格衍射下的最大衍射效率。超声波频率固定在声光器件的中心频率上，为测量方便，测量入射光强度时，光电池的位置不必移到声光器件处，放在原处即可。

5）在布拉格衍射下，将超声波频率固定在中心频率上，测出衍射光强度与超声波功率的关系曲线。

6）在喇曼—纳斯衍射（光束垂直入射）下，测量衍射角 θ_m 并与理论值比较。

7）在喇曼—纳斯衍射下，在声光器件的中心频率上测定 1 级衍射光的衍射效率，并与布拉格衍射下的最大衍射效率比较。超声波功率固定在布拉格衍射最佳时的功率上。

在观察和测量以前，应将整个光学系统调至共轴。

3. 实验提示

1）布拉格衍射时，1 级衍射光的强度 I_1 和布拉格角 θ_B 分别为

$$\sin\theta_B = \frac{\lambda}{2\Lambda}$$

$$I_1 = I_i \sin^2(\delta/2) \tag{4-14}$$

式中，λ 和 Λ 分别是激光在真空中的波长和超声波长；δ 是与介质折射率 Δn 和器件长度 L 有关的参数。

$$\delta = \frac{2\pi}{\lambda}(\Delta n)\frac{L}{\cos\theta_B} \tag{4-15}$$

可见，当 $\delta = \pi$ 时，$I_1 = I_i$，入射光的全部光能由于布拉格衍射全部转移到 1 级衍射上，理想的布拉格声光衍射效应可达 100% 。

2）衍射光相对于入射光的偏转角 ϕ 为

$$\varphi = 2\theta_B \approx \frac{\lambda}{\Lambda} = \frac{\lambda_0}{nv_s}f_s \tag{4-16}$$

式中，v_s 为超声波波速；f_s 为超声波频率；其他量的意义同前。

3）在布拉格衍射条件下，一级衍射光的衍射效率为

$$\eta = \sin^2\left[\frac{\pi}{\lambda_0}\sqrt{\frac{M_2LP_s}{2H}}\right] \tag{4-17}$$

式中，P_s 为超声波功率；L 和 H 为超声换能器的长和宽；M_2 为反映声光介质本身性质的一常数，$M_2 = n^6P^2/(\rho v_s^3)$；$\rho$ 为介质密度；P 为光弹系数。

可见，选择声光优值高的材料和细长的几何尺寸，加大驱动功率可提高衍射效率。

4）由于声波波面的运动，衍射光的频率因多普勒效应要产生频移。其频移值为

$$\Delta\omega = \pm\,\omega_s \tag{4-18}$$

4. 注意事项

1）式（4-14）和式（4-16）中的布拉格角 θ_B 和偏移角 φ 都是指介质内的角度，而直接测出的角度是空气中的角度，应进行换算。

2）由于实验所用的声光器件性能不够完善，布拉格衍射不是理想的，可能会出现高级次衍射光等现象，调节布拉格衍射时使 1 级衍射光最强即可。

3）在观察和测量以前，应将整个光学系统调至共轴。

5. 参考资料

[1] 付琼，金韬，周诠. 基于声光效应的光束偏转控制理论研究 [J]. 光子学报，2007，36（6）.

[2] 薛勇锋. 声光效应实验研究 [J]. 西安文理学院学报，2005，8（2）.

[3] 于艳春，等. 声光效应实验装置及实验研究［J］. 光学仪器，2004，26（6）.

6. 附录

声光器件。

1）参考的声光效应实验装置原理图如图 4-26 所示。

2）声光器件结构示意图如图 4-27 所示。

3）布拉格衍射如图 4-28 所示。

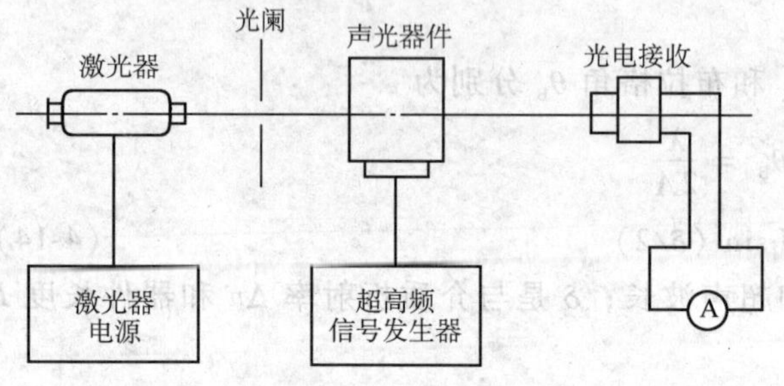

图 4-26　实验装置原理图

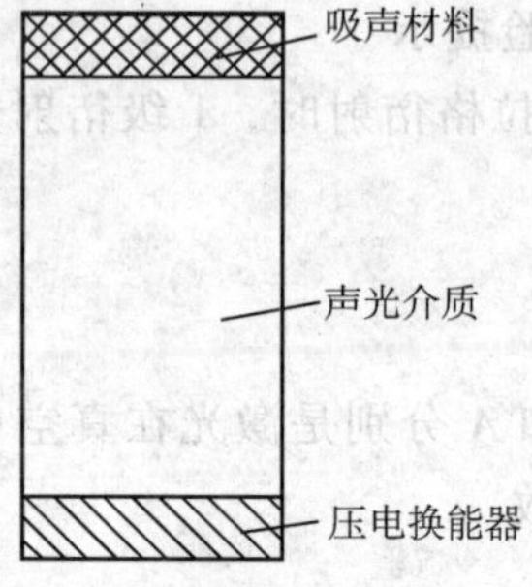

图 4-27　声光器件结构示意图

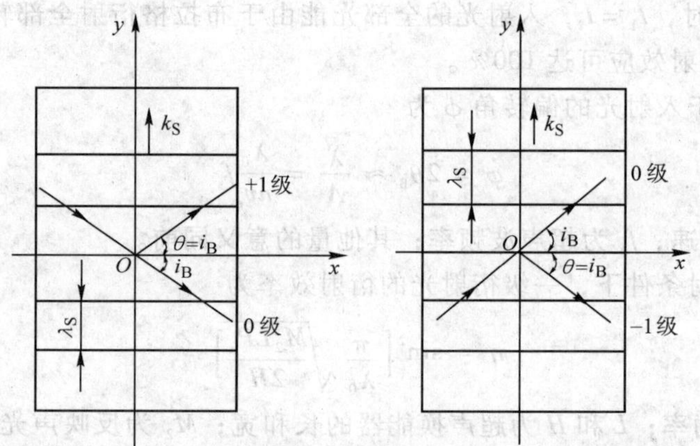

图 4-28　布拉格衍射

7. 思考题

1）为什么说声光器件相当于相位光栅？

2）声光器件在什么实验条件下产生喇曼—纳斯衍射？在什么实验条件下产生布拉格衍射？两种衍射的现象各有什么特点？

3）调节喇曼—纳斯衍射时，如何保证光束垂直入射？

4）激光器的输出功率可能有变化，在现有的实验条件下，如何安排测量程序以减少它对光强测量的影响？

实验 4-9　光的偏振和波片

1. 引言

光的干涉和衍射现象说明了光具有波动性。而光的偏振和在光学各向异性晶体中的双折射现象又进一步证实了光的横波性。光的偏振不仅说明了光的性质，而且在现代科学技术中有着广泛的应用。

现在，人们把光波的偏振特性应用于工程计量中获得很大的成功。例如在应力、膜层折射率、厚度（波像差）、位移、振动、轮廓、晶体性质、溶液浓度等测量和分析中得到了较高的测量精度。它广泛地应用于机械应力分析、设计、医药、生物、计量、激光技术、光通讯、光计算、光学信息处理等方面。

通过实验深入理解偏振光性质及其产生条件，掌握偏振光的检验方法，学会利用偏振理论区分和鉴别各种偏振元件。

2. 实验要求

1）设计偏振光的产生与检验光路（线偏振光、椭圆偏振光、圆偏振光）。

2）根据偏振理论区分偏振元件。

3. 实验提示

1）两个频率相同，振动方向相互垂直的单色波的叠加可以成椭圆偏振。

当其相位差 $\delta=\delta_y-\delta_x=2n\pi$ 时，将形成线偏振光。

当相位差 $\delta=(2m+1)\dfrac{\pi}{2}$ 时将形成标准（正）椭圆。

当起偏器的透光轴与波片快（慢）轴夹角为45°，且 $\delta=(2m+1)\dfrac{\pi}{2}$ 时将形成圆偏振光。

2）偏振器的透光轴表示偏振器件中使入射光透射光强最大的偏振方向。

3）波片快轴表示波片中传播速度最快的光矢量所平行或对应的主轴。

4）马留斯定律只适用于线偏振光的检验，即线偏振光通过旋转检偏器出现消光现象。

4. 注意事项

1）波片的位相差值只适用于某一特定波长，使用时一定要与照明光的波长一致。

2）入射光必须垂直照射到波片上，并根据偏振态选取相应的快轴方位。

3）注意保护各光学元件表面的清洁。

5. 参考资料

[1] 成相印，张书练，殷纯永，郭继华. 双折射双频激光器输出光偏振特性的实验研究[J]. 光学学报，1995，15（5）.

[2] 王宁，李国华. 1/4 波片在调整一些偏振态势中的应用与分析［J］. 应用光学，2001，22（2）.

[3] 李曙光，张焕平. 用迈克尔逊干涉仪进行偏振光的干涉实验研究［J］. 物理与工程，2003，13（1）.

6. 思考题

1）在没有偏振器（已标透光轴的）的情况下，如何用一个较简便的方法来判定偏振片的透光轴方向？

2）如何确定1/4 波片的快轴方向？试给出实验步骤。

3）如何检验右旋椭圆偏振光的旋向？拟定一个实验方法。

4）利用一个1/4 波片能否改变入射椭圆偏振光的旋向？给出具体实验步骤？

7. 附录

（1）1/4 波片

1）1/4 波片使线偏振光变成圆偏振光。

$$\begin{pmatrix}1 & 0\\0 & \pm i\end{pmatrix}\begin{pmatrix}1\\1\end{pmatrix}=\begin{pmatrix}1\\\pm i\end{pmatrix} \tag{4-19}$$

2）1/4 波片使圆偏振光变成线偏振光。

$$\begin{pmatrix}1 & 0\\0 & \pm i\end{pmatrix}\begin{pmatrix}1\\\pm i\end{pmatrix}=\begin{pmatrix}1\\-1\end{pmatrix} \tag{4-20}$$

（2）1/2 波片

1）1/2 波片使线偏振光改变偏振方向（2α）。

$$\begin{pmatrix}1 & 0\\0 & -1\end{pmatrix}\begin{pmatrix}1\\\pm 1\end{pmatrix}=\begin{pmatrix}1\\\mp 1\end{pmatrix} \tag{4-21}$$

2）1/2 波片使圆偏振光改变旋向。

$$\begin{pmatrix}1 & 0\\0 & -1\end{pmatrix}\begin{pmatrix}1\\\pm i\end{pmatrix}=\begin{pmatrix}1\\\mp i\end{pmatrix} \tag{4-22}$$

实验 4-10　液晶旋光偏振

1. 引言

奥地利的植物学家 FredreichRheinizer 早在 1888 年发现了液晶材料。对液晶的研究在 20 世纪 30 年代曾盛行一时，后因没有得到具体应用而失去人们的注意力。直到 20 世纪 60 年代中期，科学家才发现液晶能够使光线发生扭转，从而开始把液晶用于显示。1968 年美国 RCA 公司普林斯顿试验室在一项最新科技成果的广播报导中向世界做了报导。这一报导立刻引起了日本科技界、工业界的重视。1973 年，日本 SHARP（夏普）公司的液晶显示器开始批量生产，从而宣告了显示器新的一个时代的开始。如今，液晶在图像工程，分子物理学，有机化学，生物化学，光学计量等跨学科的研究中已取得很大成就。

顾名思义，液晶既不是液体也不是固态晶体，而是一种中间态。液晶是介于完全规则状态与不规则状态之间的物质。规则状态常见于固态晶体中，而不规则状态则见于各向同性液体中。一般来说，液晶和液体一样可以流动，但是在不同方向上它的光学性质不同，显示出类似于晶体的性质，它具有双折射效应和旋光效应，多色性，选择散射性，圆偏振二色性。特别是液晶在温度的作用下有明显的旋光效应，利用这一特性可以探测各种金属材料与零件的缺陷，在制冷机中做热量泄露检查，在医学上用来诊断疾病，探察肿瘤等。因此，利用正交偏振系统研究液晶的旋光偏振特性是很有意义的。

2. 实验要求

1）设计一种采用液晶显示器作为基本元件的旋光偏振实验装置。

2）观测旋光，色偏振现象。

3）观测黑白反转显示实验。

3. 实验提示

1）选用面积较大的计算器或游戏机的液晶显示器，也可用报废的，只要有字符显示就行。

从机芯中取出液晶显示器，用工具仔细把如图 4-29 所示的各层膜片揭下，并保持清洁、平整。可先揭下反光镜膜 6，这时液晶显示器是透明的。对偏振片 1、5 要特别注意标明正反面和相对偏振方向。把它们贴装在预先剪好的硬纸框上。留出足够的透射窗口、用有机溶剂轻轻擦净液晶盒片（2、3、4）两面的粘胶物，并把它也贴装在硬纸框上。在两偏振片之间重新放入液晶盒片，在波片 2 的透明电极处接 1.5V 干电池。反复试触几次，选择显示字符最清晰时，用透明胶带贴牢电极，保持良好接触，并装上开关。选择一个白光面光源，自制一个简单的三色滤光片，按照图 4-30 的光路安放元件，并使元件可绕轴转动。可做一个较精致的开有夹框槽（类似于图 4-31 所示结构）的纸筒，并把它做为元件基座。

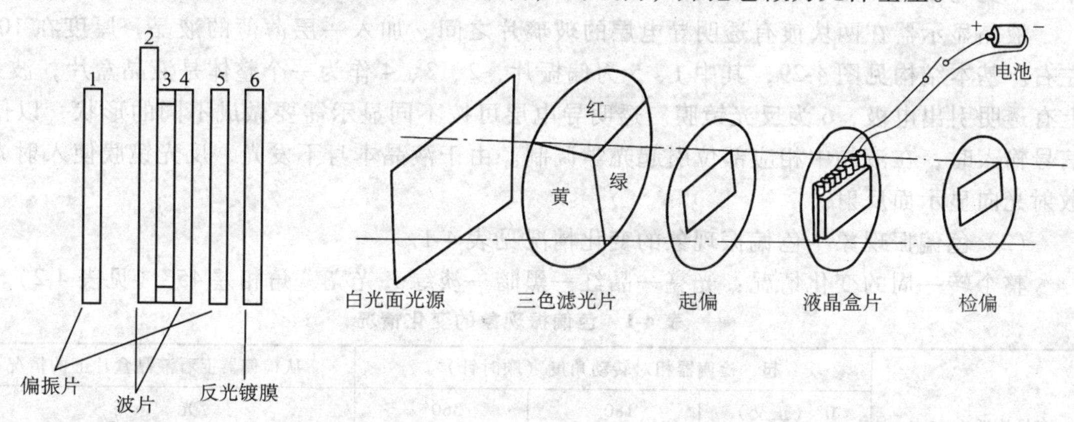

图 4-29　液晶显示器基本结构

图 4-30　液晶偏振光干涉光路

2）液晶盒片插入 1、5，不通电，旋转之，可观察到明显的色偏振现象。

3）液晶盒通电后可看到黑白反转显示现象。

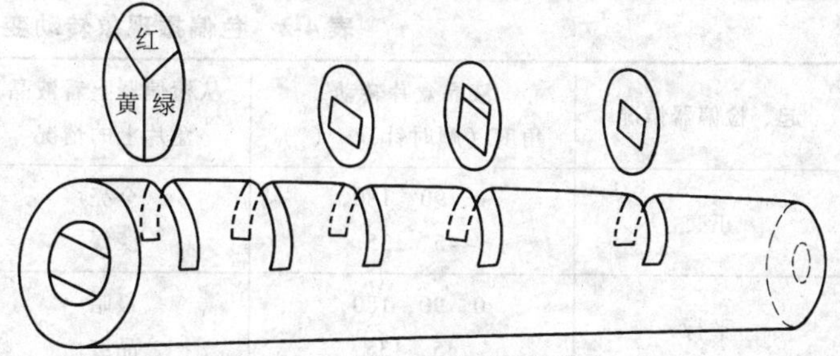

图 4-31　纸筒结构

4. 注意事项

1）液晶易受水、光分解，因此，操作时应在干燥的暗箱中进行；保存时应该密封于褐色的玻璃瓶或金属瓶中并放在光线较暗的地方。

2）为避免与皮肤接触，要戴上橡皮手套进行操作，但是由于液晶种类不同，有时手套可能被浸透，因而要特别注意，在皮肤上有液晶物质附着时要用肥皂水洗掉。

3）要注意不要让液晶物质进入口、眼。在进入眼睛时一定要用流水洗眼，并接受眼科医生的处理。

4）衣服被污染时，一定要用适当的溶剂如丙酮酒精擦去，再用肥皂水洗掉。

5. 参考资料

[1] 肖国群. 液晶旋光偏振仪 [J]. 大学物理实验，1992，13（2）.

[2] 刘厚通. 液晶旋光效应的研究 [C]. 硕士学位论文集. 曲阜：曲阜师范大学，2005.

[3]（日）佐佐木昭夫．液晶电子学基础和应用［M］．赵静安，等译．北京：科学出版社，1985．

6. 附录

（1）液晶显示器的基本结构　液晶显示器中的液晶是有机化合物，具有较规则的分子取向。由于液晶介电常数和电导率的各向异性，在外界电压的作用下，使分子改变排列方向。在液晶的弹性界限内，电场所致的转矩使液晶分子轴转动，所以，它的光学性质也发生了变化。当电场消失时，分子轴受到液晶弹性恢复力而还原到平衡态。因此，可把液晶显示器看作一个受电驱使的光学调制系统。

液晶显示器在两块镀有透明导电层的玻璃片之间，加入一层薄薄的液晶，厚度在 10μm 左右。基本结构见图 4-29，其中 1、5 为偏振片，2、3、4 作为一个整体是液晶盒片，波片 2 上有透明引出电极，6 为反光镜膜。透明导电层可按不同显示需要做成不同的形状，以便电信号输入时，在液晶中相应部位引起光学调制。由于液晶本身不发光，反光镜膜使入射光和散射光向显示面反射。

（2）色偏振现象　色偏振现象的变化情况见表 4-1。

整个转一周的变化情况：光亮—品红—黑暗—淡绿—光亮，角相差 45°（见表 4-2）。

表 4-1　色偏振现象的变化情况

	起、检偏器相对转动角度（顺时针）			从检偏器上看液晶盒片上的情况
液晶片插入方式： 水平或垂直	0°（正交） 45° 90° 135°	180° 225° 270° 315°	360°	光亮 品红 黑暗 淡绿

表 4-2　色偏振现象转动变化情况

起、检偏器情况	液晶盒片转动角度（顺时针）/（°）	从检偏器上看液晶盒片上的情况	周期变化 盒角相差 45°
正交	0，90，180， 45，135	全亮 淡绿	光亮—淡绿—光亮—淡绿—光亮
平行	0，90，180， 45，135	最暗 品红	最暗—品红—最暗—品红—最暗

7. 思考题

1）如何确定此液晶物质的旋光性质（即是左旋向还是右旋向物质）？

2）若在液晶的一端处放一反射镜，使线偏振在其中来回传播一次，则此线偏振光将偏转多少角度？

第 5 章　微控制器技术基础训练

单片机从功能和形态来说都是为满足控制领域应用要求而设计的，并且发展到新一代 80C51、89C51、TIMSP430、ARM、M68HC51、M68HC11 等系列单片机时，更着力扩展了各种新的控制功能，如 A/D、PWMⒶ（Pulse Width Modulation，脉宽调制）、PCA（可编程计数器阵列）计数器捕获/比较逻辑、高速 I/O、WDT 等，已突破微型计算机（Microcomputer）的传统内容，所以更准确地反映单片机本质的叫法应是微控制器（Microcontroller—MCU）。

随着计算机技术的发展，高端控制技术（即上位机）已经日趋成熟，但作为控制的信息来源（即信号采集）和控制的最终执行系统（即信号输出控制）的下位机技术却处在进一步发展中。单片机技术作为嵌入式系统的核心技术具有高可靠性和高性价比的特点，在智能化仪器中得到广泛应用。另外，在一些控制领域，如自适应控制、智能控制等系统中，传统的处理单元通常采用通用计算机或工业计算机。但随着单片机技术的发展，很多传统的处理单元都可以用单片机系统或单片机加计算机来代替。如某些温度、湿度、液位、浓度、流量等控制设备中都大量使用单片机。因此，掌握单片机技术，对于从事仪器科学、自动化设计的技术人员来说是十分必要的，也是测控技术与仪器专业学生实践能力训练的一个重要方面。

实验 5-1　闪烁 LED 灯

1. 引言

本实验是单片机技术的基础训练，通过该实验使学生掌握汇编程序的编写方法，熟悉 I/O 口的基本使用。

2. 实验要求

设计一个闪烁彩灯控制器，使 LED 灯轮流点亮、逐点点亮、间隔闪亮。

3. 实验器材

单片机仿真器、不同颜色的 LED、按键。

4. 实验提示

1）选择 P1．0 ~ P1.7 口做发光二极管（LED）输出控制。

2）选择 P3．0 ~ P3.2 口为闪烁方式控制开关 S1、S2、S3 按键接口。

3）当 S1 键按下时，LED 轮流点亮（8 只 LED 逐一点亮，此亮彼灭）。

4）当 S2 键按下时，LED 逐点点亮（8 只 LED 逐一点亮，亮后不灭）。

5）当 S3 键按下时，LED 间隔点亮。

6）延时时间建议设为 0.5s。

5. 注意事项

1） 发光二极管的工作电流约为 10mA，请选择合适的限流电阻。

2） 注意按键颤抖的消除。

6. 参考资料

[1] 楼然苗，李光飞.51 系列单片机设计实例 [M]. 北京：北京航空航天大学出版社，2003.

[2] 李建明，夏宏祥. 神奇的闪烁灯——一例学生课外实验小制作的研究与实践 [J]. 物理通报，2002 (10).

7. 思考题

1）如要三种点亮模式自动连接循环，如何修改程序？

2）若要间隔两个 LED 点亮 1 个 LED，程序将如何修改？

实验 5-2　音乐发生器

1. 引言

声音的频谱范围约在几十到几千赫，若能利用程序来控制单片机某个口线的高电平或低电平，则在该口线上就能产生一定频率的矩形波，接上扬声器就能发出一定频率的声音，若再利用延时程序控制“高”、“低”电平的持续时间，就能改变输出频率，从而改变音调。

电子琴实际上就是一个程序控制音乐发生器，每一个音符由一个按键控制，产生相应频率的数字信号，经 D/A 转换、低通滤波、功率放大后送扬声器。一首乐曲实际上是一个不同按键顺序及按键时间长短的组合，常见音调及其频率对应如下：

音符	1	2	3	4	5	6	7
频率/Hz	523	587	859	698	784	880	987

每改变一个八度信号，频率增加（减小）一倍。

2. 实验要求

设计一个音乐发生器，要求：

1）通过定时器的定时，产生一定频率的波形信号（电压信号），经某 I/O 口输出，驱动外接扬声器，便可发出某一频率的音调。将对应多个音符的信号存放在数据存储器中，然后连续读出，在示波器上观察输出波形。

2）按以下乐曲编制曲谱程序：

| 1231 | 1231 | 345 – | 345 – | $\underline{56}\,\underline{54}$ 3 2 | $\underline{56}\,\underline{54}$ 3 2 | 151 – | 151 – |

3）接入低频功率放大器及扬声器，可听到演奏。

3. 实验提示

1）音频脉冲的产生。要产生音频脉冲，只要算出某一音频的周期（1/频率），然后将此周期除以 2，即为半周期的时间。利用定时器计时这半个周期的时间，每当计时到后就将输出脉冲的 I/O 口反相，就可以在 I/O 端得到此脉冲。

利用 8051 的内部定时器使其工作在计数器模式 MODE1 下，改变计数器值 TH0 及 TL0 以产生不同的频率，例如：频率为 523Hz，其周期 $T=(1/523)\ \mathrm{s}=1912\mu\mathrm{s}$，因此，在晶振为 12MHz 时，只要令计数器计时 $956\mu\mathrm{s}/1\mu\mathrm{s}=956$，在每计数 956 次时，将 I/O 反相，就可以得到中音 *D*0（523Hz）。计数脉冲值与频率的关系如下：

$$N = F_i/2/F_r \tag{5-1}$$

式中，N 为计数值；F_i 为内部计时频率，数值为 1/机器周期；F_r 为要产生的频率。

计数器的计数值的求法如下：

$$T = 65536 - N = 65536 - F_i/2/F_r \tag{5-2}$$

每个音符使用一个字节，将音符代码装入8位字节的高4位，节拍代码装入低4位（如果一拍为0.4s，1/4拍是0.1s，只要设定延迟时间就可求得节拍的时间），以此类推，将整段乐曲转换成一定长度的代码数据表。在程序执行时顺序查此表，取出音符代码，查频率表，置入T/C，取出节拍代码，供T/C定时使用，启动后，即可发出音乐声。

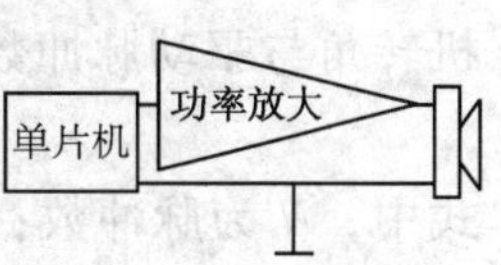

图5-1 音乐发生器硬件简图

2）硬件连接说明。按图5-1接入低频功率放大器及扬声器，可听演奏。

4. 参考资料

[1] 付家才. 单片机控制工程实践技术［M］. 北京：化学工业出版社，2004.

[2] 周振安. 单片机音乐程序的设计与实验［J］. 无线电，1992（3）.

实验5-3 电子密码锁

1. 引言

电子密码锁即数字锁，可由单片机控制开闭锁机构组成。锁内有若干位密码，密码经拨盘开关设定，开锁密码由键盘输入。如果输入代码与设定密码一致，锁被打开，否则两次密码错后，发生报警信号。

2. 实验要求

设计一4位数字锁，具体要求如下：

1）开锁密码为4位十进制数，当输入密码同锁内预设密码一致时，点亮一个指示灯，表示开锁成功。当密码有误时，点亮另一个指示灯，表示密码错，此时可再次输入密码，如连续两次错误，则由蜂鸣器报警，报警声持续2s。

2）使用BCD拨盘设定密码，使用键盘输入密码。

3. 实验器材

单片机仿真器、LED 、按键、扬声器、BCD拨盘开关、实验板等。

4. 实验提示

1）密码输入键采用矩阵式键盘输入。

2）密码设定采用4位BCD拨盘开关。

5. 参考资料

[1] 何立民. 单片机应用技术选编(8)［M］. 北京：北京航空航天大学出版社，2000.

[2] 荣贵. 电子密码锁［J］. 电子制作，2003（7）.

[3] 祖龙起，刘仁杰，等. 一种新型可编程密码锁［J］. 大连轻工业学院学报，2002（1）.

[4] 宁爱民. 应用AT89C2051单片机设计电子密码锁［J］. 淮海工学院学报，2003（12）.

实验5-4 步进电动机控制器

1. 引言

步进电动机是一种将电脉冲转换为角位移的执行器，具有快速起动、精确定位和直接将数字量转化为角度量的优点，是工业控制及仪表工业中的主要控制元件之一。其特点是电动机转角与驱动脉冲数目成正比：

$$转角\ \varphi = N\Delta\varphi \tag{5-3}$$

式中，N 为脉冲数；$\Delta\varphi$ 是与一个脉冲量相对应的转角。

步进脉冲序列如图 5-2 所示。

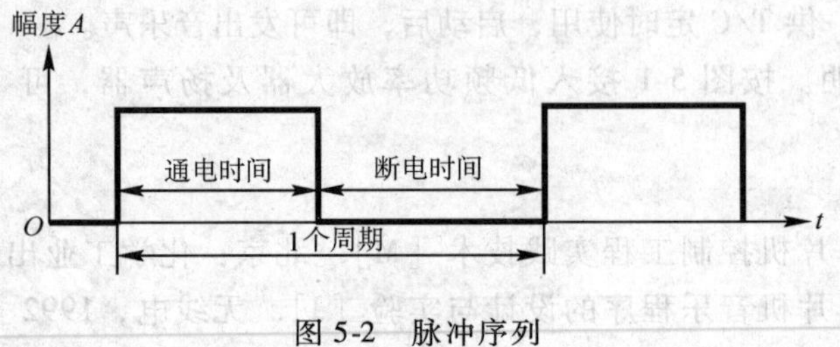

图 5-2　脉冲序列

步进电动机的工作过程一般由电动机控制器控制。控制器按照设计者的要求完成一定的控制过程，使驱动器按照要求的规律驱动步进电动机运行。简单的控制过程可以用各种逻辑电路来实现，但线路一般较复杂，成本高，而且一旦定型，要想改变控制方案就必须重新设计电路。

自从单片机问世以来，给步进电动机控制器开辟了新的途径。各种单片机的迅速发展和普及，为设计功能强、价格低的步进电动机控制器提供了先进的技术。利用单片机技术可以用很低的成本实现很复杂的控制方案，其最大的优点在于使修改控制方案成为轻而易举的事情，只要重新编写程序即可。

目前常用的反应式步进电动机，根据绕组数量分为三相、四相、五相步进电动机等。每一相需要一个数字脉冲作为驱动信号，根据各相驱动信号相位间的衔接情况又分为节拍，如三相三拍、三相六拍等。其旋转方向由各相驱动的顺序控制，其转速由控制脉冲的频率调节。假定三相步进电动机的驱动信号为 A、B、C，则三相六拍工作方式下驱动信号顺序为

正转：A→AB→B→BC→C→CA→A

反转：A→AC→C→CB→B→BA→A

2. 实验要求

设计步进电动机控制器，三相六拍工作方式，三个 LED 显示 A、B、C 三相驱动信号的状态。

1）能实现旋转方向控制，用一个按键控制正向旋转，另一个按键控制反向旋转。

2）实现速度调节，用一个按键控制加速，每按一次加速一倍，另一个按键控制减速，每按一次减速一半。

3）三相控制信号通过功率放大后，可驱动步进电动机。

3. 实验器材

单片机仿真器、LED、按键、步进电动机等。

4. 参考资料

［1］王晓明．电动机的单片机控制［M］．北京：北京航空航天大学出版社，2002．

［2］张洪润．易涛．单片机应用技术教程［M］．北京：清华大学出版社，2003．

［3］黄赞．基于 AT89C51 单片机的步进电机伺服系统设计［J］．机床与液压．2004（3）．

[4] 张多. 一种简单实用的步进电机控制器 [J]. 农机化研究，2003 (4).

5. 附录

步进电动机控制

步进电动机可以对旋转角度和转动速度进行高精度控制。作为控制执行部件，它广泛应用于自动控制和精密机械等领域。例如，在各类仪器、机床设备以及计算机的外围设备（如打印机、绘图仪等）中，凡需要对转角进行精确控制的情况下，使用步进电动机最为理想。

(1) 步进电动机的控制原理　以三相反应式电动机为例，步进电动机两个相邻磁极之间的夹角为60°，线圈绕过相对的两个磁极，构成一相（A-A′ B-B′ C-C′）。磁极上有5个均匀分布的矩形小齿，转子上没有绕组，而有40个矩形小齿均匀分布在其圆周上，且相邻两个齿之间的夹角为9°。

当某相绕组通电时，相应的两个磁极就分别形成N—S极，产生磁场，并与转子形成磁路。如果这时定子的小齿与转子的小齿没有对齐，则在磁场的作用下转子将转动一定的角度，使转子齿与定子齿对齐，从而使步进电动机向前“走”一步。

(2) 步进电动机的控制方式　如果通过单片机按顺序给绕组施加有序的脉冲电流，就可以控制电动机的转动，从而实现数字→角度的转换。转动的角度大小与施加的脉冲数成正比，转动的速度与脉冲频率成正比，而转动方向则与脉冲的顺序有关。以三相步进电动机为例，电流脉冲的施加共有三种方式。

1) 单相三拍方式——按单相绕组施加电流脉冲

→A →B →C →A　正转

→A →C →B →A　反转

2) 两相三拍方式——按两相绕组施加电流脉冲

→AB →BC →CA　正转

→BA→AC →CB　反转

3) 三相六拍方式——按单相绕组和两相绕组交替施加电流脉冲

→A →AB →B →BC →C →CA　正转

→A →AC →C →CB →B →BA　反转

如单相三拍方式的每一拍步进角为3°，则三相六拍的步进角为1.5°，因此，在三相六拍下，步进电动机的运行平稳，但在同样的运行角度与速度下，三相六拍驱动脉冲的频率需提高一倍，对驱动开关管的开关特性要求较高。

(3) 步进电动机的驱动方式　步进电动机常用的驱动方式是全电压驱动，即在电动机移步与锁步时都加载额定电压。为了防止电动机过电流及改善驱动特性，需加限流电阻。由于步进电动机锁步时，限流电阻要消耗掉大量的功率，故限流电阻要有较大的功率容量，并且开关管也要有较高的负载能力。步进电动机的另一种驱动方式是高低压驱动，其电路如图5-3所示。

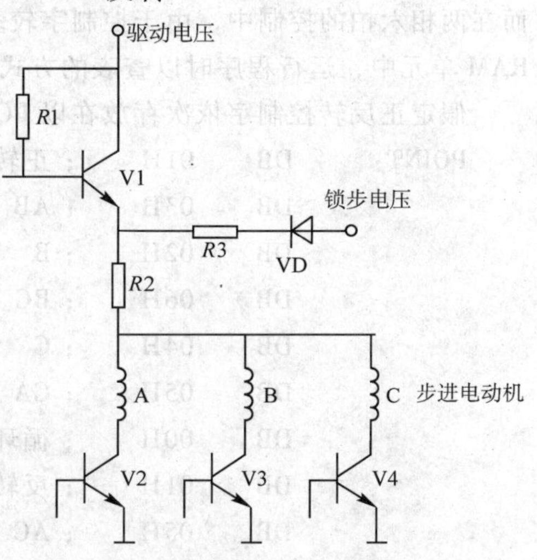

图5-3　三相步进电动机驱动电路

即在电动机移步时，加超过额定值的电压，以便在较大的电流驱动下，使电动机快速移步；而在锁步时，则加低于额定值的电压，只让电动机绕组流过锁步所需的电流值。这样，既可以减少限流电阻的功率消耗，又可以提高电动机的运行速度，但这种驱动方式的电路要复杂一些。

驱动脉冲的分配可以使用硬件方法，即用脉冲分配器实现。现在脉冲分配器已经标准化、芯片化，市场上可以买到。但硬件方法结构复杂，成本也较高。

步进电动机控制（包括控制脉冲的产生和分配）也可以使用软件方法，即用单片机实现，这样简化了电路，也降低了成本。使用单片机以软件方式驱动步进电动机，不但可以通过编程方法，在一定范围内自由设定步进电动机的转速、往返转动的角度以及转动次数等，而且还可以方便灵活地控制步进电动机的运行状态，以满足不同用户的要求。因此，常把单片机步进电动机控制电路称之为可编程步进电动机控制驱动器。

（4）步进电动机的单片机控制　步进电动机控制的特点是开环控制，不需要反馈信号。因为步进电动机的运动不产生旋转的误差积累。由单片机实现的步进电动机控制系统如图5-4所示。假定以8051的P1口线接步进电动机的绕组，输出控制电流脉冲，其中P1.0接图5-3中的A，P1.1接图5-3中的B，P1.2接图5-3中的C。

1）两相三拍控制　假定有如下工作单元和工作位定义：R0为步进数寄存器；PSW为程序状态字寄存器，F0为方向标志位，F0 = 0时正转，F0≠0时反转。步进电动机控制程序流程如图5-5所示。两相三拍控制模型如表5-1所示。

表5-1　两相三拍控制模型

步 序	P1输出状态	绕 组	控制字
1	00000011	AB	03H
2	00000110	BC	06H
3	00000101	CA	05H

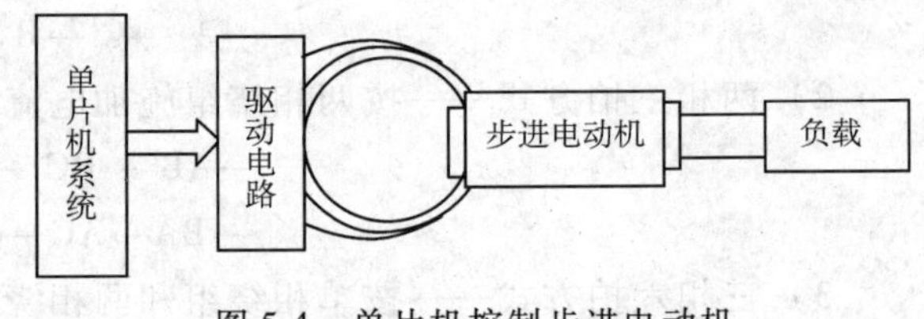

图5-4　单片机控制步进电动机

2）两相六拍控制程序　在两相三拍的程序中，P1口输出的控制字是在程序中给定的。而在两相六拍的控制中，由于控制字较多，故可以把这些控制字以表的形式预先存放在内部RAM单元中，运行程序时以查表的方式逐个取出并输出。

假定正反转控制字依次存放在以POINT为首地址的内部RAM中，表的内容如下：

```
POINT:    DB    01H    ；正转 A
          DB    03H    ；AB
          DB    02H    ；B
          DB    06H    ；BC
          DB    04H    ；C
          DB    05H    ；CA
          DB    00H    ；循环标志
          DB    01H    ；反转 A
          DB    05H    ；AC
          DB    04H    ；C
```

```
        DB    06H    ; CB
        DB    02H    ; B
        DB    03H    ; BA
        DB    00H    ; 循环标志
```

程序流程如图 5-6 所示。

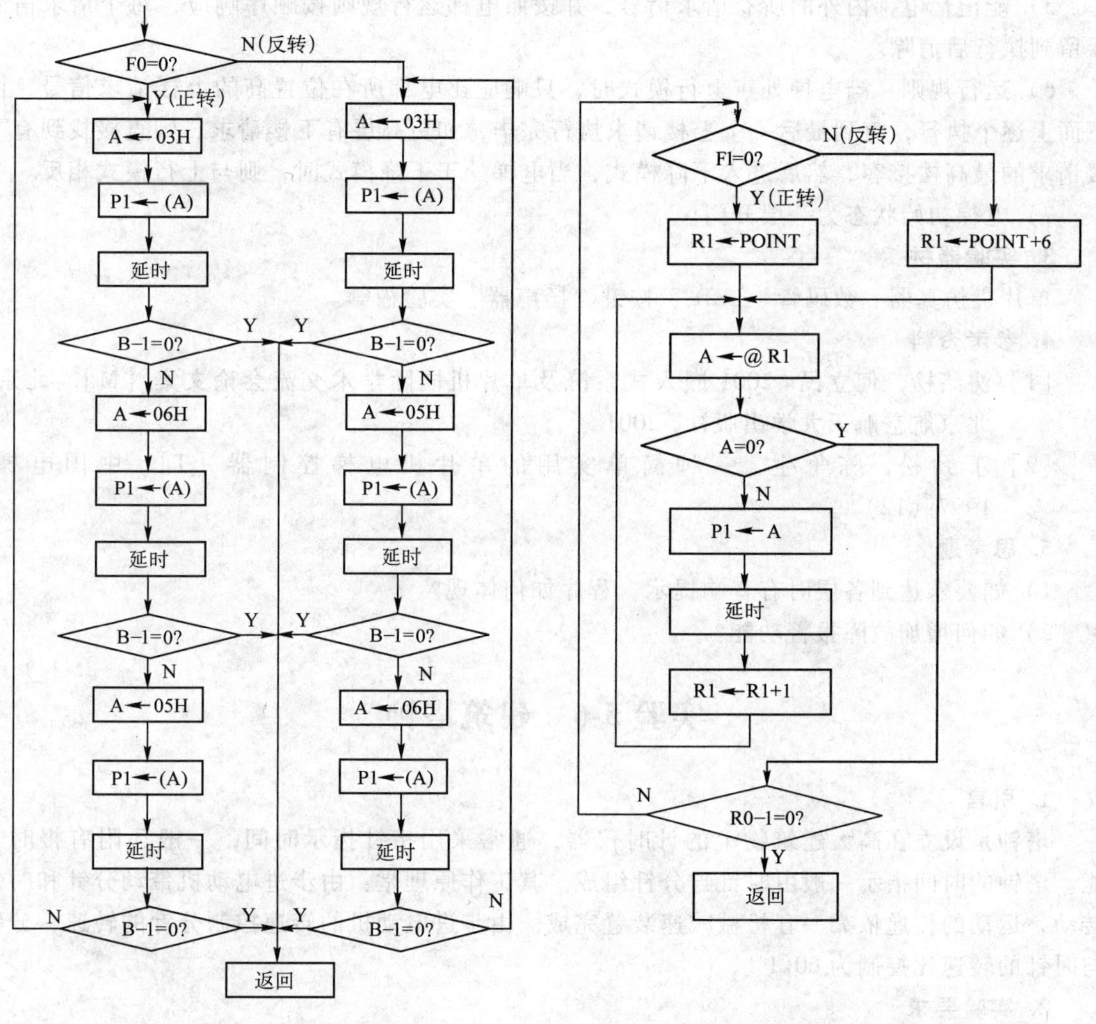

图 5-5　两相三拍程序流程图　　　图 5-6　两相六拍程序流程图

实验 5-5　电梯控制器

1. 引言

电梯控制器是根据各楼层要求，控制电梯自动上下的装置。该实验利用单片机技术模拟电梯控制器的功能，使学生熟悉单片机的中断、定时及显示技术，是一个综合性较强的题目。

2. 实验要求

设计一个六层楼的电梯控制器，要求：

1）每层电梯入口设有上下开关，电梯内设有乘客到达层次的停站请求开关。

2）有电梯所处位置及电梯运行模式（上升或下降）指示装置。

3）电梯每秒升（降）一层。

4）电梯到达有停站请求的楼层后，经过1s电梯门打开，开门指示灯亮，开门4s后电梯门关闭（开门指示灯灭），电梯继续运行，直到执行最后一个请求信号后停在当前层。

5）能记忆电梯内外的所有请求信号，并按照电梯运行规则按顺序响应，每个请求信号保留到执行后消除。

6）运行规则：当电梯处于上行模式时，只响应比电梯所在位置高的上楼请求信号，由下而上逐个执行，直到最后一个上楼请求执行完毕，如更高层有下楼请求，则直接找到有下楼请求的最高楼接客，然后进入下降模式，当电梯处于下降模式时，则与上行模式相反。

7）电梯初始状态为一层开门。

3. 实验器材

单片机仿真器、数码管、LED、按键、扬声器、实验板等。

4. 参考资料

[1] 沈绪榜，何立民. 2001嵌入式系统及单片机国际学术交流会论文集［M］. 北京：北京航空航天大学出版社，2001.

[2] 丁劲松，陈争生. 一种简单实用的单片机电梯控制器［J］. 中国电梯，1997（12）.

5. 思考题

1）如要求达到各层时有音响提示，程序如何体现？

2）如何增加故障报警功能？

实验5-6 建筑塔钟

1. 引言

塔钟是设立在高大建筑物上的计时仪器，通常采用指针指示时间，一般还附有报时功能。塔钟的时间指示一般由时针与分针组成。其工作原理是：由步进电动机带动分针和时针转动，运动的传递依靠一套机械减速装置完成。由步进电动机的转速控制分针的转速，分针与时针的转速比控制为60:1。

2. 实验要求

设计一座由步进电动机驱动的塔钟。要求：

1）具有走时功能，整点报时功能。

2）具有自动补时。所谓自动补时就是当遇到停电时，步进电动机停止工作，塔钟控制器使用备用电池作为控制器电源继续计时。此时控制器一方面继续计时，另一方面记录停电时间，当恢复供电时，步进电动机以较正常走时几倍的速度将指针尽快恢复到正确的时间位置。

3）具有手动校时功能。由于走时误差的影响，经过一段时间累积后，塔钟必然产生较大的指示误差，为保证塔钟的准确，就要具有手动校时功能，可随时调整时间。

3. 实验提示

1）走时。由于塔钟建在建筑物的顶层，距离人们的视线较远，钟面刻度的分辨力较低，所以塔钟指针的转动一般不采用连续运动，而是每分钟或每半分钟转动一次，每次转动与时间相应的角度。

2）补时。当恢复供电时，步进电动机要快速转动，以便尽快恢复指针的正确位置。此时电动机速度不可太快，因为速度太快指针将产生较大的离心力，会使指针松动或脱落，一般采用正常走时速度的 3 ~5 倍即可。另外，还要注意：①在补时的同时，时钟还要正常走时。②停电时间越长，需补时时间越长。当补时时间较长时，可采用等时的方法更为经济，即恢复供电后，电动机仍不工作，等到时间与指针指示时间相同时，电动机再开始工作，这样就可避免为补时造成指针长时间快速旋转。

3）塔钟时针的转速是一定的，步进电动机的转速则与减速机构的减速比有关，可根据塔钟时针的转速与减速比计算出步进电动机的转速。

4）减速机构的设计也属测控专业学生应掌握的知识范畴，如将机械部分的设计也融入该实验之中，将对学生是一个很好的综合训练。在减速机构的设计中，将用到蜗轮蜗杆和齿轮机构，在进行此部分的设计中，要注意蜗轮蜗杆的自锁功能，因为塔钟是露天使用，要考虑风力对指针的影响，尤其是不可因风力使指针旋转。

4. 参考资料

［1］姜立中. 建筑塔钟电路［J］. 无线电，1998（7）.

［2］强蔚英. 塔钟的单片机控制系统［J］. 钟表，1996（2）.

5. 思考题

1）塔钟一般为四个方向的盘面组成，如何用一套控制系统控制四套时钟系统？

2）整点报时功能怎样实现？注意：夜间报时功能要停止，以免打扰人们的睡眠。

实验 5-7　数字式温度计

1. 引言

单片机在测控系统中的作用是对信息进行处理、运算和发出控制命令等，但所要处理的信息是从外界拾取的，拾取的信号可以分为开关量和模拟量两种。开关量只需放大、整形和电平转换等处理后，即可直接送入单片机系统。但输入量如果是模拟量，处理的复杂程度就大大地增加了，由于模拟输入信号一般很微弱，需要进行放大，对于一个测控范围较大的仪器，还要有多级可变放大电路。另外，在放大有用信号的同时，干扰信号也被同时放大，还要进行必要的滤波处理。所以要设计出一个真正实用的单片机测控系统，必须先设计好适用的前向通道。

根据被测对象输出信号的类型、大小、数量不同，前向通道的结构类型也各不相同。本实验以温度测量为例，让同学们了解前向通道的设计方法，熟悉 A/D 转换器的应用，掌握接口技术。

2. 实验要求

利用单片机技术设计制作一个显示室温的数字温度计。测量误差为 ±1℃，两位 LED 数码管显示。

3. 实验提示

（1）测温电路（见图 5-7）图中各参数关系如下：

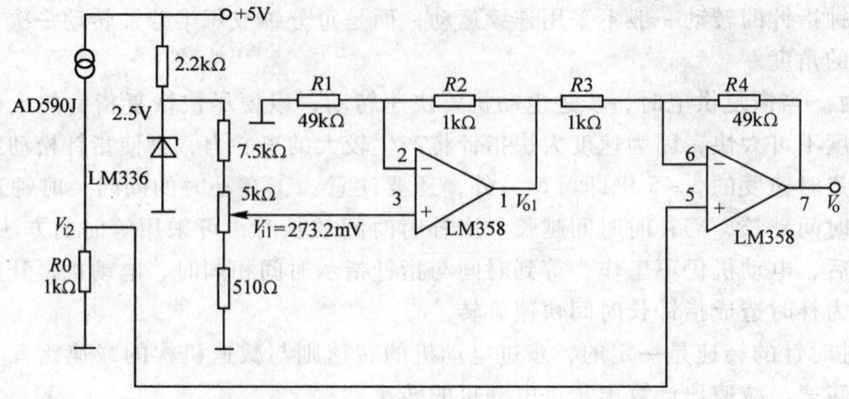

图 5-7 测温电路原理图

$$V_{o1} = \left(1 + \frac{R2}{R1}\right) V_{i1}$$

$$V_o = \left(1 + \frac{R4}{R3}\right) V_{i2} - \frac{R4}{R3} V_{o1} = \left(1 + \frac{R4}{R3}\right) V_{i2} - \frac{R4}{R3}\left(1 + \frac{R2}{R1}\right) V_{i1} \tag{5-4}$$

当 $R2/R1 = R3/R4$ 时

$$V_o = \left(1 + \frac{R4}{R3}\right) V_{i2} - \left(1 + \frac{R4}{R3}\right) V_{i1} = \left(1 + \frac{R4}{R3}\right)(V_{i2} - V_{i1}) \tag{5-5}$$

式中，$R0$、$R1$、$R2$、$R3$、$R4$ 为精密金属膜电阻的阻值，电阻温度系数为 $\pm 5 \times 10^{-4}$°C^{-1}。取 $R1 = R4 = 49\text{k}\Omega$，$R2 = R3 = 1\text{k}\Omega$，则

$$V_o = 50\ (V_{i2} - V_{i1}) \tag{5-6}$$

当 $T = 0$°C 时，$V_o = 0$V；$T = 50$°C 时，$V_o = 2.5$V，即灵敏度为 50mV/°C。

（2）温度数据的采集和处理　因 ADC0809 的参考电压 $V_{REF} = 2.5$V，所以其接口数据还原为温度的计算式为

$$T = \frac{2.5\text{V}}{256} N \times 10^3 / 50\text{mV} \tag{5-7}$$

即

$$T = 196N \tag{5-8}$$

196N 为两字节二进制数，转换成 BCD 码后为 5 位。最高位（第 5 位）就是温度的十位值，第 4 位就是温度的个位值，第 3 位是温度的 0.1°C位值。编写程序时可将其作四舍五入处理。

程序框图如图 5-8 所示，当 0809 的时钟频率为 250kHz 时，A/D 转换时间约为 250μs，故延时大于 250μs 即可。当然 0809 也可采用中断方式，即转换完毕后申请中断。

启动 0809 → 延时 >250μs → 读 0809 → 196N → 调 BCD 码转换程序 → 进显示缓冲区

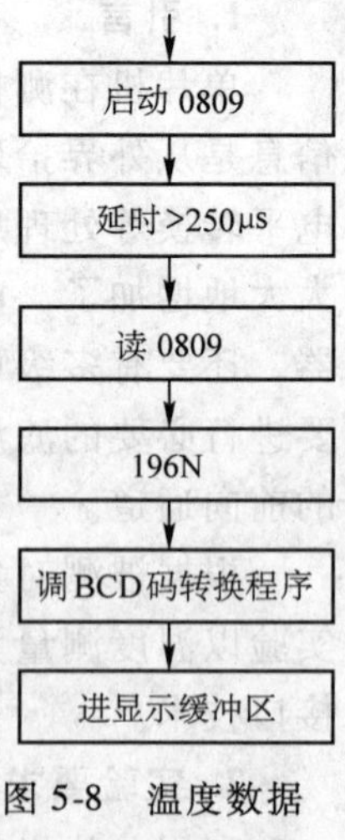

图 5-8 温度数据采集和处理框图

（3）ADC0809 电路连接如图 5-9 所示。

（4）AD590 温度传感器简介　AD590 是集成温度传感器中的一种，其实质是一种半导体集成电路。它利用晶体管的 b-e 结压降的不饱和值 V_{RE} 与热力学温度 T 和通过发射极电流 I 的下述关系实现对温度的检测。

$$V_{RE} = \frac{kT}{q} \ln I \tag{5-9}$$

式中，k 是玻耳兹曼常数；q 是电子电荷绝对值。

集成温度传感器的线性度好、精度适中、灵敏度高、体积小、使用方便，得到广泛应用。集成温度传感器的输出形式分为电压输出和电流输出两种。电压输出型的灵敏度一般为 10mV/K（温度变化热力学温度 1 度输出变化 10mV），温度 0K 时输出 0，温度 25℃时输出 2.9815V。电流输出型的灵敏度一般为 1μA/K，25℃时输出 298.15μA。

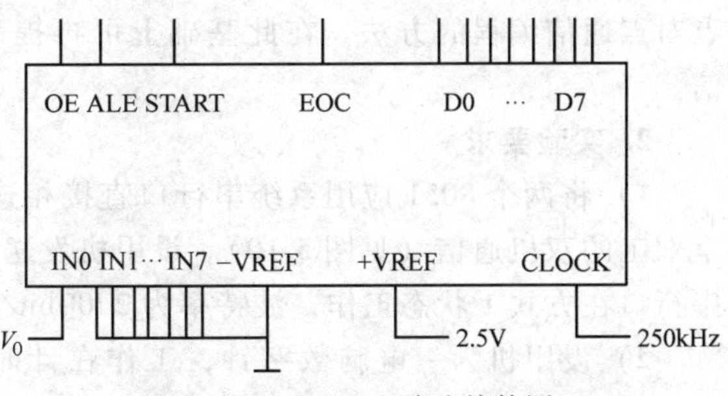

图 5-9　ADC0809 电路连接简图

AD590 是美国模拟器件公司生产的单片集成两端温度传感器。它的主要特性如下：

1）流过器件电流的微安数等于器件所处环境温度的热力学温度（开尔文）度数，即

$$I_T / T = 1\mu A / K$$

式中，I_T 为流过器件（AD590）的电流，单位为 μA；T 为温度，单位为 K。

2）AD590 的测温范围为 −55 ~ +150°C。

3）AD590 的电源电压范围为 4 ~ 30V。电源电压从 4 ~ 6V 变化，电流 I_T 变化 1μA，相当温度变化 1K。AD590 可以承受 44V 正向电压和 20V 反向电压。因而器件反接也不会损坏器件。

4）输出电阻为 710MΩ。

5）AD590 在出厂前已经校准，精度高。AD590 共有 I、J、K、L、M 五档。其中 M 档精度最高，在 −55 ~ +150°C 范围内，非线性误差为 ±0.3°C。I 档误差较大，误差为 ±10°C，应用时应校正。

由于 AD590 的精度高、价格低、不需辅助电源、线性度好，因此常用于测温和热电偶的冷端补偿。

（5）系统晶体振荡频率可选 4.19MHz，由其分频可得到 250kHz 信号。

4. 参考资料

［1］付家才. 单片机控制工程实践技术［M］. 北京：化学工业出版社，2004.

［2］汪吉鹏，陈勇. 数字式温度计电路与程序设计［J］. 电子测量技术，1999（3）.

［3］李文峰，陈国桢. 通用型数字式温度计的设计·调试·制作［J］. 仪表技术，1993（4）.

5. 思考题

1）该系统的测量误差与哪些因素有关？

2）简述数字温度计的设计思路。

3）用热敏电阻取代 AD590 温度传感器，系统将如何设计？

实验 5-8　单片机间双机通信

1. 引言

MCS51 单片机中有一个异步通信串行接口，能方便地构成双机、多机通信接口。随着测量向自动化、智能化、网络化方向的发展，利用多机通信构成的分布式系统逐渐普及。本

实验仅就点对点的双机通信进行训练，学习串行口工作方式1初始化编程和单片机与单片机点对点通信编程的方法。在此基础上可再提高一步，实现多机通信以及单片机与PC的通信。

2. 实验要求

1）将两个8051应用系统串行口直接相连，以实现全双工的双机通信（见图5-10）。设甲机发送乙机接收，串行口在方式1状态工作，波特率为2400bit/s。

2）设甲机为一电脑数字钟，工作在计时状态，将甲机的当前时间传输到乙机并在乙机的显示器上显示出来。

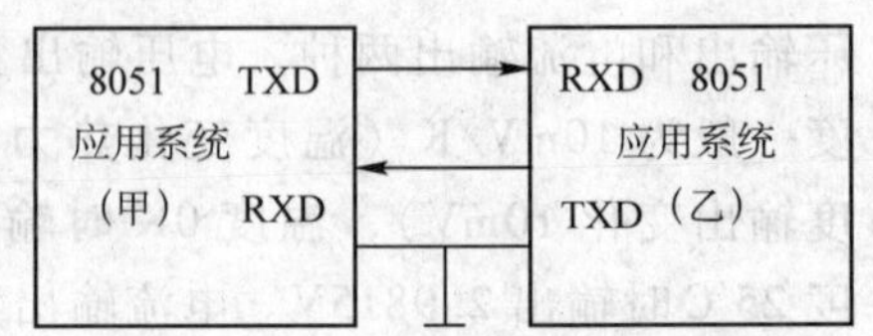

图5-10　8051应用系统的双机通信

3. 实验提示

（1）波特率设计　甲乙两机均选用6MHz的振荡频率，其计数常数N按下式计算：

$$N = 256 - \frac{f_{\mathrm{osc}}}{波特率 \times 12 \times (32/2^{\mathrm{SMOD}})} = 256 - \frac{6 \times 10^6}{2400 \times 12 \times (32/2^{\mathrm{SMOD}})}$$

取SMOD = 0时$N = 249.49$，圆整误差过大，改取SMOD = 1，$N = 242.98 \approx 243 = $ F3H，实际的波特率 = 2403.85bit/s。

（2）甲机发送程序　甲机将数字钟的时、分、秒存储单元的内容向乙机发送，在发送数据之前先将数据块长度送给乙机，每发送完256个字节，向乙机发送一个累加校验和。程序框图如图5-11所示。

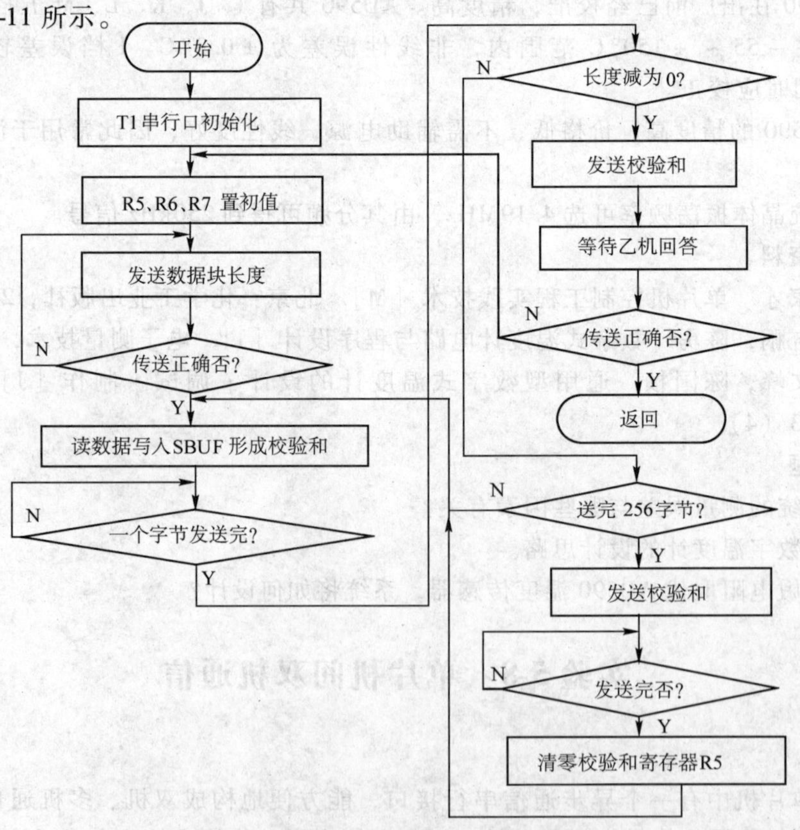

图5-11　双机通信发送程序框图

发送程序约定：

- 波特率设置初始化：定时器 T1 以方式 2 工作，计数常数为 F3H，SMOD = 1；
- 串行口初始化：寄存器 SCON 以方式 1 工作，允许接收（要不断接收乙机状态）；
- 工作寄存器设置：

R6、R7——数据块长度寄存器，R7 为高 8 位

R5——累加和寄存器

（3）乙机接收程序　乙机接收甲机发送的数据，并写入本机的内存单元。首先接收数据长度和累加和校验码，接着接收数据。每接收 256 个数据，进行一次累加和校验，数据传送全部结束时向甲机发送一个状态字，表示传送正常或出错。程序框图如图 5-12 所示。

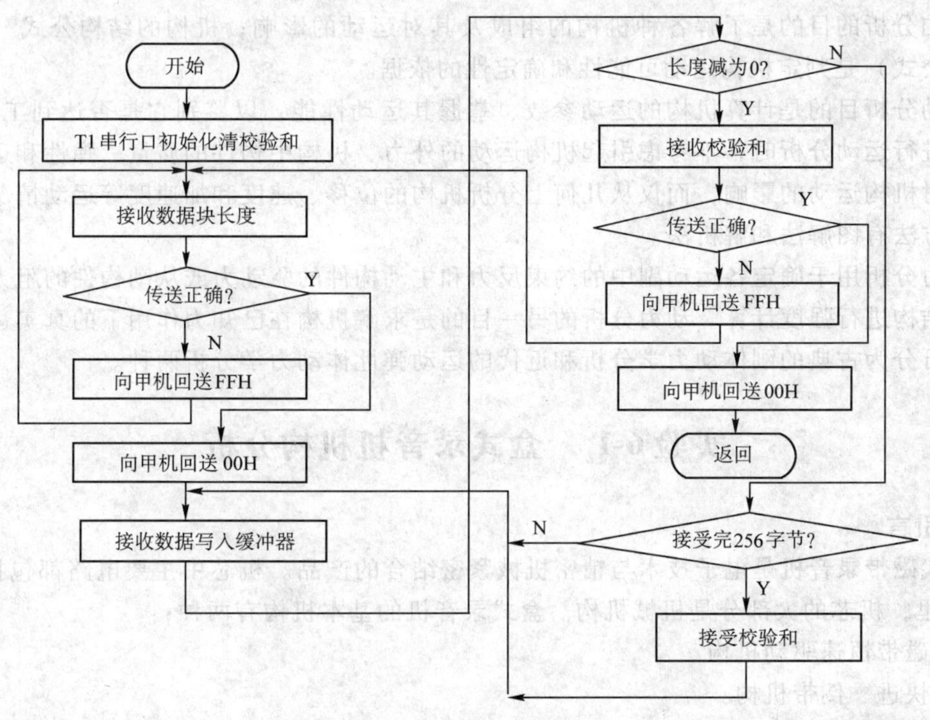

图 5-12　双机通信接收程序框图

4. 参考资料

[1] 何立民. MCS-51 系列单片机应用系统设计：系统配置与接口技术［M］. 北京：北京航空航天大学出版社，1995.

[2] 胡键. 单片机原理及接口技术实践教程［M］. 北京：机械工业出版社，2004.

[3] 蒋维玉. 用单片机的串行口实现异步双机通信［J］. 实验室研究与探索，2001（3）.

[4] 李月香，马路，民梅. 用 C51 语言实现 8051 单片机间的通信［J］. 微计算机应用，1998（3）.

5. 思考题

1）对乙机发送，甲机接收，程序应做何修改？

2）对全双工的双机通信，程序应做何修改？

3）在掌握了双机通信技术的基础上，如何进行多机通信？

4）多机通信的系统中，各从机间可否交换信息？如何交换信息？

第 6 章　精密机构分析实验

机构分析的目的在于掌握机构的组成原理、运动性能和动力性能，以便合理地使用现有机构并充分发挥其效能，或为验证和改进设计提供依据。机构分析是对已有机构在结构、运动和动力等方面所作的分析。在经典的机构学中，一般只作结构和运动两方面的分析，只有对高速或高精度的机构才作动力分析。与机构分析相对应的是机构综合。

结构分析的目的是了解各种机构的组成及其对运动的影响；机构的结构公式（即机构自由度公式）是判定机构运动可能性和确定性的依据。

运动分析目的是计算机构的运动参数、掌握其运动性能，以鉴别它是否达到工作要求。对机构进行运动分析时，不考虑引起机构运动的外力、机构中构件的质量、弹性和运动副中的间隙对机构运动的影响，而仅从几何上分析机构的位移、速度和加速度等运动情况。运动分析的方法有图解法和解析法。

动力分析用于确定各运动副中的约束反力和主动构件的驱动力或从动构件的阻力，以便对机械结构进行强度计算。动力分析的另一目的是求解机构在已知力作用下的真实运动。动力分析可分为古典的刚体动力学分析和近代的运动弹性体动力学分析两种。

实验 6-1　盒式录音机机构分析

1. 引言

现代磁带录音机是电子技术与精密机械紧密结合的产品。机芯中主要电路都包括在 1 ~ 2 块 IC 里，机芯的大部分是机械机构。盒式录音机的基本机构有两种：

- 磁带恒速驱动机构
- 快进、倒带机构

附属机构则有：

- 暂停机构
- 磁带计数机构
- 自动停止机构
- 自动翻转机构

⋮

本实验围绕盒式录音机的机械部分开展机构分析，借此加深对精密机械课堂知识的认识和理解，加强对精密机构的感性认识，为今后仪器结构设计打下良好的基础。

2. 实验器材

盒式录音机 1 台（20 世纪 80 年代左右生产的为好）、工具一套（尖嘴钳，螺钉旋具(俗称螺丝刀)，镊子各一把）。

3. 实验要求

（1）分析录音机的磁带恒速驱动机构　磁带恒速驱动机构主要是使磁带以规定速度恒

速运动，即所谓走带。在录音和放音时，机构处于走带状态。走带时必须使磁带以适当的张力接触磁头，而且要把送出来的磁带均匀、平稳地卷到收带盘上。执行这个任务的就是磁带恒速驱动机构。

1）驱动机构以直流电动机作为动力源，驱动一套机械结构。请分析盒式磁带录音机的驱动机构，说明录音机是如何走带的，如何保证磁带恒速运行的，画出该部分的机构图。

2）录音机的快卷（快进倒带机构）功能是如何实现的？画出机构图，分析工作原理。

（2）分析录音机的磁头机构

1）磁头是如何固定的？画出结构图。

2）观察磁头有无调整机构，为什么要有调整机构？如何实现调整功能？

（3）磁带计数器　录音机一般都有机械式计数器，它由3位标有0~9的数字轮构成。分析录音机计数器工作原理，画出计数器结构图。

（4）自停机构　在磁带到终端时，磁带自动停止运动，这不仅使磁带免受过大张力的损伤，还可避免无为的电池消耗。观察录音机的自停功能是如何实现的，分析工作原理并画出自停机构结构图。

（5）暂停机构　录音过程中，按下暂停键使磁带暂停走动，再次按下暂停键使磁带继续运行。观察录音机机芯中暂停动作的实现方法，画出暂停机构。

（6）出盒机构（装卸磁带盒的机构）

1）观察录音机的出盒动作，分析出盒机构的工作原理。

2）你所观察的录音机出盒动作是硬出盒（快速出盒）还是软出盒（阻尼式出盒）？如为软出盒，其阻尼作用是如何实现的？

（7）操作机构　操作机构即录音机的按键选择部分。观察录音机的按键选择是如何实现的，如为机械式，试画出结构图并分析其工作原理。

4. 参考资料

[1] 刘宪坤. 盒式录音机［M］. 北京：科学出版社，1983.

[2] 电子工业部电声专业科技情报网. 磁带录音机原理·调试·使用［M］. 上海：上海科学技术出版社，1983.

[3] 王一群. 青少年无线电装配检修技术速成·音响篇［M］. 3版. 福州：福建科学技术出版社，2002.

5. 思考题

1）录音机的防误抹功能是如何实现的？

2）录音机在什么情况下会卷带？

3）自动翻转功能是如何实现的？

4）你认为所拆装的录音机机械结构有何优缺点，应如何改进？

5）观察近期生产的录音机机构，分析与早期生产的录音机机构的主要变化。

6. 注意事项

1）因录音机的结构紧凑、零部件尺寸较小，拆装时应注意按拆装顺序放好，以免丢失。

2）拆装前先整体观察录音机的动作，如按下放音键观察磁带走带情况，按下暂停键观察暂停动作的实现方法，按下快进键观察磁带的走带情况等，整体观察完毕后再进行拆卸，了解零部件结构。

3）打开后盖，拆下电路板，注意不该拆的地方不要拆，保存好螺钉。

实验6-2　针式打印机机构分析

1. 引言

针式打印机是典型的机电一体化数据输出设备。它是通过打印头上的几根钢针打印出按 n 行 $\times m$ 列点阵组成的字符和图形，打印头采用的是电磁驱动方式。当线圈有电流通过时电磁铁吸引衔铁使打印针冲击色带和打印纸，从而在打印纸面上印出一个色点。图6-1是针式打印机结构框图。

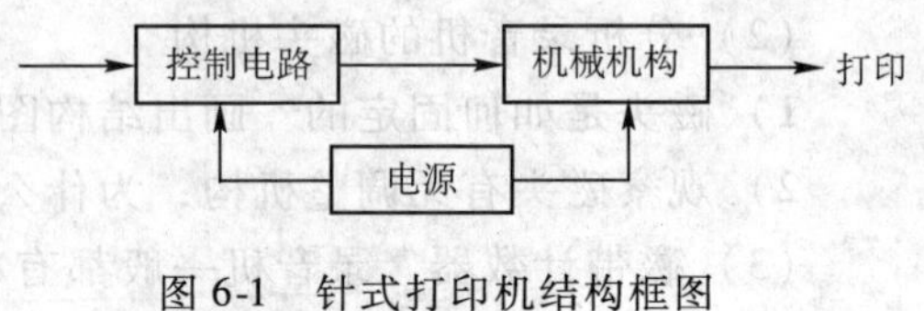

图6-1　针式打印机结构框图

2. 实验器材

针式打印机、工具1套（螺钉旋具、尖嘴钳、镊子、放大镜）。

3. 实验要求

（1）整体结构的拆装分析　依次拆下隔离架、色带架、打印机顶盖。

1）观察分析打印头横向移动系统的组成、结构及工作原理。

2）观察分析走纸换行系统的组成、结构及工作原理，画出传动链示意图。

3）观察分析辅助功能系统的组成、结构及工作原理：

①　色带移动功能。

②　打印头位置调整功能。

③　纸宽调整功能。

（2）打印头的拆装分析　依次拔下交流电源电缆、拧松固定螺钉、取下打印头电缆、拆下打印头后盖，拆卸时打印头前端朝下不要使打印针掉下来，用镊子取出打印针（只取一两根即可）。观察打印头结构，分析其工作原理。

4. 注意事项

1）因精密机械结构紧凑、零件小巧，拆装时要轻拿轻放，防止损坏。

2）拆卸前要仔细观察机构，记住零部件的原有位置，画好结构草图后再拆卸。

3）装配步骤与拆卸步骤相反。

5. 参考资料

[1] 张援朝. 异彩纷呈的打印机世界——打印机的分类、原理、结构和维护［J］. 家电科技、维修与培训，2003（7）.

[2] 刘昌春. LQ1600针式打印头的结构与维修［J］. 家电维修，2003（6）.

[3] 韩翠英. 针式打印机的使用和维护［J］. 甘肃农业，2003（4）.

6. 思考题

1）打印机由哪几部分组成？

2）针式打印机头座由哪些基本组成环节？打印时字车移动与针击打之间在时序上有何关系？字车位置及移动速度是如何检测的？

3）输纸机构在打印输出过程中所起的作用？

4）简述输纸机构的组成及机械机构之间的相互作用关系。

5）色带传动方式的特点？环形色带机构由哪几部分组成？画出色带齿轮传动与换向装置简图。

6）纸尽报警是如何实现的？

7）观察激光打印机的进纸、走纸机构，它与针式打印机有何不同？

实验 6-3　软盘驱动器机构分析

1. 引言

计算机外围设备软盘驱动器是结构相当复杂、精度很高的机电一体化产品。它在软盘控制器的控制下完成磁头对磁盘的寻道、磁头加载、数据读写、主轴电动机和小车步进电动机的转停控制等操作。

2. 实验器材

软驱 1 台、工具 1 套。

3. 实验要求

旋下电路板螺钉，拔下接线插头，驱动器的机械结构就完全可以看清楚了。

观察盘片定位驱动机构；

观察盘片弹射机构；

观察磁头驱动机构；

观察磁头加载机构。

画出以上机构的结构图，分析工作原理。

4. 参考资料

[1] 黄军. 软盘驱动器的使用与维护 [J]. 大众用电，2001 (8).

[2] 李晓利. 机电一体化综合实验的开发与应用 [J]. 实验技术与管理，2000，17 (4).

[3] 孔令伟. 软盘驱动器的基本结构及其测试 [J]. 信息技术（哈尔滨），2000 (2).

[4] 陈雷. 巧用电脑软盘驱动器电机 [J]. 电子制作，2003 (1).

5. 思考题

1）简述环形盘片压紧机构工作情况。

2）盘片驱动定位机构由哪几部分组成？

3）磁头驱动定位机构由哪几部分组成？

4）在了解软盘机的基础上，观察硬盘机，了解其结构和组成。硬盘机主要由四大部分组成，即磁头盘片组件、印制电路板、面板、减振安装支架及其附件。

实验 6-4　指针式百分表结构分析

1. 引言

指针式百分表，是机械式仪表，其工作原理是将测杆的微小直线位移，通过齿条及多级齿轮传动放大，转变为指针的角位移，从而在刻度盘上指示出相应的示值。其结构涉及齿轮、弹性元件、导轨、示数装置以及圆柱导轨的防转装置，是诸多精密机械零部件的典型应用。通过该实验加深对精密机械零部件及结构的感性认识，提高对精密机械设计基础课程的学习兴趣。

2. 实验要求

1）打开百分表后盖，观察机构的传动关系，画出传动系统图，结合思考题分析每个零件所起的作用。

2）按相反的顺序，把拆下的零件一一装回。

3. 实验器材

百分表、螺钉旋具、镊子等。

4. 实验提示

1）从观察百分表的外观入手，了解百分表的使用方法，并记下百分表小指针的初始位置。

2）结合实物分析、制定拆装顺序方案。

3）旋下百分表后盖上的三个螺钉，取下后盖。

4）收拢固定上盖的弹簧卡圈的两个外伸端，顺着指针方向取下上盖，然后用镊子取下指针，再取下表盘和弹簧垫片。

5）取下测量力弹簧和测量杆防转滑块，拧下固定下支承板的螺钉，即可取出机芯。

5. 注意事项

1）百分表后盖取下后，画出百分表的内部结构布局草图。

2）与机构分析无关的地方，不要随意拆卸。

3）拆下的零件要轻拿轻放，放在盒内，防止丢失和损坏。尤其要注意测量力弹簧、游丝和指针。

4）记住拆卸顺序，安装时按相反顺序一一装好（可在草图上标注）。

5）安装下支承板时，应使游丝预紧 $\pi/2$，使下支承板与外壳同轴，保证齿条与齿轮啮合的齿侧间隙。

6）装指针时，应保证对指针位置的要求。

7）装表质量检查

① 测杆移动灵活无卡滞现象。

② 当测杆在自由状态时，指针应位于测量杆轴线左侧上方 15 ~ 25 个分度内，转数指针（小指针）对准整刻度时，大指针应位于测量杆轴线上方 10 个分度内。

③ 检查游丝是否预紧。

④ 齿条和齿轮啮合的齿侧间隙应在 0.01 ~ 0.06mm 之间。

6. 参考资料

[1] 李异鸣. 百分表的误差分析及修理 [J]. 株冶科技，2003，31（2）.

[2] 谭多才. 10mm 百分表示值误差的调整及分析 [J]. 上海计量测试，1998（3）.

7. 思考题

1）表盘为什么要旋转？旋转的导向面在何处？

2）百分表中的齿轮传动是升速传动还是降速传动？是力传动还是示数传动？

3）哪一级齿轮的误差对百分表的示值误差影响最大？

4）指出百分表中的限动装置，并说明其作用。

5）什么是空回误差？影响百分表空回误差的主要原因是什么？

6）游丝的作用是什么？为什么它不装在另外两根齿轮轴上？

7）游丝内、外端各是如何固定的？画出游丝内装、外装的结构草图。

8）大表盘下的弹簧片的作用是什么？

9）百分表的导轨为何要防转？如何提高防转精度？

10）如何提高导轨的运动灵活性？

11）百分表在下述各处采用了什么连接型式？

①片齿轮与轴；②销柱与下支承板；③导套与壳体；④指针与指针套；⑤指针套与齿轮轴；⑥测头钢球与测头；⑦防转滑块与圆支承板。

12）已知：与齿条啮合的齿轮齿数 $z_1=20$；大齿轮齿数 $z_2=120$；中心齿轮齿数 $z_3=12$；指针长度 $R=25$mm。求：①计算齿轮的模数 $m=$？②大表盘上相邻两刻线间的距离 $C=$？

实验 6-5　测量显微镜结构分析

1. 引言

测量显微镜是典型坐标式测量仪器，是一种光机或光机电结合的仪器。

2. 实验器材

废旧的测量显微镜（或废旧的工具显微镜）、工具 1 套。

3. 实验要求

通过拆装，了解该仪器的测量原理、组成原理、结构特点、运动性能和动力性能。

4. 实验提示

1）仔细了解仪器的基本功能及测量工作原理。

2）观察仪器的结构组成，画出仪器结构草图。

3）按仪器的功能部件关系（如显微镜部件、工作台、立柱等）拆开仪器。

4）分析仪器光路、导轨结构，进一步了解仪器工作原理。

5）观察仪器的各部分结构，分析其在仪器中的作用。

5. 注意事项

1）测量显微镜是比较复杂的测量仪器，拆卸之前一定要结构位置关系，并画好草图。

2）废旧仪器一般已经散失精度，不能再用做测试仪器，但用于功能演示是没有问题的。一般情况下，较精密或位置关系要求高的部件不要进一步拆卸，否则将彻底散失仪器基本功能。

6. 参考资料

[1] 高中有. 基于机器视觉的万能工具显微镜改造［D］. 成都：四川大学硕士学位论文，2006.

[2] 赵庶娴，等. 万能测量显微镜的基本原理及测量方法［J］. 中国计量，2006（10）.

7. 思考题

1）测量显微镜测量长度的基准是什么？

2）测量显微镜能测量哪几个坐标的几何参数？

3）如果用 CCD 图像传感器代替仪器目镜，那么图像型的测量显微镜将如何设计？

第3篇　测控技术实践

第7章　测量技术实践（1）

实验7-1　接触式干涉仪检定量块

1. 引言

量块又叫块规，它是几何量计量中从长度的自然基准传递到实物基准、保证量值统一的端面基准量具。在制造业中，量块可用作量仪、量具的检验和校正，以确保各零部件几何尺寸准确一致。在通用量具和长度光学计量仪器的检定规程中，几乎都规定了用量块来检定量具或仪器的精度。此外它还可用于量仪或量具的调整、定度，以至于直接用来测量某些精度较高的零件的几何尺寸。但由于量块材料不稳定和在使用中受到磨损，或使用不当、保管不善，以致使量块表面碰伤、划痕或生锈等，造成量块的尺寸失真而影响测量的准确性。因此，必须对量块进行周期性检定。

2. 实验要求

1）了解量块的作用以及等和级的意义，熟悉量块的使用方法。

2）了解白光干涉测量的原理和定标方法，熟悉接触式干涉仪的使用。

3）掌握用接触式干涉仪测量量块中心长度及长度变动量的方法。

4）测量被测量块，确定被测量块的等和级。

3. 实验器材

标准量块（0级、2等）、被测量块（1级，83块）、接触式干涉仪。

4. 实验提示

（1）接触干涉仪的测量原理

立式接触干涉仪是广泛应用于比较测量的高精度长度测量仪器，仪器的光学系统如图7-1所示。从光源1发出的白光经聚光镜2聚集后，通过滤光

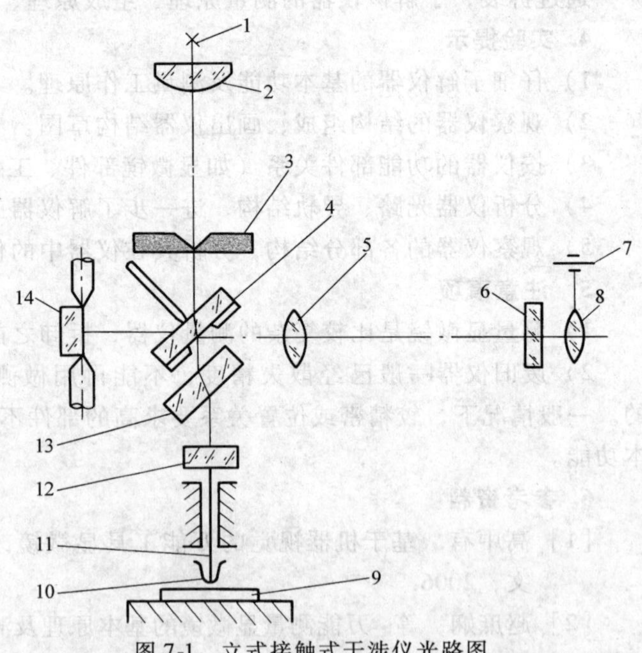

图7-1　立式接触式干涉仪光路图

1—光源　2—聚光镜　3—滤光片　4—分光镜　5—物镜　6—分划板　7—转轴　8—目镜　9—被测件　10—测头帽　11—量杆　12、14—反射镜　13—补偿镜

片 3 投射到分光镜 4 上，分光镜 4 将光分成两束，分别投射到位置相互垂直的反射镜 12、14 上。借助于补偿镜 13，使由分光镜表面到反射镜 12 的光线，在其所经路程上的光学条件与投射到反射镜 14 路程上的光学条件相同。由 12、14 反射回来的两束光相遇产生干涉，通过物镜 5、目镜 8 可在视场中观察到干涉条纹和分划板 6 上的刻度。为便于观察，目镜可绕转轴 7 转动。反射镜 12 固定在量杆 11 上，测量杆沿仪器测量轴线上下移动，10 为测头帽，测量时与被测件 9 直接接触。被测件尺寸变大或变小，则测头带动量杆和测量反射镜 12 上升或下降，视场中的干涉条纹就会左右移动。

立式接触干涉仪结构如图 7-2 所示。仪器标尺分度值 i 大小，可转动十字形螺钉 2 予以改变，它是通过改变干涉条纹宽度实现的。由于所采用单色光的半波长是确定的，若干涉条纹变宽，则在视场中观察到的两条干涉条纹之间所夹分划板 6 的分度间隔数 n 增多，而使标尺的分度值 i 变小。若令干涉条纹间隔数为 K，则有

$$K\frac{\lambda}{2}=ni$$

即

$$n=\frac{\lambda}{2}\frac{K}{i} \tag{7-1}$$

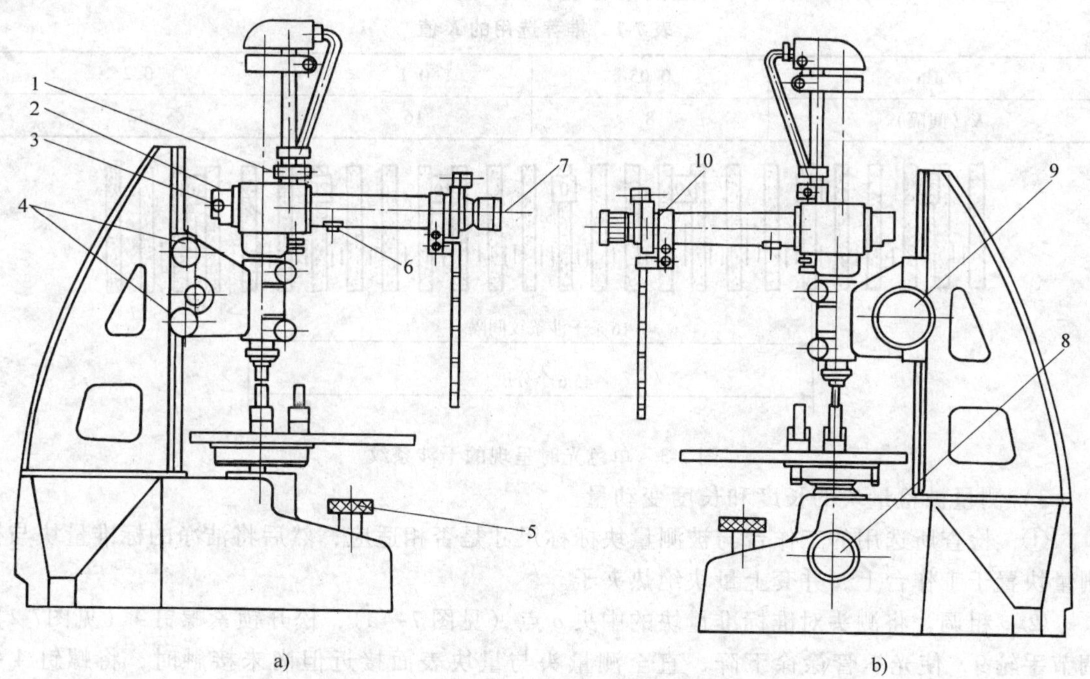

图 7-2　立式接触干涉仪结构示意图

1—滤光片　2、3—十字形螺钉　4、8—锁紧螺钉　5—螺钉　6—分划板　7—目镜
9—手轮　10—标定微调螺钉

为减小干涉条纹与标尺刻线之间的对线误差，在所采用光的干涉能力可见的范围内，K 宜取大些。表 7-1 为仪器说明书上推荐选用的 K 值。若所用的单色光波长 $\lambda=0.570\mu m$，选用分度值 $i=0.1\mu m$（即 $K=16$），则有

$$n=\frac{\lambda}{2}\ \frac{K}{i}=45.6$$

即 16 个干涉条纹间隔内应包容标尺上 45.6 个分度间隔（见图 7-3）。转动十字形螺钉 2（见图 7-2），使干涉条纹的方向平行于标尺刻线，干涉条纹符合上述计算要求，即表明标尺的分度值 i 已按选定值调好。移去滤光片，白光通过，视场中即可看到一深黑色的干涉带（零次干涉带）及其两侧若干条彩色带。测量时，黑色干涉带将随量杆微量的上升和下降而沿标尺向标有“+”、“-”的方向移动。

立式接触干涉仪的测量范围 0 ~ 150mm，工作台行程 5mm，标尺示值范围 ±50i，分度值 i 可在 0.05 ~0.2μm 范围内调整，量杆移动范围 0.5mm，仪器的示值误差（经验公式）

$$\delta = \pm \ (0.03 + 3ni\Delta\lambda)\ \mu m \tag{7-2}$$

式中，n 为自标尺零刻线计起的分度间隔数；$\Delta\lambda$ 为检定书上标明所用滤光片波长的检定误差值。

（2）基本操作示例

1）按被检量块的标称长度（例如 30mm）选取所需相应标称长度（30mm）的标准量块，用竹夹子将被检量块和标准量块从量块盒内取出，擦去防锈油，并用航空汽油擦净备用。

2）选用 i = 0.1μm，按表 7-1 上的推荐值，用式（7-1）计算出标尺的分度间隔数 n。

表 7-1 推荐选用的 K 值

i/μm	0.05	0.1	0.2
K（间隔）	8	16	32

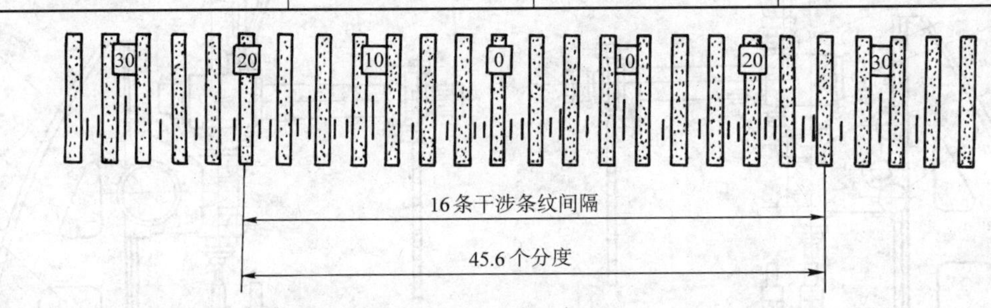

图 7-3 单色光时呈现的干涉条纹

3）测量被检量块的长度和长度变动量。

① 检查所选用的工作台与被测量块标称尺寸是否相适应，然后将洁净的标准量块与被测量块置于工作台上，并套上量块绝热夹子。

② 粗调。将测头对准标准量块的中央 o 点（见图 7-4a），松开锁紧螺钉 4（见图7-2），调节手轮 9，使光学管徐徐下降，直至测量头与量块表面接近但尚未接触时，将螺钉 4 锁紧。

③ 将变压器电阻指向最大时接通电源，然后逐渐将电阻调小，使光亮最佳。移入滤光片 1，使仪器获得单色光。

④ 微调。松开锁紧螺钉 8，调节微调螺钉 5，使工作台及量块一起微微上升，直至测头接触标准量块表面并从目镜 7 中看到清晰的黑色干涉条纹（进行微调时应随时抬起杠杆检查，以防止量块与测头顶死）。若干涉条纹不清晰时，可前后移动物镜 6 的位置。

⑤ 调节螺钉 2（在管的上方），使目镜视场中的干涉条纹的方向平行于标尺刻线。按动抬起杠杆使测量头上升时视场中干涉条纹应向“+”方向移动，否则可调节螺钉 3（在管

的左方）来达到。

⑥ 细心调节螺钉3，使干涉条纹的疏密程度恰好满足K个间隔条纹的总长度等于标尺的n个刻度间隔（见图7-3）。

⑦ 将滤光片1取下，获得白光光源，此时视场中的条纹在白光下为彩色条纹。稍增大变压器的可变电阻值，使视场中彩色干涉条纹柔和。

⑧ 借助工作台的微调旋钮5和标尺微调螺钉10，调整仪器的零位（视场中的黑色干涉条纹对准标尺上的零位）。轻轻数次抬起侧头，观察读数变化应在0.02μm以内。

4）检测被测量块　将标准量块移开，移入被测量块。依次将测量头接触被测量块上的o_1、a、b、c、d各点（见图7-4b），测得各点相对于标准量块中心点的长度偏差值l_{o_1}、l_a、l_b、l_c、l_d，然后再按d、c、b、a、o_1顺序测量一次，测得l'_d、l'_c、l'_b、l'_a、l'_{o_1}（前后两次读数的变化应在0.02μm内，否则应重新进行测量）。

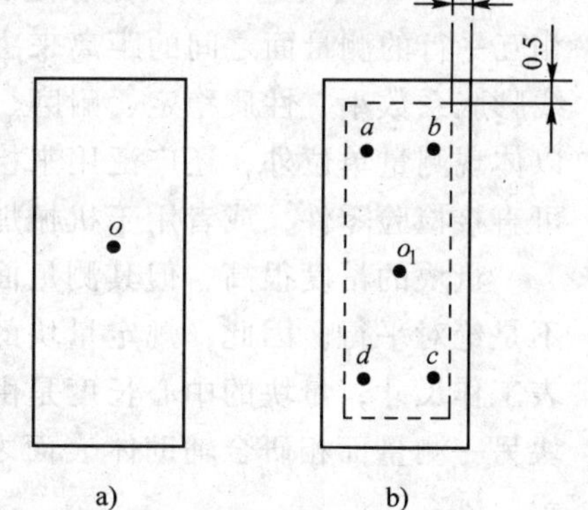

图7-4　量块长度和长度变动量的测量

5）处理测量结果，并确定被测量块的等和级。

① 求出同一点前后两次各测量点的平均值：$\bar{l}_{o_1}$、$\bar{l}_a$、$\bar{l}_b$、$\bar{l}_c$、$\bar{l}_d$。

$$\bar{l}_{o_1} = \frac{1}{2}(l_{o_1} + l'_{o1}) \qquad \bar{l}_a = \frac{1}{2}(l_a + l'_a)$$

$$\bar{l}_b = \frac{1}{2}(l_b + l'_b) \qquad \bar{l}_c = \frac{1}{2}(l_c + l'_c)$$

$$\bar{l}_d = \frac{1}{2}(l_d + l'_d)$$

② 确定$\bar{l}_d$、$\bar{l}_c$、$\bar{l}_b$、$\bar{l}_a$、$\bar{l}_{o_1}$中的最大值$\bar{l}_{max}$和最小值$\bar{l}_{min}$。

③ 确定$|\bar{l}_a - \bar{l}_{o_1}|$、$|\bar{l}_b - \bar{l}_{o_1}|$、$|\bar{l}_c - \bar{l}_{o_1}|$、$|\bar{l}_d - \bar{l}_{o_1}|$中的最大值$|\Delta l|_{max}$。

④ 由表7-2查得0级标准量块的标称长度l_g，长度极限偏差Δ_{lim}，长度变动量ΔL_B，由2等量块的检定书查得标准量块的中心长度的实际值L_z，由表7-3查得2等标准量块的中心长度测量极限偏差δ_{1im}，平面平行性偏差ΔL_P。

⑤ 被测量块的标称长度$=L_g$，长度测量极限偏差$=\pm\{(L_z+\bar{l}_{o1}-L_g)+\delta_{lim}\}$、长度变动量$=\bar{l}_{max}-\bar{l}_{min}$；被测量块的中心长度实际值$=L_z+\bar{l}_{o1}$，中心长度测量的极限误差$=\pm(0.1+2\times10^{-3}L_g/\text{mm})\mu\text{m}$，平面平行性偏差$\Delta L_P$。

⑥ 由被测量块的标称长度、长度极限偏差、长度变动量和表7-2确定其级别；由被测量块的中心长度实际值、中心长度测量的极限误差、平面平行性偏差和表7-3确定其等别。

5. 注意事项

1）实验前、后用汽油清洗量块及仪器工作台。

2）严禁用手直接接触量块。

3）实验时禁止走动。

6. 参考资料

［1］罗南星．几何量测量技术简明教程［M］．北京：机械工业出版社，1993.

［2］童竞．几何量测量［M］．北京：机械工业出版社，1988.

[3] 黄清渠. 几何量计量［M］. 北京：机械工业出版社，1981.
[4] 严歆，赵静，王飞. 接触定位式量块干涉仪测量不确定度的分析［J］. 航空计测技术，2000，20（4）.

7. 思考题

1）试述白光干涉测量原理。

2）试述量块等和级的概念，如何判定量块的等和级？

3）为什么零级干涉条纹不是亮条纹，而是暗条纹？

8. 附录

量块简介。

(1) 量块概述　量块是长度计量中应用最广的一种实物标准。它是单值量具，是以两相互平行的测量面之间的距离来决定其工作长度的一种高精度量具。量块一般用铬锰钢或用线膨胀系数小、性质稳定、耐磨、不易变形的其他材料制成。量块除作为尺寸传递媒介，用以体现测量单位外，还广泛用来检定和校准量具量仪；比较测量时用来调整仪器零位；有时可直接检验零件，或者用于机械加工中的精密划线和精密机床的调整。

量块的精度很高，但其测量面亦非理想平面，两测量面也不是绝对平行。因此，规定量块的尺寸是以中心长度的尺寸代表工作尺寸，量块的中心长度是由量块上测量面中心至与此量块另一测量面相研合辅助体表面之间的垂直距离，如图 7-5 所示。

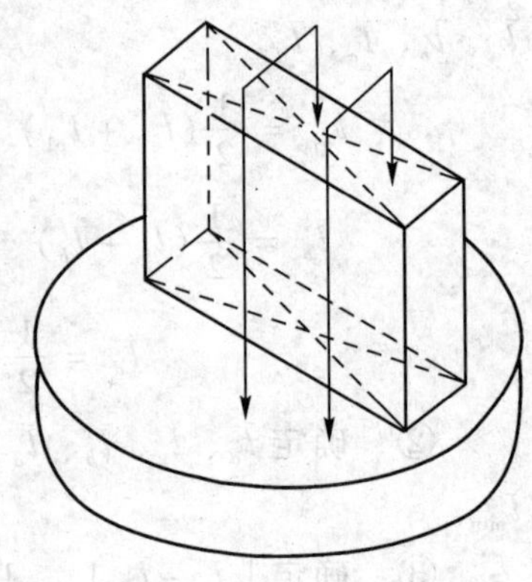

图 7-5　量块的长度

每块量块只代表一个尺寸，由于量块表面粗糙度数值很小，平面性也很好，当表面留有一层极薄的油膜（约0.02μm）时，在推合作用下，由于分子间的吸引力而能研合在一起，两块尺寸之和可构成新的尺寸。如此，借研合特性，可将不同尺寸的量块组合成所需要的各种尺寸。

量块的两个测量面要具有一定的平行性，量块的平面平行性是指量块测量面上任一点 i（不包括距测量面边缘 0.5mm 的区域）的长度与中心长度差数绝对值的最大值。

(2) 量块的精度等级与使用　量块的精度分级又分等。根据量块长度的制造精度，即量块长度的极限偏差和长度变动量的允许值，我国量块国家标准（GB 6093—1985）将量块分为 6 个级别：00、0、1、2、3 级和 K（校准）级。各级精度量块的长度极限偏差和长度变动量允许值列于表 7-2 中，使用量块时直接取量块的标称长度只需查看检定书上所标量块是属哪一“级”，将“级”的长度极限偏差作为误差来处理。如标称长度为 30mm 的 0 级量块，其长度的极限偏差为 ±0.00020mm，使用时不管该量块的实际尺寸如何，均按 30mm 计，而它的极限偏差为 ±0.00020mm。

在几何量的精密测量中，为了使用上的需要常将各级精度的量块检定出其长度的实际值，使用时取检定所得量块实际长度，将检定量块长度实际值的测量极限误差作为误差处理。例如：标称长度为 30mm 的量块，经检定其实际长度为 30.00012mm，测量极限误差 ±0.00015mm，使用时按 30.00012mm 计，而其误差值为 ±0.00015mm。显然按实际长度使用要比按标称长度使用精度高，但在使用过程中要注意到各级量块长度变动量的允许值和研合性的要求，即级别高的量块经检定后按实际长度使用时，要比级别低的量块可靠。我国进行长度尺寸传递时，是采用所谓的“等”来划分量块的精度，即按中心长度实际值的测量极限误差划分“等”。表 7-3 列出了我国机械工业通用标准中将量块分为 6 个等别，并规定了 1、2、3、4、5、6 等量块中心长度测量极限误差和平面平行性允许偏差。测量面之间的平面平行性是指在距量块测量面边缘 0.5mm 以内，测量面上任意点的长度与中心长度之差的绝对值的最大值。

表 7-2 量块长度极限偏差和长度变动量允许值

标称长度范围/mm		00 级		0 级		1 级		2 级		3 级		校准级 K	
		量块长度的极限偏差	长度变动量允许值	量块长度的极限偏差	长度变动量允许值	量块长度的极限偏差	长度变动量允许值	量块长度的极限偏差	长度变动量允许值	量块长度的极限偏差	长度变动量允许值	量块长度的极限偏差	长度变动量允许值
大于	至	μm											
—	10	±0.06	0.05	±0.12	0.10	±0.20	0.16	±0.45	0.30	±1.0	0.50	±0.20	0.05
10	25	±0.07	0.05	±0.14	0.10	±0.30	0.16	±0.60	0.30	±1.2	0.50	±0.30	0.05
25	50	±0.10	0.06	±0.20	0.10	±0.40	0.18	±0.80	0.30	±1.6	0.55	±0.40	0.06
50	75	±0.12	0.06	±0.25	0.12	±0.50	0.18	±1.00	0.35	±2.0	0.55	±0.50	0.06
75	100	±0.14	0.07	±0.30	0.12	±0.60	0.20	±1.20	0.35	±2.5	0.60	±0.60	0.07
100	150	±0.20	0.08	±0.40	0.14	±0.80	0.20	±1.60	0.40	±3.0	0.65	±0.80	0.08
150	200	±0.25	0.09	±0.50	0.16	±1.00	0.25	±2.00	0.40	±4.0	0.70	±1.00	0.09
200	250	±0.30	0.10	±0.60	0.16	±1.20	0.25	±2.40	0.45	±5.0	0.75	±1.20	0.10
250	300	±0.35	0.10	±0.70	0.18	±1.40	0.25	±2.80	0.50	±6.0	0.80	±1.40	0.10
300	400	±0.45	0.12	±0.90	0.20	±1.80	0.30	±3.60	0.50	±7.0	0.90	±1.80	0.12
400	500	±0.50	0.14	±1.10	0.25	±2.20	0.35	±4.40	0.60	±9.0	1.0	±2.20	0.14
500	600	±0.60	0.16	±1.30	0.26	±2.60	0.40	±5.00	0.70	±11.0	1.1	±2.60	0.16
600	700	±0.70	0.18	±1.50	0.30	±3.00	0.46	±6.00	0.70	±12.0	1.2	±3.00	0.18
700	800	±0.80	0.20	±1.70	0.30	±3.40	0.50	±6.50	0.80	±14.0	1.3	±3.40	0.20
800	900	±0.90	0.20	±1.90	0.35	±3.80	0.50	±7.50	0.90	±15.0	1.4	±3.80	0.20
900	1000	±1.00	0.25	±2.00	0.40	±4.20	0.60	±8.00	1.00	±17.0	1.5	±4.20	0.25

表 7-3 量块中心长度测量极限误差和平面平行性允许偏差

标称尺寸/mm		等的要求											
		1		2		3		4		5		6	
		中心长度测量的极限误差近似公式（±μm）											
		$(0.05+0.5\times10^{-3}l)$		$(0.07+1\times10^{-3}l)$		$(0.10+2\times10^{-3}l)$		$(0.20+3.5\times10^{-3}l)$		$(0.5+5\times10^{-3}l)$		$(1.0+10\times10^{-3}l)$	
		中心长度测量的极限误差 ±	平面平行性允许偏差	中心长度测量的极限误差 ±	平面平行性允许偏差	中心长度测量的极限误差 ±	平面平行性允许偏差	中心长度测量的极限误差 ±	平面平行性允许偏差	中心长度测量的极限误差 ±	平面平行性允许偏差	中心长度测量的极限误差 ±	平面平行性允许偏差
大于	到	误差与偏差/μm											
	10	0.05	0.10	0.07	0.10	0.10	0.20	0.20	0.20	0.5	0.4	1.0	0.4
10	18	0.06	0.10	0.08	0.10	0.15	0.20	0.25	0.20	0.6	0.4	1.0	0.4
18	30	0.06	0.10	0.09	0.10	0.15	0.20	0.30	0.20	0.6	0.4	1.0	0.4
30	50	0.07	0.12	0.10	0.12	0.20	0.25	0.35	0.25	0.7	0.5	1.5	0.5
50	80	0.08	0.12	0.12	0.12	0.25	0.25	0.45	0.25	0.8	0.5	1.5	0.5
80	120	0.10	0.15	0.15	0.15	0.30	0.30	0.6	0.30	1.0	0.6	2.0	0.6
120	180	0.12	0.15	0.20	0.15	0.4	0.30	0.75	0.30	1.2	0.6	2.5	0.6

（续）

标称尺寸/mm		等的要求											
		1		2		3		4		5		6	
		中心长度测量的极限误差近似公式（±μm）											
		$(0.05+0.5\times10^{-3}l)$		$(0.07+1\times10^{-3}l)$		$(0.10+2\times10^{-3}l)$		$(0.20+3.5\times10^{-3}l)$		$(0.5+5\times10^{-3}l)$		$(1.0+10\times10^{-3}l)$	
		中心长度测量的极限误差±	平面平行性允许偏差	中心长度测量的极限误差±	平面平行性允许偏差	中心长度测量的极限误差±	平面平行性允许偏差	中心长度测量的极限误差±	平面平行性允许偏差	中心长度测量的极限误差±	平面平行性允许偏差	中心长度测量的极限误差±	平面平行性允许偏差
大于	到	误差与偏差/μm											
180	250	0.15	0.15	0.30	0.20	0.5	0.4	1.0	0.4	1.6	0.8	3.5	0.8
250	300	0.20	0.15	0.35	0.20	0.7	0.4	1.2	0.4	2.0	0.8	4	0.8
300	400	0.25	0.15	0.45	0.25	0.8	0.5	1.5	0.5	2.4	1.0	4.5	1.0
400	500	0.30	0.15	0.5	0.25	1.0	0.5	1.8	0.5	2.8	1.0	5	1.0
500	600	0.35	0.15	0.6	0.30	1.2	0.6	2.2	0.6	3.5	1.2	7	1.2
600	700	0.4	0.15	0.7	0.30	1.4	0.6	2.5	0.6	4	1.2	8	1.2
700	800	0.45	0.15	0.8	0.30	1.6	0.6	3.0	0.6	4.5	1.2	9	1.2
800	900	0.5	0.15	0.9	0.30	1.8	0.6	3.5	0.6	5	1.2	10	1.2
900	1000	0.6	0.15	1.0	0.30	2.0	0.6	4.0	0.6	6	1.2	11	1.2

注：表中 l 为量块的标称尺寸，以 mm 为单位。

（3）量块的检定　量块的主要检定项目有：测量面的平面度、研合性、长度变动量和长度。

实验 7-2　常角法检定分度示值误差

1. 引言

角度是许多机械加工零件上一个重要的几何量参数，它的精度的高低直接影响到产品的质量和寿命。如对导轨或燕尾槽的斜角，各种刀具锥柄和机床主轴孔的工具圆锥配合，以及其他有角度或锥体配合要求的零部件，都按精度要求的不同规定有相应的角度或锥度公差。对诸如凸轮、花键、滚刀、拉刀、齿轮、分度板等圆周分度的零件也有分度精度的要求。因此角度测量在几何量测量中占有十分重要的地位。角度测量就是将被角度与标准角度进行比较并确定其量值的过程。

角度（指平面角）作为另一常见几何量，从它的形成来看与长度相比有着不同的特点。空间或平面里的两直线（或轴心线）相交即形成一夹角，两平面相交也可形成二面角的平面角。平面上一线段绕其一端点旋转一周即形成 360°的圆心角，若对其用不同数字等分又可形成各种大小不同的角度。即一个整圆所对应的圆心角为 360°，这就是客观存在的角度自然基准，通过等分圆周可以得到任意大小的角度。角度的计量单位在我国法定计量单位制中规定采用（角）秒（″）、（角）分（′）和度（°）或采用弧度（rad）两种。前者在机械制造和角度计量中普遍被采用，是国家选定的非国际单位制单位，后者是国际单位制的辅助单位，仅在计算中使用。

将被测角度与标准角度进行比较并确定其量值，这就是角度测量。

2. 实验要求

1）了解常角法检定分度示值误差的测量原理和测量方法。

2）依次测量四个测回的各个位置，计算分度头度盘的示值误差和四面棱体各角度误差。角度测量就是将被测角度与标准角度进行比较并确定其量值的过程。

3）掌握分度头度盘示值误差和四面棱体各角度误差的计算方法。

4）了解光学分度头的使用方法。

3. 实验器材

光学分度头、自准直平行光管或平直度检查仪、正四面棱体等。

4. 实验提示

（1）常角测量法及其误差分析　用常角法测量圆分度器件分度误差的基本原理是：将器件上的各分度角所对应的间距依次地与一个或几个相应的标准固定角进行比较测量，利用圆周封闭的特点，通过运算求得圆分度器件上的各间距误差与其他分度误差指标。这些固定的标准角度叫做标准常角，简称常角，它们等于圆分度器件上的最小分度角或是它的若干倍。在用一个常角与圆分度器件上各分度间距进行整周比较测量的过程中，并不要求它与某一分度间距的公称值准确相等，但却要求它在整个测量过程中保持固定不变，是一个稳定的常角。由于各种圆分度器件的多样性，组成常角的具体物质形式也是多样的。主要是用各种圆分度器件本身的一些分度间距作为常角。如度盘上任两条刻线之间的夹角、多面棱体两个工作面法线之间的夹角、齿轮分度圆上任意两个同名齿廓之间的间距都可以被选用做常角（或常间距）。采用瞄准定位装置也可以组成一个所需要的常角，如采用两个光学细分显微镜的零刻度或两个自准直光管的光轴都可以组成一个常角。此外还可以方便地选择一些专用的或组合的角度量块做为常角，甚至用一块定值角度块与一块平晶研合在一起也可以组成一个常角。由于用常角法测量圆分度器件分度误差时，可以根据具体条件较为方便地组成所需的常角，而不需要采用更高精度的标准圆分度器件，因此这种方法被广泛地应用在圆分度误差的测量中。

对于不同形式和不同精度要求的圆分度器件，用常角法测量它们的分度误差时，可用一个常角进行测量，也可以用二、三个或多个常角进行联系或组合测量。按照采用常角多少的不同，各常角测量结果之间联系或组合方式的不同，以及数据处理方式的不同，常角法又可进一步分为单常角法、单系列联系法、单系列多次联系法、对称联系法、内插联系法、无联系闭合系列法（威特法）、无联系不闭合系列法（海威林克法）、常角组合法、全组合常角法和全组合互比法等。详细说明可参看有关资料。

以四面体为常角检定分度头示值误差，是利用四面体的封闭原理和分度头度盘的封闭特性。以四面体的一个角度作为常角，其他的角都和这个常角比较，然后通过数据处理计算出四面体的各角度误差。常角法测出的数据稳定准确。四面体若经过检定，也可以用它检定分度头示值误差。

（2）基本操作提示

1）操作程序（见图 7-7）

①　取下顶尖把分度头置于垂直位置。

②　插上一个带莫氏锥度 4[#]的平面工作台，将四面体放在工作台上，当刻度盘转动时，四面体可与工作台同时回转。

③ 将四面体的工作面与自准直平行光管（或平直度检查仪）调整到同等高度上。自准直平行光管和平直仪的工作原理都是自准直原理，自准直仪光源发出的光线经物镜后，由四面体工作面反射回来，在视场中能看到返回光的十字线的影像。

④ 依次把分度头放置在0°、90°、180°、270°的位置上，以四面棱体第一个工作面与平直仪对准，顺序读数为a_1、a_2、a_3、a_4，这是第一次测回。

⑤ 然后把分度头放置到90°位置，再用手把四面体第二面调整到四面棱体起始位置，依次转动分度头到90°、180°、270°、360°的位置上，顺序读数为b_1、b_2、b_3、b_4，这是第二次测回。

⑥ 第三次将分度头放置到180°的位置，用手把四面体第三面调整到四面棱体的起始位置，依次转动分度头到180°、270°、360°、90°的位置上，顺序读数为c_1、c_2、c_3、c_4，这是第三次测回。

⑦ 第四次将分度头放置到270°的位置，用手把四面体第四面调整到四面棱体的起始位置，依次转动分度头到270°、360°、90°、180°的位置上，顺序读数为d_1、d_2、d_3、d_4，这是第四次测回。

⑧ 共做4个测回，将测得数值填入表7-4进行计算。

2）计算分度头度盘的示值误差和四面棱体各角度误差。

表7-4 实验记录

棱体 / 读数 / 度盘	0°	90°	180°	270°	横向和 q_i	$\Delta\varphi_i=-\frac{1}{4}(q_i-q_1)$
0°						
90°						
180°						
270°						
竖向和 P_i						
$\Delta\alpha_i=-\frac{1}{4}(P_i-P_1)$						

注：1. $\Delta\alpha_i$ 为分度头度盘示值误差。

2. $\Delta\varphi_i$ 为四面棱体的各角度误差。

5. 注意事项

实验前、后用汽油清洗仪器工作台及四面棱体。

6. 参考资料

参见本章实验一。

7. 实验思考题

1）10″的光学分度头采用的是什么读数原理？

2）没有经过检定的四面棱体，能否用来检定分度头的示值误差？为什么？

8. 附录

光学分度头是对圆周工件进行精密测量和分度的仪器，主要适用于角度精密计量工作。光学分度头与凸轮测量头配合使用可以测量径向凸轮的几何形状。光学分度头与导程测量仪配合使用可以测量丝杠、螺旋轮、滚刀等螺旋线的导程，还可以测量拉刀、铣刀、凸轮、齿轮等，也可在加工中对零件进行精密分度。光学分度头主体的主要作用是产生标准角度，同时带动被测工件转动。基座用来安放主体、尾座、附件、测微表架，自准直仪等，尾座顶尖与主体顶尖配合，可夹持阿贝测量头等。按仪器精度可分为低精度（分度值10″以上），中精度（分度值在5″左右），高精度（分度值在2″以下）三类。

图7-6为光学分度头的外观图。转动手轮可使分度头主轴回转，分度头主体可以在基体两夹板之间回转90°。

图7-6　光学分度头外观图

光学分度头读数采用的是光学游标原理。由光源发出的光线经透镜后投向反射镜，被反射回来后照亮度盘（其上刻有360条刻线，刻度值为1°）并成像在10″的游标分划板上，最后度盘刻线的像及游标的刻线经物镜成像在同一焦平面上，分划板上刻有相当2′的刻度线及指标双刻线，当度盘上的度的单刻线与指标双刻线对准时，可由度盘刻线读出度角度值。同时小游标上的三角指标线所指为分的游标值。而两游标重合的刻线在小游标上指示出秒的角度值。

若用分度头（或分度台）测量角度块时，还应添些必要的设备，如自准直仪等，组成类似于测角仪的测量装置，如图7-7所示。首先将分度头16固定在底座19上。转动手轮3带动主体13转动，使主轴12垂直于底座，角度值由读数装置6读出。将带有圆锥轴的平面工作台11装入分度头主轴12的锥孔中。分度值不大于1″的自准直仪17安置在分度头旁侧的支架18上。自准直仪的光轴在高度上应位于被测四面体10的工作面的中间部位，并且垂直于分度头的

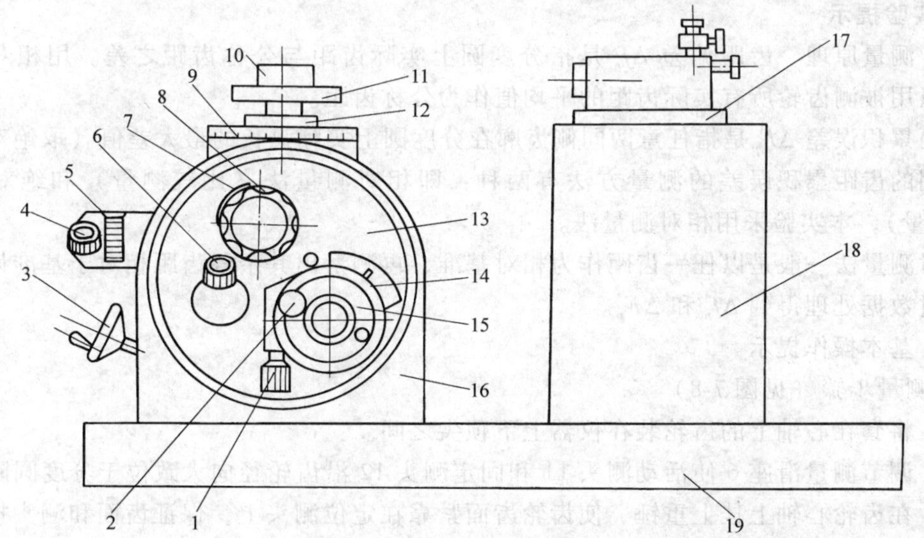

图7-7　用分度头测量四面体

1、3、15—手轮　2—微动螺钉　4、6—读数装置　5—滚花环　7—指示器　8—锁紧手轮　9—金属度盘　10—被测四面体　11—平面工作台　12—主轴　13—主体　14—离合器　16—分度头　17—自准直仪　18—支架　19—底座

主轴。这样类似于测角仪的测角方法可测量角度块的角度值。在调整分度头时，脱开离合器14，主轴12可自由回转，以满足调整之需要；将14合上时，可用手轮15使主轴快速转动，其转角可从外部的金属度盘9上粗略地读出，精确的读数可通过滚花环5由读数装置4读出。将微动螺钉2拧入，可通过手轮1使主轴微转。8为主轴锁紧手轮，锁紧分两档，一档用于测试，另一档用于机械加工，它们由分档指示器7来指示。

实验7-3　齿轮齿距累积误差测量

1. 引言

齿轮传动是机械传动的一种重要形式，齿轮则是其中的重要机械零件。影响齿轮传动质量的因素除安装齿轮的轴、轴承和箱体之外，最主要的就是齿轮副中两个齿轮本身的几何精度。随着科学技术的发展和工业水平的提高，对齿轮传动性能的要求也越来越高。因此在不断提高齿轮加工工艺水平的同时，还必须不断地完善各种齿轮的测量方法与装备，把齿轮测量技术提高到一个新的水平。齿轮传动的形式是多种多样的，齿轮本身按照不同的特点也可以分成许多种。如按齿轮的形状不同，可分为圆柱齿轮、圆锥齿轮、齿条、蜗轮、蜗杆和非圆齿轮等。按轮齿形成原理的不同，又可分为渐开线齿轮、摆线齿轮、圆弧齿轮和准双曲面齿轮等。

2. 实验要求

1）了解控制齿轮齿距偏差及齿距累积误差的意义。

2）练习齿距偏差 Δf_{pt} 及齿距累积误差 ΔF_p 的测量方法。

3）练习齿轮公差表格的查阅。

3. 实验器材

万能测齿仪、被测圆柱齿轮等。

4. 实验提示

（1）测量原理　齿距偏差 Δf_{pt} 是指分度圆上实际齿距与公称齿距之差。用相对法测量时，可以用被测齿轮所有实际齿距的平均值作为公称齿距。

齿距累积误差 ΔF_p 是指任意两同侧齿廓在分度圆上实际弧长的最大差值（取绝对值）。

常用的齿距累积误差的测量方法有两种：即相对测量法（比较测量）和绝对测量法（角度测量），本实验采用相对测量法。

相对测量法一般是以任一齿距作为相对基准，再测量出其余各齿距相对于基准齿距的偏差，通过数据处理得到 Δf_{pt} 和 ΔF_p。

（2）基本操作提示

1）测量步骤（见图7-8）

① 将套在心轴上的齿轮装在仪器上下顶尖之间。

② 调节测量滑座6使活动测头11和固定测头12沿齿轮径向大致位于分度圆附近。

③ 在齿轮心轴上挂上重锤，使齿轮齿面紧靠在定位测头上，保证齿面和测头接触稳定可靠。

④ 以任一齿距作为相对基准，将测微仪调零。

⑤ 将测量滑座沿径向退出，使齿轮转过一齿后再进入下一齿间，依次逐齿测量一周，从测微表中逐个读出被测齿距的偏差值。

⑥ 直到测完一周后，回复到初始基准齿，此时测微仪的指针仍回到零位。

⑦ 将测得数值进行计算，得到 Δf_{pt} 和 ΔF_p。

2）计算齿距偏差 Δf_{pt} 和齿距累积误差 ΔF_p。

计算举例，某被测齿轮齿数为 12，模数为 3mm，精度为 7 级。测量数据如表 7-5 所示。

表 7-5 实验记录

一	二	三	四	五
步骤 / 齿序	测得齿距相对偏差 $\Delta f_{pfi相对}$	齿距相对偏差累积值	齿距偏差 $\Delta f_{pti相对}-\Delta k$	齿距累积误差 ΔF_p
1	0	0	+4	+4
2	+5	+5	+9	+13
3	+5	+10	+9	+22
4	+10	+20	+14	[+36]
5	−20	0	−16	+20
6	−10	−10	−6	+14
7	−20	−30	−16	−2
8	−18	−48	−14	−16
9	−10	−58	−6	−22
10	−10	−68	−6	[−28]
11	+15	−53	[+19]	−9
12	+5	−48	+9	0

齿距读数修正值 $\Delta k = \dfrac{\sum f_{pti}}{z} = \dfrac{-48}{12}\mu\text{m} = -4\mu\text{m}$

计算方法：

① 计算齿距读数修正值

$$
\begin{aligned}
\Delta f_{pt1} &= \Delta f_{pt1相对} - \Delta k \\
\Delta f_{pt2} &= \Delta f_{pt2相对} - \Delta k \\
&\vdots \\
\Delta f_{ptn} &= \Delta f_{ptn相对} - \Delta k
\end{aligned}
\tag{7-3}
$$

齿距偏差累积到最后一齿时应为零，即 $\sum \Delta f_{ptn}=0$。若不为零，说明作为基准的齿距与公称值相差 Δk，故每测量一齿将导入 Δk 修正值，因此累积到第 z 齿时，就得到 $\sum_1^n \Delta f_{pti} = z\Delta k$，则 $\Delta k = \dfrac{\sum_1^n \Delta f_{pti}}{z}$。

② 计算齿距偏差，用第二列测得值逐齿减去基准齿距的误差 Δk，取绝对值最大的一数即为被测齿轮的齿距偏差（$\Delta f_{pt}=19\mu\text{m}$）。

③ 再求齿距累积误差，最大正负偏差的绝对值之和即为齿距累积误差（$\Delta F_p = 64\mu\text{m}$）。

3）根据被测齿轮的精度要求，对照齿轮公差表（机械设计手册或参考资料所列教材中均有此表）中的 f_{pt} 和 F_p 参数判断合格与否？

5. 注意事项

1）由于重锤的作用，当每次测量滑座拉出时，要用手将齿轮扶住，以免撞坏测量头。

2）测完一周回复到初始基准齿时，测微仪的指针必须回到零位，否则结果无效。

6. 参考资料

参见本章实验一。

7. 思考题

1）测量 ΔF_p 和 Δf_{pt} 有何意义？它们对齿轮传动有什么影响？

2）用万能测齿仪测量齿轮，可以在齿轮心轴上挂重锤，也可以在测量滑座的侧面挂重锤，哪一种方法好？为什么？

8. 附录

万能测齿仪简介。

万能测齿仪是一种以齿轮轴心线为测量基准，测量圆柱齿轮、圆锥齿轮、蜗轮等多种齿轮参数的综合齿轮测量仪器。万能测齿仪是纯机械式仪器，主要测量模数大于 0.8，低于 6 级齿轮。万能测齿仪机械结构比较复杂，使用时需多次调整。万能测齿仪通常可以测量齿距（周节）偏差、基节偏差、齿距（周节）累计误差、公法线偏差和变动量、齿圈径向跳动和齿厚等齿轮参数。

用万能测齿仪测量齿距是应用比较广泛的一种，它采用相对法测量齿距。仪器除了测量圆柱齿轮的齿距外，还可测量基节、公法线、齿厚和齿圈径向跳动等参数。此外还可以测量圆锥齿轮和蜗轮。其测量基准是齿轮的配合孔。图 7-8a 为万能测齿仪外观图，图 7-8b 为万能测齿仪相对测量的示意图。

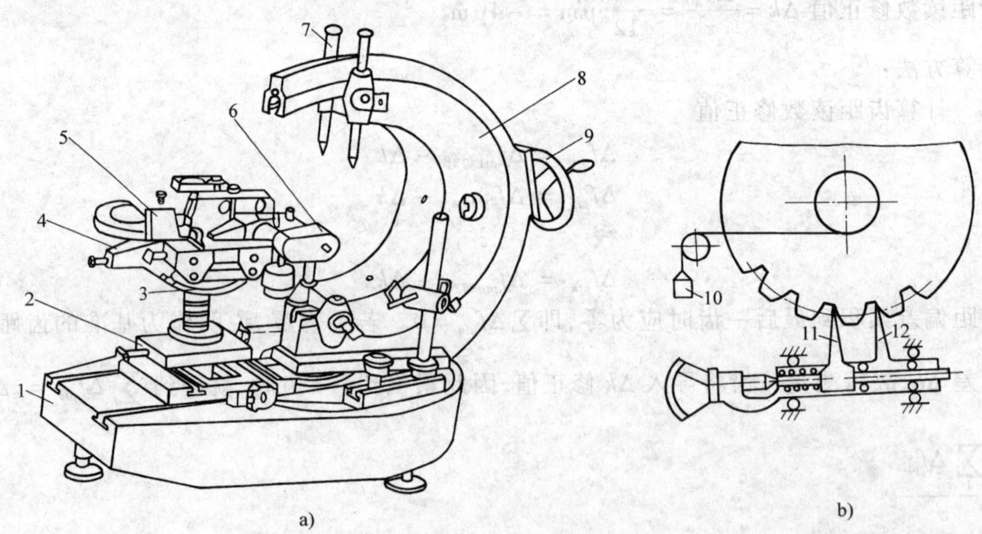

图 7-8　万能测齿仪外观及测量示意图

1—底座　2—支架　3—工作台　4—滑板　5—专用附件　6—滑座
7—上下顶尖　8—弧形支架　9—手轮　10—垂锤　11、12—测头

弧形支架 8 可绕垂直轴心线在底座 1 上转动，而安装被测齿轮心轴的顶尖 7 装在弧形架上，支架 2 可以在水平面内作互相垂直方向运动，在它上面有工作台 3，工作台 3 上的滑板

4 能作径向移动并且能均匀地移向定位面（靠压力弹簧作用），这样就保证逐齿测量。5 为测量齿圈径向跳动时的专用附件，6 为用于安装不同形状测头的测量滑座。

实验 7-4 三坐标测量机测量孔中心距和轴的直线度

1. 引言

三坐标测量机是现代大型精密测量仪器，在包括点、线、面、圆、弧、椭圆、圆柱、圆锥、球、键槽、曲线、曲面等空间三维尺寸的测量方面已越来越显示出它的优越性和广阔的发展前景。

2. 实验要求

1）了解三坐标测量机的测量原理，熟悉其使用方法。

2）设计零件的孔径及中心距、轴的直线度的测量方案，建立被测工件坐标系。

3）探讨三坐标测量机测量孔径及中心距时，如何提高测量精度。

4）编写直线度测量的误差计算程序。

3. 实验器材

三坐标测量机、被测量工件、标准球等。

4. 实验提示

1）基本元素的测量，包括点、线、面、圆、弧、椭圆、圆柱、圆锥、球、键槽、曲线、曲面等。

2）用 3-2-1 坐标系建立零件坐标系。3-2-1 的含义是：3 是测量第一平面上的三点，软件自动将此平面的法矢作为零件坐标系的第一轴的方向；2 是测量第二平面上的两点直线，再将其投影到第一平面作为第二轴的方向；1 是再测量或通过构造产生一点作为零件坐标系的原点。此功能可建立一个完整的零件坐标系。

3）测量。一个工件的测量可以分解为基本几何要素的测量和由这些测量得到的基本几何要素之间的相互关系的运算。相互关系大致分为距离、角度、相交和对称。

“距离”和“角度”的运算结果是标量，可直接用作测量结果。而“相交”和“对称”的运算结果是一新的要素，具有相应几何要素的一切特征，它也能参与新的运算，或用来建坐标系等。

两要素之间的距离可以归纳为 6 种，即点点距离、点线距离、点面距离、线线距离、线面距离和面面距离。

这里所说的点、线、面是指广义上的点、线、面。点包括圆心、球心、对称点和交点。线包括圆柱轴线、圆锥轴线、对称线和交线。面包括圆或椭圆所在的平面、交面和对称面等。

两要素之间的角度，可以归纳为 3 种，即线—线角度、线—面角度和面—面角度。这里的线、面均指广义的线、面。线包括圆柱轴线、圆锥轴线、两要素的交线和对称线以及两点连线等。

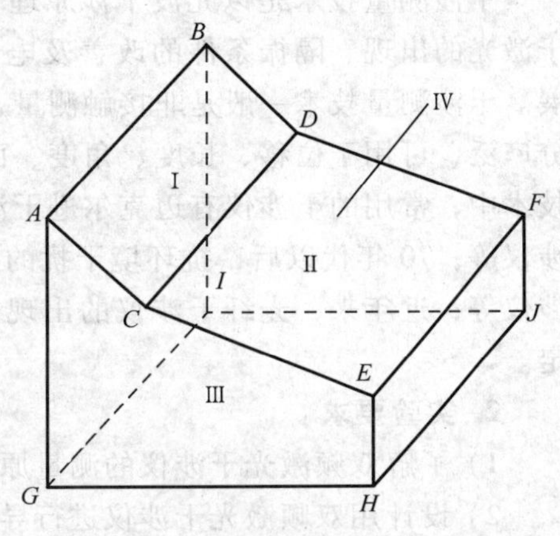

图 7-9 测量原理图

如图 7-9 所示，测量 *CD* 两点之间的距离。这个例子表面上看起来十分简单，只要分别测出这两点的坐标，即可计算出它们之间的距离。但实际上比此要复杂些，因为几何上点是难以用实物形式直接体现的，它们往往以两根直线的交点、球或圆的中心等形式体现。图 7-9中 *C* 点是直线 *CD* 与面Ⅲ的交点，*D* 点是 *CD* 与面Ⅳ的交点。同样直线 *AC*，*BD*，*EF* 需通过两个平面的交线来定义。

实际测量步骤是：在平面Ⅰ与Ⅱ上分别测 3 个或 3 个以上的点，用三点确定一平面的方法或最小二乘法算出这两个平面的方程，求出它们的交线 *CD* 的方程。然后再在平面Ⅲ和Ⅳ上各测 3 个或 3 个以上的点，分别求出这两个平面的方程。再根据直线 *CD* 与平面Ⅲ、Ⅳ的交点算出 *C* 点与 *D* 点的坐标。再根据这两点的坐标算出它们之间的距离。

5. 注意事项

1）实验前，用无水酒精擦洗净坐标机导轨。

2）首先接通气源，待压力满足要求时，方可开机。

3）实验时，测头与工件接触时一定要轻。

4）用标准球标定测头（要求精度不高时，可以不做）。

5）实验后，整理好仪器和零件，放回原位。

6. 参考资料

［1］张国雄．三坐标测量机［M］．天津：天津大学出版社，1999.

［2］罗南星．几何量测量技术简明教程［M］．北京：机械工业出版社，1993.

［3］施文康，余晓芬．检测技术［M］．北京：机械工业出版社，2002.

［4］花国梁．精密测量技术［M］．北京：清华大学出版社，1986.

7. 思考题

1）三坐标测量机测量时为什么要建立零件坐标系？

2）三坐标测量机测量孔径及孔心距与通用仪器测量有什么区别？

实验 7-5　双频激光干涉仪测量导轨直线度

1. 引言

干涉测量技术是以光波干涉原理为基础进行测量的一门技术。20 世纪 60 年代以来，由于激光的出现、隔振条件的改善及电子与计算机技术的成熟，使干涉测量技术得到长足发展。干涉测量技术一般是非接触测量，具有很高的测量灵敏度和精度。干涉测量应用范围十分广泛，可用于位移、长度、角度、面形、介质折射率的变化及振动等方面的测量。在测量技术中，常用的干涉仪有迈克尔逊干涉仪、马赫—泽德干涉仪、菲索干涉仪、泰曼—格林干涉仪等；70 年代以后，抗环境干扰的外差干涉仪（交流干涉仪）发展迅速，如双频激光干涉仪等；近年来，光纤干涉仪的出现使干涉仪结构更加简单、紧凑，干涉仪性能也更加稳定。

2. 实验要求

1）了解双频激光干涉仪的测量原理，熟悉各种测量镜及安装使用方法。

2）设计用双频激光干涉仪进行导轨直线度测量的测量方案。

3）探讨用双频激光干涉仪进行测量直线度时，如何提高测量精度。

4）设计分别用最小条件法和端点连线法编写直线度测量误差的计算程序。

3. 实验器材

双频激光干涉仪及附件、计算机、示波器、被测导轨等。

4. 实验提示

图 7-10 是双频激光干涉仪测量直线度的原理图。双频激光束通过 1/4 波片后，变为两束正交线偏振光f_1 和f_2。经半反半透镜 1 后射至渥拉斯顿偏振分光器 2 上，正交线偏光f_1 和f_2 光被分开成夹角为 θ 的两束线偏振光，分别射向双面反射镜 3 的两翼并由原路返回，返回光在渥拉斯顿偏振分光器 2 上重新回合，经半反射镜 1、全反射镜 4 反射到检偏器 5，两束光经过检偏器后形成拍频并被光电接收器 6 接收。若双面反射镜 3 沿 x 轴平移到 A 点，由于 f_1 和 f_2 光所走的光程相等，所以，$\Delta f_1 = \Delta f_2$，拍频互相抵消，计算机上的频移值为零。若在移动中由于导轨的直线度偏差而使反射镜沿 y 方向下落至 B 点，如图中虚线所示。于是，f_1 光的光程较原来减少了 $2\Delta L$，而 f_2 光的光程却增加 $2\Delta L$，两者光程的总差值为 $4\Delta L$，这时计算机上的频移值 $\Delta f = \Delta f_1 - \Delta f_2$。据此，可以计算出下落量 AB 值为

$$AB = \frac{\Delta L}{\sin\dfrac{\theta}{2}} = \frac{\lambda\int_0^t \Delta f \mathrm{d}t}{4\sin\dfrac{\theta}{2}}$$

AB 值即为以线量表示的导轨直线度偏差，它可由计算机直接处理并显示。

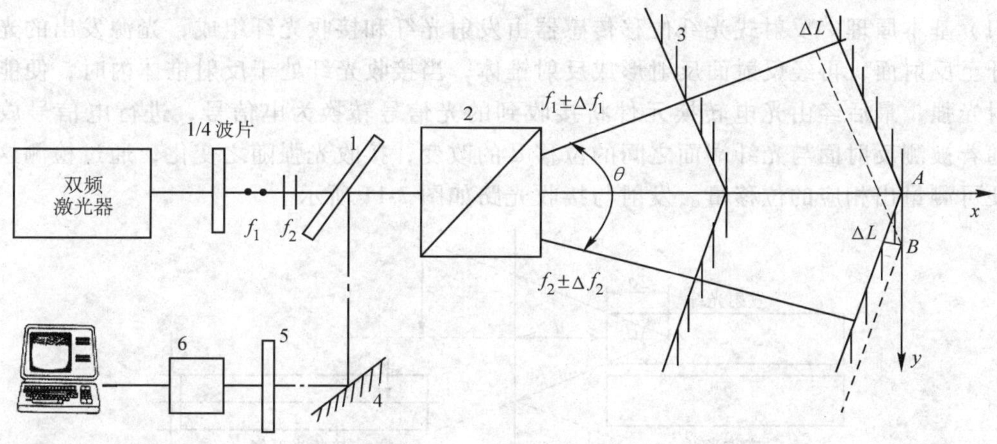

图 7-10　直线度测量原理图

5. 注意事项

1）实验前，用无水酒精擦洗净被测导轨。

2）实验时，一定要轻拿轻放光学组件，不可用手触摸任何镜头部位。

3）实验后，整理好仪器和光学组件，放回原位。

6. 参考资料

［1］杨国光．近代光学测试技术［M］．杭州：浙江大学出版社，1997.

［2］孙长库，叶声华．激光测量技术［M］．天津：天津大学出版社，2001.

7. 思考题

1）为什么激光干涉仪的输出结果可以作为真值使用？

2）简述激光干涉仪进行直线测量工作原理并说明有何特点。

3）最小条件法和端点连线法求出的直线度是否一致？为什么？

实验 7-6　光纤位移的测定

1. 引言

光纤传感器是 20 世纪 70 年代发展起来的新型传感技术，其优点是充分利用光纤径细、质轻、抗电磁干扰能力强，灵敏度好，电绝缘性好，重量轻，体积小，适于遥控。光纤集传感与信号传输于一体，利用光纤很容易构成分布式传感测量。光纤传感器广泛应用于位移、速度、加速度、压力、温度、流量、电流等的测量。因此，了解光纤传感器的分类，不同类型光纤传感器基本工作原理及其应用是十分有意义的。通过本次设计和实验不仅学习反射式光纤位移传感器的基本工作原理，学习光电变换及相关器件的应用。还要掌握高放大倍数的放大电路的设计。

2. 实验要求

1）设计并调试光源电路、光电变换电路和放大电路，并画出电路原理图。

2）测定位移与电压之间关系曲线和关系式。

3）写出电路设计方案、设计与实验中遇到的问题及解决的过程。

3. 实验提示

（1）基本原理　反射式光纤位移传感器由发射光纤和接收光纤组成，光源发出的光经发射光纤至反射面，再经反射面反射形成反射锥体，当接收光纤处于反射锥体内时，便能接收到反射光强，最后经由光电转换元件将接收到的光信号转换为电信号，进行电信号放大处理，随着被测反射面与光纤端面之间的位移 d 的改变，接收光强随之变化，通过检测这个变化，便可测量出相应的位移量。发射与接收光路如图 7-11 所示。

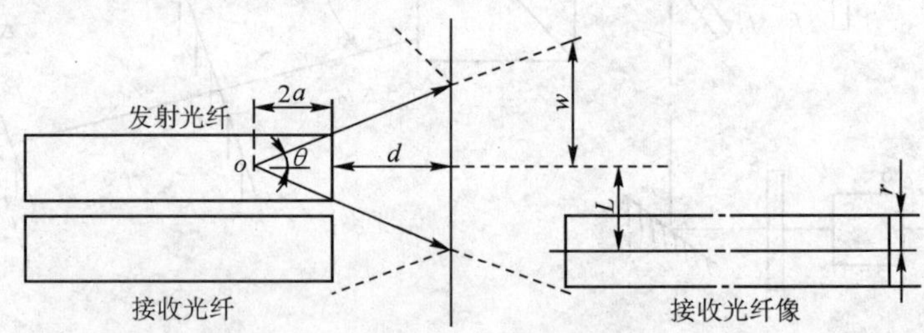

图 7-11　发射与接收光路

光斑内的光强和相交面积大小不仅是位移 d 的函数，而且其大小与发射光纤数值孔径（NA）、接收光纤半径 r、发射光纤与接收光纤的相对位置 L 有关。

（2）理想状态下，输出光功率随光纤相对放置距离变化的规律　在发射、接收光纤数值孔径 NA、芯径 r 不变的条件下，改变两光纤之间的相对距离 L，得到的输出光功率和位移 d 的关系曲线如图 7-12 所示。可以看出，随着两光纤相对距离 L 的增大，输出光功率曲线峰值点右移，峰值功率减小，斜率减小，但上升沿跨距不变。因此，在设计传感头时，通过合理选择发射与接收光纤的相对位置，巧妙地利用不同间距的接收光纤组合可以调整接收光强、测量范围及灵敏度，这是改变传感器性能的一种简单有效的方法。

（3）电路安装调试

1）可以选择 LED 作为光源，选择光电池作为光电变换器件。

2）光电器件与光纤耦合部件及光纤位移测定实验装置由实验室提供，参考图 7-13。

3）电路安装调试好后，变化测微头，从而改变输入、输出光纤相对挡板的位移，记录位移及输出电压的值，整理数据，作出位移-电压曲线，并与图 7-12 进行比较。

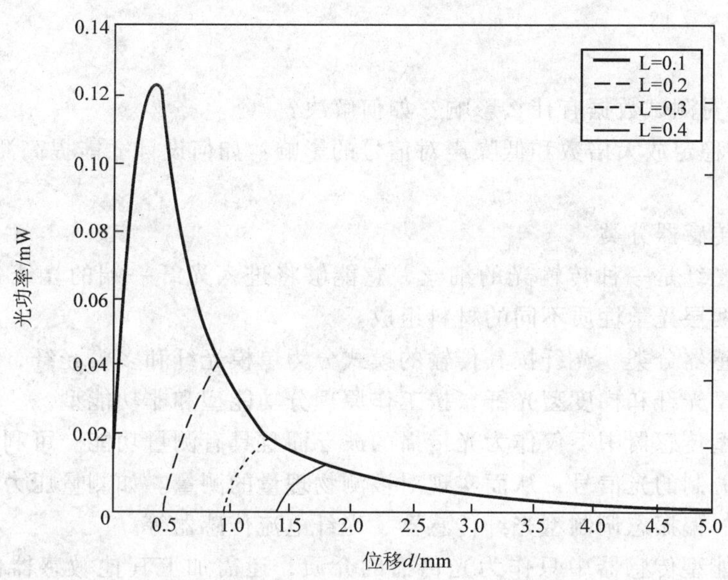

图 7-12　输出光功率随输入、输出光纤相对距离变化规律曲线

4）选定实际测量位移所用的线性段，分析误差，拟合曲线。

（4）光电变换器件——光电池　它是一种自发电式的光电元件，为有源器件。当光电池受到光照时，会产生一定方向的电动势，在测量时无需外接电源。光电池作为光电转换器件，可以将接收到的光信号转换为电信号。

（5）光源　根据系统的用途和所用光纤的类型，对光源一般提出功率和调制的要求。常用光源有激光二极管（LD）和发光二极管（LED）。

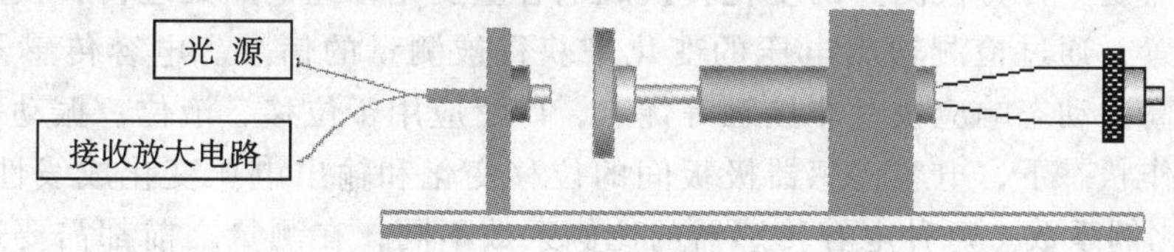

图 7-13　光纤位移测定实验装置

4. 注意事项

由于被测信号较弱，在放大电路设计时要考虑如何去掉干扰。另外要防止或尽量减小外界干扰对测量结果的影响。

5. 参考资料

［1］强锡富. 传感器［M］. 北京：机械工业出版社，2001.

［2］刘笃仁，韩保君. 传感器原理及应用技术［M］. 西安：西安电子科技大学出版社，2003.

[3] 王俊. 新型反射式光纤位移传感系统的研制 [J]. 激光与光电子学进展, 2003, 40 (4).

[4] 丛红, 等. 智能化光纤位移传感测试系统的设计 [J]. 淄博: 山东理工大学学报 (自然科学版), 2003, 17 (1).

[5] 叶虎年, 等. 光纤位移传感器在微位移测量中的应用研究 [J]. 传感技术学报, 2002, 15 (4).

6. 思考题

1) 室内光线对测试数据有什么影响? 如何解决?

2) 放大器的稳定放大倍数和低噪声对信号的影响? 如何设计才能提高测量精度?

7. 附录

光纤与光纤传感器分类。

(1) 光纤　光纤是一种传输光的细丝, 它能够将进入光纤一端的光线传到光纤的另一端。通常光纤由两层光学性质不同的材料组成。

(2) 光纤传感器分类　光纤按其传输的模式分为单模光纤和多模光纤, 按其中的折射率分布可分为阶跃型光纤和梯度型光纤, 按工作原理分功能型和非功能型。

光纤在功能型传感器中不仅作为光传播的波导而且具有测量功能。可利用光纤的传输特性把输入量变为调制的光信号, 从而实现对被测物理量的测量。如测量压力或温度的相位调制型光纤传感器、偏振态调制型光纤传感器、光纤电流传感器等。

光纤在非功能型传感器中只作为光传播的介质, 还需加上其他敏感器件才能组成传感器, 其结构简单, 能够充分利用其他敏感器件和光纤本身的优点, 发展很快。非功能型光纤传感器又分为传输光强调制型和反射光强调制型。常见的有反射式光纤位移传感器、光纤温度传感器、光波长分布 (颜色) 传感器、光频率调制型光纤传感器等。

实验 7-7　电容传感器的标定和相对测量

1. 引言

电容传感器是一种将被测量的变化转换成电容量变化, 经电路处理再转换成电压量输出的一种测量装置, 通过检测输出电压的变化来获得被测量的信息。电容传感器具有结构简单、测量精度高、动态响应快、非接触等优点, 广泛应用于位移、液位、振动等测量之中。

在理想工作状态下, 电容传感器极板间的位移变化和输出电压变化成线性关系, 即 $\Delta h = K\Delta V$, K 是比例系数。每种电容传感器的比例系数不同, 在测量之前都需要进行标定, 比例系数标定准确与否直接影响测量精度。

本实验要完成某一电容传感器的标定, 并用标定好的电容传感器对一批工件的厚度进行相对测量。目的是熟悉电容传感器的工作原理, 掌握电容传感器的标定方法, 熟练进行标定数据的线性化和灵敏度的分析与处理, 掌握相对测量原理和方法。

2. 实验要求

1) 根据电容传感器的输出信号波形变化确定传感器的线性工作范围。

2) 用给定的虚拟仪器软件完成电容传感器的标定, 求出比例系数, 以及最小二乘拟合非线性度和端点连线非线性度。

3）熟练使用虚拟仪器软件 Lab View 进行编程，用给定的标定程序模板编写数据处理程序，并用自己编写的程序进行标定。

4）用给定的软件完成一批工件厚度的相对测量。

5）用给定的相对测量程序模板编写相对测量程序，并用自己编写的程序重新完成工件厚度的相对测量，根据测量数据分析工件误差。

3. 实验器材

精密微动工作台、电容传感器、12 位 USB 接口 A/D、计算机、示波器、千分尺、11 个厚度标称尺寸为 10mm 的工件等。

4. 实验操作提示

（1）组装电容传感器标定系统　将电容传感器测头固定在精密微动工作台上，其输出电缆线连接到处理电路上，处理电路的输出连接到 A/D，A/D 输出经 USB 接口送入计算机。用示波器观察处理电路的输出信号。组装后的系统如图 7-14 所示。

图 7-14　电容传感器标定系统

（2）确定传感器的线性工作范围　调整微动工作台，改变传感器测头和工作台表面的间距，观察示波器的波形，如果输出信号的波形呈波浪状，如图 7-15 所示，传感器在线性工作范围内。如果输出信号波形呈直线，说明传感器不在线性工作范围内。

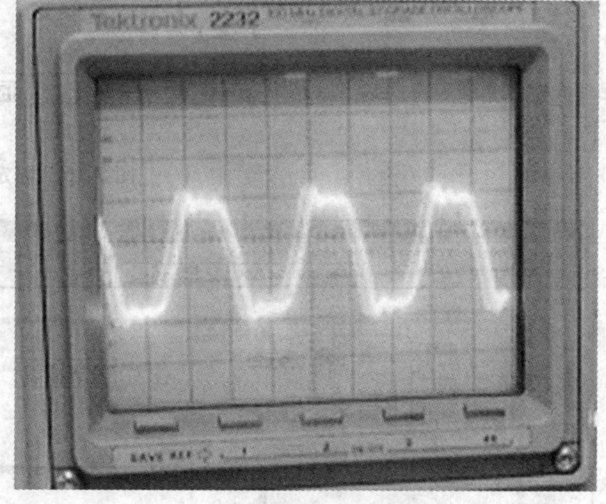

图 7-15　传感器在线性工作范围内的输出信号波形

（3）使用给定软件进行标定　图 7-16 是给定的电容传感器标定软件。调整电容传感器的位置，观察仪器线性最好的工作区间，最后把传感器调到最佳线性工作区的一个端点上，把此位置设定为某一位移的输入值（例如 0μm 或 -50μm），并记录此时计算机采集到的电压值。转动工作台上的测微螺丝，使传感器的测头和工作台的工作面之间的间距变化某一固定的量值（例如 10μm），再记录此时的电压值，得到了一对数据。如此下去，直到把整个测量范围内的标定点的数据全部得到。采用最小二乘和端点连线法分别求出传感器的比例系数和非线性度，并比较两种方法的结果。

（4）自行编写标定软件　在 Lab View 开发环境下，只给出电压采集模块，在“标定模块”处加入自己的最小二乘和端点连线非线性度和比例系数的求取算法，并用自己编写的程序完成标定，如图 7-17 所示。

（5）用给定的测量软件完成一批工件厚度的相对测量　从 11 个工件中任选一个作为标准工件，用千分尺准确测量出该标准工件的厚度。将其放入工作台上，调整电容传感器测头

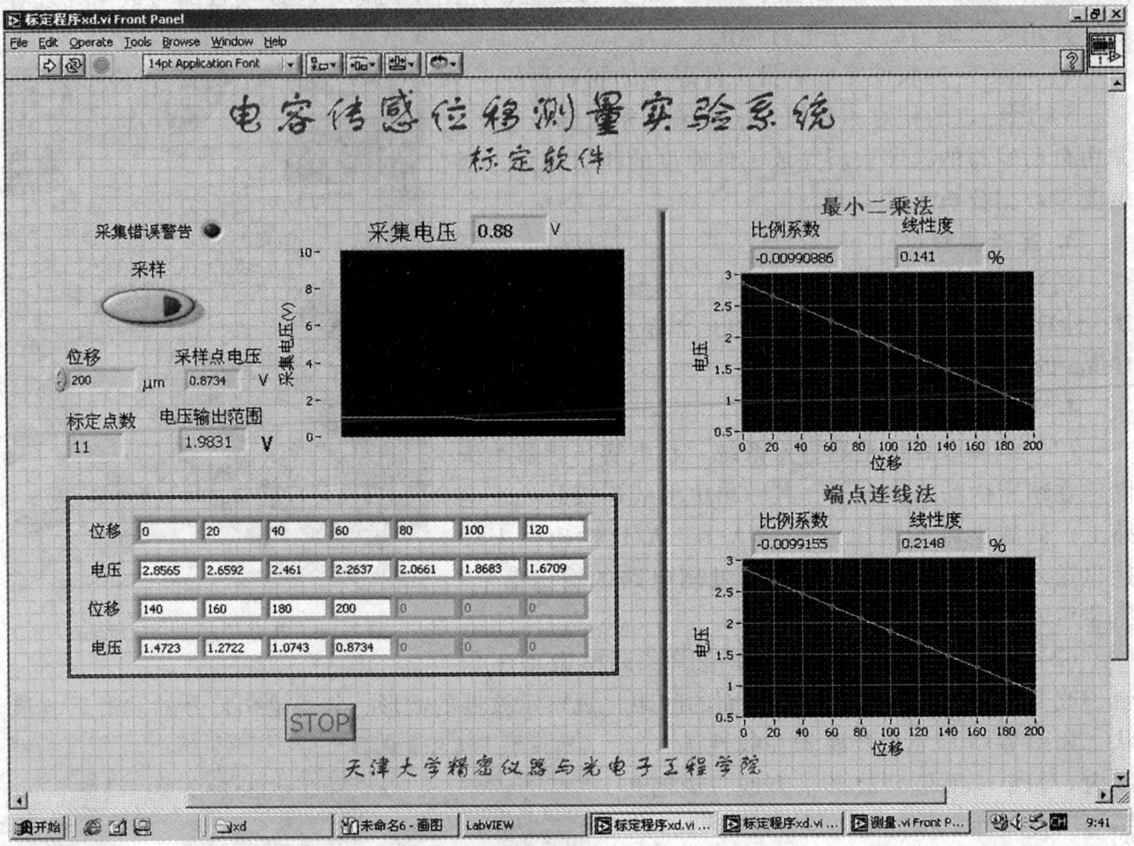

标定程序xd.vi Front Panel
File Edit Operate Tools Browse Window Help
14pt Application Font
电容传感位移测量实验系统
标定软件
采集错误警告
采样
采集电压 0.88 V
采集电压(V)
位移
200 μm
采样点电压
0.8734 V
标定点数
11
电压输出范围
1.9831 V
最小二乘法
比例系数
-0.00990886
线性度
0.141 %
端点连线法
比例系数
-0.0099155
线性度
0.2148 %
电压
位移
位移 0 20 40 60 80 100 120
电压 2.8565 2.6592 2.461 2.2637 2.0661 1.8683 1.6709
位移 140 160 180 200 0 0 0
电压 1.4723 1.2722 1.0743 0.8734 0 0 0
STOP
天津大学精密仪器与光电子工程学院
开始
LabVIEW
9:41

图 7-16　标定软件

标定程序-mokuai.vi Block Diagram
File Edit Operate Tools Browse Window Help
13pt Application Font
采集模块
采集电压
采集错误警告
位移
True
采样点电压
采样
标定点数
电压
位移
标定模块
停止采集(标定显示)
100

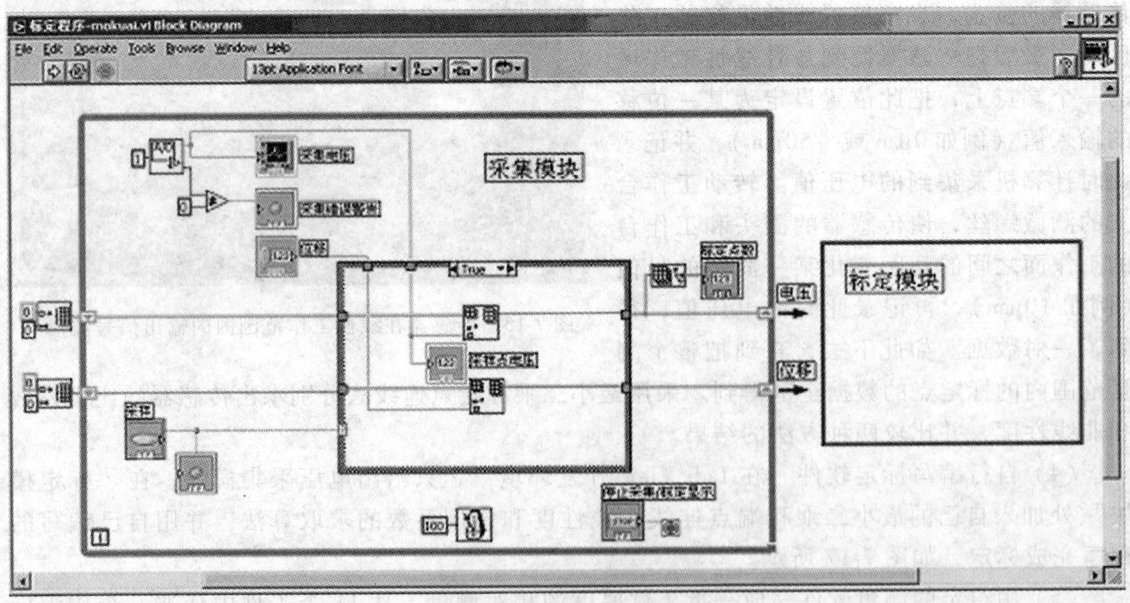

图 7-17　标定模块

和工件的距离，用示波器观察输出信号波形，使其工作在线性测量范围内。使用给定的测量软件，采集当前电压值，如图 7-18 所示。取下标准工件，按测量程序依次完成这一批工件的相对测量。

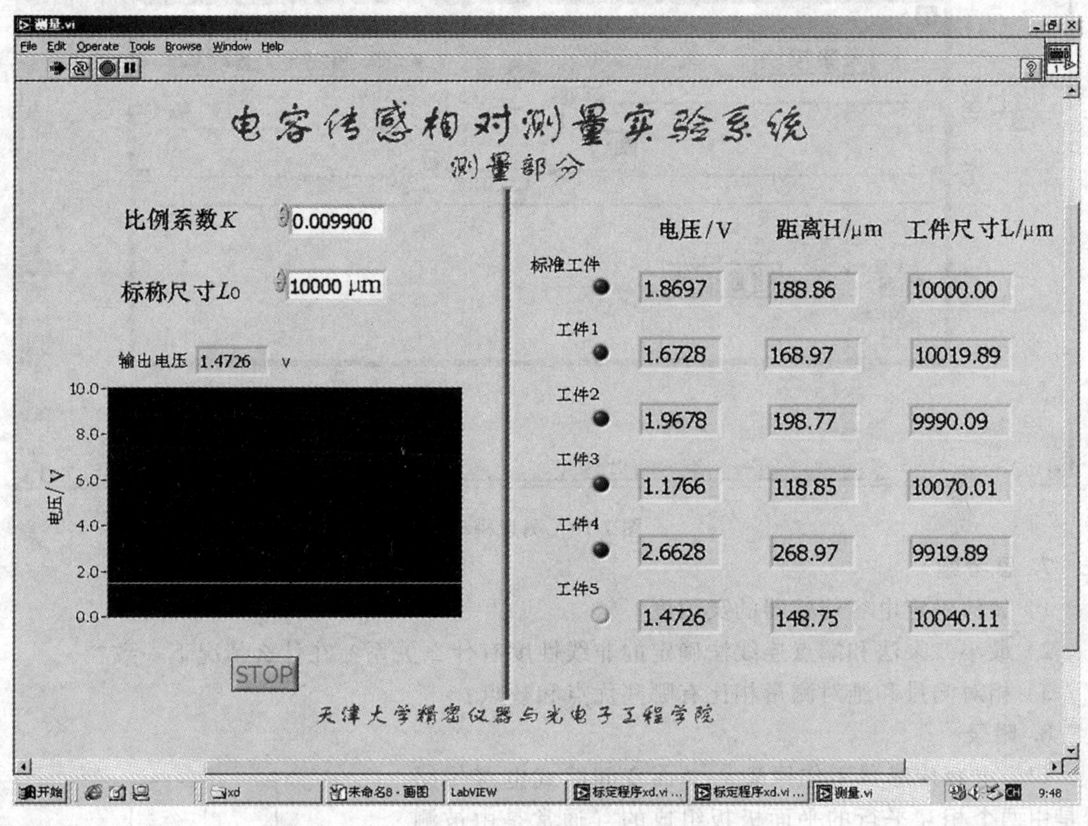

图 7-18　电容传感相对测量软件

(6) 自行编写相对测量软件　在 Lab View 开发环境下，只给出电压采集模块，在“测量模块”处加入自己的相对测量程序，并用自己编写的程序完成工件厚度的相对测量，如图 7-19 所示。根据测量结果分析这批工件的误差。

5. 注意事项

A/D 和计算机的 USB 接口禁止热插拔，以免损坏 A/D。

6. 参考资料

[1] 张宇华，王晓琳. 电容测微仪动态特性的改进及标定方法 [J]. 北京理工大学学报，1999，19 (1).

[2] 秦明暖，李均. 数字式电容测微仪及其精度的提高 [J]. 光学精密工程，1993，1 (6).

[3] 张建仁，朱鸿锡. 电容测微仪新的应用和工作特性的标定方法 [J]. 计量技术，1999 (1).

[4] 宋丽梅，等. 电容传感器与 Lab View 在内镶式滴灌管在线监控系统中的应用[J]. 仪表技术与传感器，2003 (9).

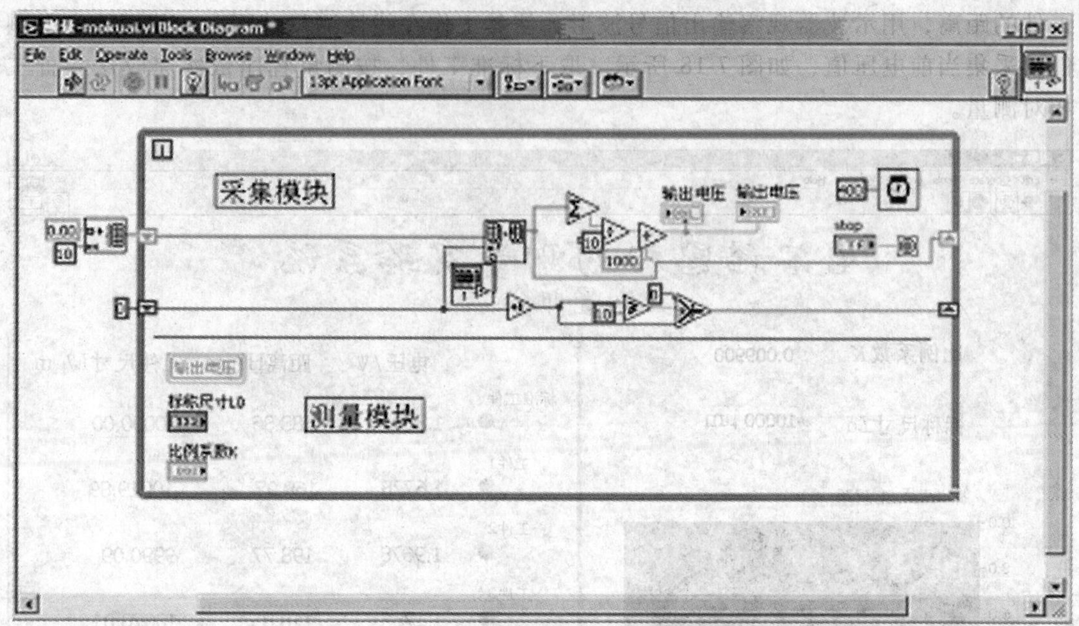

图 7-19　测量模块

7. 思考题

1）如何确定电容传感器的灵敏度？

2）最小二乘法和端点连线法确定的非线性度有什么关系？在什么情况下一致？

3）相对测量和绝对测量相比有哪些优点和缺点？

8. 附录

（1）电容传感器工作原理　平面变间隙式电容传感器是由两个相互平行的平面极板组成的（通常是由被测件作为固定极板，测头作为可动极板），它们构成了一个平行板电容器，如图 7-20 所示。其电容量为

$$C_T = \frac{\varepsilon_0 S}{h} \tag{7-4}$$

式中，ε_0 为两极板间介质的介电常数，单位为 F/m；S 为极板面积，单位为 m^2；h 为两极板间的距离，单位为 m；C_T 为传感器电容，单位为 F。

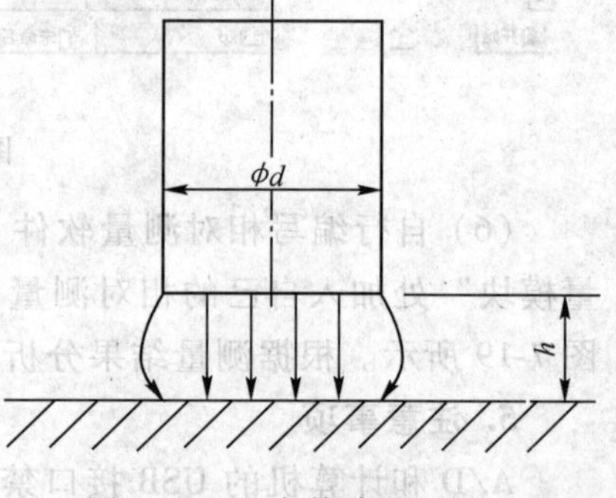

图 7-20　电容传感器原理

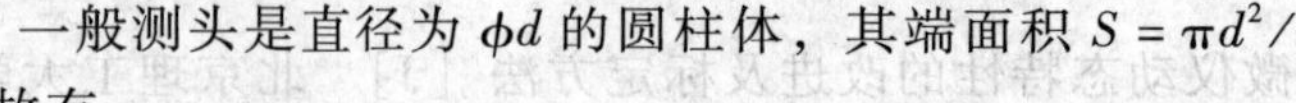

一般测头是直径为 ϕd 的圆柱体，其端面积 $S = \pi d^2/4$，故有

$$C_T = \frac{\varepsilon_0 \pi d^2}{4h} \tag{7-5}$$

由此可见，当两极板间的距离 h 发生变化时，传感器的电容量也就随之变化，把此变化量通过适当的电子测量线路加以转换放大处理，以电压的形式输出。在测量范围内，处理后的输出电压值变化量 ΔV 和位移 Δh 成线性关系，即

$$\Delta h = K\Delta V \tag{7-6}$$

K 是比例系数，可由传感器标定得到。所以，通过测量输出电压即可得到 h 的变化量。

(2) 电容传感器的结构　电容传感器的结构如图 7-21 所示。圆柱型传感器是由三个同轴层组成的：中心部分为金属测头，作为平行板电容器的一个极板，其横截面积就是电容器的有效作用面积；最外层是保护环，它的设置是为了改善传感电容器在有效作用面积内电场的边缘效应，使有效作用面积区内的电力线基本不发生弯曲，从而使传感器的电容量与极板间距之间保持规则的关系；保护环应该与测头等电位，并且应与测头绝缘，才能起到上面的作用，因此在测头与保护环之间加上一绝缘层，并且用电气方法使测头与保护环等电位，同时必须保证它们之间绝缘。

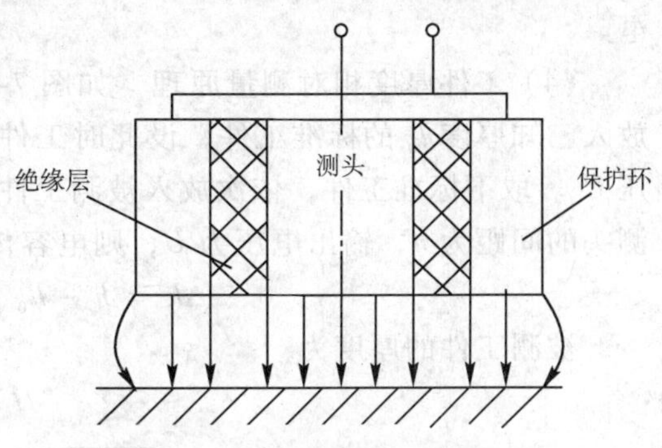

图 7-21　电容传感器的结构示意图

(3) 电容传感器的组成电路　图 7-22 是电容传感器的电路组合图。仪器的电路中包括：精密稳幅振荡器，高增益主放大器，非接触式电容传感器，精密整流器，带阻滤波器和低通滤波器，调零电路，稳压电源。它们的作用与特点是：精密稳幅振荡器用来产生运算时所需要的稳幅交流信号，也就是调幅过程中的载波信号。电路中采用 *RC* 串并联网络来决定输出信号的频率，用两个稳压管来稳定信号的幅值。其频率为 21kHz，电压幅值为 3～5V，幅值的稳定度在 1/3000～1/10000 之间。

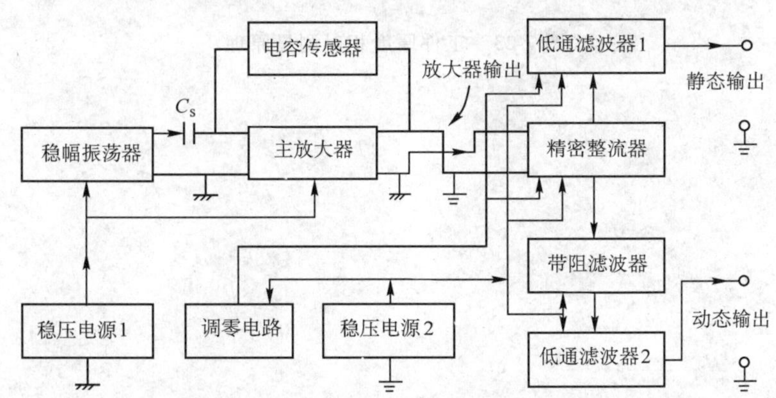

图 7-22　电容传感器的处理电路组成

主放大器的作用是和电容传感器一起来实现运算，其中设有一场效应晶体管前置放大器，用自举电路实现极高的输入阻抗。为保证运算精度以及电缆驱动的效果，该放大器的开环放大倍数应足够大，一般在 90～95dB（约 50000 倍）左右。同时，其输入电容、相移应足够小。

精密整流器的作用是对放大器输出的调幅信号进行整流，为后面的滤波检波做准备。

调零电路的作用是让仪器工作有合适的工作点，以保证最大的测量范围和最好的线性，并且使仪器的输出能适应数据采集系统的要求。

低通滤波器 1 的作用是滤除静态测量时的载波成分，还原出被测信号。

在进行动态测试时，主要由带阻滤波器用来滤除载波成分，低通滤波器 2 用来滤除其他的一些干扰成分并保证一定的通带宽度。本仪器采用了两个二阶有源低通滤波器串联的形式，加上带阻滤波器，可以使其通带在下降沿有较大的下降速率。

本仪器采用了两个独立电源，一个输出 ±15V，用来给稳幅振荡器和主放大器供电，另一个输出 ±15V 和 +5V（它们与第一个电源无公共地），用来给其他电路以及单片机系统供电。

（4）工件厚度相对测量原理　如图 7-23 所示，测量系统调整并标定好后，在工作台上放入已知厚度 l_0 的标准工件，设此时工件和电容传感器测头的间距为 h_0，采集当前输出电压 U_0。取下标准工件，依次放入被测工件。若被测工件的厚度为 l，这时工件和电容传感器测头的间距为 h，输出电压为 U，则电容传感器测头和工件的间距变化量为

$$\Delta h = h - h_0 = K\Delta U = K(U - U_0) \tag{7-7}$$

被测工件的厚度为

$$l = l_0 - \Delta h \tag{7-8}$$

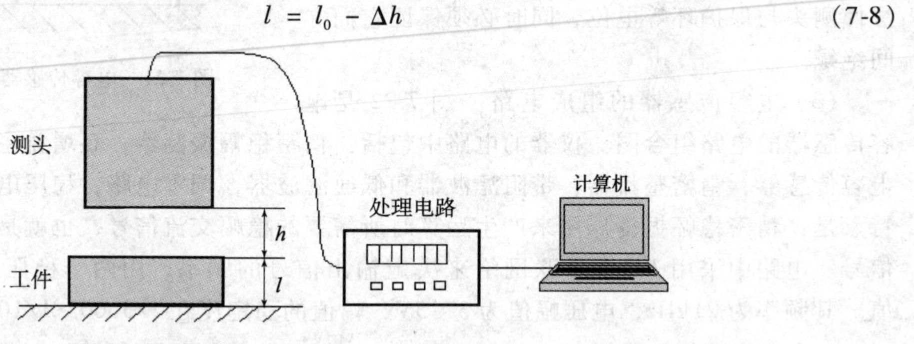

图 7-23　工件厚度相对测量原理

第8章 测量技术实践（2）

实验8-1 平行光背景照明线扫描CCD投影测量系统设计

1. 引言

阵列式光电传感器是用于对空间的物理量分布进行采集和获取的传感元件，典型的例如CCD（Charge Couple Device 的缩写）电荷耦合器件。同类的传感器件还有：CMOS 影像传感器、光电二极管阵列、硅光电池阵列等，根据上述传感器的敏感阵列分布可分为一维阵列（也叫线阵列器件）和二维阵列（也叫面阵器件）。阵列式光电传感器目前被广泛应用到图像采集、光谱测量、分析仪器和测量仪器中，其中一维线阵CCD用于尺寸测量是阵列式光电传感器较典型和非常好的应用实例。本设计实验将通过利用一维线阵CCD传感器对10mm物体尺寸进行投影测量，从仪器设计角度了解和掌握CCD光电传感器是怎样通过背景照明光将被测量物体的影像投影到CCD传感面上，实现对被测量物体尺寸的检测，从中可以了解和实践相关技术及设计问题的处理方法，例如：仪器照明、光学系统、CCD传感器、数据采集及处理、测量系统标定等。

2. 实验要求

1）在XDOCU_CCD教学实验系统（参见本书附录Ⅰ）上，完成“CCD背景光照明测量实验”，从中了解和掌握CCD用于测量物体尺寸的基本原理。

2）了解和掌握CCD光电传感系统的背景照明光的正确使用。

3）了解和掌握平行投影光路的原理和使用。

4）了解和掌握CCD测量数据处理的典型步骤和过程。

5）在XDOCU_CCD教学实验的基础上，设计一个背景照明测径仪（原理设计），要求：测量范围：$W \leqslant 30$mm；工作距离：$L = 100$mm；测量分辨力：$\varepsilon = 0.005$mm；测量精度：$\delta = \pm 0.01$mm。CCD传感器可从如下两种器件中选择一个：①5000像元分辨力，像元间距0.007mm；②2048像元分辨力，像元间距0.014mm。要求给出测量范围W、光学系统几何参数（f、Φ）、测量分辨力ε、CCD像元分辨力N、CCD像元间距T之间的理论计算关系，确定满足测量范围W、测量分辨力ε和测量精度δ的光学系统几何参数（f、Φ）和CCD参数（不考虑光学系统像差等影响因素）。

6）在XDOCU_CCD教学实验系统上进行测量系统标定，了解和掌握CCD测量系统的系统标定原理和方法；

7）在XDOCU_CCD教学实验系统上沿光轴前后移动被测物10mm，并进行测量，测得值有变化，给出引起这种变化的原因、分析结果和结论，并总结出类似测量仪的设计及使用原则和注意事项。

8）在XDOCU_CCD教学实验系统上沿光轴横向左右移动被测物5mm，并进行测量，观察测得值是否有变化，如有变化，给出引起这种变化的原因、分析结果和结论，并总结出类似测量仪的设计及使用原则和注意事项。

3. 实验器材

XDOCU_CCD 教学实验系统（附带内六角调整工具）、计算机、40MHz 以上频率双踪示波器、10mm 宽度被测物体一个（可以是 10mm 宽的透光模板）、10mm 宽度的标准件一个用于标定系统（可以是同样的 10mm 宽的透光模板）、螺钉旋具等。

4. 实验提示

（1）CCD 背景（投影）照明光路及测量公式

$$D = K \times [N_0 - (N_1 + N_2)] \times L_0/N_0 = K \times N \times T = E \times N \tag{8-1}$$

式中，K 为光学系统变换常数，$K = F_1/F_2$；N 为被测物影像在 CCD 光电面上所占的 CCD 像元数；E 为系统标定常数，$E = K \times T$；T 为 CCD 像元分辨力（像元间距），$T=(L_0/N_0)$；N_0 为 CCD 的像元总个数（也叫 CCD 分辨力，例如：2048）；L_0 为 CCD 有效光敏面（线）长度，通常用 $L_0 = N_0 \times T$ 求得。上式即为平行光投影 CCD 测量公式。

在图 8-1 所示的光学系统中，CCD 的安装位置精度要求相对较低，即沿光轴方向和垂直光轴方向上的平移安装误差对测量精度没有影响，而角度安装误差对测量精度将产生影响，将在测量结果中引入系统误差，这就是为什么高精度激光测径测宽仪对标定区域和测量区域位置和重合性有一定的要求的原因之一。试分析：

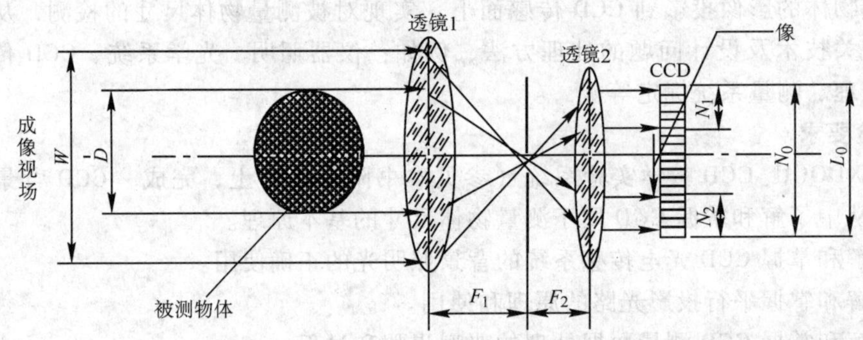

图 8-1　平行光投影照明光路

1）CCD 传感器在沿光轴方向存在 0.5°的安装角误差（设不存在围绕光轴的转角安装误差）时，测量尺寸为 20mm 的物体将产生多大的误差？

2）当利用 20mm 的标准件对测量系统进行标定后，在同样的测量区域再对 20mm 的被测物体进行测量时，是否存在由此产生的测量误差？

3）当利用 10mm 的标准件对测量系统进行标定后，在同样的测量区域再对 20mm 的被测物体进行测量时，是否存在由此产生的测量误差？

4）当假设光源发出的是沿 CCD 测量系统光轴平行的平行光束，利用 20mm 的标准件对测量系统进行标定后，在不同的测量区域对 20mm 的被测物体进行测量时，是否存在由此产生的测量误差（不考虑光学系统的畸变）？

5）当光源发出的是沿着 CCD 测量系统光轴具有一定的发散角（设为 ±0.5°）的光束时：

① 利用 20mm 的标准件对测量系统进行标定后，在同样的测量区域再对 20mm 的被测物体进行测量时，是否存在由此产生的测量误差？

② 利用 10mm 的标准件对测量系统进行标定后，在同样的测量区域再对 20mm 的被测物

体进行测量时，是否存在由此产生的测量误差？

③ 利用20mm 的标准件对测量系统进行标定后，在不同的测量区域再对20mm 的被测物体进行测量时，是否存在由此产生的测量误差？

④ 利用10mm 的标准件对测量系统进行标定后，在不同的测量区域再对20mm 的被测物体进行测量时，是否存在由此产生的测量误差？以上问题如存在误差，各是多少？

高精度激光测径测宽仪对标定区域和测量区域位置和重合性有一定的要求的另外的因素还有：光学系统的像差和畸变，平行照明光源的发散角等。

在图 8-1 的光学系统中，透镜 1 和透镜 2 的重合焦面处放置了一个光学滤波器，可以有效的消除杂散光对测量精度的影响。上述光学系统可以通过去掉透镜 2 而成为另一种简化的 CCD 测量光路，此时 CCD 传感器的任一平移安装位置误差都会对测量结果产生影响，本实验中使用的 XDOCU_CCD 教学实验系统采用的是后者，即简化的 CCD 测量光路。

（2）线扫描 CCD 投影测量原理实验　本实验使用 XDOCU_CCD 实验系统，完成背景"平行光"照明条件下的 CCD 数据采集、用 10mm 标准件对测量系统的标定、对 10mm 被测物的测量和过程分析。

1）实验原理简介　在图 8-2 中，$K=f/h$ 为光学系统的变换常数，$E=K\times(L_0/N_0)$ 为系统标定常数，(L_0/N_0) 为像空间 CCD 分辨力，L_0 为 CCD 感光面尺寸，N_0 为 CCD 像元总个数。利用 CCD 背景平行光照明（投影）的物体宽度 H 测量公式为

$$H = K\times[N_0-(N_1+N_2)]\times L_0/N_0$$

$$H = K\times N\times T = E\times N \tag{8-2}$$

其中，N 为 CCD 直接测得的物体宽度所占的 CCD 像元个数。因此每次测量时，CCD 测量系统直接测得的 N 乘以测量系统的标定常数 E，即可得到被测物体宽度 H。

同理，利用一个标准件（即尺寸精确已知的物体），通过 CCD 测量系统得到 N，通过公式 $E=D/N$，即可得到测量系统的标定常数 E，此过程叫做"测量系统的标定"。

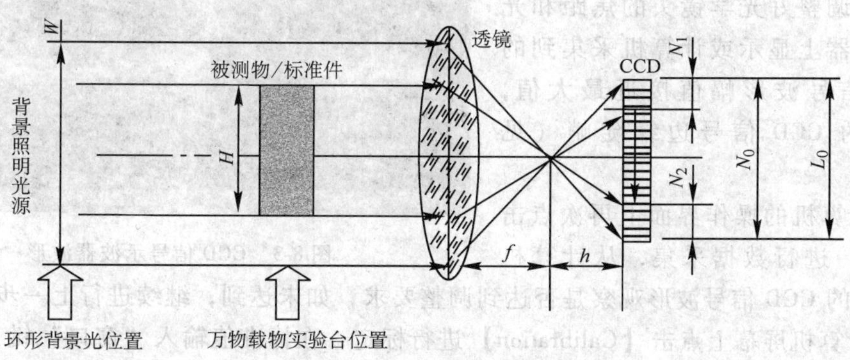

图 8-2　实验原理图

2）实验过程（标定及测量）

① 接线

a. CCD 教学实验板的 GND、+12V、-12V 连接到 CCD 实验电源上的对应接点上（注：+5V 电源未被使用。）

b. 背景照明光源的电源线连接到 CCD 实验电源的“背景照明”插孔。

c. CCD 教学实验板上的“数据采集电缆”连接到 CCD 数据采集器的电缆插座上。

d. CCD 实验电源、示波器及计算机的电源线连接到交流 AC220V 电源插座上。

② 系统上电

a. 打开示波器电源开关。

b. 打开 CCD 实验电源开关，并将前/背景照明选择开关拨到“背景照明”档，然后将照明强度调整旋钮调到中间部位。

c. 打开计算机电源，进入 DOS 操作系统，在实验软件目录下执行 CCDTEST. EXE 程序，进入 CCD 数据处理仿真软件操作界面；

d. 在 CCD 数据处理仿真软件操作界面中首先设定正确的 CCD 型号，选择【CCD-setting】进行 CCD 型号设定，在弹出的输入位置上输入使用的 CCD 分辨力，例如：2048。

③ 测试 CCD 数据采集正确性。首先，利用示波器的 CH1 通道作为测试的同步端，示波器面板上选择 CH1 为示波器的同步源，利用实验板上的 CCD 光积分信号 SH 作为同步源信号（Test13/SH 测试端)，将示波器 CH1 探头夹持到 CCD 传感器实验板的 Test13 端上，利用示波器 CH2 探头夹持到 CCD 传感器实验板的 Test3 测试端上（CCDSigna13)。从示波器上可以观察到 CCD 的模拟量输出信号。在计算机的操作界面中点击【CCD-CH1】选择 CCD 数据通道 CH1 进行数据采集，此时与示波器显示的 CCD 模拟输出信号波形相同的 CCD 数字信号波形会显示在计算机的屏幕上，表明实验系统的 CCD 数据采集正确（具体操作可同时参见“XDOCU 线扫描 CCD 测试实验板使用说明”)。

④ 系统标定

a. 将 10mm 宽度的标准件（可以是同样的 10mm 宽的透光模板）放置到中间的被测物体载物台上。

b. 调整背景照明光源使其充满被测区域，同时调整好光学镜头的焦距和光圈，使示波器上显示或计算机采集到的 CCD 测量信号波形幅值接近最大值，标定物体的 CCD 信号边缘陡峭（见图 8-3)。

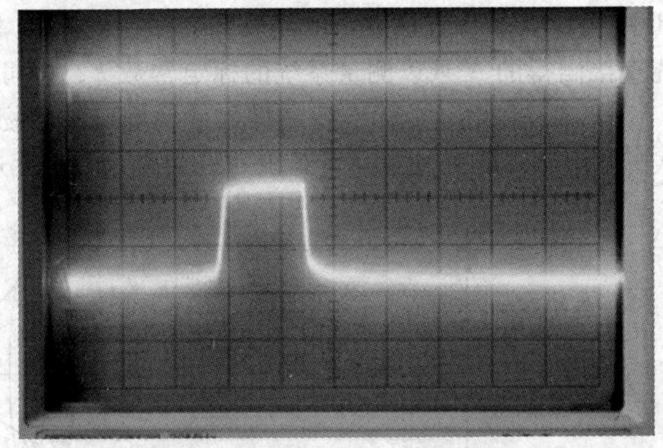

图 8-3 CCD 信号示波器波形

c. 在计算机的操作界面上再次点击【CCD-CH1】进行数据采集，从计算机屏幕上显示的 CCD 信号波形观察是否达到调整要求，如未达到，继续进行上一步调整。

d. 在计算机屏幕上点击【Calibration】进行标定，在标准值输入“窗口”键入标定物体的标准值（10mm)，标定过程将自动进行 10 次连续测量，最后取其平均值显示标定结果。标定结果表示每个 CCD 像元所代表的被测物理空间的尺度，单位为 mm。

e. 标定过程可以进行一次或多次，实验程序将当前的标定结果作为标定值存储到参数文件中，直到下一次标定才更新测量系统标定值。

⑤ 进行测量

a. 将 10mm 宽度的被测件（也可以用标定件进行检测）放置到中间的被测物体载物台

上。应保证放置位置与标定时相同，此时不可调整背景照明光源和光学镜头的焦距和光圈，以保证测量和标定条件相同。

b. 在计算机屏幕上点击【Inspection】进行测量，测量过程将自动进行10次，最后取其平均值显示测量结果。

c. 可以进行反复测量，观察测量结果的稳定性和精度。

d. 换上20mm的被测件，再次进行测量，观察测量结果，并分析测量误差的可能原因。

⑥ 测量区域及位置实验

a. 将10mm宽度的被测件（与标定用标准件相同尺寸的被测件，或直接利用标定件）放置到中间的被测物体载物台上。应保证放置位置与标定时相同，此时不可调整背景照明光源和光学镜头的焦距和光圈，以保证测量和标定条件相同；

b. 在计算机屏幕上点击【Inspection】进行测量，测量过程将自动进行10次，最后取其平均值显示测量结果，仔细观察测量结果，并记录测量结果；

c. 相对当前载物台位置，沿光学导轨两方向将载物台分别移动±10mm，点击【Inspection】进行测量，仔细观察测量结果，并记录测量结果；

d. 反复进行上述测量，观察测量结果的稳定性和精度；

e. 换上20mm的被测件，重复进行上述测量，观察测量结果，并分析测量误差的可能原因。

3）实验结果及分析　观察上述测量结果，从平行光发散角、光学透镜畸变及像差、CCD传感器安装位置误差、被测物放置误差、标准件误差及放置误差等方面分析引起测量误差的各可能因素，并定性或定量地回答前面所提出的问题（4.（1）的问题1）~5））。

（3）原理设计提示　如图8-1所示，从原理上设计一个由平行光背景照明的测量系统，需要考虑的设计因素有：测量范围W、测量分辨力ε、测量精度δ、工作距离L、CCD传感器的分辨力N_0和像元间距T，同时还需考虑光学系统的分辨力、像差和光学畸变，以及仪器空间设计、加工可实现性、技术成本等因素。

本设计实验将着重考虑测量范围W、光学系统几何参数（f、Φ）、测量分辨力ε、CCD像元分辨力N、CCD像元间距T之间的理论设计关系。

由图8-1可知：测量范围W、测量分辨力ε、光学透镜1和2的设计焦距F_1、F_2，以及CCD传感器的像元分辨力N_0和像元间距T有如下关系：

$$\begin{aligned} &W/[L_0-(2\times l)]=F_1/F_2 \\ &W=\Phi_1-(2\times\Phi_1\times 10\%)=0.8\times\Phi_1 \\ &L_0-(2\times l)=\Phi_2-(2\times\Phi_2\times 10\%)=0.8\times\Phi_2 \end{aligned} \tag{8-3}$$

式中，K为光学系统变换常数，$K=F_1/F_2$；l为CCD光敏面两侧预留非工作区（可以取L_0的5%~10%）；F_1和F_2分别为光学透镜1和透镜2的焦距；Φ_1和Φ_2是光学透镜1和2的有效孔径。

仪器的理论设计分辨力为

$$\Delta W=\frac{F_1}{F_2}\times\Delta L \tag{8-4}$$

式中，ΔW可以看成仪器的测量空间分辨率ε（实际中还要考虑光学系统的影响因素，在此忽略)；ΔL 可以看成 CCD 传感器最小空间分辨力 T，实际中还需考虑满足理论和工程上的空间采样定理，上式将表示为

$$\varepsilon \geqslant \left(\frac{F_1}{F_2}\right) \times (3 \sim 5) \times T \tag{8-5}$$

通过上述理论设计公式可以确定光学透镜的初步几何设计参数（焦距 F 和孔径 Φ），CCD 传感器的技术参数（用于 CCD 型号的选择，如 CCD 分辨力 N_0 和像元间距 T）。实际设计中，光学系统的几何参数还需兼顾考虑光学系统的分辨力、像差和光学畸变因素，CCD 型号的选择还要考虑光源的特性，例如：可见光颜色与 CCD 光谱响应的对应性、光学滤光片的使用、是否采用近红外光或 X 光等特殊光源因素。

（4）误差分析提示　在设计环节需要进行误差分析及误差分配，在此做简单的介绍，供在本设计中参考。首先需要对测量系统的误差来源进行分析，其次按照仪器原理、可实现性、仪器装调、仪器操作等具体情况进行初步的误差分配，用于指导各环节的设计和加工公差及装调公差的分配。

总误差由系统误差和随机误差两部分组成，在本设计实验中，由于设计的测径测宽仪没有配合的机械运动，随机误差的来源主要来自测量系统电器部分的随机变化，例如：电源波动 $\Delta_{\gamma ep}$、光源波动及老化 $\Delta_{\gamma el}$、CCD 传感器的白热噪声 $\Delta_{\gamma ccd}$、电路的随机噪声 $\Delta_{\gamma elc}$、电缆的干扰噪声 $\Delta_{\gamma ecb}$、数据采集随机误差 $\Delta_{\gamma ead}$ 等。设计过程中的误差分配可以指定一个合理的误差量（根据仪器设计精度 δ）分配给上述电器产生的随机误差项，特别是分配给电源和光源，以便确定电源和光源的选择参数和稳定性参数，同时可以适当地分配给传感器、电路、线缆线路、数据采集等环节。在此设计中机械环节能够引起测量时的随机误差部分是标定和测量时的装卡环节，在设计中需要从原理上特殊考虑，但也需要分配给一个随机误差量 Δ_{mt}，用以指导装卡环节的设计。而仪器测量的综合随机误差最终只有通过测量数据处理进行缩小和消除。在设计过程中将主要考虑仪器系统误差处理。

由分析及上述公式可以得到如下系统误差项：

1）平行光源发散角误差引起的测量误差 Δ_{la}。

2）平行光源与光学系统光轴不平行产生的测量误差 Δ_{lb}。

3）光学系统几何参数（焦距）引起的误差 Δ_F：

$$\Delta_F = \left(\frac{L}{F_2}\right) \times \Delta_{F1} + \left(\frac{F_1 \times L}{{F_2}^2}\right) \times \Delta_{F2} = \left[\left(\frac{1}{F_2}\right) \times \Delta_{F1} + \left(\frac{F_1}{F_2^2}\right) \times \Delta_{F2}\right] \times L \tag{8-6}$$

4）光学系统装配引起的测量误差 Δ_{ml}。

5）光学系统分辨力、像差和畸变引起的测量误差 Δ_{ll}。

6）CCD 传感器分辨力非均匀性等引起的测量误差：

$$\Delta_{\text{mccd}} = \left(\frac{F_1}{F_2}\right) \times \Delta t \tag{8-7}$$

7）CCD 传感器的安装误差所引起的测量误差 Δ_{ccdm}。

8）被测件装卡环节可能引起的系统测量误差 Δ_{mt}。

9）标准件误差 Δ_{ms}。

10）电路因素（如：ADC、数据处理）引起的可能系统测量误差 Δ_{es}。

仪器的总误差来源为

$$\Delta_{\Sigma} = \Delta_{\Sigma原理} + \Delta_{\Sigma系统} + \Delta_{\Sigma随机} \tag{8-8}$$

本设计不存在原理误差，因此上式的第一项可以不考虑。第二项系统误差$\Delta_{\Sigma系统}$即为上述1）~10）项的误差和，可以采用绝对累加，也可采用平方和开方进行累加，取决于所设计仪器精度要求、合理性原则和仪器成本等因素。第三项随机误差$\Delta_{\Sigma随机}$由上述电器部分随机误差项（电源波动$\Delta_{\gamma ep}$、光源波动及老化$\Delta_{\gamma el}$、CCD传感器的白热噪声$\Delta_{\gamma ccd}$、电路的随机噪声$\Delta_{\gamma elc}$、电缆的干扰噪声$\Delta_{\gamma ecb}$、数据采集随机误差$\Delta_{\gamma ead}$）和机械部分装卡随机误差Δ_{mt}组成，合成方式采用平方和开方，实际是用标准误差评定，即

$$\sigma = \frac{1}{\sqrt{8}} \times \sqrt{(\Delta_{\gamma ep})^2 + (\Delta_{\gamma el})^2 + (\Delta_{\gamma ccd})^2 + (\Delta_{\gamma elc})^2 + (\Delta_{\gamma ecb})^2 + (\Delta_{\gamma ead})^2 + (\Delta_{mt})^2} \tag{8-9}$$

系统误差部分可以通过系统标定和测量软件全程误差修正来有效的消除。其中通过标定可以完全消除光学系统几何参数误差所引起的测量误差。光学系统安装误差、CCD传感器的安装误差、被测件装卡机构的误差等所引起的测量误差也可通过标定部分的消除。而当所设计的CCD测径测宽仪对使用中的测量位置和区域及测量值进行限制时（所谓测量值限制就是标定和测量均使用同样的尺寸值，即被测件的公称值与标定值相同），系统误差部分除第9项标准件误差Δ_{ms}外均可有效地消除，这就是为什么同类的高精度测量仪器对被测件的位置和测量区域具有严格的限定才能保证仪器给定的测量精度的原因。

5. 注意事项

1）原理实验部分应按照4.（2）中的2）实验步骤及过程严格进行。

2）XDOCU_CCD教学实验板的电源应避免接错，特别是±12V电源。

3）在利用示波器对CCD传感实验板进行测试时，应注意避免操作不慎引起电路短路，特别是不要直接在CCD传感头上对CCD管腿进行测量，以免造成CCD损坏。最好的方法是在XDOCU_CCD教学实验板的各测试端上进行测试。

4）4.（2）中线扫描CCD投影测量原理实验、4.（3）中原理设计提示和4.（4）误差分析提示是完成本设计实验的重要参考部分，请认真阅读和参考。

5）认真阅读本书附录Ⅰ。

6. 参考资料

［1］王庆有．CCD应用技术［M］．天津：天津大学出版社，2000.

［2］陈林才，等．误差分析与测量［M］．北京：中国计量出版社，1987.

［3］张以模．应用光学［M］．北京：机械工业出版社，1988.

［4］张国雄，金篆芷．测控电路［M］．北京：机械工业出版社，2000.

［5］金篆芷，王明时．现代传感技术［M］．北京：电子工业出版社，1995.

7. 思考题

1）在本设计中为什么要求被测件与标定件的放置位置相同？这样可以消除哪些系统误差？

2）背景平行光照明CCD测量光路可以采用哪几种形式？最好的是哪一种？为什么？

3）传统机械测量仪器设计中的阿贝原则是否适用于目前设计实验中设计的CCD测量仪器？在类似CCD影像测量仪器中是否存在类似的“阿贝原则”？

4）平行光照明在本设计仪器中的重要作用？如果平行光照明不平行，具有微小发散

角，对测量会产生什么影响？如果平行光是平行的，但方向与光学系统光轴有一微小角度，对测量是否会产生不利影响？为什么？

实验 8-2　前景光照明线扫描 CCD 成像测量系统设计

1. 引言

应用 CCD 传感器采集被测物的图形图像，一般需要考虑照明、光学系统、CCD 传感器、数据采集及处理、测量系统标定等诸多问题。就照明方式来说，有透射式和反射式之分，本章中所谓前景光照明，就是反射式，背景光照明，就是透射式。

2. 实验要求

1）在 XCOCU_CCD 教学实验系统上，完成“前景光照明线扫描 CCD 成像测量原理实验”，从中了解和掌握 CCD 用于通过成像方法测量物体尺寸的基本原理。

2）了解和掌握 CCD 光电传感系统的前景照明光的正确使用。

3）了解和掌握远心成像光路的原理和使用（见附录中 CCD 应用简介部分）。

4）了解 CCD 测量数据处理的典型步骤和过程。

5）在“前景光照明线扫描 CCD 成像测量原理实验”的基础上，设计一个采用前景照明和远心成像光路的非接触测宽仪（原理设计），要求：测量范围：$W<=200\text{mm}$；工作距离：$S=800\text{mm}$；测量分辨力：$\varepsilon=0.01\text{mm}$；测量精度：$\delta=\pm0.05\text{mm}$。CCD 传感器可从如下两种器件中选择一个：①5000 像元分辨力，像元间距 0.007mm；②2048 像元分辨力，像元间距 0.014mm。要求给出测量范围 W、光学成像系统几何参数（f、Φ、$F\#$，其中 $F\#$为光学设计参数）、测量分辨力 ε、CCD 像元分辨力 N、CCD 像元间距 T 之间的理论计算关系，确定满足测量范围 W、测量分辨力 ε 和测量精度 δ 的光学系统几何设计参数（f、Φ、$F\#$）和 CCD 参数（不考虑光学系统像差等影响因素）。

6）在 XCOCU_CCD 教学实验系统上进行成像测量系统标定，了解和掌握 CCD 成像测量系统的系统标定原理和方法。

7）在 XDOCU_CCD 教学实验系统的成像视场上沿光轴前后移动被测物 5mm（表示测量视场不在一个平面上），并进行测量，测值是否有变化？给出引起这种变化的原因、分析结果和结论，并总结出类似测量仪的设计及使用原则和注意事项。

8）在 XDOCU_CCD 教学实验系统上沿光轴横向左右移动被测物 5mm（表示被测物体在成像视场平面内移动），并进行测量，观察测值是否有变化，如有变化，给出引起这种变化的原因、分析结果和结论，并总结出类似测量仪器的设计及使用原则和注意事项。

3. 实验器材

参见本章实验一。

4. 实验提示

（1）CCD 前景照明成像光路及测量公式

$$D=\Omega\times\beta\times[N_0-(N_1+N_2)]\times L_0/N_0=K\times N\times T=E\times N \tag{8-10}$$

式中，K 为光学系统特性综合常数，其中 Ω 为包括光学畸变、几何像差、光学安装误差和综合成像误差的修正系数，对一个固定的物空间成像点，它是不变的，$K=\Omega\times\beta$；β 为光学成像系统的放大率；N 为被测物影像在 CCD 光电面上所占的 CCD 像元数；E 为系统标定常数，$E = K \times T$；T 为 CCD 像元分辨力（像元间距），$T = L_0/N_0$；N_0 为 CCD 的像元总个数（也叫 CCD 分辨力，例如：2048）；L_0 为 CCD 有效光敏面（线）长度，通常用 $L_0 = N_0 \times T$ 求得。式（8-10）即为前景照明 CCD 成像测量的基本公式。

在图 8-4 所示的光学成像系统中，CCD 成像视场的位置变化（ΔS）对测量会产生很大的影响，因此需要在能够保证被测物体成像物距 S 不变的环境中使用。另一成熟的成像测量光路是物方远心光路，可以部分消除被测物体成像物距 S 微小变化所产生的影响。在特殊的照明环境中，物像远心光路将是利用 CCD 进行成像测量的最好光学方案。

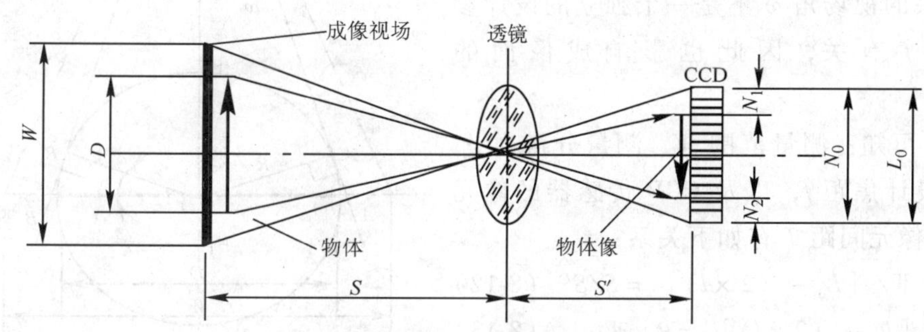

图 8-4　前景光照明典型成像光路

（2）前景照明线扫描 CCD 成像测量原理实验　使用 XDOCU_CCD 实验系统，完成前景环形光照明条件下的 CCD 数据采集、用 10mm 标准件对测量系统的标定、对 10mm 被测物的测量和过程分析。目的是了解和认识类似原理的测量仪器的设计环节、要素和原则，以便更好地完成本次前景光照明 CCD 测宽仪原理设计。

1）实验原理简介　设 $K = S/S'$ 为光学系统的变换常数，$E = K \times (L_0/N_0)$ 为系统标定常数，(L_0/N_0) 为像空间 CCD 分辨力，L_0 为 CCD 感光面尺寸，N_0 为 CCD 像元总数。利用 CCD 前景照明成像的被测物体宽度 D 的测量公式为

$$D = K \times [N_0 - (N_1 + N_2)] \times L_0/N_0 = K \times N \times T$$

$$D = K \times N \times T = E \times N \tag{8-11}$$

式中，N 为 CCD 直接测得的物体宽度所占的 CCD 像元个数。因此每次测量时，CCD 测量系统直接测得的 N 乘以测量系统的标定常数 E，即可得到被测物体宽度 D。

2）实验过程（标定及测量）　把前景环形照明光源的电源线连接到 CCD 实验电源的“前景照明”插孔，其他操作同本章实验一。

（3）原理设计提示

1）测量原理　例如本设计实验是为在线测量生产线上的圆柱物体直径或平板宽度，采用前景照明和成像测量原理的测径或测宽装置。其测量原理如图 8-5 所示。

该设计需要考虑的设计因素有：测量范围 W、测量分辨力 ε、测量精度 δ、工作距离 S、CCD 传感器的分辨力 N_0 和像元间距 T，同时还需考虑光学成像镜头的分辨力、像差和光学畸变、前景光的照明强度、环境杂散光的干扰，以及仪器空间设计、加工可实现性、技术成本等因素。

本设计实验将着重考虑测量范围 W、光学成像镜头的几何参数（f、Φ、$F\#$）、测量分辨力 ε、CCD 像元分辨力 N、CCD 像元间距 T 之间的理论设计关系。

成像物镜的光学特性参数主要有三个：焦距 f、$F\#$和视场角 ω。透镜的焦距 f 决定被测物体在成像面（CCD 传感器）上的大小，而成像物镜的 $F\#$决定了光学成像镜头的分辨力、像面照度和像质，成像镜头的视场角 ω 不是一个独立的设计参数，与焦距 f 有关，因此也影响成像面的大小。

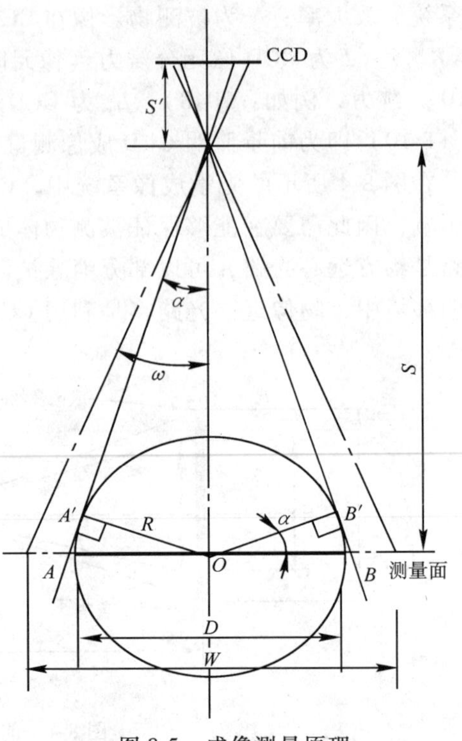

图 8-5 成像测量原理

由图 8-5 可知：测量范围 W，测量分辨力 ε，光学透镜的设计焦距 f，以及 CCD 传感器的像元分辨力 N_0 和像元间距 T 有如下关系：

$$W/\left[L_0-(2\times l)\right]=S/S' \quad (8\text{-}12)$$

$$\left[L_0-(2\times l)\right]=\beta\times W \quad (8\text{-}13)$$

$$\frac{1}{f}=\frac{1}{S'}+\frac{1}{S} \quad (8\text{-}14)$$

$$r=1.22\times\lambda\times F\#\times(1+\beta)=1.22\times\lambda\times\frac{f}{\Phi_1}\times(1+\beta) \quad (8\text{-}15)$$

$$\varepsilon\geqslant\sqrt{r^2+T^2} \quad (8\text{-}16)$$

式中，β 为光学镜头的放大倍数；l 为 CCD 光敏面两侧预留非工作区（可以取 L_0 的 5% ~ 10%）；f 为光学透镜的焦距；r 为成像镜头的衍射极限，即分辨力；Φ_1 是光学镜头的有效孔径；λ 为光源波长。

式（8-16）为仪器的理论设计分辨力（当只考虑光学镜头和 CCD 极限空间分辨力时），式（8-15）为镜头有效分辨力。

通过上述理论设计公式可以确定光学透镜的初步几何设计参数（焦距 f、$F\#$和孔径 Φ），CCD 传感器的技术参数（用于 CCD 型号的选择，如 CCD 像元分辨力 N_0 和像元间距 T）。实际设计中，光学系统的几何参数还需兼顾考虑像差和光学畸变因素，CCD 型号的选择还要考虑光源的特性，例如：可见光颜色与 CCD 光谱响应的对应性、光学滤光片的使用、是否采用近红外光或 X 光等特殊光源因素。

2）原理误差　如图 8-5 所示，CCD 探测到的为线段 $A'B'$长度，如果测量距离较远（即 S 较大），$A'B'$与 AB 相差较小，此时可以用 $A'B'$长度来近似代替被测直径，即 CCD 测得直径：$D=2R\cos\alpha$。按此种方法测量直径就存在原理误差 $\Delta d=2R(1-\cos\alpha)$，其中 $\sin\alpha=R/S$。当 S 固定，R 越大，α 越大，原理误差值越大。例如：以工作距离 $S=800$mm，待测最大直径为 102mm，计算结果见表 8-1、表 8-2。

根据上述分析结果：采用修正表方法解决原理误差问题（通过输入公称直径进行实时计算修正值，并进行修正），因此系统设计参数为：工作距离 0.8m，光学焦距 $f=75$mm，

CCD 为 TCD1500C。实时修正值计算公式为：$\Delta d=2R\ (1-\cos\alpha)$ 和 $\sin\alpha=R/S$。

表 8-1 计算结果 1

物距（工作距离）S	测量角 α	最大原理误差 Δd	相对精度（相对被测值）
0.8m	3.6°	0.2mm	0.2%

表 8-2 计算结果 2

焦距 f/mm	像宽度/mm	物空间分辨力/mm	CCD 及感光宽度
90	34	0.062	TCD1500C/35mm
75	28	0.075	
75	24	0.175	TCD142C/28mm
50	18.7	0.225	

如果测量的是平板物体宽度，此方法不存在上述分析的原理误差，试分析为什么？

（4）误差分析提示　在本实验中，因测量圆柱形物体，除了应该考虑原理误差外，其他误差分析同本章实验一。

系统误差可以通过系统标定和测量软件的误差修正来消除。原理误差、光学系统几何参数误差、光学系统安装误差、CCD 传感器的安装误差、被测件定位误差等所引起的测量误差，都可通过系统标定予以消除。由于前景照明成像测量系统存在焦平面误差，所以 CCD 测径测宽仪对使用中的测量位置和区域及测量值进行严格限制（所谓测量值限制就是标定和测量均使用同样的公称尺寸值），有利于保证仪器获得更高的测量精度。

5. 注意事项

参见本章实验 8-1。

6. 参考资料

参见本章实验 8-1。

7. 思考题

1）远心成像镜头为什么比普通成像镜头更适合于进行精密测量？

2）利用普通成像镜头从圆柱侧面测量视场中的圆柱的直径，是否存在原理误差？为什么？

3）测量面位置变化（即光学成像物距 S 变化），在什么情况下会对测量产生影响？

4）在本设计中为什么要求被测件与标定件的放置位置相同？这样可以消除那些系统误差？

5）前景光照明的 CCD 成像测量光路有哪几种形式？最好的是哪一种？为什么？

6）传统机械测量仪器设计中的阿贝原则是否适用于目前设计实验中设计的 CCD 测量仪器？在类似 CCD 影像测量仪器中是否存在类似的“阿贝原则”？

7）照明在非接触成像测量中的重要作用是什么？如果对一个圆球的直径进行测量，利用与成像光轴同向的投射光照明和利用与成像光轴不同向的投射光照明的测量结果是否一样？为什么？

8）用前景照明成像测量方法，如果成像光轴与测量面不垂直，是否对测量会产生影响？为什么？

实验 8-3　CCD 光电传感器设计

1. 引言

线扫描 CCD 传感器是光电传感器中最具有代表性的器件之一，完成对该传感芯片工作电路的设计和制作，可以得到很好的综合性训练。本设计实验的目的就是通过对 TCD132D 线扫描 CCD 传感芯片工作电路的设计使学生在典型阵列式光电传感器（LCCD）工作原理、驱动时钟电路、滤波电路、放大电路等的设计和实现方法等多方面得到系统的训练。同时还可熟练掌握计算机辅助电路设计 EDA 工具，以及电路分析和调试。

2. 实验要求

1）利用 EDA 电路设计工具（例如：Protel99se）完成如下电路设计和制作。

2）设计 TCD132D（共为 1024 像元分辨力的线扫描 CCD）驱动时钟电路。

3）设计 TCD132D 前置放大及匹配电路。

4）设计 TCD132D 输出信号的有源低通滤波器。

5）设计 TCD132D 二级精密高速放大器及向后通道信号传输驱动电路。

6）制板、焊接、利用示波器进行电路调试，观察 CCD 光积分时钟 SH、驱动时钟 ΦCCD 频率变化对 CCD 输出信号的影响。

3. 实验提示

1）CCD 的驱动时钟电路设计可以采用普通的 TTL 逻辑电路（LS 系列或 HC、AHC 系列均可），利用 GAL16V8B 或 GAL20V8B 可编程逻辑门阵列比 TTL 逻辑电路更适合 LCCD 工作时钟的产生：目前最好的实现方法是利用 CPLD 或 FPGA（如：EMP7032S、EMP7064S 等），可以有效提高设计速度、减小 PCB 板空间、易于实现高速电路设计和增加电路可靠性，但 CPLD 或 FPGA 的设计需要专门的设计工具（例如：MAXplusⅡ）；

2）设计一个 LCCD 传感芯片的工作电路，可采用如下步骤：

① 应看懂该器件的数据手册，了解技术参数、工作环境要求、极限值、工作时钟时序要求等。

② 确定实现电路类型（TTL 或 GAL 等），进行电路逻辑设计（例如：真值表、卡诺图、布尔逻辑式、HDL 语言等）。通常利用 HDL 硬件描述语言设计电路逻辑，也可直接进行仿真。

③ 利用 EDA 设计工具（例如：Protel99 se）设计逻辑电路图（Schematic Design）和 PCB（Printed Circuit Board）。

④ 进行电路仿真，根据仿真结果修改上述电路设计（有时仿真结果与实际不完全一样，取决仿真参数选择、仿真元件的参数精度）。

⑤ 进行 PCB 板制作。

⑥ 焊接。

⑦ 调试及测试。

3）TCD132D 的工作时序如图 8-6 所示（作为本设计实验参考的技术数据，工作时钟见表 8-3）。

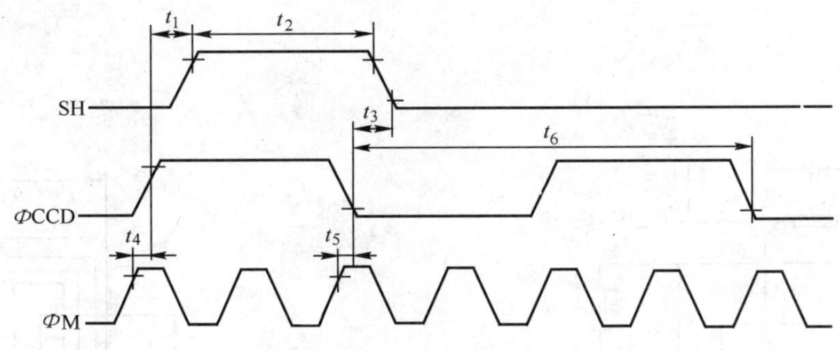

图 8-6　TCD132D 工作时序

表 8-3　TCD132D 工作时钟

脉冲特征	符号	最小值	典型值	最大值
SH 与 ΦCCD 之间延时时间/ns	t_1、t_3	0	20	60
SH 宽度/ns	t_2	250	—	$t_6/2$
ΦM 和 ΦCCD 之间延时时间/ns	t_4、t_5	0	20	60
ΦCCD 周期/μs	t_6	1	2	10

4）TCD132D 线阵 CCD 驱动时钟电路实例及电路封装参数如图 8-7 所示。

4. 注意事项

1）CCD 芯片易受静电损坏，避免带电插拔，避免手接触器件管脚，建议使用 WDIP 插座，在焊接时 CCD 芯片应先拔下，以免损坏。

2）避免电路中电源极性接反，否则肯定会损坏 CCD 和电路中其他器件。

3）电路调试时，利用示波器先从电路前级开始测量，信号正确后再往后级测量。

4）初次上电，先不要插入 CCD，从 CCD 插座处量得各管脚信号及电压正常后，关掉电源，再插入 CCD 芯片。

5）在电路设计中，加入必要的电路去耦电容（通常 0.01～0.1μF）和电源滤波电容（通常 10～100μF 应处在 PCB 板电源进入处）是非常好的电路设计习惯。

5. 参考资料

［1］荀殿栋，等．适用数字电路设计手册［M］．北京：电子工业出版社，1994.

［2］清源计算机工作室．Protel99 仿真与 PLD 设计［M］．北京：机械工业出版社，2000.

［3］（美）约翰逊．有源滤波器精确设计手册．李国荣译［M］．北京：电子工业出版社，1984.

［4］钱国飞．集成运算放大器基本原理与应用［M］．上海：上海交通大学出版社，1992.

［5］金篆芷，王明时．现代传感技术［M］．北京：电子工业出板社，1995.

［6］王庆有．CCD 应用技术［M］．天津：天津大学出版社，2000.

6. 附录

（1）精密高速运算放大电路设计　线扫描 CCD 的输出信号是模拟量信号，具有高速、高上升率特点，通常 LCCD 的输出场率（即帧频）为每秒几百帧，目前高速的 LCCD 的输出场率可以达到每秒数万帧，因此适合于 LCCD 的运算放大器应为高速型的，如果用于测量应用，还需选用和设计精密高速运放电路。

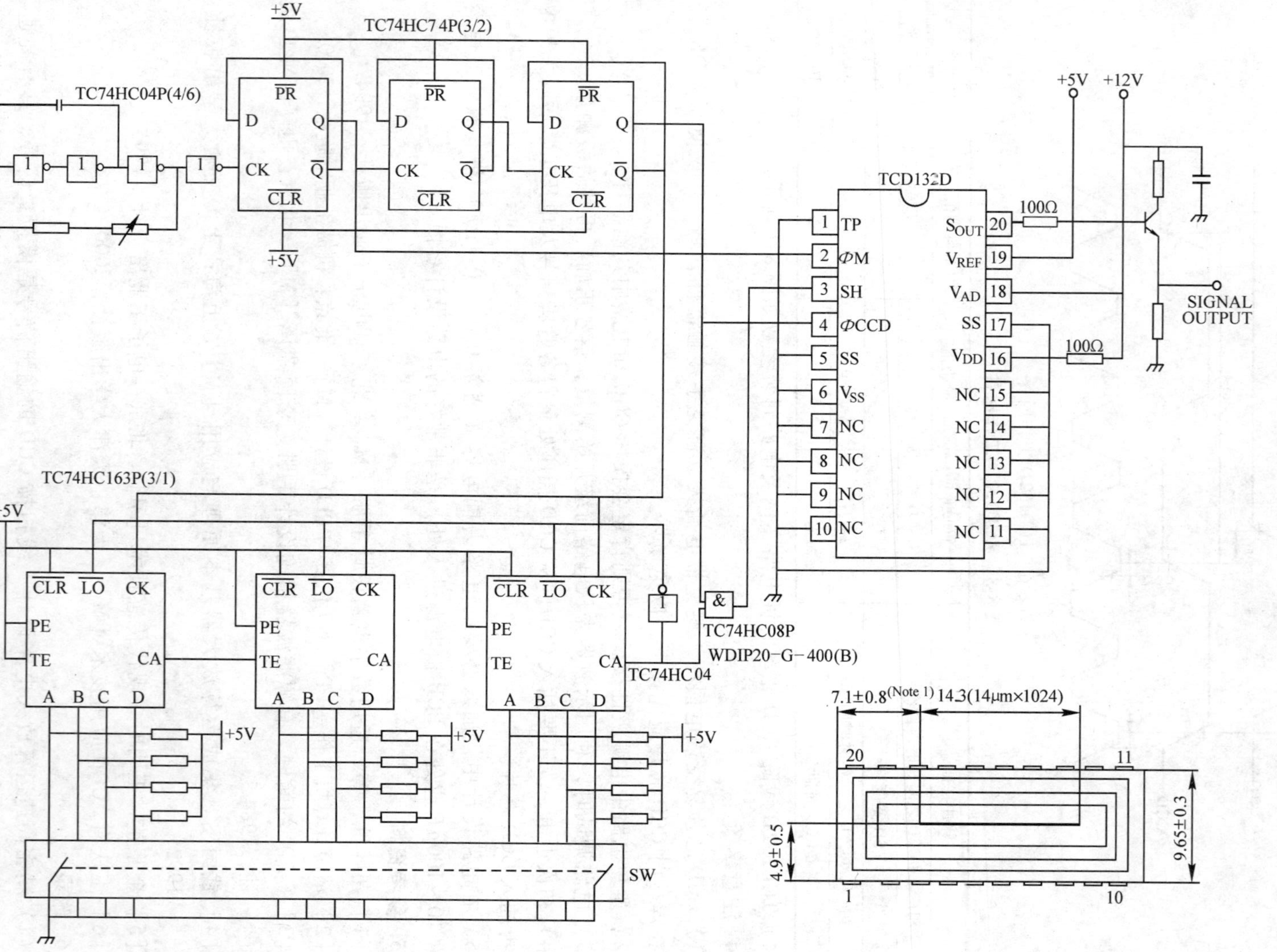

图 8-7 TCD132D 驱动时钟电路及参考封装

1）精密高速运放所涉及的定义及术语

① 带宽——电压增益减至低频增益值的 $1/\sqrt{2}$时的频率。

② 共模抑制比——输入共模电压范围与在此范围内输入失调电压峰—峰变化的比值。

③ 输入偏置电流——两输入电流的平均值。

④ 输入失调电流——当输出为零时，流入两输入端的电流差。

⑤ 输入失调电压——通过两个相等的电阻加于输入端之间，使输出电压为零的电压。

⑥ 输入电压范围——使放大器能按参数规范正常工作而加在两输入端上的电压范围。

⑦ 大信号电压增益——输出电压幅值与将输出从零驱动至此幅度所需的输入电压变化量的比值。

⑧ 温度漂移——放大器的温度漂移是由输入失调电压和输入失调电流随温度的漂移所引起的，输入失调电压温漂 $\Delta V_{i0}/\Delta T$ 和输入失调电流温漂 $\Delta I_{i0}/\Delta T$ 是衡量电路温漂的重要指标，不能用外接调零装置的办法来补偿。高质量的放大器常选用低漂移的器件组成，输入失调电压温漂一般约为 ±（10 ~ 20）μV/°C，输入失调电流温漂为每度几个皮安。

⑨ 建立时间——从输入加上阶跃信号直到输出电压落入距最终电压一个规定的误差带内所用的时间。

⑩ 转换速率 Sr——放大电路在闭环状态下，输入为大信号时，受内部限制可以得到的输出电压变化速率。

⑪ 单位增益带宽——从直流一直到使放大器的开环增益降至为 1 的频率范围。

2）典型精密高速运放　由于 CCD 数据输出率可达几兆到数百兆，因此应选用宽带宽和高转换速率，而且不降低直流性能的放大器。以 AD812 为例，单位增益带宽为 145MHz，转换速率可达 1600V/μs，输入失调电压温漂为 15μV/°C；以 AD823 为例，单位增益带宽为 16MHz，转换速率为 22V/μs，输入失调电压温漂为 2μV/° C；LM318 的小信号带宽为 15MHz，转换速率为 70V/μs。

3）设计中的注意事项

① 电源端必须用电容旁路。

② 反馈电阻并联一个微法级电容可缩短建立时间，如图 8-8 所示。

③ 加调零电路，消除输入失调电压 V_{i0}、输入失调电流 I_{i0}和输入偏置电流 I_{iB}产生的误差。但它不能消除输入失调电压温漂 $\Delta V_{i0}/\Delta T$ 和输入失调电流温漂 $\Delta I_{i0}/\Delta T$ 产生的误差电压。

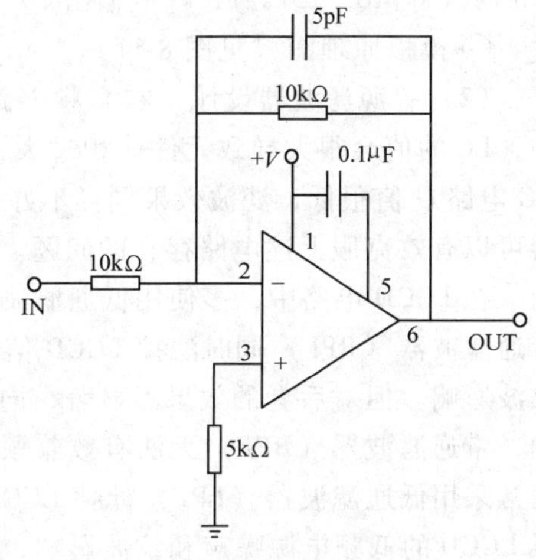

图 8-8　基本运放电路

4）电路原理图　一个简单而又适用的精密高速运放电路如图 8-9 所示。

5）设计过程的电路仿真　在 Protel 99se 环境下对电路进行仿真，以 LM318 运算放大器为例，操作步骤如下：

① 加载 Sim. ddb 库，从 Sim. ddb \ OpAmp. lib 中选两片 LM318。

② Sim. ddb \ Simulation Symbols. Lib 选电阻、电容。输入 1V 方波，可选不同的脉宽、频率值。

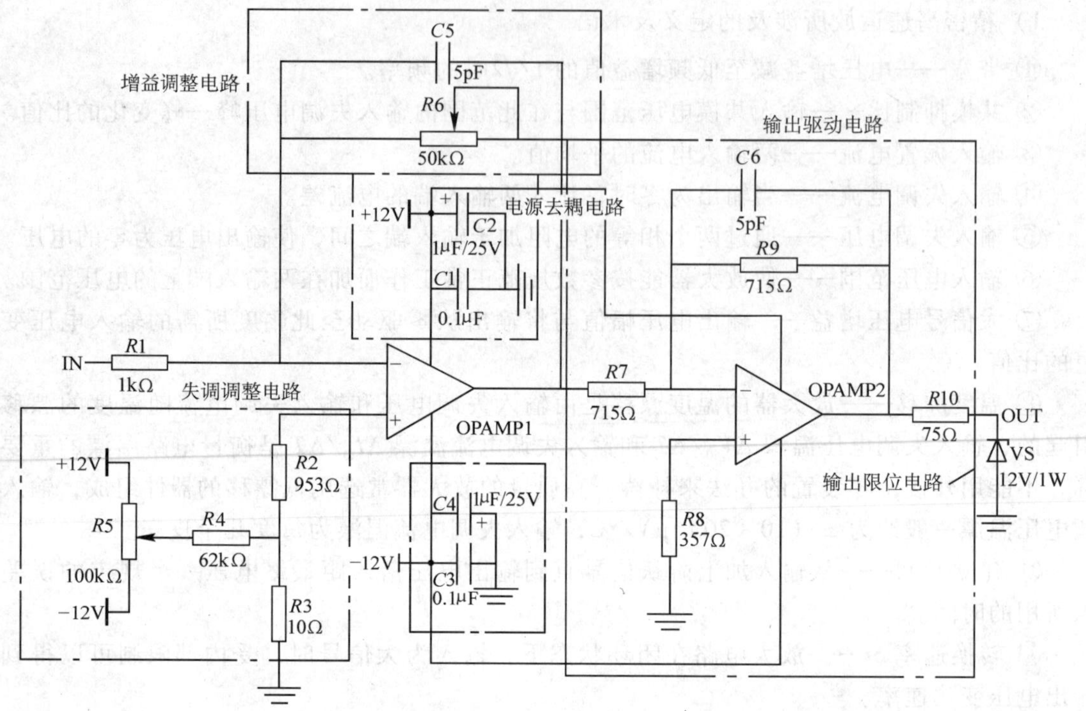

图 8-9 基本 CCD 信号放大电路

③ 用命令 Place \ Net label 在不同的结点设立观察点，在模拟后生成的 *. Sdf 文件中可观察不同结点和器件的静态电压、电流和动态波形。

④ 调整 $R6$ 电阻值（电位器满值为 50kΩ），得到不同幅值的输出波形。$R6$ 的 Set position 设为 0.9 时（即 $R6=5k\Omega$），峰值输出 5.2V，如图 8-10a 所示。$R6$ 的 Set position 设为 0.5 时（即 $R6=25k\Omega$），峰值输出 10.4V，已饱和，如图 8-10b 所示。

⑤ 模拟原理图（见图 8-11）。

（2）有源滤波器设计　在高频电路中多使用 LC 电路作为频率选择电路。在低频电路中，LC 的值会很大导致元件体积过大，Q 值提高也困难，导致滤波效果不佳，而采用单纯 RC 电路 Q 值很低，滤波效果同样不好。采用有源器件（运放）和 RC 网络组成的有源滤波器可以有效克服上述电路存在的问题。

在 LCCD 电路中，多使用低通滤波器（LPF）滤掉 LCCD 信号中的高频干扰，也可使用带通滤波器（BPF）同时滤掉 LCCD 信号中的高频干扰，也可抑制 LCCD 的低频电源噪声和纹波影响。但对后者的效果不显著，同时在 LCCD 信号中还包括暗电流和背景光对信号的影响，带通滤波器（BPF）无法有效兼顾上述低频和直流滤波的优点。因此，在 LCCD 电路中通常采用低通滤波器（LPF）滤掉 LCCD 信号中的高频干扰，采用低通和减法电路抑制和克服 LCCD 的低频电源噪声和纹波影响，以及暗电流和背景光对信号的影响。

1）有源滤波器特点

① 能够实现 LC 电路难以实现的特性，电路设计简单。

② LC 滤波器要求各级之间阻抗匹配，而 RC 有源滤波器只要求源级内阻低于一定值，负载级阻抗高于一定值，各级之间无阻抗匹配要求。

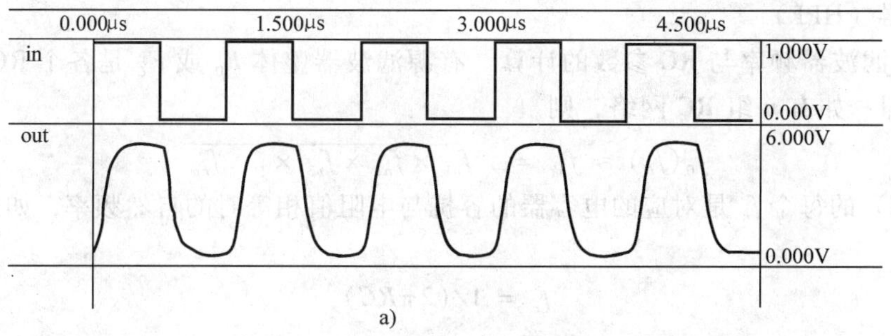

a)

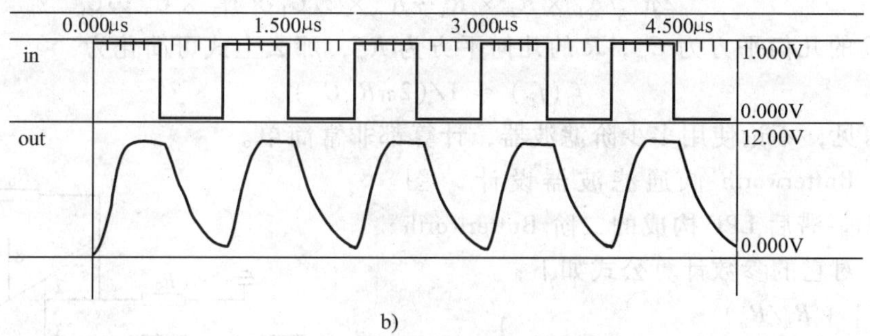

b)

图 8-10 放大电路输出仿真

a）输出仿真 A b）输出仿真 B

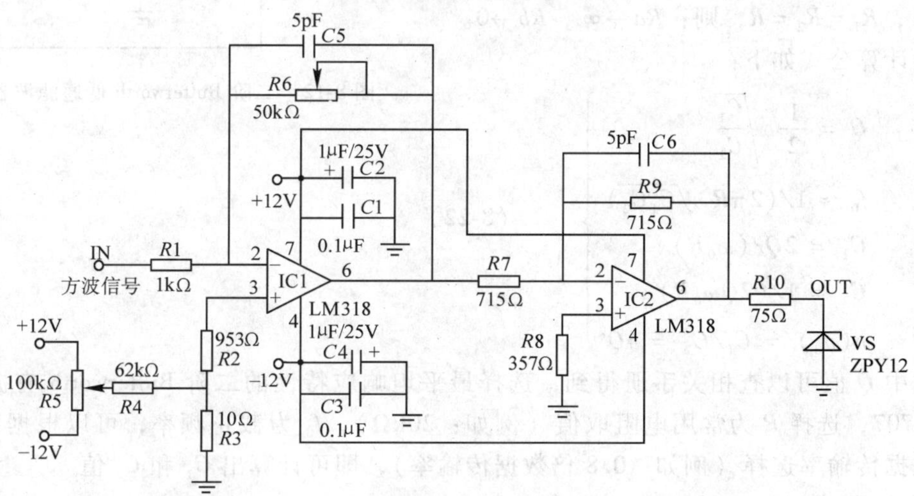

图 8-11 模拟原理图

③ 选择适当的放大器以后，滤波电路特性误差基本由 RC 值决定，比单纯 LC 电路易满足滤波特性要求。

④ 只要改变 RC 的取值，即可方便地调整滤波特性（如：截止频率 f_0、中心频率 f_c）。

2）有源滤波器的缺点

① 高频应用受放大器高频特性限制。

② 小信号滤波效果受放大电路 S/N（信噪比）限制。

3）按照带通分类，有带通滤波器（BPF）、带阻滤波器（BEF）、低通滤波器（LPF）

和高通滤波器（HPF）等。

4）有源滤波器频率与 RC 参数的计算　有源滤波器整体 F_0 或 F_C 是各个 RC 自然频率的几何平均，即：如有 n 组 RC 网络，则

$$f_0(f_C) \approx f_{nk} = \sqrt{f_{n1} \times f_{n2} \times f_{n3} \times \ldots f_{nm}} \tag{8-17}$$

式（8-17）的每个 f_n 是对应的电容器的容抗与电阻值相等时的自然频率，如式（8-18）所示。

$$f_n = 1/(2\pi RC) \tag{8-18}$$

$$f_0(f_C) \approx \frac{1}{2\pi \sqrt{R_1 \times R_2 \times R_3 \cdots R_n} \times \sqrt{C_1 \times C_2 \times C_3 \cdots C_n}} \tag{8-19}$$

如果设 C 的几何平方为 C_m，R 的几何平方为 R_m，那么上式可简化为

$$f_0(f_C) \approx 1/(2\pi R_m C_m) \tag{8-20}$$

从上式可见，不论使用多少阶滤波器，计算都非常简单。

5）二阶 Butterworth 低通滤波器设计　图 8-12是采用超前-滞后 LPF 构成的二阶 Butterworth 低通滤波器。对它的参数计算公式如下：

$$\left.\begin{aligned} G &= (1 + R_b/R_a) \\ Q &= \frac{\sqrt{R_1 R_2 C_1 C_2}}{C_2(R_1 + R_2) + R_1 C_1 (1 - G)} \end{aligned}\right\} \tag{8-21}$$

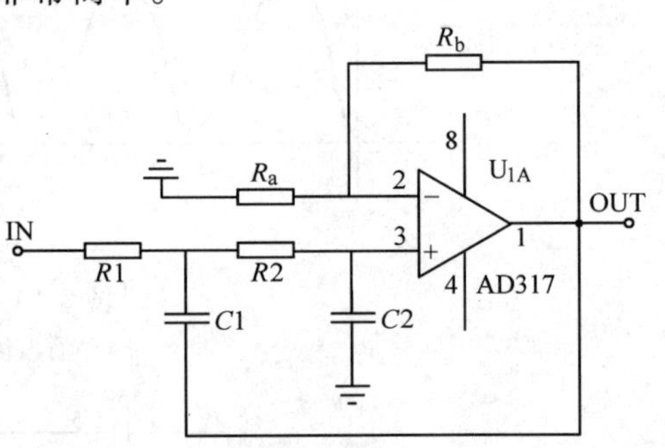

图 8-12　二阶 Butterworth 低通滤波器 LPF

设：$G=1$，$R_1=R_2=R$，则：$Ra \to \infty$，$Rb \to 0$。

可得计算公式如下：

$$\left.\begin{aligned} Q &= \frac{1}{2}\sqrt{\frac{C_1}{C_2}} \\ f_0 &\approx 1/(2\pi R\sqrt{C_1 C_2}) \\ C_1 &= 2Q/(\omega_0 R) \\ C_2 &= 1/(2Q\omega_0 R) \\ n(n_0) &= C_1/C_2 = 4Q^2 \end{aligned}\right\} \tag{8-22}$$

上式中 Q 值可以查相关手册得到，选择最平坦响应特性的二阶 Butterworth 有源 LPF 参数 $Q=0.707$，选择 R 为常用电阻取值（例如：20kΩ），f_0 为截止频率，可以根据 LCCD 实际工作数据传输率选择（例如：0.8 倍数据传输率），即可计算出 C_1 和 C_2 值。

7. 思考题

1）试分析和叙述 LCCD 的输出信号的特点，与其他传感器（例如：光敏二极管）有何不同？

2）LCCD 传感器的输出信号需要选择什么类型的放大器电路？有什么特点？

3）LCCD 的暗电流和背景光信号具有什么特征？是否是有用信号？为什么？

4）抑制 LCCD 输出信号中的暗电流和背景光信号可以采用那些措施？试叙述和分析利用 LPF 和减法放大器怎样从 LCCD 输出信号中剔除暗电流和背景光信号？

5）为什么采用二阶 Butterworth 低通滤波器 LPF 对 LCCD 信号中的高频噪声进行滤波？二阶 Butterworth 低通滤波器的截止频率可以根据 LCCD 的什么工作参数选择？为什么？

实验 8-4　CCD 摄像机参数标定

1. 引言

在计算机视觉理论基础上发展起来的视觉检测（Vision Inspection）技术具有非接触、速度快、精度适中、可实现在线检测等优点，已广泛地应用于工业产品的在线检测及三维数字化等方面。在计算机视觉检测技术中 CCD 摄像机是一最关键的器件，其参数是否准确决定了检测的精度。所以，摄像机标定是视觉检测技术中最基本的也是最重要的一步。摄像机标定就是获得摄像机内部的几何和光学特性，即内部参数及摄像机坐标系相对于空间坐标系的位置关系，即外部参数。

本实验是视觉检测技术系列实验之一，旨在让学生掌握视觉检测的基本原理——透视成像原理；CCD 摄像机的基本参数；空间坐标和图像坐标的获取方法；RAC（Radial Alignment Constraint）标定方法。这些实验内容非常有助于学生理解和掌握计算机视觉检测技术。

2. 实验要求

1）用给定软件实时采集图像，熟练掌握调整摄像机成像镜头的光圈和焦距的方法，使采集的靶标图像清晰，易于后续处理。

2）用给定的靶标确定空间标定点的坐标。

3）熟练使用给定的标定软件进行靶标图像处理，并获取标定点的图像坐标。

4）用给定的软件对标定点的空间坐标和图像坐标进行处理，得出标定结果，并能简单分析标定结果的正确性。

3. 实验器材

一维电控平移台及控制器、CCD 摄像机、焦距 8mm 和 16mm 的成像镜头各 1 个、图像采集卡、计算机、标定靶标、标定软件等。

4. 基本操作

1）组装 CCD 摄像机标定系统。按图 8-13 所示，将靶标固定在一维平移台上，靶标的移动方向和摄像机的光轴方向尽可能一致。将摄像机的视频接头连接到计算机的图像采集卡上。

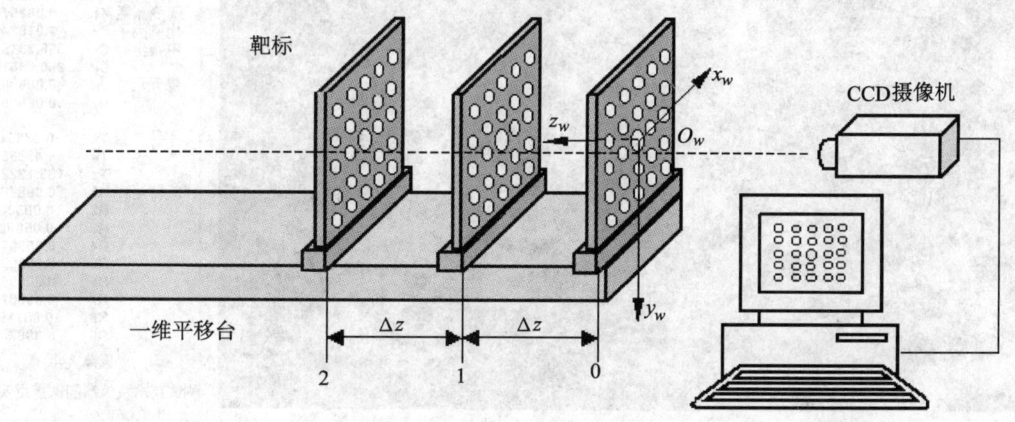

图 8-13　CCD 摄像机标定系统

2）实时采集图像，调整摄像机。启动标定软件，实时采集靶标图像，调整摄像机的光圈和焦距，使采集到的图像清晰，如图 8-14 所示。

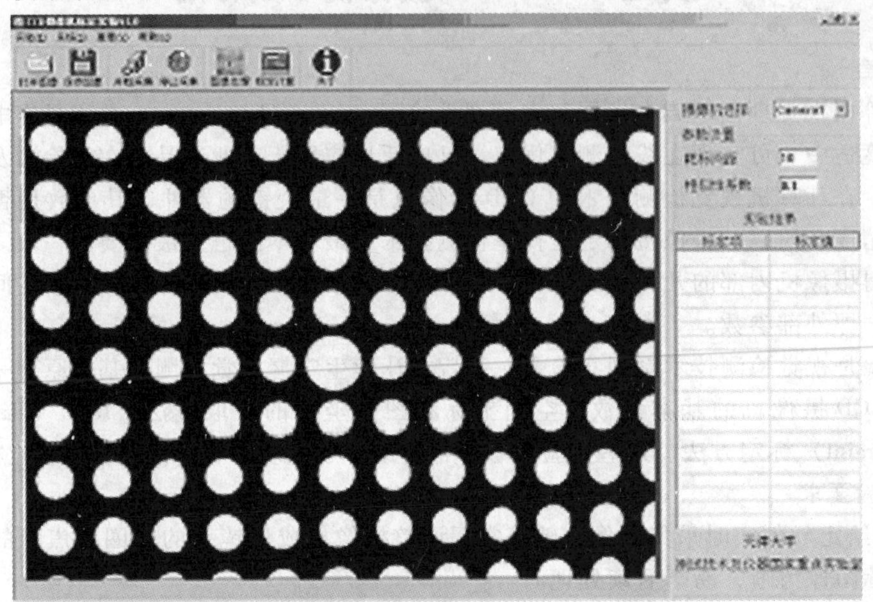

图 8-14　实时采集靶标图像

3）使用标定软件处理图像，获取标定点的图像坐标。对采集的图像进行处理，可获取靶 标上各个圆孔中心的图像坐标，如图8-15所示。按图8-13所示建靶标的空间坐标系

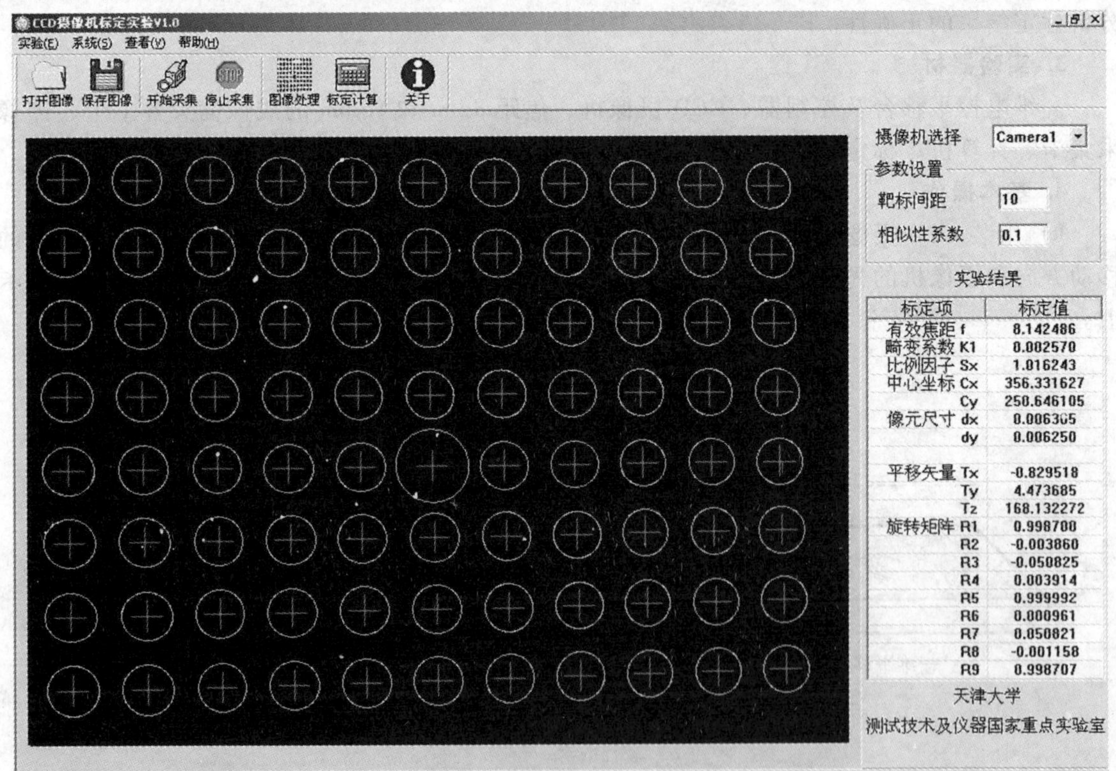

图 8-15　获取圆孔中心图像坐标

$O_w x_w y_w z_w$，靶标上各个圆孔中心的空间坐标便由它们之间的距离确定。移动工作台到位置 1 和位置 2，重复上述过程，又可获取两组标定点的空间坐标和图像坐标。

4）执行 RAC 标定程序，获取标定结果。对获取的标定数据进行处理，便可得到该摄像机的参数。

5）换一个不同焦距的成像镜头，重复上述标定过程，比较标定结果。

5. 参考资料

[1] 段发价，张健新，叶声华. CCD 摄像机参数标定新技术 [J]. 计量学报，1997，18（4）.

[2] 王明昕，赵东标，邵泽明. CCD 摄像机内外参数标定技术研究 [J]. 机械与电子，2004（3）.

6. 思考题

1）靶标中间的圆孔为什么要大于其他圆孔？如果圆孔都一样，该如何确定空间坐标系？

2）如何初步判断所标定出来的参数是正确的？为什么标定出来的摄像机有效焦距一定要大于成像镜头的焦距？在所标定出的参数中哪一项是摄像机透视成像中心到空间坐标系原点的距离？

3）哪些因素会给标定结果带来误差？如何消除或减小这些误差？

7. 附录

（1）CCD 摄像机透视成像模型

图 8-16 是 CCD 摄像机透视变换模型，在这个模型中有四个坐标系：物空间坐标系 $O_w x_w y_w z_w$，摄像机坐标系 $O_c x_c y_c z_c$，像平面坐标系 $O_i x_i y_i$ 和计算机图像坐标系 ouv。空间一点 P 经摄像机成像后其像面坐标和摄像机坐标的关系为

$$\frac{X_I}{x_c} = \frac{f}{z_c} = \frac{Y_I}{y_c} \quad (8\text{-}23)$$

式中，f 为摄像机成像镜头的有效焦距，即摄像机坐标系原点到像面的距离。

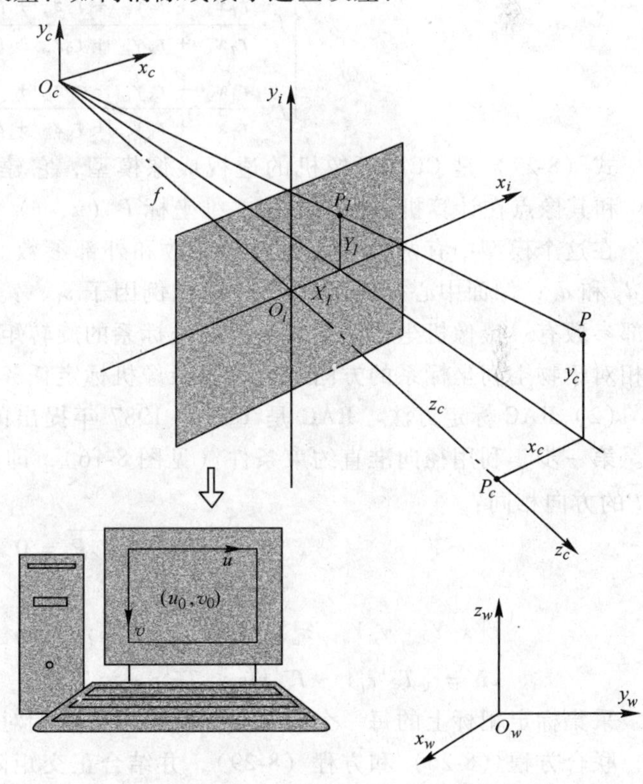

图 8-16　摄像机透视变换模型

P 点在物空间坐标系 $O_w x_w y_w z_w$ 中的坐标 P（x_w，y_w，z_w）和在摄像机坐标系 $O_c x_c y_c z_c$ 中的坐标 P（x_c，y_c，z_c）的关系为

$$\begin{bmatrix} x_c \\ y_c \\ z_c \end{bmatrix} = \boldsymbol{R} \begin{bmatrix} x_w \\ y_w \\ z_w \end{bmatrix} + \boldsymbol{T} \quad (8\text{-}24)$$

式中，$\boldsymbol{R} = \begin{bmatrix} r_1 & r_2 & r_3 \\ r_4 & r_5 & r_6 \\ r_7 & r_8 & r_9 \end{bmatrix}$ 为旋转矩阵；$\boldsymbol{T} = \begin{bmatrix} t_x \\ t_y \\ t_z \end{bmatrix}$ 为平移矢量；$\boldsymbol{R}$ 和 $\boldsymbol{T}$ 决定了摄像机相对于物空

间坐标系的方向和位置。

引入镜头畸变后，空间点 P 的实际像点 P_d（X_d，Y_d）和理想像点 P_I（X_I，Y_I）的位置关系为

$$\begin{cases} X_I = X_d(1 + k_1 r^2) \\ Y_I = Y_d(1 + k_1 r^2) \end{cases} \tag{8-25}$$

式中，k_1 为摄像机镜头的径向畸变系数；$r = \sqrt{X_d^2 + Y_d^2}$。

实际像点坐标 P_d（X_d，Y_d）和计算机图像坐标 P（u，v）的关系为

$$\begin{cases} X_d = s_x^{-1} d_x(u - u_0) \\ Y_d = d_y(v - v_0) \end{cases} \tag{8-26}$$

式中，（u_0，v_0）是成像中心在计算机图像坐标系中的坐标；d_x 和 d_y 分别为 CCD 感光面在 X 和 Y 方向上的光敏单元的中心距；s_x 是 X 方向上的不确定图像比例因子。

由以上各式可以得出空间坐标 P（x_w，y_w，z_w）和计算机图像坐标 P（u，v）的关系为

$$\begin{cases} X_I = s_x^{-1} d_x(u - u_0)(1 + k_1 r^2) \\ Y_I = d_y(v - v_0)(1 + k_1 r^2) \\ f \cdot \dfrac{r_1 x_w + r_2 y_w + r_3 z_w + t_x}{r_7 x_w + r_8 y_w + r_9 z_w + t_z} = X_I \\ f \cdot \dfrac{r_4 x_w + r_5 y_w + r_6 z_w + t_y}{r_7 x_w + r_8 y_w + r_9 z_w + t_z} = Y_I \end{cases} \tag{8-27}$$

式（8-27）是 CCD 摄像机的透视成像模型，它建立了空间点的三维坐标 P（x_w，y_w，z_w）和其像点在计算机坐标系中的二维坐标 P（u，v）之间的关系。

在这个模型中有两种参数：内部参数和外部参数。内部参数有：CCD 光敏单元的中心距 d_x 和 d_y；像面中心坐标（u_0，v_0）；比例因子 s_x、镜头的有效焦距 f 和径向畸变系数 k_1。外部参数有：摄像机坐标系相对于空间坐标系的旋转矩阵 $\boldsymbol{R}$ 和平移矢量 $\boldsymbol{T}$，它们确定了摄像机相对于物空间坐标系的方向和位置。摄像机标定任务就是要确定这些参数。

（2）RAC 标定方法　RAC 是 Tsai 在 1987 年提出的标定摄像机参数的方法，也叫两步法。第一步，利用径向准直约束条件（见图 8-16），即无论径向畸变如何，向量 $\overline{O_i P_I}$ 和向量 $\overline{P_C P}$ 的方向相同：

$$\overline{O_i P_I} \times \overline{P_C P} = 0 \tag{8-28}$$

即

$$\begin{cases} [\,x_w Y_d \quad y_w Y_d \quad z_w Y_d \quad Y_d \quad -x_w X_d \quad -y_w X_d \quad -z_w X_d\,] L = X_d \\ L = [\,T_y^{-1} r_1 s_x \quad T_y^{-1} r_2 s_x \quad T_y^{-1} r_3 s_x \quad T_y^{-1} T_x s_x \quad T_y^{-1} r_4 \quad T_y^{-1} r_5 \quad T_y^{-1} r_6\,]^T \end{cases} \tag{8-29}$$

采集标定靶标上的每一个特征点，都可以得到相对应的一对坐标（x_w，y_w，z_w）和（u，v），联合方程（8-26）和方程（8-29），并结合正交矩阵约束条件，用最小二乘法求解，得到 $\boldsymbol{R}$ 和 $\boldsymbol{T}$ 的分量 $r_1 \sim r_9$、T_x、T_y 以及 s_x 的解；第二步，把所得参数代入式（8-27），采用迭代法可求出其他参数的最终精确解。

根据获取特征点的不同，RAC 法分为共面标定和非共面标定，其中非共面标定的精度比较高，经常被采用。它要求采集靶标在摄像机光轴的垂直方向上的几个不同位置的图像。实验中经常采取如下方法：让靶标在一个固定导轨上每移动 Δz 采集一次图像，可以得到若

干非共面的特征标定点。对这些点建立合适的空间坐标系，就可以得到每个特征点在空间坐标系的坐标（x_w，y_w，z_w）和在计算机图像坐标系中的坐标（u，v），最后应用 RAC 法进行求解。

（3）标定靶标　摄像机的标定靶标的形式多种多样，其中圆形靶标是最常用的。因为圆形对图像的阈值不敏感，且特征点坐标容易确定，所以可以比较容易的得到亚像素级的标定精度。

图 8-17 是一种圆形靶标，该靶标是在不透光平板玻璃上光刻出一系列透光圆孔阵列 $M \times N$，行列严格垂直，圆孔的中心距均相等且已知（Δx，Δy）。在靶标中央的圆孔（称为标记圆）的半径要大于其余圆孔。将靶标安装在一维导轨上，并使靶标平面和导轨移动方向垂直，如图 8-18 所示。在标定过程中，以导轨的第一个位置的标记圆中心为原点 O_w，横向圆心所在的直线为 x_w 轴，纵向圆心所在的直线为 y_w 轴，以标定时靶标移动方向为 z_w 轴，建立空间坐标系，坐标系符合右手法则。获取靶标三个不同位置的数据就可以得到一系列三维特征点数据，如图 8-19 所示。

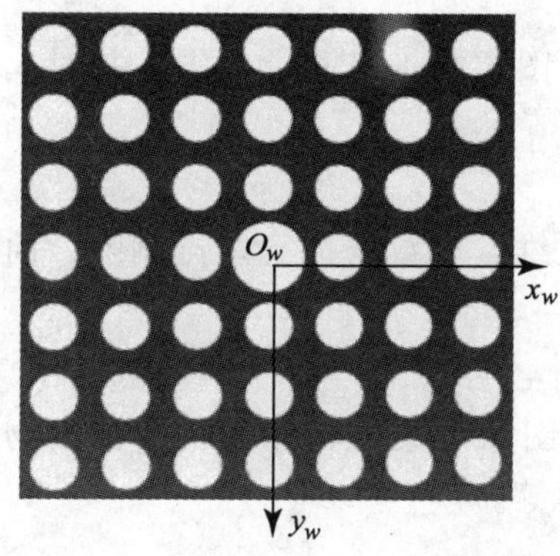

图 8-17　圆形标定靶标

图 8-18　CCD 摄像机标定装置

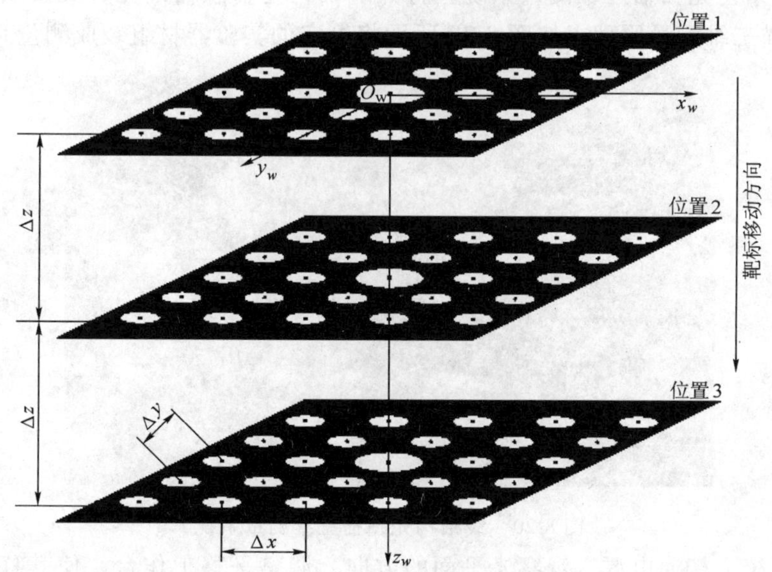

图 8-19　靶标建立的空间坐标系

实验 8-5 线结构光扫描三维测量

1. 引言

近年来，随着计算机技术、电子技术、图像处理技术的发展和日臻成熟，基于 CCD 摄像机和各种结构光的视觉三维测量技术得到了长足发展，因其具有非接触、速度快、可实现自动化等优点，在机械制造、航空航天、医学等领域得到了广泛应用。特别是在工业产品的设计（三维逆向工程）和检测中发挥着重要的作用。

本实验是视觉检测技术系列实验之一，旨在让学生掌握线结构光扫描三维测量的基本原理，线结构光传感器的基本组成及工作原理，光条图像的获取及处理方法，熟悉三维点云数据的简单处理方法，了解计算机精确控制工作台平移和旋转的方法。

2. 实验要求

1）观察线结构光传感器的内部结构，分析三维测量原理。能将给定的实验设备组装成线结构光扫描三维测量系统。

2）用给定的软件实时采集光条图像。根据所采集的图像能确定测量范围，并对光条图像进行二值化、提取重心和图像坐标等处理。

3）用给定的软件控制工作台的平移和旋转。

4）使用三维数据处理软件对测量得到的物体表面三维点云数据进行杂点删除、曲线和曲面拟合、显示实体模型等处理。

3. 实验器材

电控平移台和旋转台及控制器、线结构光传感器、图像采集卡、计算机、被测物体两个——手机外壳和花瓶（或其他小型被测物）、测量软件等。

4. 实验提示

1）组装线结构光扫描三维测量系统。打开线结构光传感器外壳，观察其内部结构。根据线结构光扫描三维测量原理，按图 8-20 所示将给定的实验器材组装成测量系统。

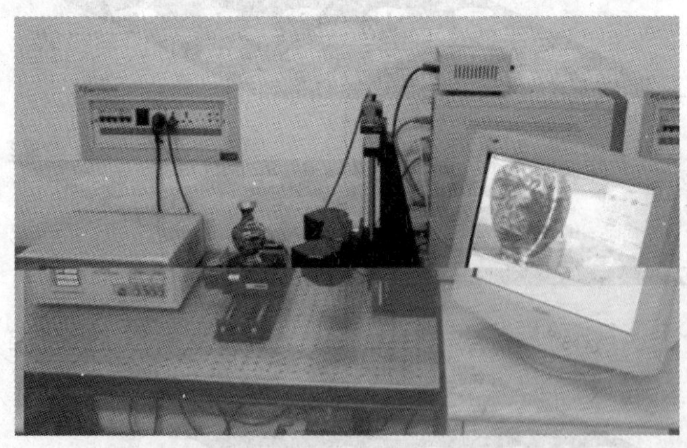

图 8-20 线结构光扫描三维测量系统

2）调整系统。接通电源，观察光平面的方向，调整平移工作台，使其移动方向和光平面垂直。将被测物体置于工作台上，启动测量软件，实时采集光条图像。观察光条图像，调整传感器的高度，使左右摄像机都能采集完整的光条图像。调整激光强度，使采集到的光条图像有较好得对比度并无散光现象，便于后续图像处理。

3）光条图像处理。根据所采集的光条图像确定测量范围，在测量范围内对光条图像进行二值化、提取重心和图像坐标等处理，观察处理结果。

4）控制工作台的平移和旋转。在给定的软件中输入平移量和旋转量，观察工作台的运动情况。

5）三维扫描测量。将两个不同被测物体分别置于工作台上，根据它们的形状分别选择平移扫描和旋转扫描测量，将测量结果存入某一文件夹中。

6）三维点云数据处理。启动三维点云数据处理软件，打开测量得到的三维数据，根据操作流程对数据进行杂点删除、曲线和曲面拟合、显示实体模型等处理。图 8-21 和图 8-22 分别是平移扫描得到的手机外壳三维数据和旋转扫描得到的花瓶表面三维数据。

图 8-21　手机外壳三维数据

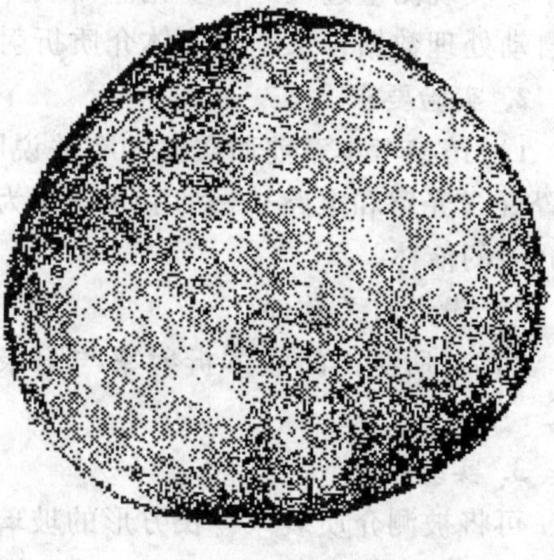

图 8-22　花瓶表面三维数据

5. 参考资料

[1] 孙长库，叶声华．激光测量技术［M］．天津：天津大学出版社，2001.

[2] 许智钦，孙长库．3D 逆向工程技术［M］．北京：中国计量出版社，2002.

6. 思考题

1）线结构光传感器由哪些器件组成？为什么使用两个摄像机？

2）激光光平面为什么要和一维工作台的运动方向垂直？如果不垂直对测量结果有什么影响？

3）三维点云数据中的杂点和漏洞是由哪些因素产生的？在测量过程中如何减少这些杂点和漏洞？

实验 8-6　利用 CCD 测量介质的折射率

1. 引言

介质的折射率是介质的一个很重要的光学参数，它描述电磁波传播至不同介质时被折射的程度。不同波长的电磁波在同一介质中具有不同的折射率，也就是其被折射的程度不同。

折射率表示在两种（各向同性）媒质中光速比值的物理量。光从第一媒质进入第二媒质时（除垂直入射外），任一入射角的正弦和折射角的正弦之比。对于折射率一定的两种媒质是一个常数。这常数称为“第二媒质对第一媒质的相对折射率”（n_{21}），并等于第一媒质中的光速 v_1 对第二媒质中的光速 v_2 之比值 $v_1/v_2 = n_{21}$。任一媒质对真空（作为第一媒质）的折射率称为这媒质的“绝对折射率”，简称“折射率”。由于光在真空中传播的速度最大，故其他媒质的折射率都大于 1。同一媒质对不同波长的光，具有不同的折射率；在对可见光为透明的媒质内，折射率常随波长的减小而增大，即红光的折射率最小，紫光的折射率最大。通常所说某物体的折射率数值多少（例如水为 1.33，玻璃按成分不同而为 1.5 ~ 1.9），是指对钠黄光（波长 5893×10^{-10}m）而言的。

传统的折射率的测量方法很多，归纳起来，除了干涉法之外，绝大多数方法都是利用菲涅尔反射折射公式或其简单形式——反射折射定律来进行的。而这些方法的一个共同特点就是不易实现测量过程的自动化。而利用 CCD 图像传感器作为光电探测器，并应用计算机技术自动处理数据，来测量液体介质折射率的新方法，具有自动化程度高，结果准确等优点。

2. 实验要求

1）请参考本章前面实验的有关说明，设计一个可以测量大多数透明液体折射率的通用装置（含光路和电路）。利用 CCD 作为光电探测器，并利用计算机技术处理数据，来测量透明介质的液体。

2）设计有关软件。

3）对所测得的液体折射率与附录的数据相比较，分析其误差产生的原因，并做出解释。

3. 实验提示

可将被测介质装入一长方形的玻璃容器（见图 8-23），已知玻璃容器的壁厚为 d_1，折射率为 n_0，容器所装液体的宽度为 d_2。假设图中玻璃器壁的 4 个表面分别记为 1、2、3、4，并设光线在第 k 个表面上的入射角和折射角分别为 i_k 和 r_k（$k=1，2，3，4$）。根据几何光学可知：

$$i_1 = r_4, i_3 = r_2, r_1 = i_2 = r_3 = i_4 \tag{8-30}$$

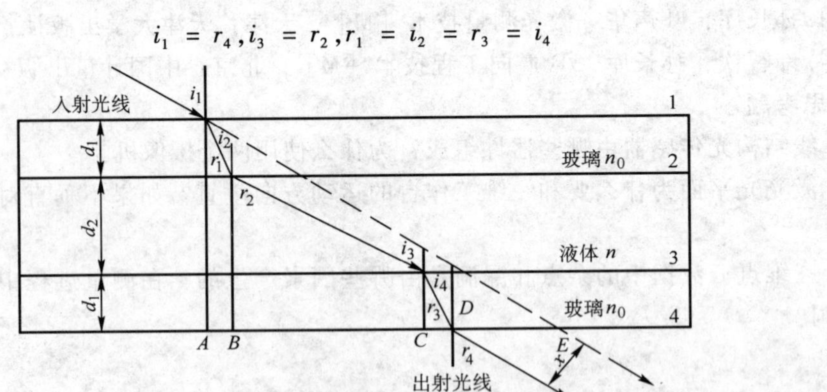

图 8-23　光学原理示意图

可见出射光线和入射光线相互平行，出射光线与入射光线之间，由于介质平板的折射所产生的横向偏移量为

$$x = [AE - (AB + BC + CD)]\cos i_1$$

$$= [(2d_1 + d_2)\tan i_1 - (d_1\tan r_1 + d_2\tan r_2 + d_1\tan r_3)]\cos i_1 \tag{8-31}$$

利用式（8-30）和折射公式 $\sin i_1 = n_0\sin r_1 = n\sin r_2$，可把式（8-31）进一步表示为

$$x = \left[(2d_1 + d_2)\tan i_1 - \left(\frac{2d_1\sin i_1}{\sqrt{n_0^2 - \sin^2 i_1}} + \frac{d_2\sin i_1}{\sqrt{n^2 - \sin^2 i_1}}\right)\right]\cos i_1 \tag{8-32}$$

由式（8-32）可把待测液体的折射率 n 表示成

$$n = \sin i_1\left\{1 + \left(\frac{d_2\cos i_1\sqrt{n_0^2 - \sin^2 i_1}}{[(2d_1 + d_2)\sin i_1 - x]\sqrt{n_0^2 - \sin^2 i_1} - d_1\sin 2i_1}\right)^2\right\}^{\frac{1}{2}} \tag{8-33}$$

由式（8-33）可知，当入射角为 i_1 的一条入射光线，穿过图 8-23 所示几何尺寸 d_1、d_2 和折射率 n_0 已知的玻璃容器时，通过测量出射光线与入射光线之间的横向偏移量 x，即可计算出容器中液体介质的折射率 n。而横向偏移量通过 CCD 测量时，可表示为

$$x = \frac{(l_1 + l_2)}{2} + L \tag{8-34}$$

式中，l_1 和 l_2 分别为出射光线和入射光线在 CCD 上的光斑宽度；L 为出射光线和入射光线在 CCD 上形成光斑的间距，如图 8-24 所示。

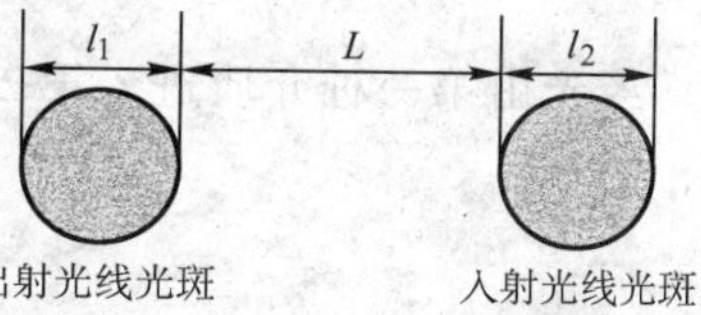

图 8-24　CCD 上的光斑示意图

在实际测量时可以先根据入射光线大概确定 CCD 的放置位置，在玻璃容器中装上被测液体后，出射光线也能完整地显现在 CCD 上，再精确的调整玻璃容器和 CCD 的位置。在测得出射光线光斑在 CCD 上的准确位置后，移走玻璃容器，测量入射光线的光斑位置。

4. 注意事项

1）该实验应尽量将温度控制在室温 20°C，这样测得的数据与附录中给出的数据才具有可比性。

2）实验过程中，注意要保持容器外表面清洁且不要沾附被测液体，保证测量结果的准确。

3）CCD 测量的出射光线与入射光线之间的横向偏移量 x，是出射光线与入射光线两条平行线之间的距离，所以在测量时注意使出射光线与 CCD 垂直。

5. 参考资料

［1］葛一兵，花世群．利用线阵 CCD 测量液体的折射率［J］．传感器技术，2003，22（9）．

［2］张全法，郭茂田，杨海彬．利用 CCD 测量液体折射率［J］．半导体光电，2000，21（3）．

［3］王庆有．CCD 应用技术［M］．天津：天津大学出版社，2000．

6. 附录

（1）折射率　折射率表示光在介质中传播时，介质的一种特征。

绝对折射率是指光由真空进入某种介质，入射角的正弦与折射角的正弦的比值，简称这种介质的折射率（n），$n = \sin\alpha_1/\sin\alpha_2$，如图 8-25 所示，其中 α_1 为光在真空中的入射角，α_2 为光在介质中的出射角。

相对折射率是指两种介质绝对折射率的比值。如第二种介质的绝对折射率 n_2 与第一种介质绝对折射率 n_1 的比值叫做第二种介质对第一种介质的相对折射率 n_{21}（见图 8-26）。

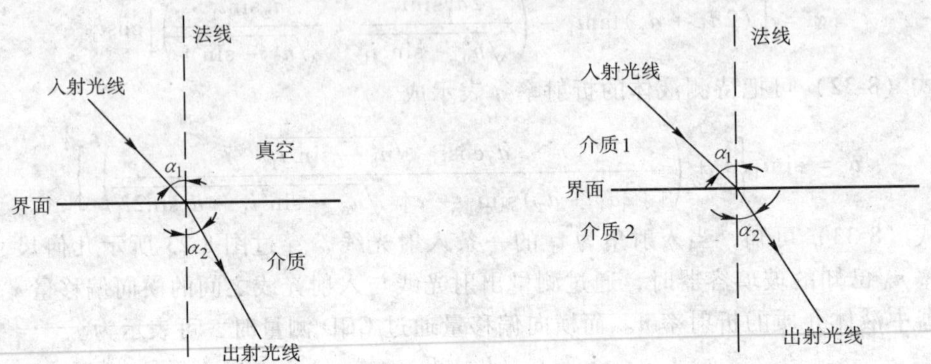

图 8-25　绝对折射率示意图　　图 8-26　相对折射率示意图

当光由第一种介质进入第二种介质时，光线与法线夹角的正弦与介质的绝对折射率成反比，则

$$n_{21}=\frac{n_2}{n_1}=\frac{\sin\alpha_1}{\sin\alpha_2}$$

（2）液体折射率（见表 8-4）。

表 8-4　液体折射率表

液体折射率表				
物质名称	分子式	密度/g·cm^{-3}	温度/°C	折射率
丙醇	CH_3COCH_3	0.791	20	1.3593
甲醇	CH_3OH	0.794	20	1.3290
乙醇	C_2H_5OH	0.800	20	1.3618
苯	C_6H_6	1.880	20	1.5012
二硫化碳	CS_2	1.263	20	1.6276
四氯化碳	CCl_4	1.591	20	1.4607
三氯甲烷	$CHCl_3$	1.489	20	1.4467
乙醚	$C_2H_5\cdot O\cdot C_2H_5$	0.715	20	1.3538
甘油	$C_3H_8O_3$	1.260	20	1.4730
松节油		0.87	20.7	1.4721
橄榄油		0.92	0	1.4763
水	H_2O	1.00	20	1.3330

实验 8-7　测量单模光纤的双折射

1. 引言

随着单模光纤应用技术的不断发展，特别是集成光学、光纤通信、光纤传感器以及超高

速率和超长距离的单模光纤通信的应用，人们对单模光纤的偏振特性越来越重视，近年来已进行了广泛的研究。

所谓单模光纤，意味着只传输一个模——基模（LP_{11}或 HE_{11}模），而这个模实际上是由两个正交线偏振模构成的。在理想圆对称单模光纤中，这两个线偏振模是简并的。它们具有相同的传播常数（或者说传播速度），若以线偏振光注入单模光纤，出射光的偏振态与入射光完全一样。但是，实际的光纤总会存在纤芯不圆、内部残余应力等不对称因素，还有诸如随机应力、弯曲、扭绞、振动等外界因素，从而导致简并解除，两个正交线偏振模的传播速度不等的结果，对光纤注入一线偏振光，经光纤传输后，依光纤的性质、长度以及诸如偏振光方位的不同，在输出端可出现椭圆偏振光、圆偏振光、线偏振光即发生了双折射。光纤双折射是单模光纤的重要偏振特性。光纤拍长就是衡量双折射大小的常用参数。

通常，在轴对称光纤中，外界条件发生微小变化就会使传播波的偏振态不稳定。这在单模光纤中会引起偏振模色散、接收信号电平波动和测量误差或误码率增加等，解决的办法是采用单模单偏振光纤（即偏振保持光纤），这种光纤就是双折射极大或极小的一种特殊单模光纤。

描述单模光纤偏振特性的参数主要有双折射（或拍长）、偏振模色散和消光比等，单模光纤的测量除了一些常规参数与特性外（如色散、损耗、截止波长、MFD 等），很重要的是测量它的双折射。比较直观的是测量拍长，它有多种方法如基于瑞利散射的直接显示法、电光与磁光调制法、时域反射法、波长扫描法、偏振态测试法等。本实验研究用偏振光干涉法测量单模光纤偏振特性。

2. 实验要求

1）设计单模光纤双折射测量装置。

2）运用 CCD 器件和微机系统快速地测量光纤中双折射量的变化即测量条纹的位移量。

3）测出实验数据，计算测量精度。

4）分析测量误差。

5）给出结论。

3. 实验提示

1）研究偏振光干涉理论。

2）收集单模光纤偏振特性，特别是双折射的测量方法。

3）分析计算 savart 板作用参数。

4）进行原理实验，得出论证结果。

5）改进实验方案，进一步实验。

6）总结课题实验。

4. 参考资料

［1］白崇恩，刘有信．光纤测试［M］．北京：人民邮电出版社，1988.

［2］徐森禄，凌世德．光波导及其应用［M］．杭州：浙江大学出版社，1990.

［3］参见本章实验 8-2.

5. 附录

（1）石英 Savart 板　它是与光轴成 45°角切割而成 s 板（见图 8-27），当一束光矢量与 s 板主截面成 45°角的线偏振光垂直入射到 s 板上时，在板内产生分离角为 θ'的 e 光和 o 光，它们将平行于入射光方向、并偏离位移 d 从 s 板出射。

$$d = t\tan\theta' = t\tan(45^\circ - \beta) = \frac{n_e^2 - n_o^2}{n_e^2 + n_o^2}t \tag{8-35}$$

同时 o 光和 e 光将存在光程差 Δ 或位相差 δ_0

$$\Delta = [n_e(45^\circ) - n_o]t = \left[\frac{\sqrt{2}n_o n_e}{\sqrt{n_e^2 + n_o^2}} - n_o\right]t \tag{8-36}$$

$$\delta_0 = \frac{2\pi}{\lambda}\Delta$$

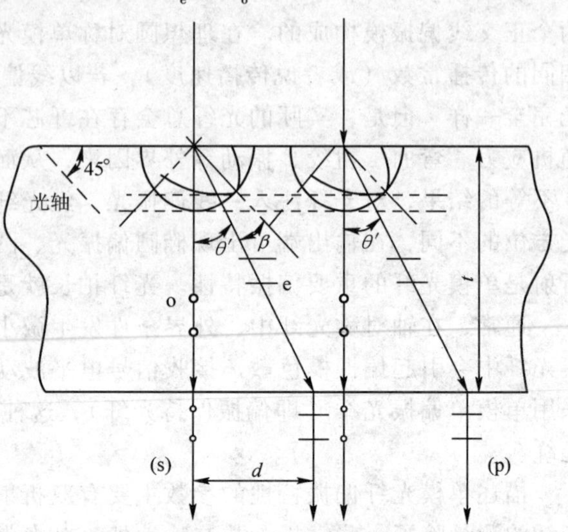

图 8-27 s 板的双折射

（2）单模光纤的出射光束为高斯光束，可近似作为点光源产生的光线，s 板的作用是将光纤的出射光分裂为间距 d，振动方向相互垂直，并且有一定位相差 δ_0 的两个点光源。因此，如果在 s 板后放置一透光轴与 s 板的主截面成 45°检偏器时，从 s 板出射的 p（e 光），s（o 光）分量光将在接收平面上产生干涉，形成一组杨氏干涉直条纹，如图 8-28 所示，其干涉强度分布为

$$I = 4I_0\cos^2\left(\frac{\delta_0 + \delta_x}{2}\right) \tag{8-37}$$

式中，δ_x 是光纤因双折射而引起的位相差。

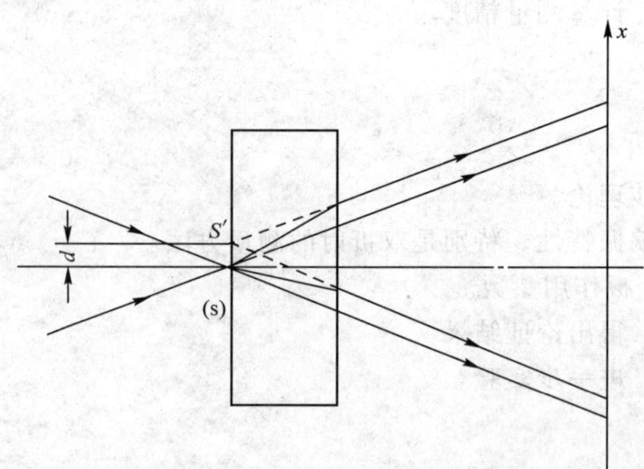

图 8-28 s 板对光源的分裂及杨氏干涉的形成

（3）参考的光纤线双折射测量原理图（见图 8-29）。

光线在测量系统中的传播过程可用琼斯矩阵表示

$$E = \begin{bmatrix} E_x \\ E_y \end{bmatrix} = \begin{bmatrix} 1 & 0 \\ 0 & 0 \end{bmatrix}\begin{bmatrix} \cos45^\circ & \sin45^\circ \\ -\sin45^\circ & \cos45^\circ \end{bmatrix}\begin{bmatrix} e^{i\frac{\delta_0}{2}} & 0 \\ 0 & e^{-i\frac{\delta_x}{2}} \end{bmatrix}\begin{bmatrix} e^{i\frac{\delta_x}{2}} & 0 \\ 0 & e^{-i\frac{\delta_x}{2}} \end{bmatrix}$$

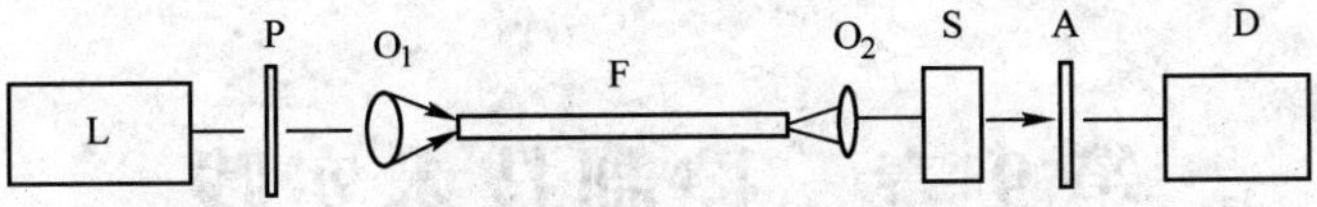

图 8-29　光纤线双折射测量系统

L—激光器　P—起偏器　O_1、O_2—显微物镜　F—光纤

S—s 板　A—检偏器　D—条纹位移测试系统（CCD 系统）

$$\begin{pmatrix} \cos45° & -\sin45° \\ \sin45° & \cos45° \end{pmatrix}\begin{pmatrix} E_0 \\ 0 \end{pmatrix} \tag{8-38}$$

利用此系统可测量单模光纤的线双折射及随外界条件发生的变化，它将光纤的 HE_{11}^x 与 HE_{11}^y 模的相位差变化转化为干涉条纹的位移变化。

第 9 章 控制技术实践

实验 9-1 交流电动机的自动控制

1. 引言

在现代生产中，自动控制已成为一种趋势，可编程序控制器（PLC）作为一种业已成熟的设备在自动控制及相关领域得到日益广泛应用。可编程序控制器作为一种专为工业环境应用而设计的器件，具有丰富的 I/O 接口、较强的驱动能力。但可编程序控制器产品并不针对某一具体应用，在实际使用时，其硬件需根据实际需要进行选用配置，其软件需根据控制要求进行设计编制。

2. 实验要求

用梯形图对 PLC 编程，控制交流电动机实现正向转动和反向转动。

3. 实验器材

直流稳压电源（24V）、万用表、PLC、交流接触器、继电器、固态继电器、交流电动机等。

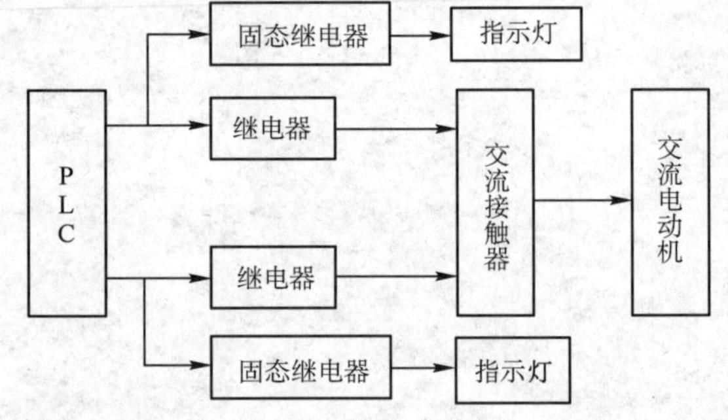

图 9-1 控制电路系统工作原理框图

4. 实验提示

（1）系统工作原理（见图 9-1）

（2）操作流程

1）按照图 9-2 电路图连接各元件，构成电动机控制电路；

2）开关 SB1 为起动开关，SB2 为停止开关；按下 SB1，使交流接触器 KM5 通电，接通其触头 KM5a、KM5b、KM5c、KM5d，此时指示灯 HL1 亮；

3）系统上电，PLC 开始工作，控制继电器 K1 和 K2 的通断，进而控制交流接触器 KM1、KM2 的输出，从而控制电动机正转、反转或停转。首先，电动机正转 10s，然后停止 3s，之后反转 10s，又停止 3s，如此循环。电路中的两个指示灯 HL2、HL3 由两个固态继电器 K3、K4 控制，用于指示电动机的工作状态。

① 电动机正转时：Q0.1、Q0.2 输出低电平，Q0.0、Q0.3 输出高电平，继电器 K1 吸合，K2 断开，固态继电器 K3 吸合，K4 断开，红灯 HL2 亮，绿灯 HL3 灭，交流接触器 KM1 吸合，KM2 断开，电动机输入端三相输入电压的顺序为 L1→L2→L3，此时电动机正转。

② 电动机反转时：Q0.1、Q0.2 输出高电平，Q0.0、Q0.3 输出低电平，继电器 K1 断开，K2 吸合，固态继电器 K3 断开，K4 吸合，红灯 HL2 灭，绿灯 HL3 亮，交流接触器 KM1 断开，KM2 吸合，电动机输入端三相输入电压的顺序为 L3→L2→L1，此时电动机反转。

③ 电动机停转时：Q0.1、Q0.2 输出高电平，Q0.0、Q0.3 输出高电平，继电器 K1、K2 断开，固态继电器 K3、K4 断开，红灯 HL2 灭，绿灯 HL3 灭，交流接触器 KM1、KM2 断开，电动机输入端无输入电压，此时电动机停转。

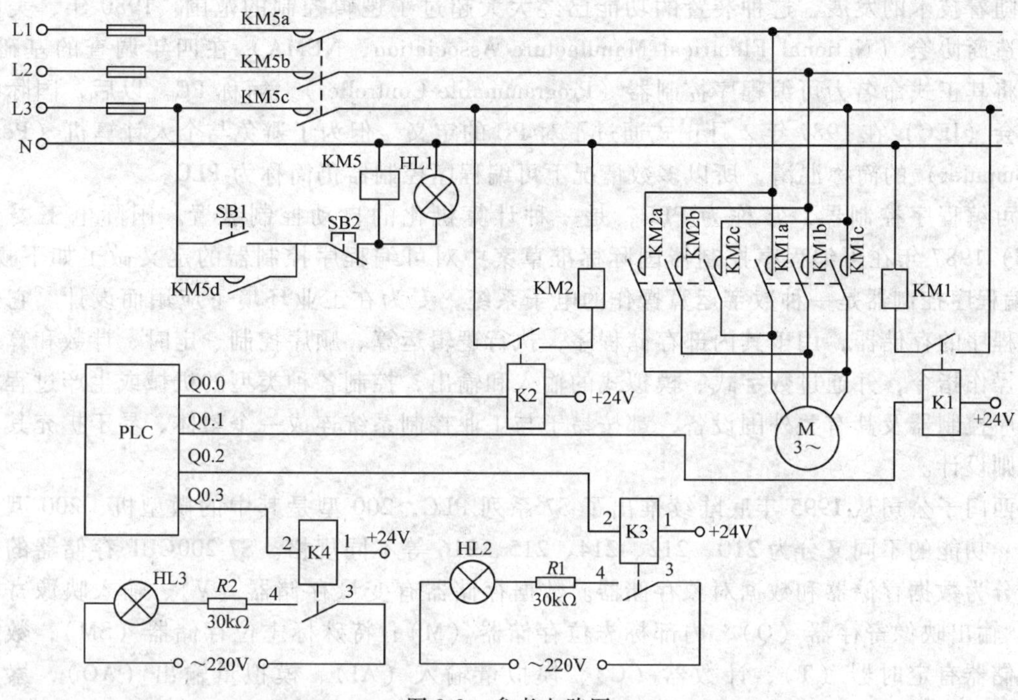

图 9-2 参考电路图

5. 注意事项

1）为了便于控制电动机起停，电路中使用了起动和停止开关，并且设置了自锁触头。

2）由于交流接触器 KM1、KM2 内部有互锁机构，故 KM1、KM2 不可能同时吸合，起到了保护电动机的作用。

3）固态继电器 K3、K4 的内部是一个光电耦合器，只有当输入端 1、2 有电压时，光电耦合器的二极管部分才导通，从而它的双向晶闸管导通，输出端 3、4 接通。

4）由于实验中用到 220V 的高压，请在实验过程中注意保护设备和自身安全。

6. 参考资料

［1］郑玲玲．“天煌教仪”系列产品介绍［J］．电气电子教学学报，2000，12：23－27.

［2］刘晓明，刘军．PLC 在电机控制中的运用［J］．电器开关，1999，4：5－8.

［3］钟肇新，王灏．可编程控制器入门教程［M］．广州：华南理工大学出版社，1999.

［4］汪晓光，孙晓瑛．可编程控制器原理及应用［M］．北京：机械工业出版社，1994.

［5］赵长安．控制系统设计手册［M］．北京：国防工业出版社，1997.

7. 附录

（1）可编程序控制器（PLC）简介　可编程序控制器（Programmable Controller）是计算机家族中的一员，是为工业控制应用而设计制造的。早期的可编程序控制器称作可编程序逻辑控制器（Programmable Logical Controller），简称 PLC，它主要用来代替继电器实现逻辑控制。世界第一台 PLC 由美国数字设备公司（Digital Equipment Corporation，DEC）于 1969 年推出，在美国通用汽车自动装配线上试用，获得了成功。由于其具有操作方便、可靠性高、通用灵活、体积小、使用寿命长等一系列优点，很快在世界各地的其他工作领域得到迅速的推广应用。

随着技术的发展，这种装置的功能已经大大超过了逻辑控制的范围。1980 年，美国电气制造商协会（National Electrical Manufacture Association，NEMA）在四年调查的基础上，首先将其正式命名为可编程序控制器（Programmable Controller），简称 PC。以后，国际电工委员会（IEC）在 1987 年 2 月正式通过了对 PC 的定义。但为了避免与个人计算机（Personal Computer）的简称混淆，所以多数情况下可编程序控制器仍简称为 PLC。

可编程序控制器，常称为 PLC，是一种计算机化的自动控制装置。国际电工委员会（IEC）1987 年在可编程序控制器国际标准草案中对可编程序控制器的定义做了如下规定："可编程序控制器是一种数字运算操作的电子系统，专为在工业环境下应用而设计。它采用可编程序的存储器，用于其内部存储程序，执行逻辑运算、顺序控制、定时、计数和算术运算等操作指令，并通过数字式、模拟式的输入和输出，控制各种类型的机械或生产过程。可编程序控制器及其有关外围设备，都按易于与工业控制系统连成一个整体、易于扩充其功能的原则设计。"

西门子公司从 1995 年底陆续推出了 S7 系列 PLC，200 型是其中的微型机，200 型中依容量、功能的不同又分为 210、212、214、215、216 等不同规格。S7-200CUP 存储器的数据空间分为数据存储器和数据对象存储器。数据存储器有变量存储器（V）、输入映像寄存器（I）、输出映像寄存器（Q）、内部标志位存储器（M）、特殊标志位存储器（SM）；数据对象存储器有定时器（T）、计数器（C）、模拟量输入（AI）、模拟量输出（AO）、累加器（AC）、高速计数器（HC）。

PLC 主要由两大基本的模块中央控制单元（CPU）和输入输出接口（I/O Interface）组成。

PLC 系统运行时，CPU 先读取各种传感设备的输入数据，再执行存储于内存中的用户程序，最后向被控制设备发送相应的输出指令。这一过程在系统运行时循环不断地进行。

PLC 的主要特点有

1）高可靠性　高可靠性是 PLC 最突出的特点之一。这是由其结构特点决定的：

① 所有的输入/输出接口电路均采用光隔离，使工业现场的外电路和 PLC 内部电路之间实现电气隔离。

② 各输入端均采用 RC 滤波器，滤波时间常数一般为 10~20ms，对高速输入端采用数字滤波，其滤波时间常数由指令设定。

③ 各模块均采用屏蔽措施，以防止辐射干扰。

④ 采用性能优良的开关电源。

⑤ 良好的自诊断功能，一旦电源或其他软、硬件发生异常，CPU 立即采取有效措施，以防止故障扩大。

⑥ 大型 PLC 还采用双 CPU 构成冗余系统或由三个 CPU 构成表决式系统，进一步提高可靠性。

由于上述一系列措施，使 PLC 的平均无故障运行时间［又称为平均无故障间隔时间 MTBF（Mean Time Between Failures）］可高达几十万小时，被工业界称为无故障设备。

2）丰富的 I/O 接口模块　PLC 针对不同的工业现场信号（如交流或直流、开关量或模拟量、电压或电流、脉冲或电位、强电或弱电等），与相应的 I/O 模块和工业现场的器件或设备直接连接。另外，为提高操作性能，它还有多种人—机对话接口模块；为组成工业局部网络，有多种通信联网的接口模块，等等。

3）采用模块化结构　为适应各种工业控制需要，除单元式的小型 PLC 外，绝大多数 PLC 均采用模块化结构。PLC 的各个部件，包括 CPU、直流电源、I/O 等均采用模块设计，由机架及电缆将各模块连接起来，系统的规模和功能可根据用户需要自行组合。

4）编程简单易学　PLC 编程大多采用类似于继电器控制线路的梯形图进行，易于被工程技术人员所理解和掌握。

5）安装简便、维修方便　PLC 无需专门的机房，可以在各种工业环境下直接就近安装。使用时只需将现场的各种设备与 PLC 相应的 I/O 端相连，系统便可以投入运行。模块化结构也方便了故障查找及恢复。

(2) 交流接触器　接触器是在正常工作条件下，主要用于频繁地接通或断开交、直流主电路，且可远距离控制电器。其主要控制对象是电动机，也可以用于控制其他电力负载，如电热器、电焊机、电容器和照明器件等。接触器的基本参数是主触头的额定电流、主触头允许切断电流、触头数、线圈电压、操作频率、动作时间、机械寿命和电气寿命等。

(3) 继电器（参见附录 C）。

8. 思考题

1）继电器、交流接触器、固态继电器有何异同？

2）指出图 9-2 电路的优缺点，并提出对电路的改进意见。

实验 9-2　交流伺服电动机控制

1. 引言

交流伺服电动机实际上是一种小型的交流异步电动机，在小功率随动系统中得到广泛的应用。由于交流伺服电动机在自动控制系统中作为执行元件，因此它不仅应具有运动和静止的伺服特性，而且还必须具有转速大小和方向的可控制性。它的输出功率约为 0.1～100W，其中最常用的在 30W 以下。自动控制系统对电动机的基本要求有以下几点：

(1) 宽广的调速范围　即要求伺服电动机的转速随着控制电压的改变能在宽广的范围内连续调节。

(2) 机械特性和调节特性均为线性　线性的机械特性和调节特性有利于提高自动控制系统的动态精度。

(3) 无“自转”现象　即要求伺服电动机在控制电压降为零时能立即自行停转。

(4) 快速响应　即电动机的机电时间常数要小，相应的伺服电动机要有较大的堵转转矩和较小的转动惯量。这样，电动机的转速才能随着控制电压的改变而迅速变化。

2. 实验要求

本实验要求实现以下功能：PLC 通过输出电压的高低控制伺服电动机的转速，从而带动丝杠旋转，并使滑块向前运动，其速度曲线如图 9-3 所示。

3. 实验器材

交流伺服电动机、接近开关、丝杠付、PLC 等。

4. 实验提示

(1) 系统工作原理（见图 9-4）。

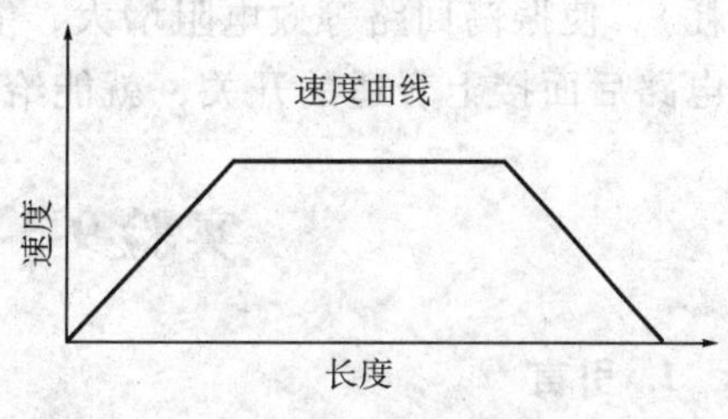

图 9-3　速度曲线

(2) 操作流程

1) 开始时，PLC 输出电压逐渐升高，使交流伺服电动机加速旋转，从而使滑块加速向前运动。

2) 当接近开关 1 测到滑块时，接近开关发出信号并反馈给 PLC，使输出电压保持不变，从而使电动机转速保持不变，滑块匀速向前运动。

3) 当接近开关 2 测到滑块时，接近开关发出信号并反馈给 PLC，使输出电压逐渐降低，从而使交流伺服电动机转速慢慢减小，使滑块减速向前运动，直至停止。

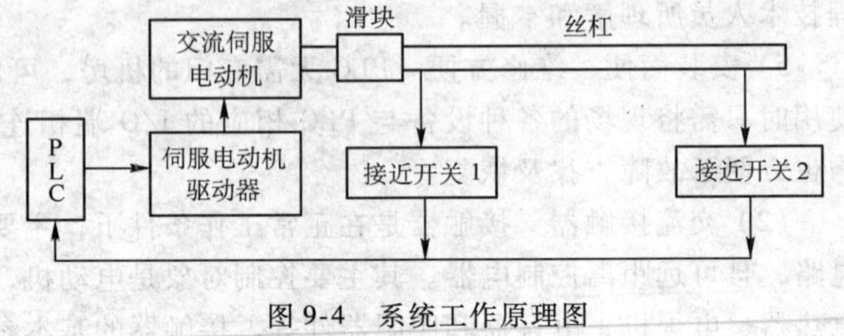

图 9-4　系统工作原理图

5. 注意事项

在实验中认真研究交流伺服电动机的控制方法，仔细体会接近开关的工作原理和实际应用。

6. 参考资料

[1] 章绍东. 单个按钮实现电动机起停的 PLC 程序设计方法 [J]. 电器开关，2004，8：55－59.

[2] 李兴旺，董星涛. PLC 实现变频调速多电动机控制 [J]. 电器自动化，1999，9：46－51.

[3] 钟肇新，王灏. 可编程控制器入门教程 [M]. 广州：华南理工大学出版社，1999.

[4] 汪晓光，孙晓瑛. 可编程控制器原理及应用 [M]. 北京：机械工业出版社，1994.

[5] 赵长安. 控制系统设计手册 [M]. 北京：国际工业出版社，1997.

7. 思考题

1) 交流伺服电动机的控制方式有哪几种？

2) 在该实验中，如果不使用接近开关，可以用什么器件代替？

3) 伺服电动机与步进电动机有什么不同？

8. 附录

接近开关简介：当运动物体靠近开关到一定位置时，开关发出信号，达到行程控制或计数控制的作用。接近开关按其作用原理分为高频振荡型、电容型、感应电桥型、永久磁铁型和霍尔效应型等类型，其中以高频振荡型最为常用，其工作原理是当金属物体进入稳定振荡的高频振动器磁场时，由于在该物体内产生涡流损耗（如果是铁磁金属物体，还存在磁滞损耗），使振荡回路等效电阻增大，能量损耗增加，以致振荡减弱，直至停止。这样，在振荡电路后面接上合适的开关，就能给出相应的控制信号。

实验 9-3　直流电动机转速控制

1. 引言

直流电动机的转速和各参量的关系可用下式表示：

$$n = (U - IR)/(K_e\Phi) \quad (9\text{-}1)$$

式中，n 为转速，单位为 r/min；U 为电枢电压，单位为 V；I 为电枢电流，单位为 A；R 为电枢电路电阻，单位为 Ω；Φ 为励磁磁通，单位为 Wb；K_e 为由电动机结构决定的电动势常数。

由式（9-1）可以看出，要想改变直流电动机的转速，即调速，可有三种不同的方式：调节电枢供电电压 U；改变电枢回路电阻 R；调节励磁磁通 Φ。

对于要求在一定范围内无级平滑调速的系统来说，以调节电枢供电电压的方式最佳。因为改变电阻只能有级调速，而调节磁通范围很小，不然将造成飞车事故。所以直流调速系统以变压调速为主。

改变电压的方式有多种，目前广泛采用的是利用晶闸管的可控整流器和采用全控型电力电子器件组成的直流斩波器或脉宽调制变流器。

2. 实验要求

采用电子和微控制器两种技术完成直流电动机转速控制装置的设计和制作。

3. 实验方案选择

方案 A　基于电子技术

（1）实验提示

1）脉宽调制控制电路是利用电力晶体管或晶闸管等开关器件的导通和关断，把直流电压变成电压脉冲序列，控制电压脉冲的宽度或周期以达到变压的目的，或者控制电压脉冲宽度和脉冲序列的周期以达到变压变频目的的一种变换电路。基本的脉宽调制控制电路包括电压-脉宽转换器和开关式功率放大器两部分（见图 9-5）。

此电路是通过改变占空比的方法，来调节直流电动机的转速。输入部分是一个简单的电位器电路，用以调整电压，电源电压采用 12V。可调电压经电压跟随器 A1 以后，在比较器 A2 ~ A4 上与三个事先经电阻分压而设定的基准电压相比较。随着输入电压的升高，从 A4 开始，然后是 A3、A2，它们的输出先后变为低电平。

电容的充电时间 $R11C1$ 是不变的，定时器电路的放电端不用，而用 A2 ~ A4 输出端代替。根据 A2 ~ A4 的输出情况，可能有三种不同的放电时间见表 9-1。

表 9-1　三种不同的放电时间

输出低电平的运放	放电时间
A4	$R8C1$
A4、A3	$(R8//R7)\ C1$
A4、A3、A2	$(R8//R7//R6)\ C1$

二极管 VD1 ~ VD3 提供电容 $C1$ 放电通道，而 VD5 则提供充电通道。为了保证在充电时间内，各比较器输出状态不影响充电速度，另外加晶体管 V1 和二极管 VD4，把比较器输入端电位拉到只有零点几伏，A2 ~ A4 全部输出高电平，这样使 VD1 ~ VD3 都截止。V1 集电极输出控制大功率管 V2，另由 1000μF 的 $C2$ 电容进行滤波。不同的输出电压，使定时器电路产生不同的输出。而不同的占空比又产生不同的直流电压，从而改变电动机的转速。

2）为了电路调试时方便，可以局部连接。在实验电路板上插接 A1 电路器件，检查无误，通电测量。调节 RP 电位器，用万用表测量或用示波器观察 A1 的输出，是否能从 0 ~ 12V 变化。

+12V
RP
10kΩ
A1
LM324
A
R1
10kΩ
R2
5.1kΩ
R3
5.1kΩ
R4
5.1kΩ
R5
5.1kΩ
A2
A3
A4
D
C
B
R6
1kΩ
R7
150kΩ
R8
330kΩ
VD1
1N4148
VD2
1N4148
VD3
1N4148
VD4
1N4148
NE7555
E
R9
510Ω
V2
3CD3
C2
1000μF/25V
F
M
VD6
1N4148
R10
4.7kΩ
V1
3DK3B
C1
680pF
VD5
1N4148
R11
10kΩ

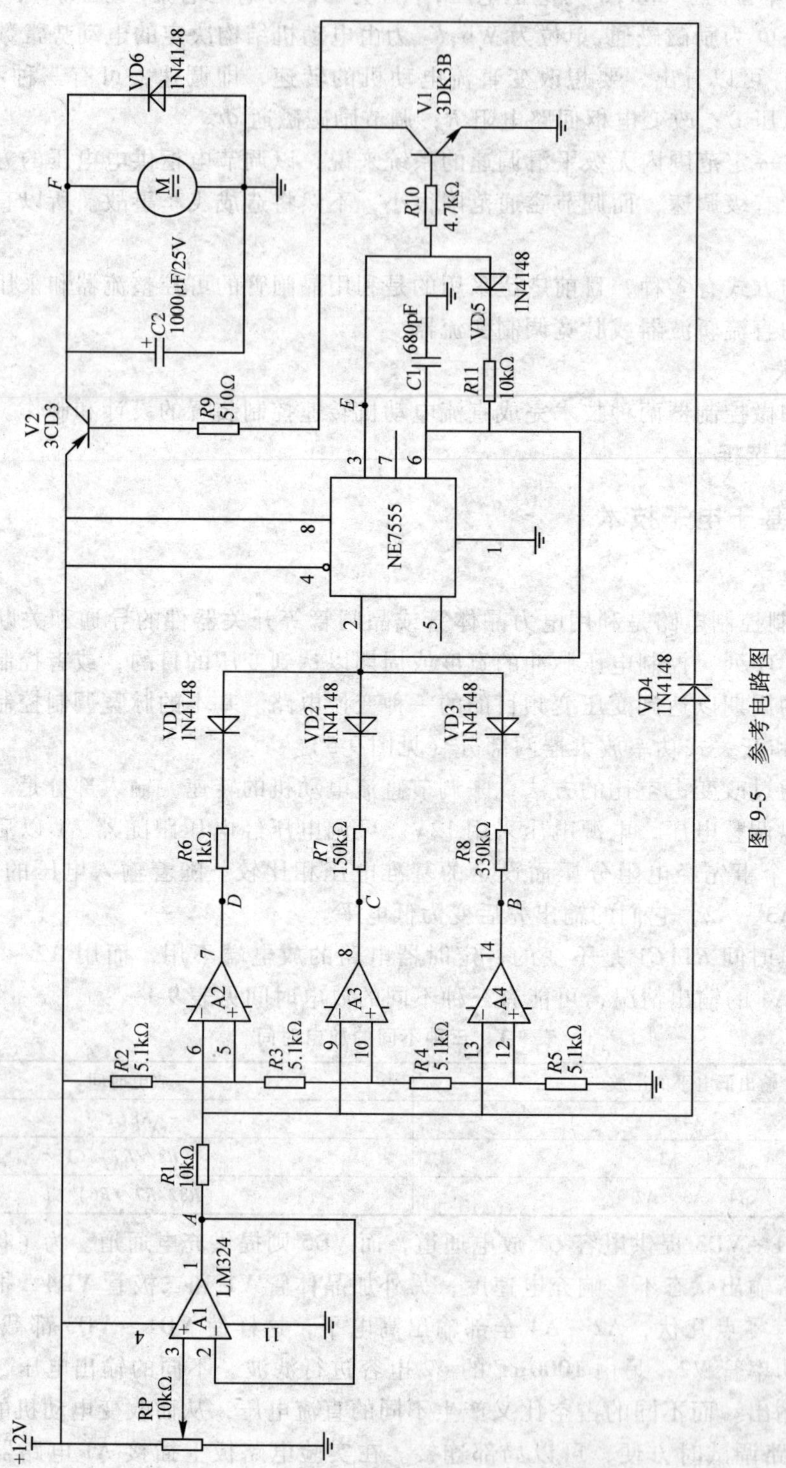

图 9-5 参考电路图

3）在实验电路板插接 A2 ~ A4 电路器件，检查无误，通电测量三个比较器的输出。

4）在实验板上分别连接电路的其他部分，检查无误，才能通电调试电路。

5）调节电位器，控制电动机的转速，用示波器测量 $A \sim E$ 点波形，并记录。

（2）实验流程

1）以实验电路板为实验平台，应用脉宽调制原理控制直流电动机，完成电路连接与调试，掌握电路设计及调试的方法。

2）使用示波器观察脉宽调制信号，并记录、分析。

3）改进测控电路，实现电动机转速闭环控制。

（3）注意事项　实验中注意正负电源不能接反，否则会烧毁芯片或电动机。

（4）思考题　设计另外一种脉宽调制控制直流电动机的电路，画出电路图，说明工作原理。

方案 B　基于微控制器技术方案

（1）实验提示

1）以 AT89C51（或其他）微控制器为核心组成闭环控制系统，实现速度预置、速度显示，并且对转速进行精确的测量。

2）将固定在主轴上的光电编码盘产生的脉冲送外部中断，通过计数器进行计数，从而算出转速。将这个转速与预置转速进行比较，得出差值。AT89C51 通过对这个差值进行 PID 运算，得出控制增量，在 P×口送出控制系数，改变脉宽占空比，从而改变加在电动机两端上的有效电压，最终达到控制转速的目的。

3）测速电路　固定在直流电动机主轴上的光电编码盘产生周期脉冲，经过脉冲整形电路后输入 AT89C51 的外部中断 INT0 和 INT1。测速通常有频率法和周期法。在使用频率法时，由于控制计数起止信号的开启时间和停止时间与转速脉冲信号的关系是不相关的，故其在时间轴上的位置是随机的，因此在时间相同的定时时间内计数器计得的结果可能不同，会有 ±1的误差。周期法是通过测量光电编码盘发出脉冲的周期，在测量时会引起时基脉冲计数的 ±1 误差，周期较长时，相对误差就较小，反之，相对误差就比较大。因此，频率法通常应用于转速较高场合的测量，周期法通常应用于转速较低的场合。

（2）测量系统的硬件原理（见图 9-6）

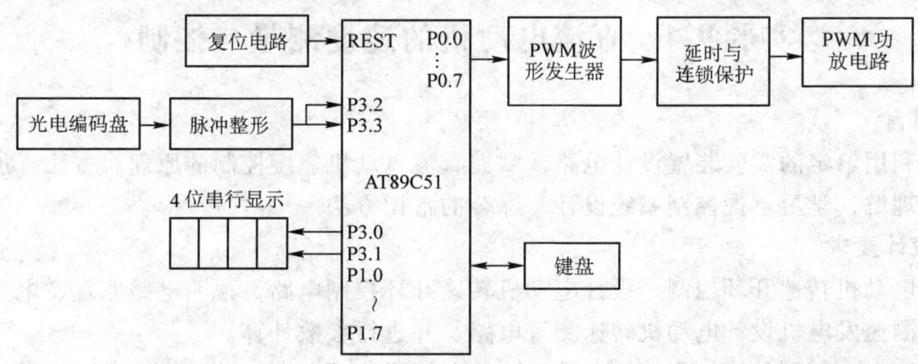

图 9-6　硬件原理

(3) 主程序框图　主程序框图如图 9-7 所示。

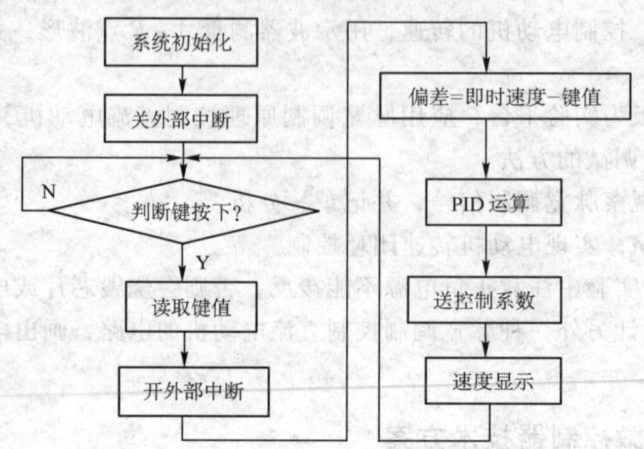

图 9-7　主程序框图

(4) 思考题　改变单片机型号，软、硬件应做如何改变?

4. 参考资料

[1] 洪小叶．应用微机数模转换接口控制小电机的转速［J］．物理实验，2003，23 (4).
[2] 狄京，张申，樊体峰．锁相环电机转速控制系统的研究［J］．工矿自动化，2002 (1).
[3] 叶淬．电工电子技术实践教程［M］．北京：化学工业出版社，2003.
[4] 张国雄，金篆芷．测控电路［M］．北京：机械工业出版社，2000.
[5] 何立民．单片机应用技术选编 (8)［M］．北京：北京航空航天大学出版社，2000.

5. 思考题

1) 改变直流电动机的转速有哪几种方式? 它们的特点是什么?

2) 测速传感器若不用光电编码盘，还有什么方法?

3) 直流电动机的转速控制，除上述两种方案外，还可以采用什么方案?

实验 9-4　直流电动机的速度测量与控制

1. 引言

通过利用给定的实验装置设计电路，掌握直流电动机速度控制的原理、方法，加深对控制理论的理解；学习掌握控制系统设计、综合的常用方法。

2. 设计要求

(1) 电动机转速开环控制　设计电动机转速开环控制电路，说明电路原理、电路参数设计。利用测速发电机设计电动机转速测量电路，并进行参数计算。

(2) I 型电动机转速控制　在控制系统前向通道中增加一积分环节构成 I 型控制系统，用测速发电机作速度反馈，形成转速闭环结构。设计 I 型电动机转速控制系统电路，要求能调节控制系统开环增益，计算电路参数，并说明计算方法。

（3）带有校正环节的I型控制　在I型控制系统实验中，当开环增益变大时系统出现振荡（不稳定），在保证系统为I型系统的前题下，试引入校正技术，使得I型控制系统的开环增益增大。设计控制电路，说明电路原理。

3. 设计提示

（1）工作原理　由于电动机电枢线圈有内阻存在，当电动机负载变化时使电枢两端实际电压也产生变化，这样就使转速变化。经过推证可以得到下面两条结论：

当电动机负载恒定时，直流电动机转速与电枢两端电压成线性关系。

转速 n 随转矩 T_{em} 的增大而降低，电动机电磁转矩与电枢电流成正比。

调节电动机电枢电压改变电动机转速：转速给定信号由一个两端接正负12V的电位器构成。通过调节电位器滑动端位置改变加到电动机电枢两端的电压值，从而达到控制电动机转速的目的。

电动机负载变动对电动机转速影响：实验时，通过给惯性盘加摩擦力改变电动机负载，如调速性不好电动机转速随负载变化有明显变化。

（2）实验机械装置　实验装置由两部分组成：一个是机械装置，用于固直流电动机M、测速发电机TG以及惯性盘部件，其直观图如图9-8所示。另一个是功率模块，它与外部电路的接口由电源输入端子和信号输入输出端子组成，如图9-9所示。

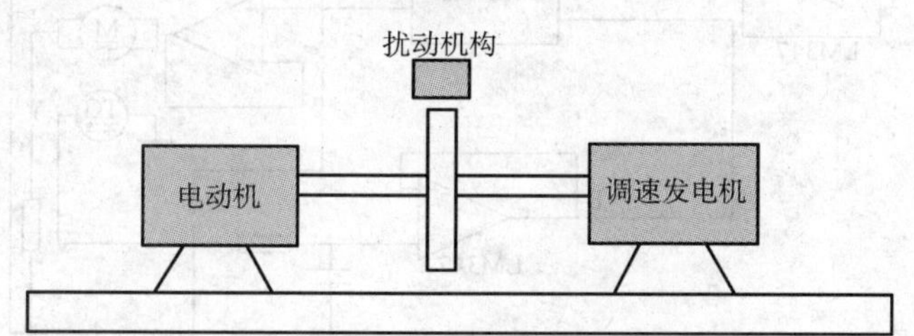

图9-8　机械装置示意图

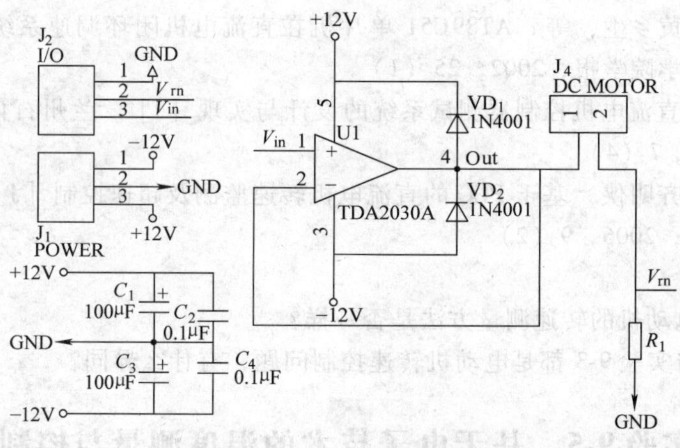

图9-9　电动机功率驱动模块

（3）开环控制原理框图　如图9-10所示，功率放大器选用TDA2030A，其输出能够直接驱动直流电动机。开环增益通过运算放大器构成的反相放大器进行调节。

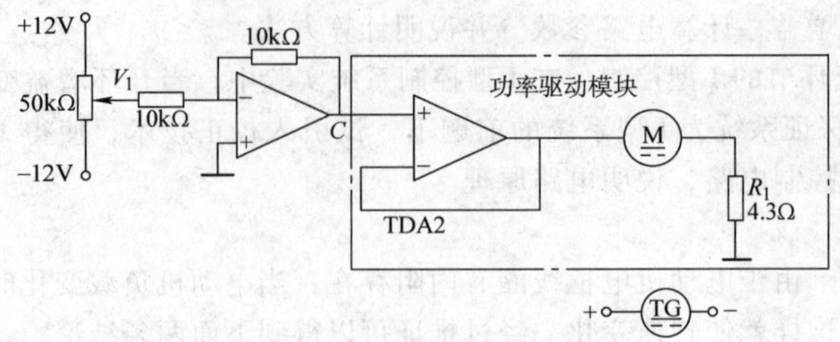

图 9-10　开环控制参考电路

4. 注意事项

1）在 I 型控制系统实验中，让系统形成负反馈，调节开环增益，观察电动机响应，得到系统最大稳定工作时的开环增益值，并记录此时的开环增益。

2）当系统稳定时，改变电动机负载，观察负载变化对电动机转速影响。由于所选电动机额定力矩较小，因此所施加在惯性盘上的力不能太大。为了便于观察转速的变化，可以用电压表测量测速发电机输出电压。

3）闭环控制原理框图如图 9-11 所示。

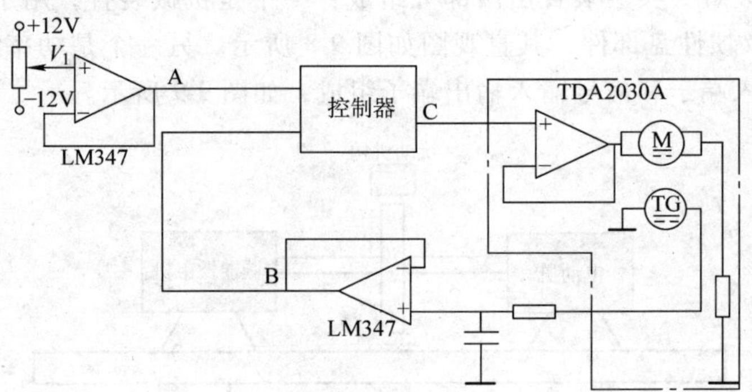

图 9-11　校正实验电路示意图

5. 参考资料

[1] 韩志荣，黄乡生，等．AT89C51 单片机在直流电机闭环调速系统中的应用［J］．华东地质学院学报，2002，25（1）．

[2] 任靖福．直流电机控制器测试系统的设计与实现［J］．兰州石化职业技术学院学报，2007，7（4）．

[3] 刘江歌，齐明侠．基于 PLC 的直流电机转速监测及超速控制［J］．国内外机电一体化技术，2006，9（2）．

6. 思考题

1）交、直流电动机的转速测量方法是否一样？

2）实验 9-4 与实验 9-3 都是电动机转速控制问题，有什么异同？

实验 9-5　基于电子技术的温度测量与控制

1. 引言

温度是一个与人们的生活环境、生产活动密切相关，也是仪器科学和各类工程设计中必须精确测定的重要物理量。随着科学技术的发展，使得测温技术迅速发展，测温范围不断拓宽，测温精度不断提高，新的温度传感器不断出现，如光纤温度传感器、微波温度传感器、超声波温度传感器等。由于检测温度的传感器种类不同，采用的测量电路和要求不同，执行器、开关等的控制方式不同，所以相应的硬件和软件也就不同。

（1）温度与温标　温度不能直接加以测量，只能利用冷热不同的物体之间的热交换，以及物体的某些物理性质随着冷热程度不同而变化的特性进行间接测量。为了定量描述温度的高低，必须建立温度标尺，即温标。它是温度的数值表示。温度不仅是热学中主要热学量，而且也是国际单位制（SI）中七个基本量之一。国际温标规定热力学温度（T）单位为开[尔文]（K），1K 等于水三相点热力学温度的1/273.16。而习惯上把水的冰点定为0°C，它比水三相点低0.01°C，所以摄氏度（t）与热力学温度（T）的关系为

$$t = T - 273.15$$

（2）温度测量的主要方法和分类　温度传感器由现场的感温元件和控制室的显示装置两部分组成。温度测量方法按感温元件是否与被测介质接触分成接触式测温和非接触式测温两大类。接触式测温是使测温敏感元件和被测介质接触，当被测介质与感温元件达到热平衡时，感温元件与被测介质的温度相等。这类温度传感器结构简单、工作可靠、精度高、稳定性好、价格低、应用广泛。非接触式测温是应用物体的热辐射能量随温度的变化而变化的原理。它可测高温、腐蚀、有毒、运动物体和固体、液体表面的温度，但精度偏低。

2. 实验要求

通过实验了解如何运用电子技术来实现温度测量和控制任务，完成温度测量和控制电路的连接和调试，学会对电子电路的检测和排除电路故障，进一步熟悉常用电子仪器的使用，提高分析电路设计、调试方面问题和解决问题的能力。

3. 实验器材

直流稳压电源（±5V）、万用表、水银温度计、PN 结温度传感器等。

4. 实验提示

（1）参考电路图（见图9-12）。

（2）实验流程

1）安装 U_{1A} 及外围电路。

注意二极管 VD1 需要焊接两根长线，引出电路板。

分析：为什么随着温度的升高，U_{o1} 降低。

2）安装 U_{1B} 及外围电路。

在室温下调整 RP1，使 U_{1B} 的输出 U_{o2} 为室温时的电压输出（当量为10mV/°C）。将 VD1 放入热水（40～50°C）中，调整 RP2，使 U_{1B} 的输出 U_{o2} 正确。注意应反复调整电位器 RP1、RP2，使 U_{o2} 输出正确。

3）安装 U_{1C} 和 U_{1D} 及它们控制的继电器。

调整 RP3，使 a 点的电位对应控制温度上限值 $y1$；调整 RP4，使 b 点的电位对应控制温度下限值 $y2$，U_{1C} 和 U_{1D} 分别控制继电器 K1 和 K2。

当温度低于控制温度下限值 $y2$ 时，红色发光二极管亮，K2 继电器吸合，控制加热器开始加热。

VD2 1N4148
K1
+5V
V1 9013
VD3 1N4148
K2
V2 9013
R13 4.7kΩ
R15 4.7kΩ
VD4 绿
VD5 红
R12 300Ω
R14 300Ω
U$_{o3}$
U$_{o4}$
U$_{1C}$
U$_{1D}$
LM324
R8 5.1kΩ
R9 5.1kΩ
R10 5.1kΩ
R11 5.1kΩ
R16 1.5kΩ
R17 1.5kΩ
RP3 5kΩ
RP4 5kΩ
a
b
U$_{o2}$
RP2 20kΩ
R5 39kΩ
U$_{1B}$
R7 5.1kΩ
R6 5.1kΩ
RP1 10kΩ
R4 10kΩ
U$_{o1}$
C1 0.1μF
VD1 1N4148
U$_{1A}$
R1 24kΩ
R3 10kΩ
R2 10kΩ

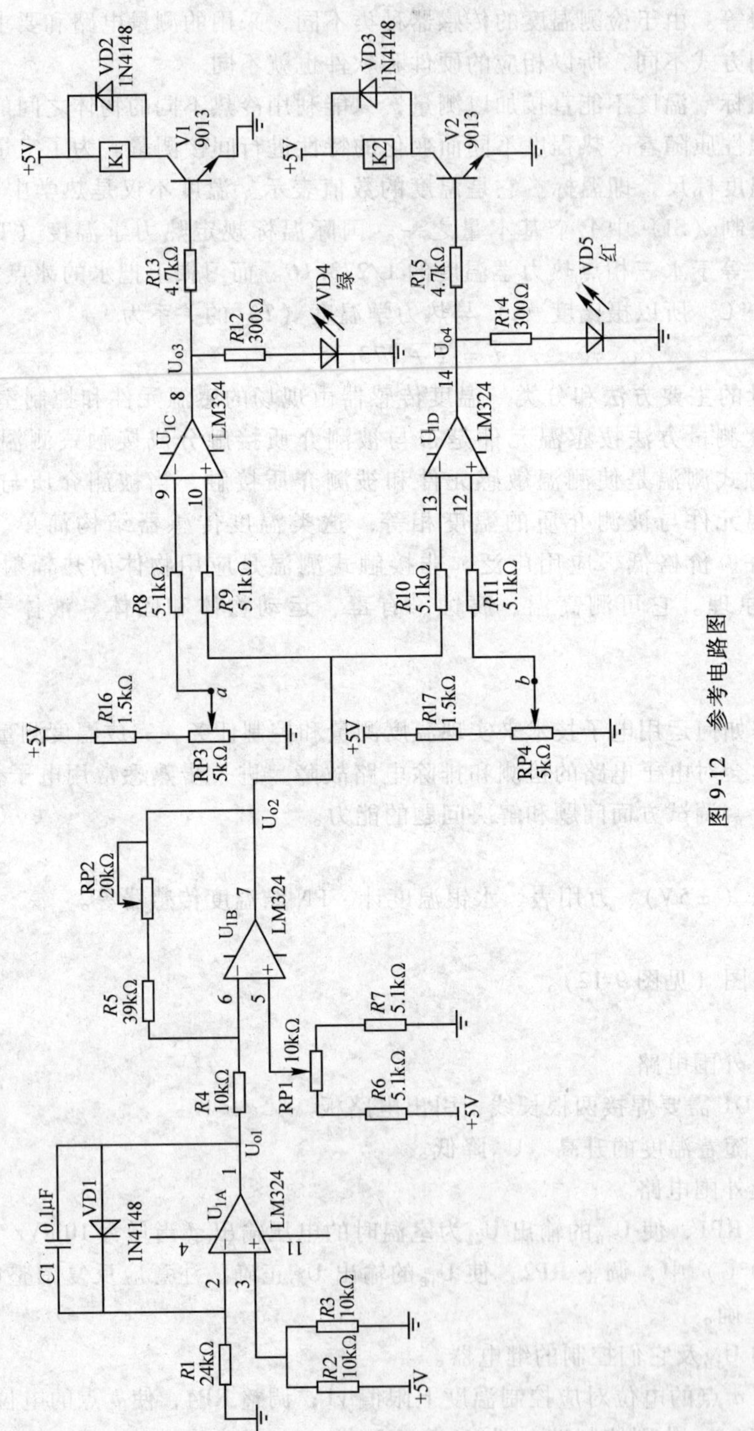

图 9-12 参考电路图

当温度高于控制温度上限值 γ1 时，绿色发光二极管亮，K1 继电器吸合，控制制冷器开始制冷。

当温度在设定温度上下限之间时，红色和绿色发光二极管全熄灭，K1、K2 继电器全断开，不加热也不制冷。因此从以上不同的状态显示就可以知道温度情况及温度控制情况。

5. 注意事项

为避免测温二极管本身通电产生的温度升高对测温的影响，电路设计时注意不要使通过测温元件的电流超过 1mA。

6. 参考资料

[1] 郁有文. 传感器原理及工程应用 [M]. 2 版. 西安：西安电子科技大学出版社，2003.

[2] 郝芸. 传感器原理与应用 [M]. 北京：电子工业出版社，2002.

[3] 叶淬. 电工电子技术实践教程 [M]. 北京：化学工业出版社，2003.

[4] 蒋根深，张明亮，解旭辉，李圣怡. 基于 DS18B20DE 数字式温度控制系统 [J]. 控制工程，2003，10 (5).

[5] 张鑫，李纲民，谭羣. 简便而又实用的热电阻测温方法 [J]. 电气传动自动化，2003，25 (4).

7. 思考题

1) 电路中所用温度传感器有何特点？所给电路是如何实现温度测量与控制的？

2) 指出电路的优缺点，并提出对电路的改进意见。

3) 如何实现系统温度自动控制在所设定温度范围内？

实验 9-6 基于 PLC 的温度测量与控制

1. 引言

在模拟控制系统中，调节器最常用的控制规律是 PID 控制，即比例积分微分控制。它是根据偏差的比例 (P)、积分 (I)、微分 (D) 进行控制，是一种成熟的经典控制方法。

本实验选用的温度传感器采用热电阻作为测温元件，转换为与温度成线性关系的 4 ~ 20mA 电流信号输出。温度信号经过 PLC 的处理产生控制信号，然后驱动继电器进行加热和制冷。

2. 实验要求

1) 通过实验了解如何运用 PLC 来实现温度测量和控制任务，进一步熟悉梯形图编程。

2) 掌握温度测量和控制电路的连接和调试，并学会排除电路故障。

3) 进一步熟悉继电器的实际应用。

3. 实验器材

直流稳压电源 (24V)、万用表、水银温度计、温度传感器、PLC、继电器、电热杯等。

4. 实验提示

(1) 原理框图 (见图 9-13)。

(2) 继电器控制电路 (见图 9-14)。

(3) 操作流程

1）按照实验电路连接各元器件，构成温度测量控制系统。

2）系统上电，PLC开始工作，温度信号经过它内部的A/D模块转换为数字信号，再由PID算法产生控制信号，最后驱动继电器进行加热和冷却。当温度低于20°C时，Q0.0、Q0.3为低电平，Q0.1、Q0.2为高电平，继电器K1吸合，K2断开，红灯HL1亮，绿灯HL2灭，继电器控制加热装置对系统加热。

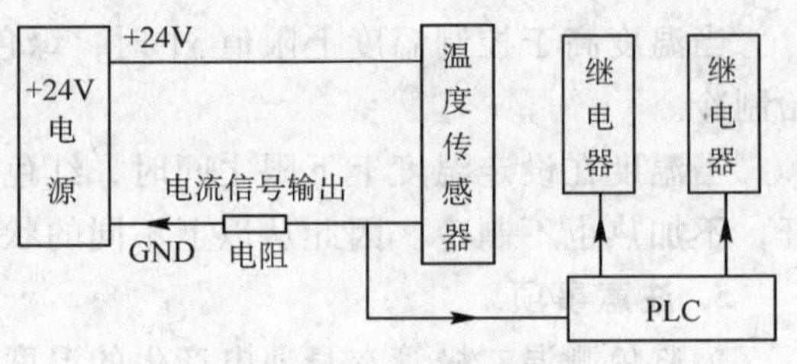

图9-13　电路原理图

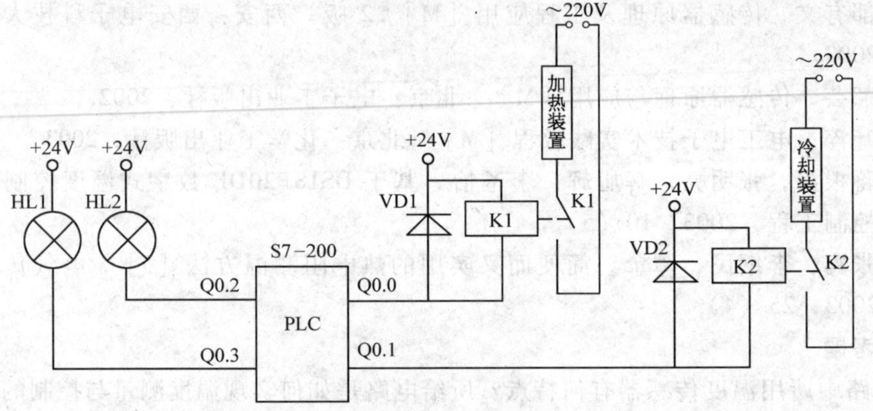

图9-14　控制电路图

当温度高于30°C时，Q0.0、Q0.3为高电平，Q0.1、Q0.2为低电平，继电器K1断开，K2吸合，红灯HL1灭，绿灯HL2亮，继电器控制制冷装置对系统制冷。

当温度在设定温度上下限（20～30°C）之间时，Q0.0、Q0.3为高电平，Q0.1、Q0.2为高电平，继电器K1断开，K2断开，红灯HL1灭，绿灯HL2灭，系统既不加热也不制冷。因此从以上不同的状态显示就可以知道温度情况及温度控制情况。

（4）整定PID参数　要整定PID参数，必须清楚PID各个参数对系统的影响，这样才能根据实际情况确定控制规律。

1）比例控制参数K_P对系统性能的影响

① 对系统动态特性的影响　比例控制参数K_P加大，使系统的动作灵敏，速度加快，K_P偏大，振荡次数加多，调节时间长。当K_P太大时，系统会趋于不稳定。若K_P太小，又会使系统动作缓慢。

② 对系统稳定特性的影响　加大比例控制参数K_P，在系统稳定的情况下，可以减小稳态误差E_{SS}，提高控制精度，但是加大K_P只是减少E_{SS}，却不能完全消除稳态误差。

2）积分控制参数K_I对系统性能的影响

① 对系统动态特性的影响　积分控制参数K_I通常使系统的稳定性下降。K_I太大系统将不稳定，K_I偏大，振荡次数较多。K_I太小，对系统性能的影响减小。只有合适时，过渡特性比较理想。

② 对系统稳态特性的影响　积分控制参数K_I能消除系统的稳态误差，提高系统的控制精度。但是若K_I太小时，积分作用太弱，以致不能减小稳态误差。

3）微分控制参数 K_D 对系统性能的影响　微分控制可以改善动态特性，如超调量 M_P 减少，调节时间 T_s 缩短，允许加大比例控制，使稳态误差减小，提高控制精度。

但是，当 K_D 偏大时，超调量 M_P 较大，调节时间较长。当 K_D 偏小时，超调量 M_P 也较大，调节时间 T_s 也较长。只有合适时，可以得到比较满意的过渡过程。

在本实验中，PID 控制参数选择采用归一参数整定法，即令增量型 PID 控制公式中的 $T=0.1T_k$，$T_I=0.5T_k$，$T_D=0.125T_k$，（T_k 为纯比例作用下的临界振荡周期），整理得到

$$u_k = K_P[2.45e_k - 3.5e_{k-1} + 1.25e_{k-2}] \tag{9-2}$$

这样，整定三个参数便简化为整定一个参数 K_P。

(5) 图 9-15、图 9-16、图 9-17 所示为 K_P 分别取 16、64、128 时得到的温度响应曲线。其中 T_s 为采样周期，T_h 为保持温度，ΔU 为控制电压的最小变化量。图 9-17 中，由于 K_P 太大导致了系统的不稳定。而另外两个稳定者中，图 9-16 即 $K_P=64$ 时的效果最好。具体来说，超调量、调节时间都随 K_P 增大而减小，连稳定后的误差都以 $K_P=64$ 时为最好。

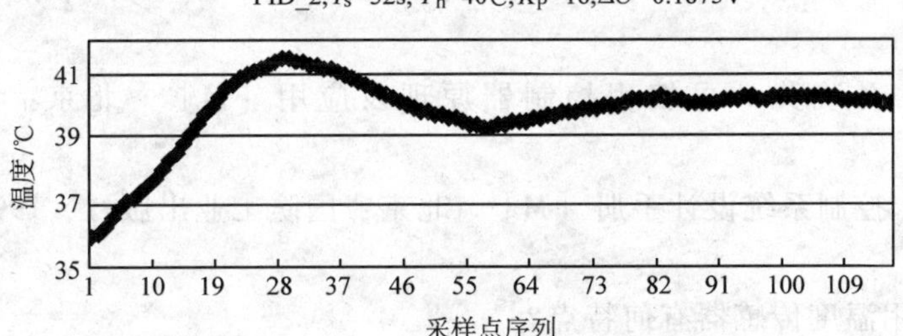

图 9-15　$k=16$ 时的温度响应曲线

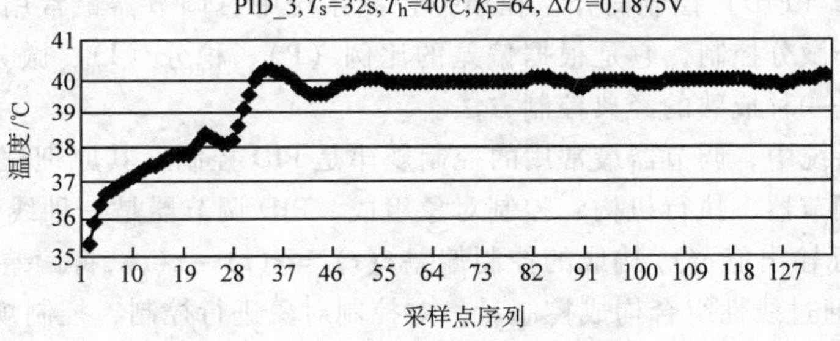

图 9-16　$k=64$ 时的温度响应曲线

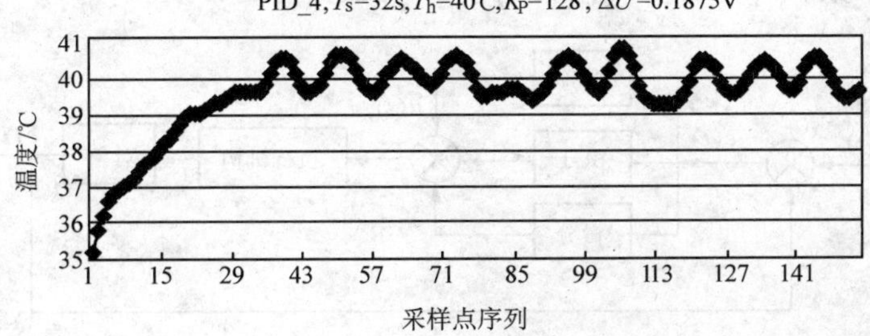

图 9-17　$k=128$ 时的温度响应曲线

5. 注意事项

温度传感器的零点调节电位器（RPz）和满量程调节电位器（RPs），产品出厂时已经校好，但随着使用时间的增长，精度可能会降低，此时需调节这两个电位器，进行精度校准，恢复其测量精度。

在上述实验中采用的控制算法虽然融入了PID和模糊控制的思想，但是从根本上讲仍是一种简易参数整定方法，PID控制的比例、积分、微分三个环节的数值关系是已经确定的了，只能同时增大或减小一样的倍数，所以可调空间缩小。如果三个参数都进行独立调整，可能还会实现更好的控制效果。

6. 参考资料

[1] 宋宏才．浅析PID参数整定［J］．中国计量，2003（2）：34－38.

[2] 周梅芳．基于PLC的智能PID控制方法及其应用［J］．化工自动化及仪表，2003（6）：12－17.

[3] 钟肇新，王灏．可编程控制器入门教程［M］．广州：华南理工大学出版社，1999.

[4] 汪晓光，孙晓英．可编程控制器原理及应用［M］．北京：机械工业出版社，1994.

[5] 赵长安．控制系统设计手册［M］．北京：国防工业出版社，1997.

7. 思考题

1）电路中所用温度传感器有何特点？

2）指出电路的优缺点，并提出对电路的改进意见。

8. 附录

比例积分微分（PID）控制简介。在模拟控制系统中，调节器最常用的控制规律是PID控制，即比例积分微分控制，它是根据偏差的比例（P）、积分（I）、微分（D）进行控制，简称PID控制，是一种成熟的经典控制方法。

在模拟控制系统中，调节器最常用的控制规律是PID控制，其原理框图如图9-18所示，系统由模拟PID调节器、执行机构、控制对象组成。PID调节器是一种线性调节器，它根据给定值$r(t)$与实际输出值$c(t)$构成的控制偏差$e(t)=r(t)-c(t)$，将偏差的比例（P）、积分（I）、微分（D）通过线性组合构成控制量，对控制对象进行控制，控制规律为

$$u(t)=K_{\mathrm{P}}\left[e(t)+\frac{1}{T_{\mathrm{I}}}\int_{0}^{t}e(t)\,\mathrm{d}t+T_{\mathrm{D}}\frac{\mathrm{d}e(t)}{\mathrm{d}t}\right] \tag{9-3}$$

式中，K_{P}为比例系数；T_{I}为积分时间常数；T_{D}为微分时间常数。

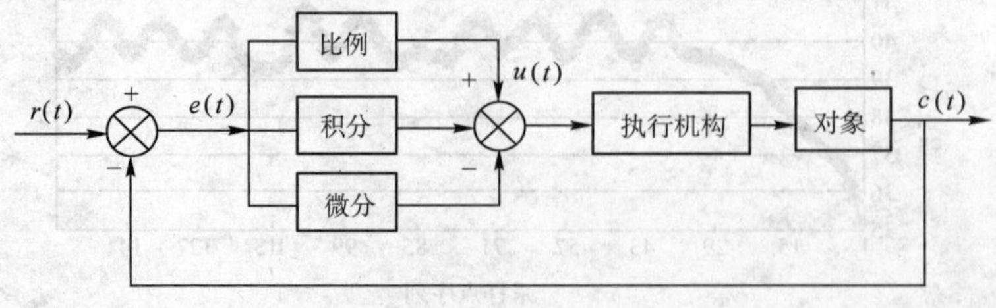

图9-18　模拟PID控制系统原理框图

实验 9-7 基于虚拟仪器技术的温度测量与控制

1. 引言

采用虚拟仪器技术，利用通用虚拟仪器实验平台，实现温度测量与控制，与其他方式相比，简单易行。

2. 设计要求

1）利用硬件将温度信号调理放大。

2）使用虚拟仪器平台采集数据。

3）基于 Labview 编程对采集的数据处理分析与控制。

3. 设计提示

（1）原理 利用温度传感器（如热电偶，AD590 等）测量得到温度信号（0~100℃），经过信号转换电路输出电压信号，且将电压范围控制在 0~2V 的范围内，并将电压信号传给数据采集卡（如 NI 公司的 DAQ），将模拟信号转换为数字信号，传输到计算机虚拟仪器平台。同样利用数据采集卡的 I/O 口控制外围电路和继电器开关，如图 9-19 所示。

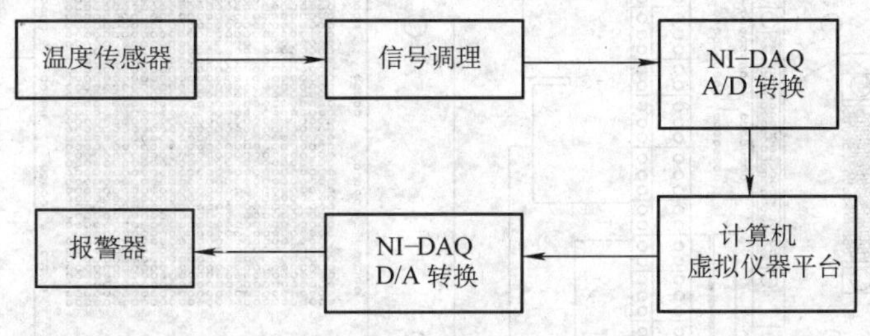

图 9-19 原理框图

（2）功能实现 使用 Labview 编程，通过数据采集卡的 AI0 通道采集电压值，再通过专用电缆线传输到计算机内，若电压值大于 2V，使 Overvoltage 灯亮，报警，程序停止运行。若电压在 0~2V 的范围之内，则将电压值输出到前面板，并将电压值转换为相应的温度数字值，温度示数可以通过 Thermometer 显示，连续采集的多个温度值可以通过 Waveform Chart 显示温度变化的趋势。若温度值大于规定的温度，报警灯亮，此时通过采集卡的 I/O 通道输出高电平，触发外围继电器，发出警报信号。若要存储采集的电压数据，可将数据记录到指定目录下的 data. txt 文件，数据存储时间间隔可以自行设定。

4. 注意事项

需要注意的是，在开始运行程序之前，必须指定相应的数据采集卡设备号，模拟数据采集通道 AnalogInput channel，和数字控制通道 Digital Output channel。否则，前面板会在 error 里面显示输入、输出错误。

5. 参考资料

[1] 张佳佳，黄辉先. 虚拟实验平台的设计 [J]. 现代电子技术，2004 (11).

[2] 黄昆. 虚拟仪器——仪器发展的新时代 [J]. 攀枝花学院学报，2004 (6).

[3] 张淑清，李昕. 智能型测控虚拟实验平台建设 [J]. 实验室科学，2000 (3).

6. 思考题

1）通过本实验，你认为虚拟仪器技术有什么特点与优势？

2）如果把测控对象温度改为压力，系统将任何设计？

7. 附录

实验设备介绍：

涉及实验的硬件设备主要有 NI 公司的 SC-2075 实验面包板，如图 9-20 和 M 系列 PCI-6221 数据采集卡。

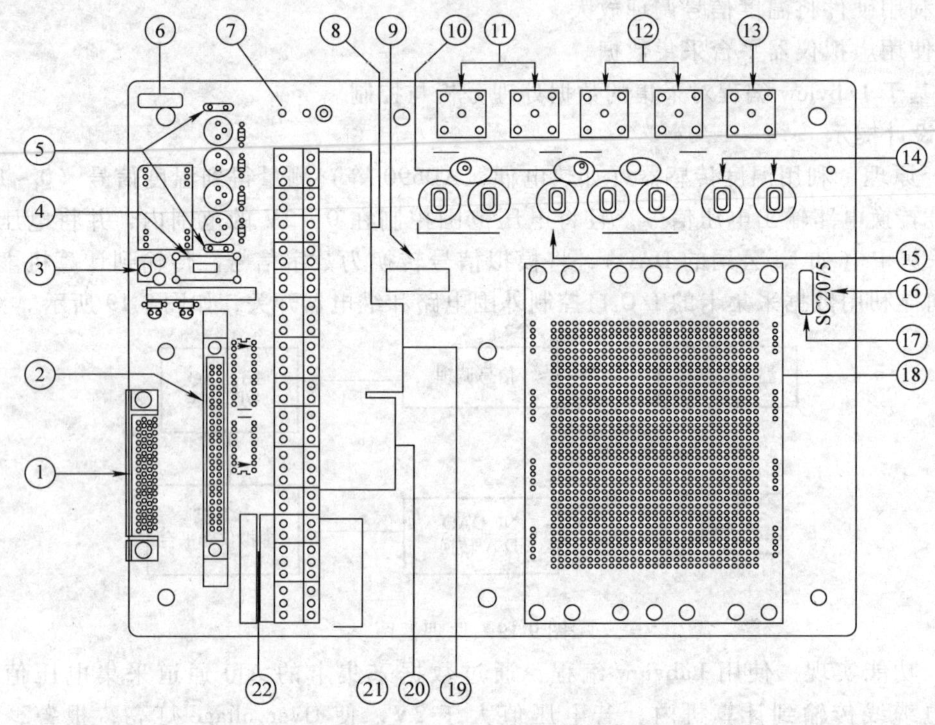

图 9-20　SC-2075 实验板示意图

（1）SC-2075 实验板　SC-2075 是一个桌面信号调理装置，SC-2075 可以直接连接到 NI 的 M 系列或 1200 系列的采集设备。SC-2075 包括以下功能：有三个 ±15V 的输出，两个 0～5V 的输出，两个测量信号分析接口或直流接口，BNC 同轴电缆接口等。

①为 E 系列采集卡电缆接口；②为 1200 系列接口；③为 DC 直流插座；④为 +5V 电源选择跳线 SW1；⑤为熔丝；⑥为连续调节旋钮；⑦ 为 0～5 V 分压计；⑧为模拟输入弹簧端子；⑨为图例；⑩为电源 LED 状态指示；⑪为模拟输出 BNC 接口；⑫为模拟输入 BNC 接口；⑬为触发 BNC 接口；⑭为模拟输入插栓；⑮为 DC 直流电源输出插栓；⑯为产品名字；⑰为装配号；⑱为电路实验板；⑲为控制弹簧端子；⑳为计数器弹簧端子；㉑为 DIO 弹簧端子；㉒为 DIO LED 灯状态显示。

连接 SC-2075 相应的 NI 数据采集卡。实验中应用的是 NI 公司的 PCI－6221 采集卡，使用专用的电缆连接 NI 采集卡的接口和 SC-2075 的电缆接口。

当一切都连接好的时候，把测量电路的输出与 SC-2075 实验板模拟输入插栓⑭相连接。

（2）PCI-6221 采集卡　PCI-6221 采集卡是 NI 公司出品的低成本 M 系列多功能 DAQ 采

集卡，16 位，采集速率 250×10^3 次/s，具有多达 80 格模拟输入。

在测量方面，可以利用 16 位模拟输入和 1MHz 数字输入与 Labview 一起对传感器的数据进行处理。采集卡可以输出 24mA 电流来驱动继电器等外接设备。由于有许多路输入/输出接口，采集卡可以进行精确的闭环控制。采集卡也可以对编码器测量，保护数字线路和数字滤波器提供直接支持。

在 Measurement & Automation Explorer 中完成了数据采集卡的性能测试和属性配置以后，就可以使用 Labview 中的数据采集 VI 进行数据采集了。

第 10 章 仪器设计与制作

实验 10-1 微小电流测试仪器的设计与制作

1. 引言

电路中的电流测量，通常可以直接用直流或交流电流表。但是对于测量脉动的电流，例如测量石英电子钟整机功耗这样的微安级电流，就不能简单地将电流表串入电路中测量，而需要一套将被测信号转换成可以直接测量并用数字直观地显示出来的电路。

本实验的目的，一方面使学生将课堂所学的知识应用到实际中，在设计、安装、调试电路的过程中，加深对电子技术的消化、理解；另一方面使学生在掌握微小电流测试方法的同时，熟悉集成芯片的使用方法。另外，在电路调试成功后，希望将该装置仪器化，以便得到更全面的训练。

2. 设计要求

1）按照原理框图查阅相关的电路和元器件功能的资料，完成电路设计。

2）画出电路原理框图，说明设计思想。

3）按照原理框图在实验板上安装、调试电路。

4）写出实验报告。内容包括：电路原理、误差分析、调试中遇到的问题、改进意见等等。

3. 设计提示

（1）微小电流测试及显示电路的原理框图如图 10-1 所示。

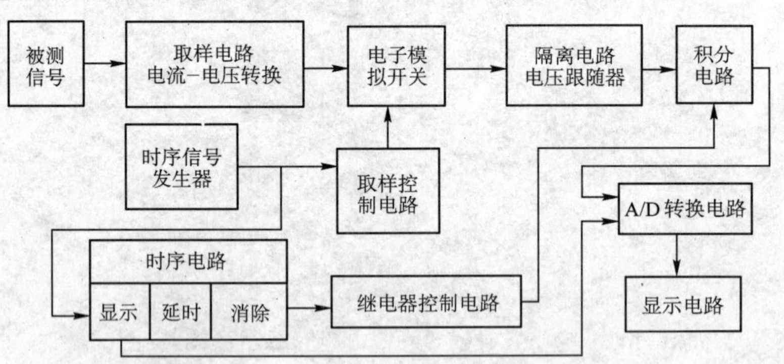

图 10-1　微小电流测试及显示电路的原理框图

（2）电路设计说明　微小电流测试及显示电路由取样电路、电子模拟开关、隔离电路、积分电路、A/D 转换电路、显示电路及一些附加的控制电路所组成。

1）测量对象（见图 10-2）　石英电子钟的整机功耗电流包括两部分：一部分是石英钟集成电路的功耗电流；另一部分是步进电动机的功耗电流。

石英钟集成电路包括：振荡器、分频器、窄脉冲形成器、驱动器等。由驱动电路输出的脉冲信号，输入到步进电动机绕组时，产生转动力矩，推动电动机转子转动。

步进电动机是指针式石英电子钟表的重要组成部分，它将电能转换成磁能，再将磁能转换为机械能。步进电动机的功耗主要取决于脉冲宽度、绕组电阻、电磁交换率等因素。目前手表步进电动机一般功耗电流在 1 ~1.5μA，脉冲宽度为 7.8ms。钟表步进电动机一般功耗电流在 5 ~90μA，脉冲宽度 t_w 为 31.2ms，其最大电流 I_{y2} 可以由下式计算：

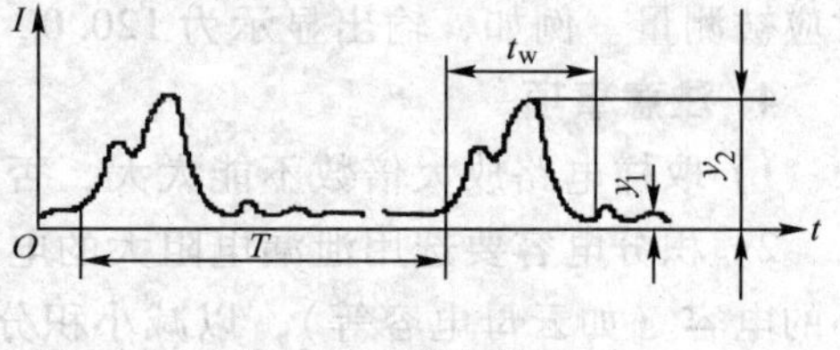

图 10-2　被测信号

$$I_{y2} = 1000 \times 90\mu A / 31.2 \approx 3000\mu A = 3mA$$

石英钟整机功耗电流是石英钟表的重要的指标之一，它涉及到电池的使用寿命。而整机功耗电流的大小又主要取决于步进电动机功耗电流的大小，步进电动机的功耗电流低，整机功耗电流亦低，电池使用寿命长；反之，电池使用寿命短。

2）取样电路　要求有调零功能，保证取出的信号不失真。取样电路是将被测的电流信号（最大 3 ~5mA）转换成电压信号，并对微小信号进行放大，可以采用带有“虚地”特点的反相输入比例运算放大器电路。

3）模拟开关　要求模拟开关的开门电平为 +12V。模拟开关相当于一扇门。开门时，数据通过；关门时，数据不能通过。开、关门的控制信号由数据选择端控制。

4）隔离电路　隔离电路的作用是将前、后级的电路隔开，提高电路的带负载能力，使后一级的输入信号不影响前一级的输出，采用电压跟随器电路，即可起到隔离的作用。

5）积分电路　积分电路的作用是取 2s 内被测信号的平均值，要求有调零功能，输出信号电压应小于 2V。可以采用集成运放的积分电路。该电路和反相比例放大电路的不同之处在于用电容代替反馈电阻，利用“虚地”概念，可知输出信号与输入信号成积分关系。理想积分器表达式为

$$U_o = -\frac{1}{RC}\int U_i \mathrm{d}t \tag{10-1}$$

积分之后，应保持一定的时间，以供 A/D 转换之用，然后再将积分器上的电压放掉，以备下一次测量之用。

6）时序信号发生器　给定振荡频率为 4.19430MHz 的石英晶体，要求产生一个周期为 4s、脉宽为 2s 的方波信号，即时序信号发生器输出 $f = 0.25$Hz、$T = 4$s 的信号。

7）取样控制电路　取样控制电路是为了控制电子开关的取样时间，让电子开关 2s 开门，取两个石英钟的脉冲信号；2s 关门，不取信号。

8）时序电路　因为积分电路的信号要送到 A/D 转换电路，A/D 转换需要转换的时间，然后延时一段时间显示数据，最后将积分器的电压放掉，准备下一次积分。所以时序电路包括：模数转换时间 T_1，延时时间 T_2 和清除时间 T_3。要求：$0.25s < T_1 < 0.5s$；$T_2 = 0.3s$；$T_3 = 0.3s$；输出幅度为 +5V。时序电路可以采用单稳态电路组成。

9）A/D 转换、显示电路　要求显示的数据 4s 刷新一次，A/D 转换器选用 MC14433，显示器共阴极数码管。

10）电路调试、定标　按照设计的电路图在实验板上完成安装、调试电路，包括电路调零和定标。首先电路调零，没有接入被测信号时，输出显示为 0。然后定标：可以选用一个 10kΩ 五色环精密电阻，加 1.5V 电压，将产生的 150μA 电流接入取样电路的输入端，调节

取样电路放大倍数，使整个电路最后的输出显示为150.0。最后接入被测信号，则输出显示对应被测量。例如，输出显示为120.0，说明被测电流为120μA。

4. 注意事项

1）取样电路放大倍数不能太大，否则取出的信号会造成失真。

2）积分电容要选用泄漏电阻大的电容（如纸介电容、聚苯乙烯电容等）以及吸附效应小的电容（如云母电容等），以减小积分误差，也可以选用电解电容。

3）MC14433型A/D转换器的“9”脚DU为更新显示控制端，“14”脚EOC为转换周期结束输出端，两者不要直接相连，因为我们要求显示的数据4s刷新一次，需另加一个电路。

4）由于整个电路比较复杂，因此可以将其分解成几部分，这样调试电路容易，也便于查找问题。

5）电路中用到的电源电压值有±12V、±5V、±1.5V，注意接线时不要接错，否则会烧毁芯片及石英钟机芯。

5. 参考资料

[1] 高吉祥. 电子技术基础实验与课程设计 [M]. 北京：电子工业出版社，2002.

[2] 吴立新. 实用电子技术手册 [M]. 北京：机械工业出版社，2002.

[3] 谢自美. 电子线路设计·试验·测试. 武汉：华中理工大学出版社，1994.

[4] 吴波. 微电流模拟放大器LMV1014 [J]. 电子世界，2003 (9).

[5] 朱兆青，凌邦国，张建国. 新型数字微电流仪的设计与应用 [J]. 南通工学院学报：自然科学版，2003，2 (1).

6. 思考题

1）积分电路的积分时间常数如何计算？

2）积分电路放电时间如何选定（电路中要求的$T_3=0.3\text{s}$）？T_3最大可以取多少？

3）在此电路中要求显示的数据4s刷新一次，这样做的好处是什么？

7. 附录

MC14433 A/D型转换器简介。MC14433型A/D转换器是一个低功耗$3\frac{1}{2}$位双积分式A/D转换器，其作用是将模拟量转换成数字量，通过显示电路进行实时显示。整个A/D转换及显示电路其实就是一个$3\frac{1}{2}$数字电压表电路，可由MC14433型$3\frac{1}{2}$位A/D转换器、MC1413型达林顿驱动器阵列、CD4511型BCD七段锁存-译码-驱动器、MC1403型高精度能隙式基准电源和共阴极LED数码管组成。其中$3\frac{1}{2}$位是指十进制数0000～1999，3位是指个位、十位、百位的数字范围为0～9，半位是指千位上的数不能从0变化到9，只能从0变化到1。

各部分的功能如下：

（1）$3\frac{1}{2}$A/D转换器　将输入的模拟信号（199.9mV或1.999V）转换成数字信号。

（2）基准电源　需外接，提供精密电压，供A/D转换器作参考电压，可用MC1403通过分压电阻提供200mV或2V。

（3）译码器　将二-十进制（BCD）码转换成七段信号。

(4) 驱动器　驱动显示器的 a、b、c、d、e、f、g 七个发光段，推动发光数码管（LED）进行显示。

(5) 显示器　将译码器输出的七段信号进行数字显示，用以读出 A/D 转换结果。

实验 10-2　电子秤的设计与制作

1. 引言

本实验的目的是通过实验使学生掌握金属箔应变片组成的传感器的使用方法，了解称重传感器的工作原理及其在电子秤中的应用，并通过设计、安装、调试电路等实践环节，提高学生的动手能力及分析问题、解决问题的能力。

2. 实验要求

1）设计一个电子秤，量程为 0～1.999kg，传感器采用悬臂梁式的称重传感器（悬臂梁上贴有应变片）。显示电路采用 $3\frac{1}{2}$位 A/D 转换电路、共阳极数码管。

2）安装、调试电路。首先对电路进行调零、定标，然后再对电路进行稳定性、漂移（零漂、温漂）、重复性、线性等参数的测试和分析。

3）写出实验报告。报告中应包括在调试过程中遇到的问题、改进方法及总结体会等。

3. 实验提示

(1) 放大电路设计　由于传感器测量范围是 0～2kg，灵敏度为 1mV/V，其输出信号只有 0～10mV 左右；而 A/D 转换电路的输入应为 0～1.999V，对应显示 0～1.999kg，当量为 1mV/g，因此要求放大器的放大倍数约为 200 倍，一般采用两级放大器。

另外，在电路设计过程中，应考虑电路抗干扰环节、稳定性。选择低失调电压、低漂移、高稳定性、经济性的芯片。电源电压为 ±12V 或 ±15V。

最后，电路中还应有调零和调增益的环节，才能保证电子秤没有称重时显示零读数，称重时读数正确反映被称重量。

(2) 传感器专用直流稳压电源　传感器要求的激励电源是 +10V 电压。对于给定的传感器，其输入电阻为 400Ω，输出电阻为 350Ω。采用恒流源比采用恒压源可以减小非线性误差，因此本实验中要求恒流源供电，即采用电流为 25mA 左右的恒流源。

(3) 按照要求查阅相关电路和元器件功能的资料，完成称重传感器恒流源、放大电路、A/D 转换及显示电路的设计，画出电路图。

(4) 电路调试　将 +10V 电压接到传感器的输入端，测量传感器的输出。在空载时，传感器的输出应为零，但由于有一个秤盘，输出不为零，记下初始数据，然后在秤盘上放砝码，测量传感器输出端的变化。正确的变化应为：测量 0～2kg，输出电压变化为 0～10mV。

调零：当传感器上不放砝码时，放大电路的输出应为零。若不为零，调整放大器的调零环节，使其输出为零。

定标：当传感器放上 2kg 的砝码时，放大器的输出应为 2V。小于 2V 或大于 2V 时应调节放大器的增益。

4. 注意事项

1）为避免损坏传感器，定标时，要先把放大器的放大倍数调小，定标过程中，根据实际需要再往大方向逐步调整，直到满足要求为止。

2）使用过程中对砝码要注意轻拿轻放。

3）在电路调试、定标等过程中，应使用电压表、电流表监测传感器的供电电源（数字万用表电压挡测量输出电压；用指针式万用表电流挡测量电流）。必须保证供给传感器的电压、电流是恒定值，才能保证传感器的输出信号与被测量呈线性关系。

4）接线或插拔元器件、芯片时，要先断电再操作，切忌带电操作。

5. 参考资料

[1] 廉晓霞. 电阻应变式称重传感器的原理及故障分析［J］. 工业计量，2003，13（5）.

[2] 李燕. 电子秤的结构和工作原理［J］. 物理通报，2006（6）.

[3] 谭伟新. 电子天平基本原理和维修. 计量技术，2002（8）.

[4] 赵本义，刘芳. 电子天平的检定［J］. 计量技术，2002（1）.

[5] 高吉祥. 电子技术基础实验与课程设计［M］. 北京：电子工业出版社，2002.

[6] 张海霞，等. 新型便携式电子秤设计［J］. 计量技术，2005（9）.

6. 思考题

1）推导称重传感器采用恒流源供电与恒压源供电时单臂电桥的输出表达式及非线性误差，进一步说明恒流源供电的好处。

2）推导恒压源供电时，单臂电桥、双臂电桥和四臂电桥的输出表达式，进一步说明四臂电桥的优点。

7. 附录

AAL-130 称重传感器简介：

（1）传感器主要参数

型号：AAL-130

量程：3.8kg	输入阻抗：（405±15）Ω
输出灵敏度：1.8±10%mV/V	输出阻抗：（350±15）Ω
非线性：0.02%	绝缘阻抗：≥2000Ω
滞后：0.02%	激励电压：10V
蠕变：0.02%	温度补偿范围：-10～+50℃
重复性：0.02%	工作温度范围：-20～+60℃
零点输出：±1%	超载能力：150%
温度灵敏度漂移：0.002%℃	弹性体材料：LY-12
温度零点漂移：0.005%℃	引线长度：ϕ3mm，4 芯电缆，0.4m

（2）称重传感器基本原理　称重传感器由传感器、传感器专用电源、信号放大系统、模数转换系统及显示器等五部分组成，其原理框图如图 10-3 所示。

称重传感器的测量过程是通过传感器将被测物体的重量转换成电压信号输出，放大系统把来自传感器的微弱信号放大，放大后的信号经过模数转换把模拟量转换成数字量，数字量通过数字显示器显示重量。

1）传感器测量电路　称重传感器的测量电路通常使用电桥测量电路，它将应变电阻值的变化转换为电压的变化，这就是可用的输出信号。

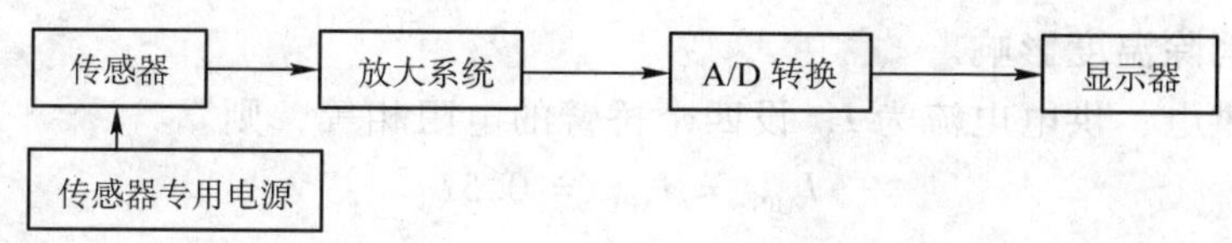

图 10-3　称重传感器组成框图

电桥电路由四个电阻组成，如图 10-4 所示：桥臂电阻 $R1$、$R2$、$R3$ 和 $R4$，其中两对角点 AC 接电源电压 $U_{SL}=E$（+10V），另两个对角点 BD 为桥路的输出 U_o，桥臂电阻为应变电阻。

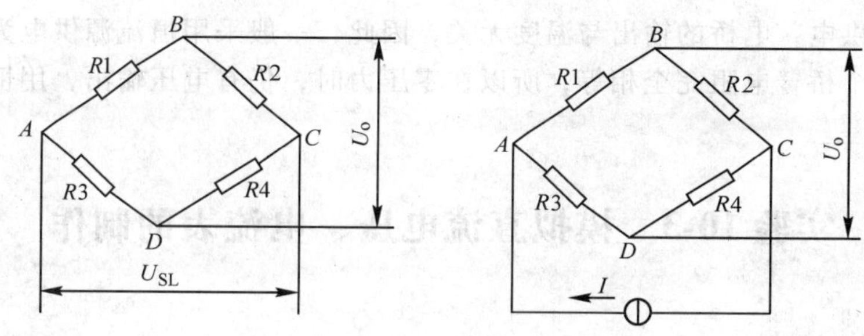

图 10-4　传感器电桥测量电路

当 $R1R4=R2R3$ 时，电桥平衡，则测量对角线上的输出 U_o 为零。当传感器受到外界物体重量影响时，电桥的桥臂阻值发生变化，电桥失去平衡，则测量对角线上有输出，$U_o\neq0$。

2）放大系统　称重传感器的放大系统是把传感器输出的微弱信号进行放大，放大的信号应能满足模数转换的要求。该系统使用的模数转换是 $3\frac{1}{2}$ 位 A/D 转换，所以放大器的输出应为 0～1.999V。

为了准确测量，放大系统设计时应保证输入级是高阻，输出级是低阻，系统应具有很高的抑制共模干扰的能力。

3）模数转换及显示系统　传感器的输出信号放大后，通过模数转换器把模拟量转换成数字量，该数字量由显示器显示。显示器可以选用数码管或液晶显示器。

4）传感器供电电源　传感器供电电源有恒压源与恒流源两种。

对于恒压源供电：参考图 10-4，设四个桥臂的初始电阻相等且均为 R，当有重力作用时，两个桥臂电阻增加为 ΔR，而另外两个桥臂的电阻减小，减小量也为 ΔR。由于温度变化影响使每个桥臂电阻均变化 ΔR_T。这里假设 ΔR 远小于 R，并且电桥负载电阻为无穷大，则电桥的输出为

$$\begin{aligned}U_o &= E(R+\Delta R+\Delta R_T)/(R-\Delta R+\Delta R_T+R+\Delta R+\Delta R_T)-\\&\quad E(R-\Delta R+\Delta R_T)/(R+\Delta R+\Delta R_T+R-\Delta R+\Delta R_T)\\&= E\Delta R/(R+\Delta R_T)\end{aligned}$$

即
$$U_o = E\Delta R/(R+\Delta R_T) \tag{10-2}$$

式（10-2）说明电桥的输出不仅与电桥的电源电压 E 的大小和精度有关，还与温度有关。

如果 $\Delta R_T=0$，则电桥的电源电压 E 恒定时，电桥的输出与 $\Delta R/R$ 成正比。

当 $\Delta R_T\neq0$ 时，即使电桥的电源电压 E 恒定，电桥的输出与 $\Delta R/R$ 也不成正比。这说明

恒压源供电不能消除温度影响。

对于恒流源供电：供电电流为 I，设四个桥臂的电阻相等，则

$$I_{ABC} = I_{ADC} = 0.5I \tag{10-3}$$

有重力作用时，仍有

$$I_{ABC} = I_{ADC} = 0.5I \tag{10-4}$$

则电桥的输出为

$$U_o = 0.5I(R + \Delta R + \Delta R_T) - 0.5I(R - \Delta R + \Delta R_T) = I\Delta R$$

即

$$U_o = I\Delta R \tag{10-5}$$

采用恒流源供电，电桥的输出与温度无关，因此，一般采用恒流源供电为好。但是制作过程很难保证每个桥臂电阻完全相等，所以在零压力时，仍有电压输出，用恒流源供电仍存在一定的温度误差。

实验 10-3 模拟直流电压、电流表的制作

1. 引言

万用表可以测量直流电压、电流，但由于其自身功能较多（一般可测直流电压、电流，交流电压和电阻等），测量直流电压和电流的准确度一般不高。而直流电压表和直流电流表是单一功能的电子仪表，仪器设计的重点放在提高测量准确度上，其测量准确度一般比万用表好。

本实验通过模拟直流电压表和直流电流表的制作使学生掌握单量程直流电压表和直流电流表的扩程改装技术，了解多量程直流电压表和直流电流表的量程改装原理，学习直流电压表和直流电流表的调整和检定方法。

2. 实验要求

利用 $I_P = 200\mu A$、$R_P = 0.7k\Omega$、1.0 级微安表头，设计制作直流电压表和直流电流表，具体要求如下：

1）设计制作量程为 10V 的直流电压表，并检定自制电压表，定出准确度等级。

2）设计达到 1.5 级表指标要求、量程为 25mA、具有温度补偿的直流电流表，并检定自制电流表，定出该表的准确度等级。

3. 实验器材

微安表头（$I_P = 200\mu A$；1.0 级）、0.5 级直流电压表、0.5 级直流电流表、电阻箱、直流稳压电源、电阻等。

4. 实验提示

（1）直流电压表　一只微安表头，设其电流量限为 I_P，内阻为 R_P，若流过它的电流为 I，则降在内阻上边的电压为 $U = R_P I$，即 U、I 间有一一对应的正比关系，可见微安表头也能测电压，只不过其电压量限 $U = R_P I_P$ 很小而已（一般在 100 ~ 200mV）。同时由于微安表内阻 R_P 具有 0.4% 的电阻温度系数，不宜直接用来测量电压。若将微安表头的电压量限扩大到 U，只要串联适当降压电阻 R 即可。如图 10-5 所示，其中

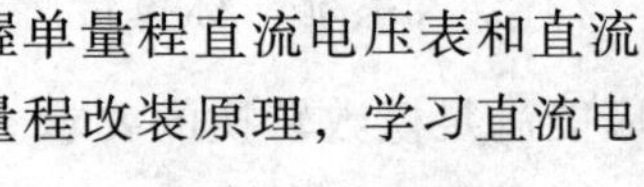

图 10-5　电压表的基本电路

$$R = \frac{U}{I_P} - R_P \tag{10-6}$$

由于降压电阻通常采用电阻温度系数较小的金属膜电阻或电阻温度系数更小的锰铜电阻，$(R+R_P)$ 的电阻温度系数显著降低，当室温变化时，电压表的量限 $U=(R+R_P)I_P$ 将不发生明显变化，使其在不同的室温环境下都能准确地测量电压。式（10-6）亦可写成下面形式

$$R = (U - U_0)\frac{1}{I_P} \tag{10-7}$$

式中，$U_0=I_PR_P$；常数 $1/I_P$ 单位为“Ω/V”，故称之为“每伏欧姆数”，它表示这只电压表每伏电压量限具有的内阻值，常标在电压表的表盘上。微安表的电流量限越小，做成电压表的“每伏欧姆数”越大，用来测量电压时，对待测电路的分流影响越小。多量程电压表连接降压电阻的方式（即量程转换方式）如图 10-6 所示。

（2）直流电流表　通常磁电式微安表头其电流量限 I_P 只有几十到几百微安，要想把电流量限扩大到 I，只要给微安表头并联上适当阻值的分流电阻 R_S 即可，电路如图 10-7 所示。设微安表内阻为 R_P，扩大电流量限的倍数为 n（$n=I/I_P$），则

$$R_S = \frac{R_P}{n-1} \tag{10-8}$$

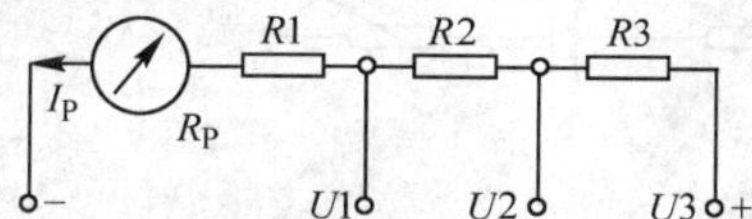

图 10-6　多量程电压表基本电路

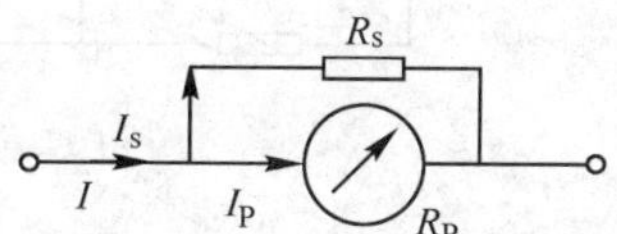

图 10-7　电流表基本电路

根据仪表检验规程要求，当偏离室温（20℃）±10℃时，改装成的电流表量限变化不得超过 $m\%$（m 为该表的准确度等级）。微安表电流量限 I_P 以及电阻 R、R_S 的电阻温度系数较微安表内阻 R_P 的电阻温度系数（0.004/℃）均小得多，可以忽略。串联 R 就是为了使微安表支路电阻（R_P+R）的电阻温度系数降低到可以允许的温度，即当室温变化 10℃时，（R_P+R）的相对变化不大于 $m\%$，从而要求

$$\frac{R_P \times 4\%}{R_P + R} \leqslant m\%$$

即要求

$$R \geqslant \frac{4-m}{m}R_P \tag{10-9}$$

那么，R_S 由下式求出：

$$R_S = \frac{R_P + R}{n-1} \tag{10-10}$$

根据式（10-9）和式（10-10）我们就可以设计具有温度补偿的电流表了。

多量程电流表并联分流电阻的方式（即量程转换方式）通常也有两种：一种是“开路转换”，如图 10-8a 所示；另一种是“闭路转换”，较为常用，如图 10-8b 所示。图中 S 为转换开关（一般采用波段开关）。

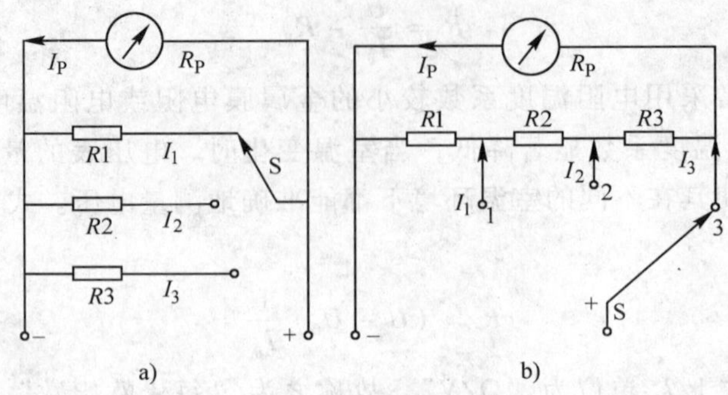

图 10-8　多量程电流表基本电路

（3）组装检定

1）组装检定电压表　按图 10-9a 组装电压表，将 R 调在设计值上，然后微调 R，使自制表的量限为 10V，记下 R 的实验值，检定自制电压表，定出准确度等级。

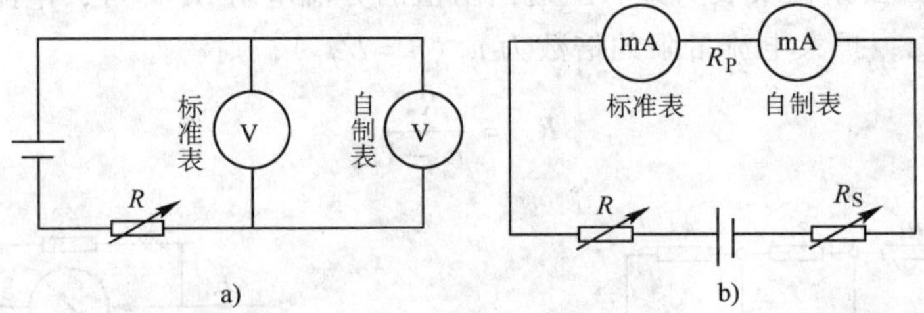

图 10-9　组装检定

2）组装检定电流表　按图 10-9b 组装具有温度补偿的电流表，R 和 R_S 均置设计值，然后微调 R，使自制表的电流量限为 25mA，记下 R 的实验值。检定自制电流表，定出该表的准确度等级。

按 R_P 的 4% 的量级调大 R，模拟室温变化 10℃，再检测 25mA 量限，看其相对变化量是否小于 1.5%，通过检定，看看自制 25mA 电流表的准确度够不够 1.5 级。

5. 注意事项

1）调整和校准时，必须将所用电表的挡位选好才能通电，以免损坏仪表。

2）实验时电源电压必须自最小值往大调，限流电阻则应自大往小调，以保证仪表安全。

6. 参考资料

［1］高吉祥．电子技术基础实验与课程设计［M］．北京：电子工业出版社，2002.

［2］蔡声镇．电子技术基础实践［M］．福州：福建科学技术出版社，2003.

［3］杨龙麟，刘志中，唐伶俐．电路与信号实验指导［M］．北京：人民邮电出版社，2004.

7. 思考题

试分析多挡电流表电流图，说明：

1）若两表各电流量限均相同，哪种结构的内阻低些？

2）若有一只分流电阻损坏，哪种结构其他量限仍能使用？

3）若开关接触不良，哪种结构的表会失准或损坏表头？

4）检定的25mA自制电流表的原始数据，有无可能通过调整某个电阻而把该表的准确度尽量提高一些？怎样调整？

8. 附录

电测仪表的精度等级简介。按照我国标准规定，电测量指示仪表的准确度用最大引用误差来表示，常分为0.1、0.2、0.5、1.0、1.5、2.5、5.0七个级别。这些准确度等级是按照引用误差来划分的。

工程上通常采用相对误差来比较测量结果的准确程度。电测仪表为什么要采用引用误差呢？这是由于虽然相对误差可以表示不同测量结果的准确程度，但它不能反映连续刻度仪表本身的准确性能。按相对误差的计算公式为

$$A \approx \frac{\Delta X}{X_0} \times 100\% \tag{10-11}$$

计算相对误差时，在绝对误差 ΔX 相同的情况下，随着被测量真值 X_0 的不同，相对误差 A 值会不同。例如，一只测量范围为0~250V的电压表，在测量200V电压时，绝对误差为0.5V，$A_1 = 0.25\%$；在测10V电压时，绝对误差也为0.5V，$A_2 = 5\%$。

引用误差——绝对误差 ΔX 与仪表测量上限 X_M（即仪表的满刻度值）比值的百分数，用公式表示如下：

$$A_M = \frac{\Delta X}{X_M} \times 100\% \tag{10-12}$$

引用误差一般用于连续刻度的仪表，特别是电工仪表。引用误差实际上是给出了仪表各量限内，绝对误差不应超过的最大值。例如，0.5级的电能表，就表明其 $A_M \leqslant |\pm 0.5\%|$，并在表面刻度盘上标以0.5级的标志。

若电能表有几个量程，则在所有的量程上均取 $A_M \leqslant |\pm 0.5\%|$。显然，各量程的绝对误差是不一样的。例如，检定一个1.5级、满量程值为10mA的电流表，若在5mA处的绝对误差最大且为0.13mA（即其他刻度处的绝对误差均小于0.13mA），问该表是否合格？

解：根据式（10-12），可求得该电流表实际引用误差为1.3%，小于1.5%，因此，该电流表是合格的。

另外必须指出，测量结果的准确度，不仅与测量仪表的准确度等级有关，还与测量上限（满刻度）的选择有关。例如，选用0.2级测量上限为100V的电压表，测量4V电压时，其可能出现的最大相对误差为

$$A = \frac{\alpha\% \times X_M}{X} \times 100\% = \frac{0.2\% \times 100}{4} \times 100\% = 5\%$$

式中，α 为测量仪表级别；X_M 为满刻度值；X 为测量值。

选用0.2级测量上限为10V的电压表，测量4V电压时，其可能出现的最大相对误差为

$$A = \frac{\alpha\% \times X_M}{X} \times 100\% = \frac{0.2\% \times 10}{4} \times 100\% = 0.5\%$$

所以，在使用仪表测量时，通常应使测量值处于仪表测量上限（满刻度值）的一半以上。

实验 10-4　数字式万用表的设计与制作

1. 引言

万用表是一种最常用的电子测量仪器，它可以用来测量交、直流电压，交、直流电流，电阻，二极管，晶体管，电容，电感等。了解万用表的内部结构组成、电路原理、测量工作原理及其正确使用方法对于测控专业的学生都是十分必要的。

万用表根据测量结果的显示方式及测量原理不同分两大类：指针式万用表和数字式万用表。

指针式万用表是以指针的形式显示测量结果，数字式万用表首先将模拟量经过 A/D 转换成数字量，再以十进制数字显示被测量。数字式万用表的优点是既可以自动显示数值、单位、正负极性、超量程显示、低压指示，又有自动调零功能。测量速度快，输入阻抗高，对被测电路影响小，体积小。完全消除了指针式万用表的视觉误差，读数方便。

本实验通过数字式万用表的设计与调试，希望同学们了解数字式万用表的组成结构与测量原理，熟悉一些集成电路的使用方法，更好地使用万用表。

2. 实验要求

1）设计制作一种数字式万用表，可以测量交、直流电压，交、直流电流和电阻。测量范围是

交、直流电压：200mV，2V，20V，200V，500V，分辨力 0.1mV；

交、直流电流：20mA，100mA，2A，分辨力 0.1mA；

电阻：200Ω，2kΩ，20kΩ，200kΩ，2MΩ，20MΩ，分辨力 0.1Ω；

线路通断：蜂鸣器提示线路的通断。

2）采用 $3\frac{1}{2}$位 A/D 转换器，例如采用 MC14433 低功耗 $3\frac{1}{2}$位双积分式 A/D 转换器。

3）安装调试电路，对所制作的万用表进行标定。

4）画出电路原理图，标注元器件参数，说明元器件精度要求。

5）分析产生的误差。

3. 实验提示

数字式万用表的基本测量方法是以直流电压的测量为基础，测量时先把其他参数变换为等效电路的直流电压，然后通过测量直流电压获得所测参数的数值。

在数字直流电压表前端接上相应的交流与直流转换器（AC/DC），电流与电压转电路（I/V），电阻与电压转换电路（Ω/V）就构成了数字式万用表。

由于数字式直流电压表是线性化显示的，因此要求其前端配接的 AC/DC、I/V、Ω/V 变换器也是线性变换器，即这些变换器的输出与输入成线性关系。

（1）Ω/V 变换器　可以采用集成运算放大器构成的负反馈电路，这里需要标准电阻与基准电源。

（2）I/V 变换器　可以采用集成运算放大器构成，需要标准电阻。

（3）线性 AC/DC 变换器　主要有平均值和有效值两种，可以通过半波或全波线性检波，再经低通滤波等电路将交流变成直流。

（4）量程切换　对于电压、电流、电阻的不同测量范围，可以采用不同的电阻衰减网络组成量程切换电路。

（5）蜂鸣器电路的设计　可有电压比较器、门控振荡器、压电蜂鸣器组成。

4. 注意事项

要用精度更高一级的交、直流电压表和电流表完成本设计的标定。

5. 参考资料

［1］魏中．电子测量与仪器［M］．北京：化学工业出版社，2003.

［2］叶淬．电工电子技术实践教程［M］．北京：化学工业出版社，2002.

［3］游平．MF47 型万用表组装技术［J］．安徽电子信息职业技术学院学报，2003，2（5）.

［4］孙慧卿，郭志友．自动换量限的数字万用表［J］．仪器仪表学报，2004，25（1）.

［5］易承韬，赵斌．数字万用表功能扩展——测电源内阻线路设计［J］．武汉工业学院学报，2002（4）.

6. 思考题

比较数字式与指针式万用表在使用时的异同点。

7. 附录

（1）直流数字电压表（参见本章实验 10-1）。

（2）指针式万用表的组成（参见本章实验 10-3）　它由表头、测量电路和转换装置组成。

1）表头　指针式万用表采用磁电系指针模拟指示表头，由永久磁铁、带指针的线圈和螺旋弹簧丝等组成，其工作原理是使线圈偏转角度（即指针读数）与流过线圈的电流成正比，从而通过指针偏转大小来指示被测量的大小。

2）测量电路　主要作用是将被测电量转换成适合于表头的电量，例如将被测大电流通过分流电阻变成表头所需微电流，将被测交流电整流为通过表头的直流电，万用表用一只表头能测多种物理量，并通过测量电路来变换多种量程。测量电路一般由分压电阻、分流电阻和整流器等组成。

3）转换装置　主要作用是将仪表的电路转换为所选定的种类和量程。万用表的转换装置通常由转换开关、接线柱（或插孔）等组成。

实验 10-5　交通信号灯模拟控制器

1. 引言

随着城市建设的不断发展，越来越多的道路使得城市的交通变得更加便捷，但随之而来是道路交口的信号控制问题。为使道路得到充分的利用，减少车辆的等候时间，使得城市市区道路的通行车速达到一个较高的水平，往往在十字路口设置交通信号灯，由红绿灯指挥着行人和各种车辆安全通行。本实验的任务就是设计一交通信号灯控制器，实现方法则要求采用电子技术、微控制器技术和可编程逻辑器件等多种方法实现。通过该设计训练同学们理论联系实际的能力，分析问题、解决问题的能力，并通过多方案的比较加深对所学知识的理解，扩展解决问题的思路。

本实验给出多个方案，每个方案都可以成为一个独立实验。

2. 实验任务

设计一个十字路口交通信号灯模拟控制器，要求如下：

1）用红、绿、黄发光二极管作信号灯。信号逻辑控制方式满足表 10-1 和图 10-10 的要求。

2）两个方向的工作时序。东西方向红灯亮时间应等于南北方向黄、绿灯亮时间之和，南北向红灯亮时间应等于东西向黄、绿灯亮时间之和。

3）十字路口设两个数码管，作为定时器的显示屏，其数字（以 s 为单位）作为时间提示，以便人们更直观地把握时间。计时方式可以用顺计时，也可以用倒计时。以倒计时为例，当某方向绿灯亮时，将显示器置为某值，然后每秒减 1，当数为“0”时，红、绿灯交换，结束一次工作循环，再进入下一步某方向的工作循环。

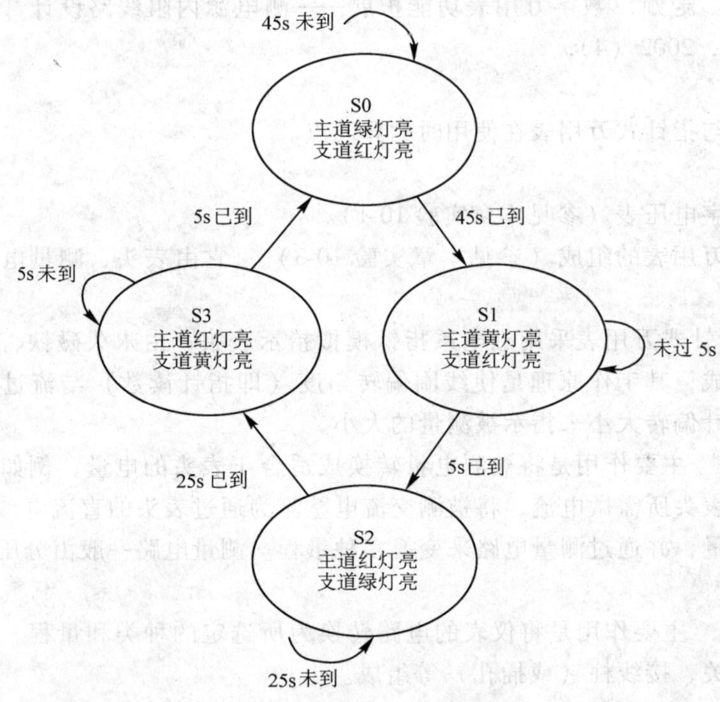

图 10-10　控制器工作流程

表 10-1　信号灯控制逻辑

状态	南北方向（主干道）	东西方向（支路）	时间/s
0	绿灯亮，允许通行	红灯亮，禁止通行	45
1	黄灯亮，停车	红灯亮，禁止通行	5
2	红灯亮，禁止通行	绿灯亮，允许通行	25
3	红灯亮，禁止通行	黄灯亮，停车	5

例如：当南北向从红灯转换成绿灯时，置南北向数字显示为 50，并使数显计数器开始减“1”计数，当数显的值减为 5 时，绿灯灭而黄灯亮（闪耀），当减到“0”时，黄灯灭，

南北向的红灯亮；同时，东西向的绿灯亮，并置东西向的数显为30，并使数显计数器开始减“1”计数，当数码管数值减到5时，绿灯灭黄灯亮，当数码管数值减到0时，东西向红灯亮，南北向绿灯亮，数码管数字显示50。

4）夜间（0～6h）始终黄灯亮且闪烁。

3. 实验方案选择

方案A　基于电子技术

（1）实验要求

1）根据设计框图画出实验电路图。

2）列出元器件清单。

3）拟定实验步骤。

4）搭建并调试电路。

5）写出实验报告。

（2）实验提示

1）交通灯控制器系统框图如图10-11所示。

2）设计方案应考虑以下几个部分：

①　秒脉冲和分频器。产生整个定时系统的时基脉冲，控制每一种工作状态的持续时间。因所设计的十字路口每个方向绿、黄、红灯所亮时间比例分别为9∶1∶6，所以，若选5s为一时间单位，则计数器每5s输出一个脉冲。

②　交通灯控制器。假设每个单位时间为5s，则南北、东西向红、黄、绿灯亮时间一次循环为80s。计数器每次工作循环周期为16，所以应该选用十六进制计数器。计数器可以用单触发器组成，也可以用中规模集成计数器。我们选用中规模74LS164八位移位寄存器组成扭环形十六进制计数器。请自行设计扭环形计数器的状态表。根据状态表，可以得到东西向和南北向各灯之间的逻辑表达式。

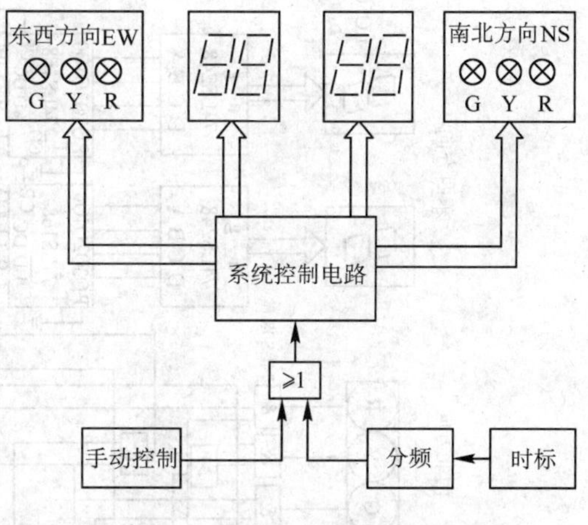

图10-11　交通灯控制器系统框图

③　显示控制部分。用一个定时控制电路来实现，采用倒计时的方式。当绿灯亮时，减法计数器开始工作（用对方的红灯信号控制），每来一个秒脉冲，使计数器减1，当计数器为0时停止。译码显示可用74LS248BCD码七段译码器，显示器用LC5011-11共阴极LED显示器，计数器采用可预置加、减法计数器，如74LS168、74LS193等。

④　手动/自动控制，用选择开关进行。当开关被置于手动位置，定时系统输入单次脉冲，交通灯被控制处在某一位置。当开关在自动位置时，交通信号灯按自动循环工作方式运行。夜间时，将夜间开关接通，黄灯闪亮。

（3）参考电路（见图10-12）　简要说明如下：

1）单次手动及脉冲电路。单次脉冲由二个与非门组成的RS触发器产生，当按下S2时，有一个脉冲输出使74LS164移位计数，实现手动控制。S2在自动位置时，由秒脉冲电路经

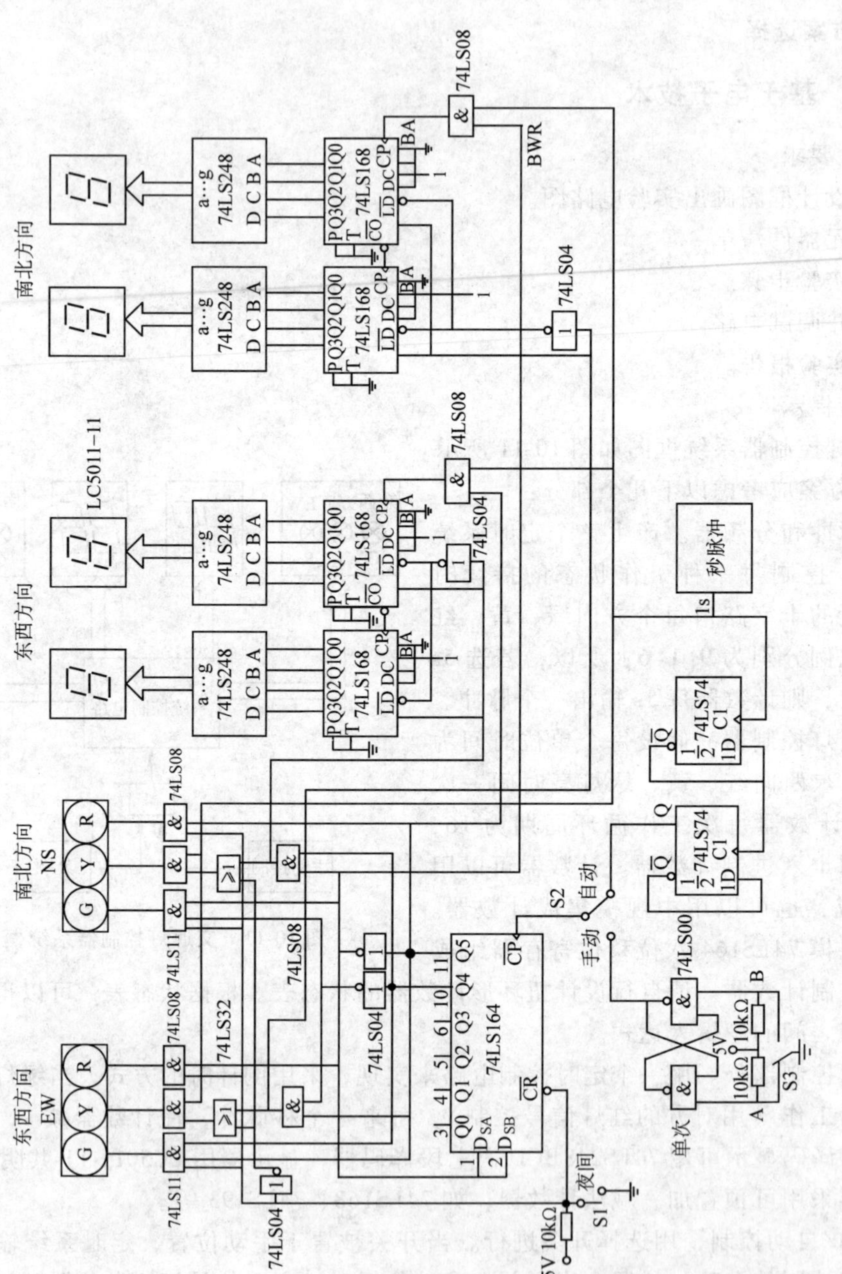

图 10-12 交通灯控制器参考电路

分频后（4 分频）输入给 74LS164，这样，74LS164 每 4s 向前移一位（计数 1 次）。秒脉冲电路可用晶振或 RC 振荡电路构成。

2）控制器部分。它由 74LS164 组成扭环形计数器，经译码输出十字路口南北、东西方向的控制信号。其中黄灯信号需满足闪耀，并在夜间时，使黄灯闪亮，而绿、红灯灭。

3）数字显示部分。当南北向绿灯亮，而东西向红灯亮时，使南北向的 74LS168 以减法计数器方式工作，从数字"50"开始往下减，当减到"05"时，南北向绿灯灭，黄灯亮，减至"00"时，红灯亮，而东西向红灯灭，绿灯亮。由于东西向红灯灭信号，使与门关断，减法计数器工作结束。而南北向红灯亮，使另一个方向——东西向减法计数器开始工作。

方案 B　基于微控制器技术

（1）实验要求　采用微控制器（单片机）实现与方案一同样的功能。

（2）实验提示　秒信号的产生：秒信号是时钟的基本信号，它的产生不能由定时器直接产生（定时器的最大定时时间只能为几百毫秒），可通过对某一时段的多次累积形成秒信号。

（3）思考题

1）采用单片机技术搭建的交通灯控制系统与用数字电路、CPLD 搭建的交通灯控制系统比较，有哪些特点？比较三种设计方案的优劣。

2）红、绿、黄灯的显示时间如由数码管改为 LED 组成的矩形显示屏显示，设计方案将如何修改？

方案 C　基于 CPLD 技术

（1）实验要求　根据控制逻辑要求设计交通灯控制逻辑电路，实现与方案一同样的功能。

（2）实验提示

1）I/O 引脚分配方案参见表 10-2。

2）LED 的排列及驱动对应关系如图 10-13 所示。

表 10-2　I/O 引脚分配方案

方向 \ 颜色	R（红）	G（绿）	Y（黄）
E（东）	OUT1	OUT2	OUT3
S（南）	OUT4	OUT5	OUT6
W（西）	OUT7	OUT8	OUT9
N（北）	OUT10	OUT11	OUT12

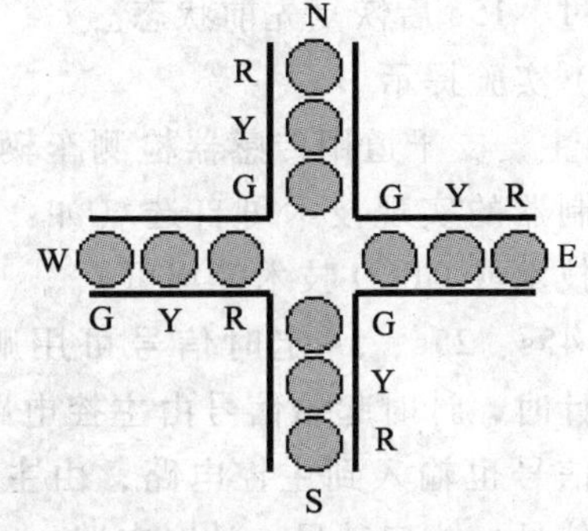

图 10-13　LED 的排列及驱动对应关系

3）根据题目要求设计交通灯控制逻辑电路，设计方式自选：

①　根据设计要求规划系统结构：按功能分块、确定时序实现方式、确定 I/O 端口结

构、选择 I/O 设备。

② 根据整体规划画出结构框图。

③ 实现各块电路功能，并进行总体连接。

(3) 思考题 若需要显示每种状态的延时情况（即显示当前已延时多长时间），设计方案如何制定？

方案 D 交通灯智能控制器

(1) 实验目的 此前三种设计的实验要求均是按固定模式控制信号灯的亮灭（即南北向绿、黄、红灯的点亮时间比为 45∶5∶30（单位为 s）；东西向绿、黄、红灯的点亮时间为 25∶5∶50。这种不管路况，机械地执行固有控制模式的结果可能会出现主干道拥塞，而支路无车的状况。另外，机械式地控制模式也不利于出现紧急情况的路况调控。为解决以上问题，请设计一智能交通灯控制器，使其可根据路况随时调整主干道和支路的放行时间。

(2) 实验要求

1) 设计一个交通信号灯控制器，由一条主干道和一条支干道汇合成十字路口，在每个入口处设置红、绿、黄三色信号灯，红灯亮禁止通行，绿灯亮允许通行，黄灯亮则给行驶中的车辆有时间停在禁行线外。

2) 用红、绿、黄发光二极管作信号灯，用传感器或逻辑开关作检测车辆是否到来的信号。

3) 主干道处于常允许通行的状态，支干道有车来时才允许通行。主干道亮绿灯时，支干道亮红灯；支干道亮绿灯时，主干道亮红灯。

4) 主、支干道均有车时，两者交替允许通行。主干道每次放行 45s，支干道每次放行 25s，设立 45s、25s 计时、显示电路。

5) 在每次由绿灯亮到红灯亮的转换过程中，要有 5s 黄灯作为过渡，使行驶中的车辆有时间停到禁行线外，设立 5s 计时、显示电路。

6) 遇有紧急情况（救护车、消防车等）将主、支路信号灯全部变红 15s，以便救护车或消防车通过，15s 后恢复先前状态。

(3) 实验提示

1) 主、支干道用传感器检测车辆到来情况，智能控制器的实现技术可自选（如：电子技术、单片机技术或 CPLD 技术等均可）。

2) 45s、25s、5s 定时信号可用顺计时，也可用倒计时，计时起始信号由主控电路给出，定时结束信号也输入到主控电路，由主控电路启、闭三色信号灯或启动另一计时电路。

3) 主控电路是核心，这是一个时序电路，其输入信号为：①车辆检测信号；②45s、25s、5s 定时信号，其状态见表 10-1。

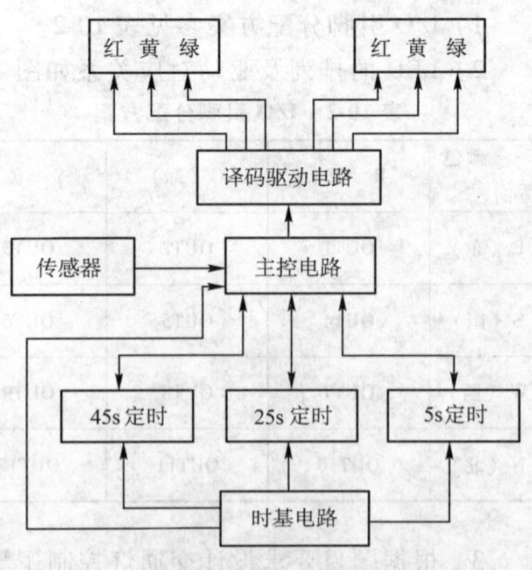

图 10-14 智能交通灯控制器系统框图

4）设计时应做好总体分析，先设计流程框图（类似图 10-10），系统结构框图（参考图 10-14），再画出实验电路图（类似图 10-12）。

（4）思考题

1）如采用传感器监视路况，选用哪种传感器为好？

2）如何判别紧急情况（救护车、消防车等）的出现？

3）对于以上诸方案做一比较，你的体会是什么？

4. 注意事项

1）注意电路应结合设计框图设计，将整个电路分成几部分，再进一步组合起来。

2）学生也可以根据实验要求自己画出状态转换图，进行进一步设计。不必拘泥于文中所给出的提示。

5. 参考资料

［1］李国丽，朱维勇. 电子技术实验指导书［M］. 合肥：中国科技大学出版社，2000.

［2］吕思忠，施齐云. 数字电路实验与课程设计［M］. 哈尔滨：哈尔滨工程大学出版社，2001.

［3］董云龙，王念春，张颖. 基于 RTOS 的智能交通灯设计方法［J］. 单片机与嵌入式系统应用，2003（10）.

［4］杨显富. 基于 EDA 技术的交通灯自适应控制系统［J］. 成都大学学报：自然科学版，2003，22（3）.

［5］杨贵，郑善贤. 基于 FPGA 的交通灯控制器实现［J］. 中国仪器仪表，2003（9）.

［6］赵建华，陈光伟，朱少祖. PIC 单片机实现交通灯控制系统［J］. 现代电子技术，2003（18）.

实验 10-6　数字电子钟的设计

1. 引言

数字钟是采用数字电路实现对“时”、“分”、“秒”数字显示的计时装置。数字钟的精度、稳定度远远超过机械钟表。与传统的机械钟相比，它具有走时精确、显示直观、无机械传动装置等优点。目前数字电子钟已经广泛用于车站、码头、剧场、车间等公共场所。本实验的任务就是设计一数字电子钟，实现方法则要求采用电子技术、微控制器技术和可编程逻辑器件等多种方法实现。

2. 实验任务

设计一台能直接显示时分秒的电子数字钟，其要求如下：

1）采用数码管显示时间：时、分、秒。

2）走时采用 24h 制。

3）具有整点报时功能。

4）具有手动校时、校分、校秒调整电路。

3. 实验方案选择

方案 A　基于电子技术

(1) 实验目的　通过该实验希望学生能了解计时器主体电路的组成及工作原理，熟悉时序电路设计方法以及集成电路及有关电子元器件的使用。

(2) 实验要求　用中小规模集成电路设计一台数字钟，具体要求如下：

1）时间计数电路要求用中规模集成电路计数器实现。

2）整点报时电路要求整点前 6s 鸣叫五次低音（512Hz 左右）每次 0.5s，整点前 1s 再鸣叫一次高音（1024Hz 左右）1s，共鸣叫 6 次，两次鸣叫间隔 0.5s。

(3) 实验提示　在数字显示方面，目前已有集成的计数、译码电路，可以直接驱动数码显示器件。也可以直接采用 CMOS-LED 光电组合器件，构成数码式石英晶体数字钟。这些电路装置十分小巧，安装使用也很方便，如果想实现大型光电数字显示，可以加一定的驱动电路，采用霓虹灯或者白炽灯显示系统，做起来也不困难。数字电子钟的原理如图 10-15 所示，设计方案应考虑以下几个部分。

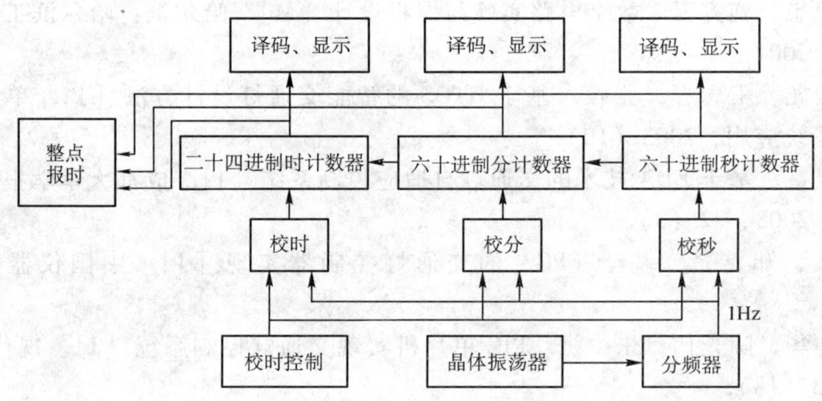

图 10-15　数字电子钟系统框图

1）振荡器　用来产生整个系统的时间标准信号，因为数字钟的精度主要取决于时间标准信号的频率及其稳定性，所以振荡器是影响数字钟质量的决定性因素之一。在实际应用电路中采用晶体振荡器作为振荡源，晶体频率越高，钟表的计时准确度越好。但这将使振荡器的耗电量增大，分频器的级数也要增多。所以应当考虑两方面的因素，然后决定石英晶体型号。

2）分频器　因为振荡器产生的时标信号频率很高，要使它变成能用来计时的秒信号，需要一定级数的分频电路。分频器的级数和每级分频次数要根据时标频率来定。

3）计数器　计数器是一种计算输入脉冲数目的时序逻辑网络，被计数的输入信号就是时序网络的时钟脉冲。它不仅可以计数而且还可以用来完成其他特定的逻辑功能，如测量、定时控制、数字运算等。本实验用二十四进制数字作为“时”位计数器，它的时序是 00，01，02，…，23，00，…，也就是当计数器到 23 时 59 分 59 秒时，若再输入一个秒脉冲，计数器就进到 00 时 00 分 00 秒。“分”和“秒”均为六十进制，只要分别选定时、分、秒的计数器，就可以从这些计数器的输出端得到时、分、秒的时间进位信号。

4）译码显示电路　译码显示的功能是将时分秒计数器的输出代码进行译码，变成相应的数字。常用的用于驱动 LED 七段数码管的译码器为 CD4511。CD4511 是 4 位线七段码的中规模集成电路。

5）校时电路　当数字钟的指示同实际时间不相符时，必须予以校准（俗称对表）。校“时”电路的基本原理就是将“秒”信号直接引进“时”计数器，同时将“分”计数器置 0，让“时”计数器快速计数，在“时”计数器调到需要的数字后，再切断秒信号，让计时器正常工作。校“分”电路也是按照此方法让秒信号输入“分”计数器，同时让“秒”计数器置 0。这样，快速改变“分”的指示值，直到等于需要的数字为止。校“秒”电路略有不同，输入“秒”计数器的信号选用的是周期为 0.5s 的脉冲信号，其计数比正常计秒快一倍，可用来对准秒的数字。

6）整点报时电路　当计数器每次到整点前 6s 时，系统开始报时。即当“分”计数器到 59，“秒”计数器到 54 时，报时电路发出一个持续时间为 5s 的控制信号，使低音信号（512Hz）打开闸门，并使报时信号鸣叫 5 声。当计数器运行到 59 分 59 秒时，报时电路发出另外一个控制持续为 1s 的信号，使高音信号（1024Hz）打开闸门，并使报时信号鸣叫 1 声。

（4）实验器材　CD4510 四位十进制同步加/减计数器及门电路、CD4511 四位锁存/七段译码器/驱动器、CD4060 振荡器、CD4013 双 D 触发器、32768Hz 晶振、七段 LED 数码管等。

（5）参考电路

1）振荡器　其参考电路如图 10-16 所示。CD4060 是 14 位二进制计数器。它内部有 14 级二分频器，有两个反相器。CP1（11 脚）、CP0（10 脚）分别为时钟输入、输出端，即内部反相器 G1 的输入、输出端。图中 R 为反馈电阻，目的是为 CMOS 反相器提供偏置，使其工作在放大状态。$C1$ 是频率微调电容，取 3～50pF，$C2$ 是温度特性校正用电容，一般取 20～50pF。内部反相器 G2 起到整形作用，并且提高带负载能力。石英晶体采用 32768Hz 晶振，32768 是 2 的 15 次方，若要得到 1Hz 的脉冲，则需要经过 15 级二分频器完成。由于 CD4060 只能实现 14 级分频，故必须外加一级分频器，可采用 CD4013 双 D 触发器完成。

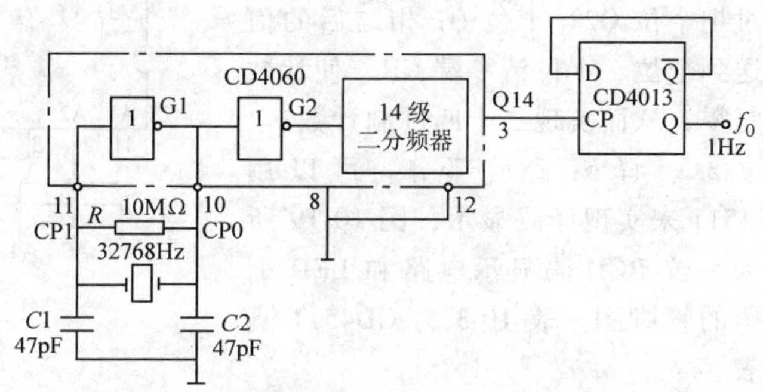

图 10-16　振荡器原理图

2）计数器

① 六十进制计数电路，参考图 10-17。

秒计数器由秒个位计数器 JS1 和秒十位计数器 JS2 组成。JS1 组成十进制计数，JS2 组成六进制计数。十进制计数用反馈归零法设计，用 CD4510（4 位十进制计数器）来设计。六进制

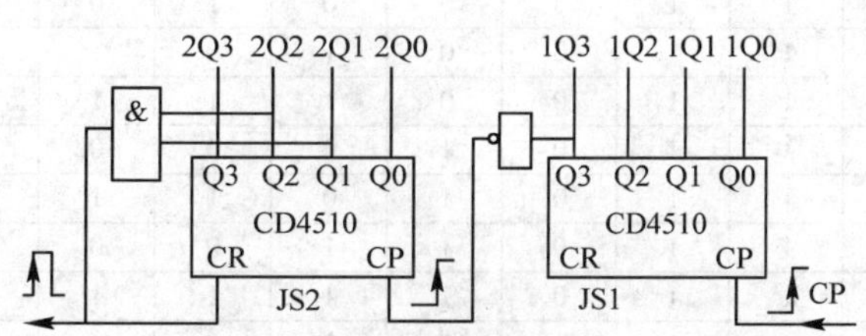

图 10-17　采用 CD4510 组成的六十进制计数器

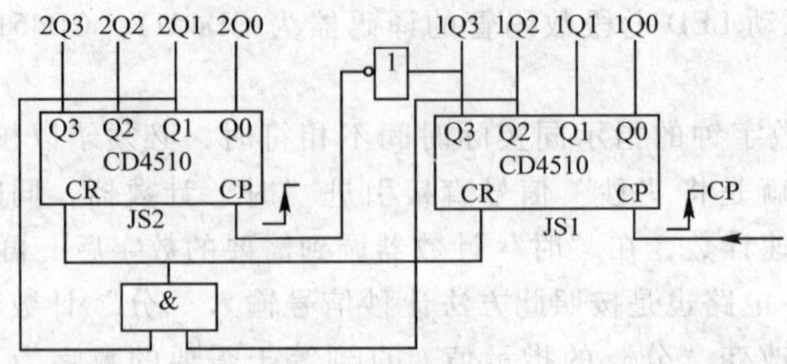

图 10-18 采用 CD4510 组成的二十四进制计数器

计数的反馈方法是当 CP 输入第六个脉冲时，输出状态“Q3Q2Q1Q0 = 0110”，用与门将 Q2Q1 取出，送到计数器 CR 清零端，使计数器归零，从而实现六进制计数。如图中所示，采用 CD4510 设计的六十进制计数器，可作为秒、分计数器用。

② 二十四进制计数电路，参考图 10-18。

当个位计数状态为“Q3Q2Q1Q0 = 0100”，十位计数状态为“Q3Q2Q1Q0 = 0010”时，即 24 时，通过把个位 Q2、十位 Q1 相与后的信号送到个位、十位清零端 CR，使计数器复零，从而实现二十四进制计数。

③ 译码显示部分。可以用 CD4511 来实现译码显示，图 10-19 所示为一位 BCD 码显示电路和 LED 七段码的管脚图。表 10-3 为 CD4511 真值表。

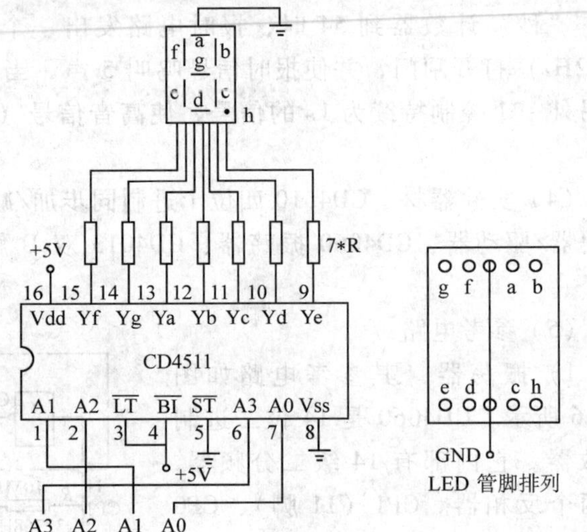

图 10-19 一位 BCD 码显示电路

表 10-3 CD4511 真值表

输入							输出							
$\overline{ST}$	$\overline{BI}$	$\overline{LT}$	A3	A2	A1	A0	Ya	Yb	Yc	Yd	Ye	Yf	Yg	a b c d e f g
×	×	0	×	×	×	×	1	1	1	1	1	1	1	8
×	0	1	×	×	×	×	0	0	0	0	0	0	0	熄灭
0	1	1	0	0	0	0	1	1	1	1	1	1	0	0
0	1	1	0	0	0	1	0	1	1	0	0	0	0	1
0	1	1	0	0	1	0	1	1	0	1	1	0	1	2
0	1	1	0	0	1	1	1	1	1	1	0	0	1	3
0	1	1	0	1	0	0	0	1	1	0	0	1	1	4
0	1	1	0	1	0	1	1	0	1	1	0	1	1	5
0	1	1	0	1	1	0	0	0	1	1	1	1	1	6
0	1	1	0	1	1	1	1	1	1	0	0	0	0	7
0	1	1	1	0	0	0	1	1	1	1	1	1	1	8
0	1	1	1	0	0	1	1	1	1	0	0	1	1	9

（续）

输	入						输	出						
$\overline{ST}$	$\overline{BI}$	$\overline{LT}$	A3	A2	A1	A0	Ya	Yb	Yc	Yd	Ye	Yf	Yg	
0	1	1	1	0	1	0	0	0	0	0	0	0	0	熄灭
0	1	1	1	0	1	1	0	0	0	0	0	0	0	熄灭
0	1	1	1	1	0	0	0	0	0	0	0	0	0	熄灭
0	1	1	1	1	0	1	0	0	0	0	0	0	0	熄灭
0	1	1	1	1	1	0	0	0	0	0	0	0	0	熄灭
0	1	1	1	1	1	1	0	0	0	0	0	0	0	熄灭
1	1	1	×	×	×	×	取决于 ST 上跳前输入的 BCD 码							

④ 校时电路，参考图 10-20。

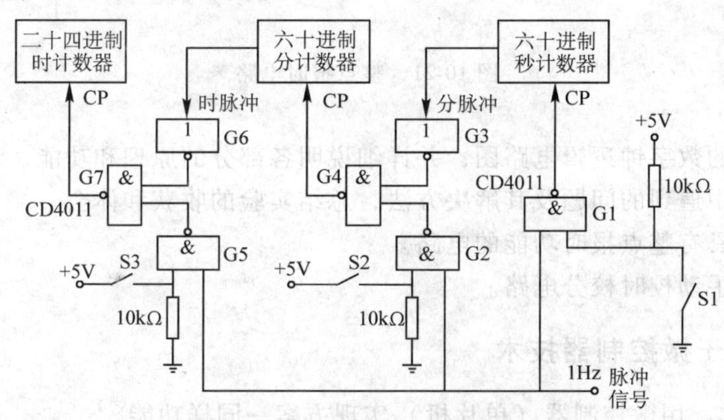

图 10-20 时分秒校时电路

校“秒”时采用等待校时，将琴键开关 S1 按下，此时门电路 G1 被封锁，秒信号进入不到秒计数器中，将暂停秒计时。当数字钟秒显示值与标准时间秒数值相同时，立即松开 S1，数字钟秒显示与标准时间秒计时同步运行，完成秒校正。校“分”、“时”的原理比较简单，采用加速校时。例如分校时使用 G2、G3、G4。当进行分校时时，按下琴键开关 S2，由于门 G3 输出高电平，秒脉冲信号直接通过门电路 G2、G4 被送到分计数器中，使分计数器以秒的节奏快速计数。当分计数器的显示与标准时间数值相符时，松开 S2 即可。当松开 S2 时，门电路 G2 封锁秒脉冲，输出高电平，门电路 G4 接受来自秒计数器的输出进位信号，使分计数器正常工作。“时”校时电路与“分”校时电路的工作原理完全相同。

⑤ 整点报时电路。根据实验要求，设计整点报时电路可以参考如图 10-21 所示。

图中，CD4013 是双触发器，具有“置数”和“清零”功能，且高电平有效。利用触发器的记忆功能，可以完成实现所要求的两个控制信号。当“分”计数器和“秒”计数器输出状态为 59 分 54 秒时，与门 G3 输出一个高电平，使 CD4013 的第一个触发器的输出 1Q 被置成高电平，此时整点报时的低音信号（512Hz）与秒信号同时被引入到扬声器中，使扬声器每次鸣叫 0.5s。一旦“分”“秒”计数器的输出状态为 59 分 59 秒时，与门 G6 输出高电平，使触发器的输出 1Q 变成低电平，同时将 CD4013 的第二个触发器的输出 2Q 置为高电平。此时封锁报时低音信号，开启高音报时信号（1024Hz），当满 60min 进位信号一到，触发器的输出被清零。故扬声器高音鸣叫一次，历时 1s。

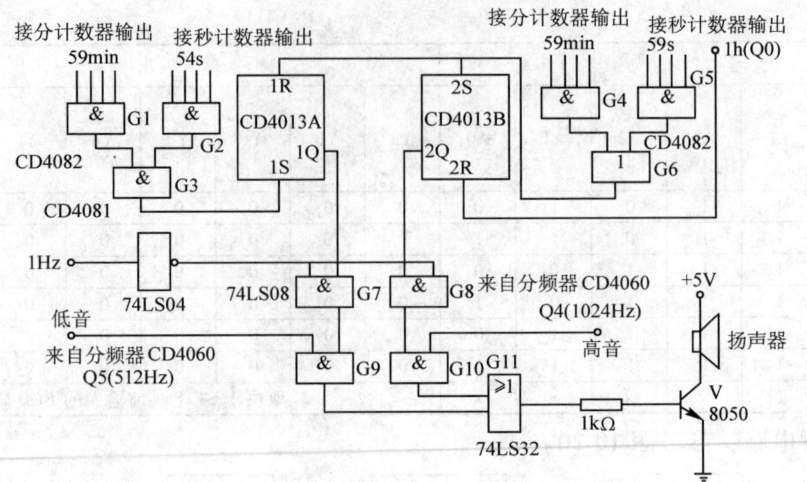

图 10-21 整点报时电路

(6) 思考题

1) 画出完整的数字钟逻辑电路图，并详细说明各部分的原理和功能。

2) 总结调试中遇到的问题及其解决方法，总结实验的收获和体会。

3) 设计一个具有整点报时功能的电路。

4) 设计一个手动校时校分电路。

方案 B 基于微控制器技术

(1) 实验要求 用微控制器（单片机）实现方案一同样功能。

(2) 实验提示

1) 秒信号的产生 秒信号是时钟的基本信号，它的产生不能由定时器直接产生（定时器的最大定时时间只能为几百毫秒），可通过对某一时段的多次累积形成秒信号。

2) 时钟的调整方法 可参考一般数字式电子表的校时方法，即一按键用来决定调整时、分、秒的哪一位，另一按键用来调整数字（加 1），位的调整顺序：时→分→秒，秒位亦可采用回零方式解决。

(3) 思考题

1) 决定时钟走时准确性的环节有哪些？如何减小时钟的走时误差？

2) 如何使时钟在走时的基础上实现闹钟的功能。

3) 在该数字钟的基础上可扩展多种功能，如日期显示，作息时间控制，定时等等，怎样实现以上功能呢？

方案 C 基于 CPLD 技术

(1) 实验要求 用 CPLD/FPGA 实现与方案一同样的功能。

(2) 实验步骤提示

1) 结构设计 根据数字钟功能要求，确定系统结构及主要元件功能。

2) 结构框图 根据结构设计画出结构框图。

3) 电路设计 实现各块电路功能，并进行总体连接。

4）综合调试　对整体电路进行调试，以保证功能要求。

（3）思考题　比较三种设计方案的特点和优劣。

4. 参考资料

[1] 杨铮. 电工、电子技术实习与课程设计［M］. 北京：中国电力出版社，2004.
[2] 彭介华. 电子技术课程设计指导［M］. 北京：高等教育出版社，1997.
[3] 姚福安. 电子电路设计与实践［M］. 济南：山东科学技术出版社，2002.
[4] 卢超. 基于单片机的数字电子钟的设计与制作［J］. 大庆师范学院学报，2006，26（5）.
[5] 曾日波. 多功能数字电子钟系统的设计与实现［J］. 乐山师范学院学报，2004，19（12）.
[6] 罗雪莲. PLC与数字电子［J］. 自动化与仪器仪表，2001（6）.

实验10-7　智力竞赛抢答器的设计与制作

1. 引言

在进行智力竞赛抢答题比赛时，各参赛者考虑好后都想抢先答题。如果没有合适的设备，有时难以分清他们的先后，使主持人感到为难。为了使比赛能顺利进行，必须有一个合适的设备，使主持人和观众了解哪位选手获得了答题权。为了准确、公正、直观地判断出第一抢答者，需要一个能判断抢答先后的设备，通过数显、灯光及音响等多种手段指示出第一抢答者，这就是智力竞赛抢答器。

2. 实验任务

1）设计可容纳四名选手参赛的四路抢答器。他们的编号分别是“1”、“2”、“3”、“4”，每名选手各用一个抢答按钮，编号与参赛者的号码一一对应，此外还有一个按钮给主持人用来清零。

2）抢答器具有第一抢答信号的鉴别和锁存功能。在主持人将系统复位并发出抢答指令后，若参赛者按抢答开关，则该组指示灯亮并用数码管立即显示出最先动作的选手的编号，同时蜂鸣器发出间歇声响，此时电路应具备自锁功能，使别组的抢答开关不起作用。

3）抢答器对抢答选手动作的先后有很强的分辨能力，即使他们动作的先后只相差几毫秒，也能分辨出抢答者的优先。也即数码管不显示后动作的选手的编号。

4）当各抢答按钮在常态时，主持人可用清零按钮将数码管变为零状态，直到有人使用按钮为止。

本装置要求采用电子技术和微控制器技术两种方案完成。

3. 实验方案选择

方案A　基于电子技术

（1）实验目的　通过本实验，使学生了解和学习时间判别组合逻辑电路的设计和调试方法。

（2）实验要求　利用数字电路知识，设计满足实验任务要求的智力竞赛抢答器。电路调试成功后，再设计外壳、面板将其形成一有实用价值的装置。

（3）实验提示

1）智力竞赛抢答器的框图如图10-22所示。

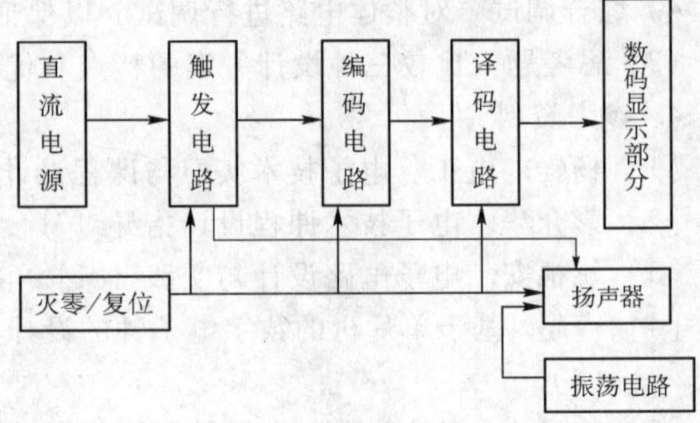

图 10-22　四路抢答器原理结构图

图 10-22 中直流电源可用三端集成稳压电源，再经滤波提供。触发电路给选手提供抢答的操作，可用触发器或锁存器来实现，本实验采用按钮操作的 4D 锁存器，该锁存器中一旦某一个得到置位信号（抢先）同时要让其他锁存器锁零，则其他选手按钮操作失效。编码、译码、显示用于显示锁存器中已抢先的选手编号。一旦锁存器中有选手争得抢答权，扬声器可发出声音，使主持人、观众能够了解已有选手抢得答题资格。灭零/复位则是主持人操作的按钮。

2）本装置设计任务的关键是准确判断出第一抢答者的信号并将其锁存起来，在得到第一信号之后应立即将电路的输入封锁，即使其他组的抢答信号无效。用 4D 锁存器来实现这一功能。CC4042 为 4D 锁存器，它由 4 个独立的 D 触发器构成，可以分别存入 4 个信号，根据抢答要求，一旦某选手优先获得抢答权后，要剥夺其他选手的答题机会，因此一旦有一个 Q = 1，则使其他 D 输入无效。最先抢的答题权的选手确定后，其他选手再抢答为无效。图 10-23 为 4D 锁存器连接原理图。

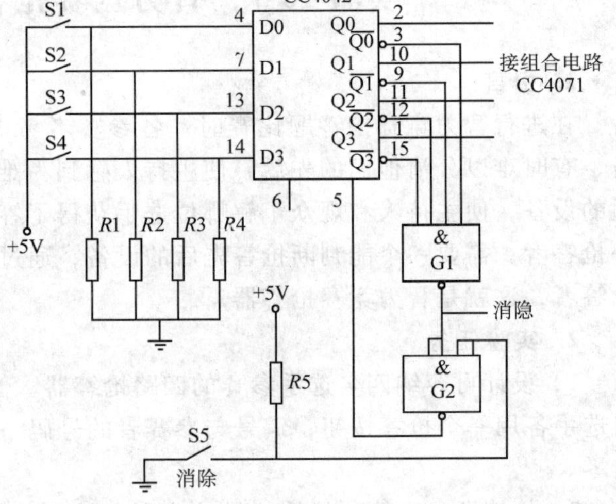

图 10-23　4D 锁存器连接原理图

3）编码电路参如图 10-24 所示。图中 Q3、Q2、Q1、Q0 为 4D 锁存器输出，编码器选 CC4071，4 两输入或门。其输出为 A = Q2 + Q0，B = Q1 + Q2，C = Q3，D = 0。

4）译码显示电路参见图 10-25。

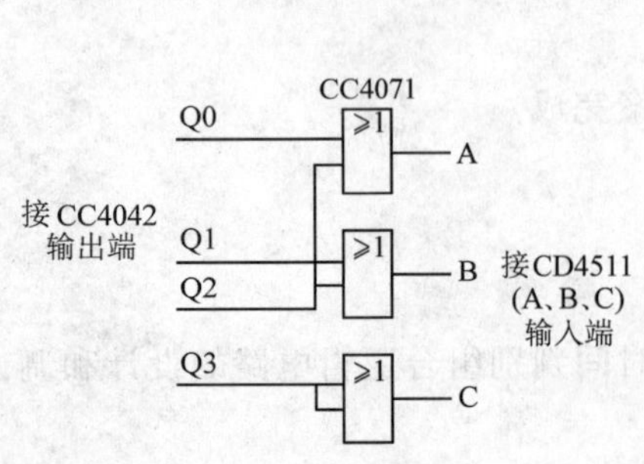

图 10-24　编码器原理图

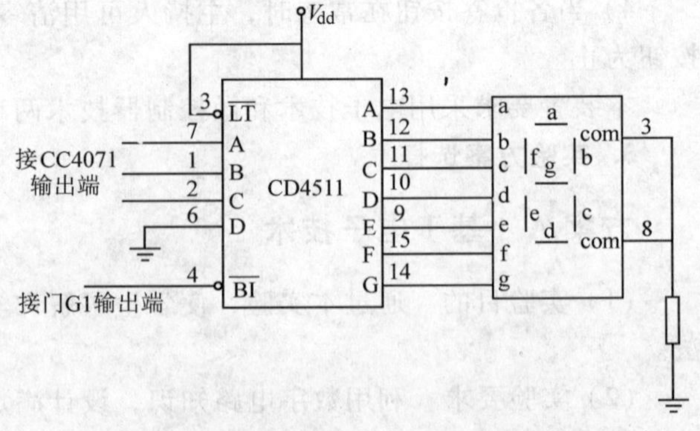

图 10-25　译码显示原理图

(4) 思考题

1) 如果考虑显示抢答用时限制，应如何解决？

2) 若规定必须在主持人按下按钮后才能抢答，否则扣分，应如何解决？

3) 请补充设计给抢答者正确解答记分，答错扣分的显示电路。

方案 B　基于微控制器技术

(1) 实验要求　利用单片机技术设计与方案一同样功能的智力竞赛抢答器。控制程序可用汇编语言编写也可用 C 语言编写。

(2) 实验提示　单片机控制的智力竞赛抢答器，由单片机以及外围电路组成。由于采用单片机，使得外围电路非常简单，但是功能并不比利用电子技术设计的抢答器少。最大的特点是可以随意设定参赛组数，而基于电子技术抢答器的参赛组数必须是固定的，不能随便扩充或删减。另外，单片机控制的智力竞赛抢答器较传统的电子抢答器耐用，不易损坏。

(3) 思考题

1) 如增加限时抢答、显示犯规组号功能，程序如何修改？

2) 与基于电子技术的设计方案比较，阐述单片机控制的智力竞赛抢答器的优点。

方案 C　基于 CPLD 技术

(1) 实验要求　用 CPLD/FPGA 实现与方案 A 同样功能。

(2) 实验提示

1) 结构设计。根据抢答器功能要求，确定系统结构及主要元件功能。

2) 结构框图。根据结构设计画出结构框图。

3) 电路设计。实现各块电路功能，并进行总体连接。

4) 综合调试。对整体电路进行调试，以保证功能要求。

(3) 思考题　比较三种设计方案的特点和优劣。

4. 参考资料

[1] 杨铮. 电工、电子技术实习与课程设计 [M]. 北京：中国电力出版社，2004.

[2] 卢结成，高世忻，陈力生. 电子电路实验及应用课题设计 [M]. 合肥：中国科学技术大学出版社，2002.

[3] 苏友平，毕四军. 用 PLD 实现智力竞赛抢答器的设计与调试 [J]. 甘肃科技，2006，22 (1).

[4] 韩芝侠. 一款工作可靠的智力竞赛抢答器电路的设计与分析 [J]. 现代电子技术，2005，28 (20).

[5] 王青萍. 八路智力竞赛抢答器的设计 [J]. 湖北教育学院学报，2007，24 (8).

实验 10-8　出租车里程计价表电路设计

1. 引言

在日常生活中大家看到每辆出租车上都安装有数字计价表，汽车一开动，随着行驶里程的增加，汽车前面的数字计价表读数从零逐渐增大，自动显示收取的车费，到达目的地后司机就可以按显示的数字向乘客收取车费。出租车里程计价表就是一种根据乘客用车的实际情况自动显示用车费用的数字仪表。仪表根据车的行程计费、等候时间计费及起步价总和，通过数码自动显示，还可以连接打印机打印数据。

2. 设计要求

使用十进制系数乘法器等器件设计一种出租车里程计价表电路并组装调试。

设计内容：

1）设计秒信号脉冲产生器代替出租车行驶时产生的信号。

2）设计费用处理电路，并且根据乘法器输入系数 a、b、c、d 设计按键电路，用来改变里程单价和等候时间单价。

3）设计计数、译码和显示电路显示单价。

3. 设计提示

（1）可选用芯片 CD4527、CD4510、CD4511、CD4051、74LS74、74LS00、74LS04、74LS161、74LS191、74LS48、NE555、74LS273、74LS7408 及拨动开关、拨码开关、数码管、电阻、导线若干。

（2）工作原理框图　如图 10-26 所示。假设由传感器获得“行驶里程信号”，每当汽车行驶 1km 时，发出 100 个脉冲（试验中可由信号发生器代替，见图 10-27），行驶里程信号和里程单价相乘后送入计数器中。例如：每千米应收费 1.5 元，则汽车每行驶 1km，就有 150 个脉冲，送入计数器，计数器的第一、二位即计“1.5”，3 位显示器第二位后设小数点，所以会显示 1.5 元，表示行车 1km，应收 1.5 元。

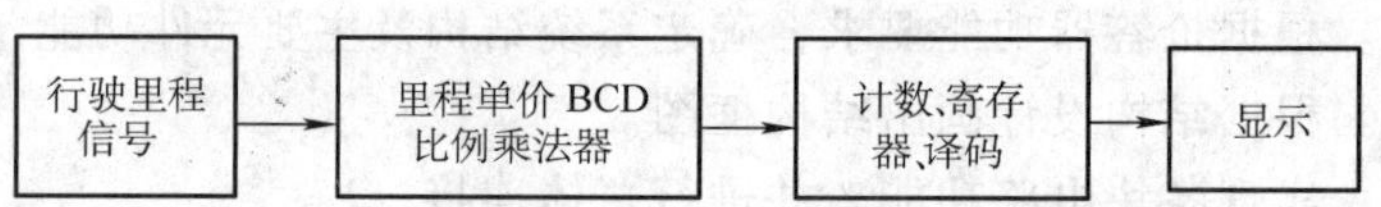

图 10-26　出租车里程计价表的电路框图

（3）单元电路设计　具体电路原理框图如图 10-27 所示，分为秒脉冲发生器电路、费用处理电路、费用自动显示电路等几部分。

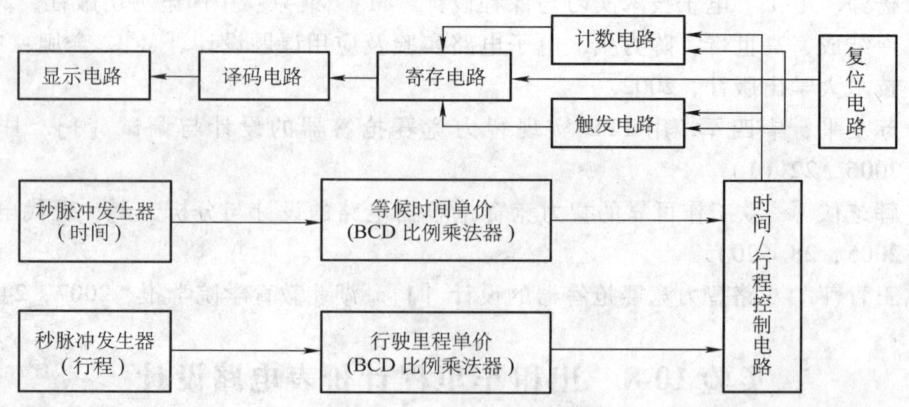

图 10-27　整体原理框图

秒脉冲发生器电路产生的信号作为“行驶里程信号”和“等候时间信号”。

由于实验条件所限，无法用干簧继电器作为传感器获得行驶里程信号，在实验中用秒脉冲发生器产生的信号来模拟行驶里程信号。因此，需要设计等候时间信号和行驶里程信号两种秒脉冲发生器，可以用较为常用的555时基电路来产生秒脉冲信号。两种秒脉冲发生器均可采用同一电路实现。

费用处理电路包括行驶里程单价、等候时间单价处理电路、时间/行程控制电路、计数电路。

在本课题中选用CD4527来构成费用单价处理电路。芯片CD4527为同步十进制系数乘法器，当其清零、选通、置9和使能输入均为低电平时，乘法器便进入使能状态。在乘法器进入使能状态时，输出频率就等于输入频率乘以输入数M再除以10。即

$$f_{出} = \frac{Mf_{入}}{10}$$

式中，$M = D\times 2^3 + C\times 2^2 + B\times 2^1 + A\times 2^0$。

CD4527有加法模式和乘法模式两种级联方式。在费用单价处理电路中，采用的是CD4527的乘法模式。第一块CD4527的系数置成DCBA = 1001，第二块CD4527的系数置成DCBA = 0100，得到的总系数为0.36，其电路如图10-28所示。其中两块CD4527级联成乘法模式时的系数为0.36$\left(\frac{9}{10}\times\frac{4}{10}=\frac{36}{100}\right)$。

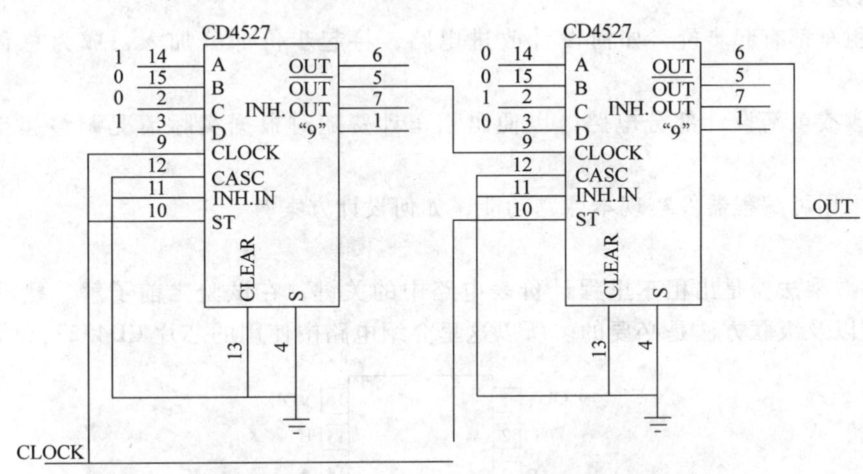

图10-28 两块CD4527级联成乘法模式

等候时间信号和行驶里程信号的单价处理电路基本相同。等候时间信号和行驶里程信号分别从第一块芯片的CLOCK端输入，从第二块芯片的OUT输出，只是通过拨盘开关置成不同的系数而已。另外设计电路时可以采用两个开关：一个开关用于当出租车出现故障等因素或不用“计时”时，停止计算等候费用。另一个开关用于通过其通断来模拟出租车的行驶和停止。

在本课题设计中，为了便于根据实际情况随时改变费用单价，通过拨盘开关来改变每一块CD4527的系数，可使DCBA为不同值。

4. 注意事项

1）汽车行驶信号的产生方法。现实中“汽车行驶信号”是由安装在车轮上的传感器获得的，保证汽车每前进一定距离就输出一个信号，在试验中可设计秒信号脉冲产生电路，模

拟产生“汽车行驶信号”。为了方便实验，也可采用信号发生器模拟的方式产生行驶信号。

由信号发生器产生的信号频率可以适当调高些，这样使乘法器部分输出的信号频率也相应会高些，有利于观察。若输入信号频率调得太低可能导致输出信号还没来得及出现就以为电路有问题。

2）真实的汽车计价系统除了行驶状态的计价还包括等候时间的计费。其等候时间信号由时钟产生，假设每 10min 产生 10 个脉冲，把它乘上每 10min 收费价，例如 0.3 元 ×10 就变成 3 个脉冲，计数器的第一位增加 3。因为每隔 1min 产生一个脉冲，所以等候时间计费也随着等候时间的延长而不断增大。其运行与否可由一个“计时”键控制。行驶信号和等候信号通过一个选择开关与计数系统连接。

5. 参考资料

［1］高吉祥，易凡. 电子技术基础 · 实验与课程设计［M］. 北京：电子工业出版社，2002.

［2］吴立新. 实用电子技术手册［M］. 北京：机械工业出版社，2002.

［3］彭介华. 电子技术课程设计指导［M］. 北京：高等教育出版社，1997.

［4］毕满清. 电子技术实验与课程设计［M］. 3 版. 北京：机械工业出版社，2005.

6. 思考题

1）出租车都有起步价，如何设计改进电路，将起步价部分加入，成为总费用的一部分?

2）更改或重新设计部分电路，以便出租车计费随时根据实际情况调整起步价及行程价。

3）若采用可编程器件实现本课题功能，如何设计方案?

7. 附录

由于系数乘法器是出租车里程计价表电路中的关键，在试验之前了解、熟悉芯片 4527 的工作原理以及级联方法是必要的。所以这里介绍电路中使用的芯片 CD4527，见图 10-29。

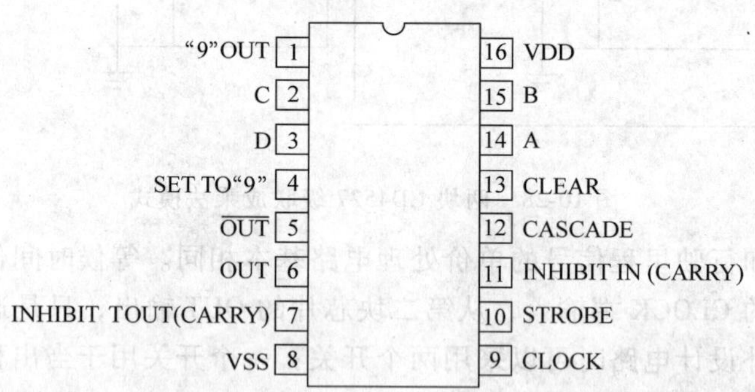

图 10-29 系数乘法器 CD4527 管脚图

CD4527 有两种级联的方式：加法模式和乘法模式。当采用加法模式时，电路如图 10-30 所示。

则每输入 100 个脉冲输出 90 + 4 = 94 个脉冲。当采用乘法模式时，电路如图 10-31 所示。

则每输入 100 个脉冲输出 9 ×4 = 36 个脉冲。

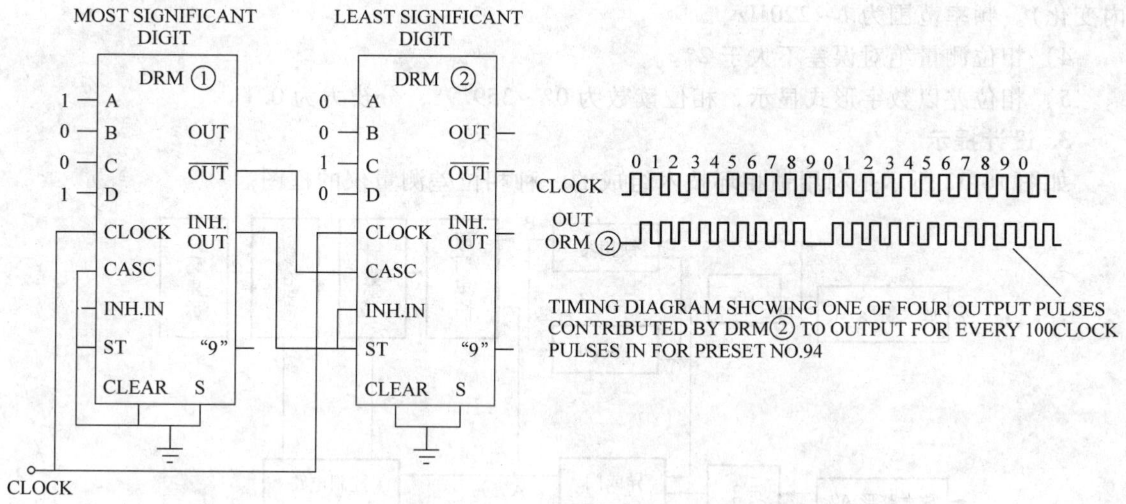

图 10-30 加法模式时级联方式

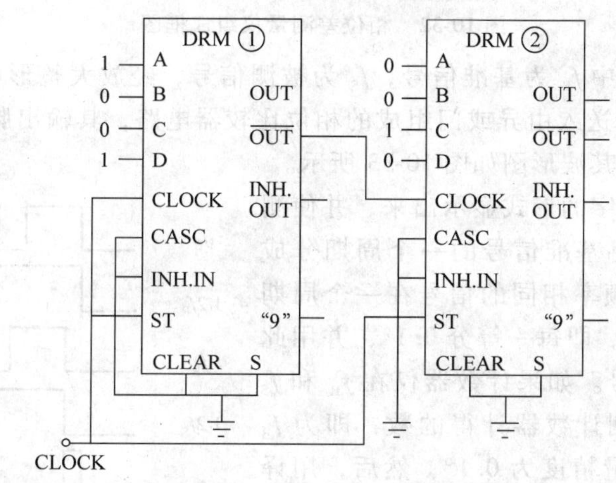

图 10-31 乘法模式时级联方式

实验 10-9 数字相位差测量仪设计

1. 引言

采用示波器观察两路信号的相位差，只能根据信号相对位置估读，信号的相位差值不能量化显示，数字相位差测量仪正好解决这个问题。

2. 设计任务

以 CMOS 低频锁相环电路和中规模数字集成电路为主，设计一种数字显示的相位差测量仪，测量两列频率相同的信号之间的相位差。

要求相位差测量仪主要技术指标：

1） 被测信号的波形为正弦波、方波、三角波。

2） 相位测量仪的输入阻抗不小于 100kΩ。

3） 被测信号的振幅为 0.5V（或允许两路输入正弦信号峰 - 峰值可分别在 1 ~ 5V 范围

内变化）。频率范围为 1～220Hz。

4）相位测量绝对误差不大于 2°。

5）相位差以数字形式显示，相位读数为 0°～359.9°，分辨力为 0.1。

3. 设计提示

如图 10-32 所示是利用锁相环技术组成的一种相位差测量仪的框图。

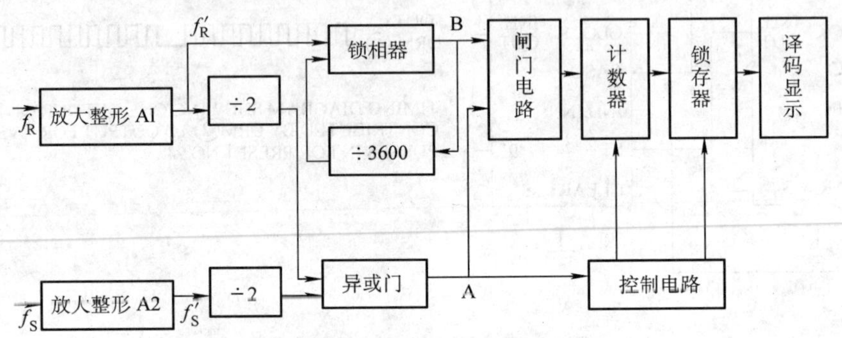

图 10-32　相位差测量仪组成框图

两列同频率的信号中 f_R 为基准信号，f_S 为被测信号，经放大整形电路后，变成正方波信号，再经二分频电路送入由异或门组成的相位比较器电路，其输出脉冲 A 的脉宽 t_p 可反映两列信号的相位差，其波形图如图 10-33 所示。

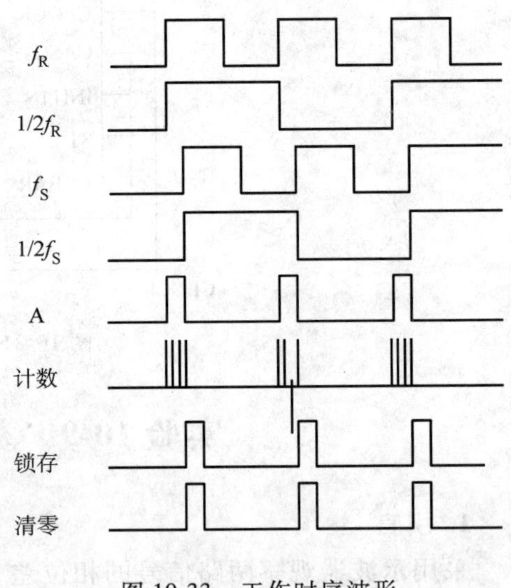

图 10-33　工作时序波形

如果将相位差以数字的形式显示出来，并使测量精度达到 0.1°。可将基准信号的一个周期分成 3600 等份（因为两列频率相同的信号在一个周期内的相位差小于 360°），即每一等分 0.1°，并用此作为计数器的时钟信号。如果计数器仅在 f_R 和 f_S 的相位差期间计数，则计数器计得的数，即为 f_R 和 f_S 的相位差，且测量精度为 0.1°；然后，用译码显示电路将计数结果显示出来。

放大整形电路是将输入信号进行放大，并整形成同频率的方波信号，且两路输入信号的相对相移要一致。

异或门组成的相位比较电路是将两列信号的相位差反映出来。以供后面控制电路与闸门电路使用。

锁相环倍频电路是将 f_R' 进行 3600 倍频。在锁相环的反馈环路中要设置一个 $N=3600$ 的分频器，输出信号作为计数脉冲。

闸门电路的作用是控制计数器的输入脉冲，使计数器仅在两信号的相位差期间计数。

控制电路的输入信号是异或门的输出信号 A，在信号 A 的下降沿时，先将计数器的计数结果送入锁存器进行锁存，然后对计数器进行清零，以便计数器下一次能正常工作。

计数电路在相位差期间对 3600 倍频脉冲信号进行计数，所得结果就是 f_R 和 f_S 的相位差。

锁存电路的作用是隔离计数器对译码显示电路的直接作用，如果不加锁存器，则显示器上的数字会随计数器的状态不停地变化，只有当计数器停止计数时，显示器上的数字才会稳定，所以要稳定地显示测量结果，计数器的计数结果必须经锁存器，才能送到译码显示电路。

译码显示电路的作用是将锁存器锁存的计数结果显示出来。

4. 参考资料

[1] 谢自美. 电子线路设计·实验·测试 [M]. 2版. 武汉：华中科技大学出版社，2000. 7.

[2] 高吉祥. 电子技术基础实验与课程设计 [M]. 北京：电子工业出版社，2002.

[3] 操长茂，秦工. 数字式相位差测量仪 [J]. 仪表技术，2003 (2).

[4] 刘玉宾，刘许亮. 基于单片机的数字相位差测量仪 [J]. 科技创新导报，2007 (33).

[5] 马文华，甘达. FPGA 在数字相位差测量仪中的应用 [J]. 广西师范大学学报，2005，23 (1).

5. 思考题

1) 如果电路接通电源后，不能马上显示正确的相位差数值，该如何改进电路？

2) 若要求输入信号频率范围可达 1～10kHz，应如何改进或设计电路？

3) 设计一种相移电路用于调试仪器，该电路要具有连续改变相位的功能等。

4) 用单片机、CPLD 代替中规模数字集成电路，系统将如何设计？

实验 10-10 超低频虚拟信号发生器的设计

1. 引言

虚拟仪器是指在以计算机为核心的硬件平台上，由用户设计和定义功能，具有虚拟面板，由测试软件实现其测试功能的一种计算机仪器系统。虚拟仪器是全新概念的最新一代测量仪器，自 1987 年诞生以来，以前所未有的速度迅猛发展。目前，虚拟仪器的种类和应用非常广泛，这是由于虚拟仪器的测试功能可以由用户根据需要来定义和发展，克服了传统仪器功能只能由厂家实现定义的缺点。随着计算机技术和网络技术的飞速发展，虚拟仪器的性能快速提高，“软件就是仪器”被越来越多的科技工作者接受，虚拟仪器是仪器发展的方向之一。

信号发生器在测量中应用非常广泛，它可以产生不同频率的正弦信号、方波、三角波、锯齿波等，其输出的幅值和直流偏置也可以根据需要进行调节。

信号发生器种类繁多，专用信号发生器是专门为某种特殊的测量而研制的，如电视信号发生器、编码脉冲信号发生器等；通用信号发生器按输出波形可分为正弦信号发生器、脉冲信号发生器、函数发生器和噪声发生器等，其中正弦信号发生器最具普遍性和广泛性（参见附录 E）。

本实验通过编写适当的 LabView 程序，实现一个超低频虚拟信号发生器，希望学生学习一些用虚拟仪器设计软件通过适当的硬件实现虚拟信号发生器功能的知识。

2. 实验要求

1）用 LabView 设计、制作一个超低频虚拟信号发生器。该信号发生器可以产生正弦信号、三角波、方波、锯齿波信号。指标如下：

频率范围：0.001 ~10Hz

幅值：0 ~2V，可选

直流偏置：0 ~2.25V，可选

2）请选择合适的数/模转换硬件板卡或者模块，用 LabView 的信号发生函数产生模拟信号。该信号发生器可以产生正弦信号、三角波、方波、锯齿波信号。指标如下：

频率范围：0.001 ~100Hz

幅值：0 ~2V，可选

直流偏置：0 ~2.25V，可选

3. 实验提示

1）软件开发环境可采用虚拟仪器开发环境 LabView，在 LabView6i 中提供了波形函数，为制作函数发生器提供了方便。以 Waveform >> Waveform Generation 中的基本函数发生器(Basic Function Generator.vi）为例，其功能是建立一个输出波形，该波形类型有：正弦波、三角波、锯齿波和方波。这个 Vi 会记住产生的前一波形的时间标志并且由此点开始使时间标志连续增长。它的输入参数有波形类型、样本数、超始相位、波形频率（单位为 Hz）等。其图标如图 10-34 所示。

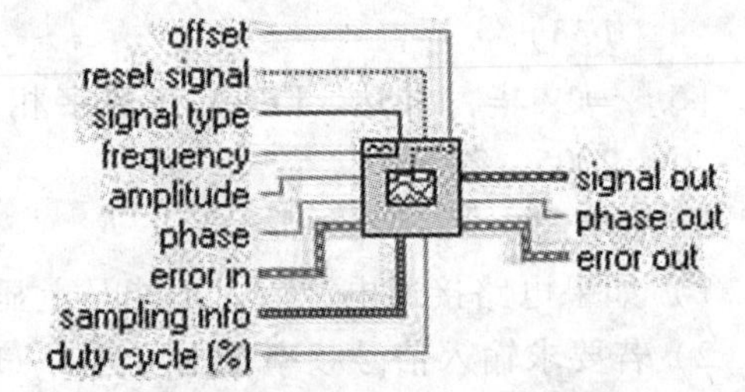

图 10-34　LabView 基本函数发生器函数图标

参数说明：

offset：波形的直流偏移量，默认值为 0.0。数据类型 DBL。

reset signal：将波形相位重置为相位控制值且将时间标志置为 0。默认值为 FALSE。

signal type：产生的波形的类型，默认值为正弦波。

frequency：波形频率（单位为 Hz），默认值为 10。

amplitude：波形幅值，也称为峰值电压，默认值为 1.0。

phase：波形的初始相位［单位为（°）］，默认值为 0.0。

error in：在该 Vi 运行之前描述错误环境。默认值为 no error。如果一个错误已经发生，该 Vi 在 error out 端返回错误代码。该 Vi 仅在无错误时正常运行。错误簇包含如下参数。

status：默认值为 FALSE，发生错误时变为 TRUE。

code：错误代码，默认值为 0。

source：在大多数情况下是产生错误的 Vi 或函数的名称，默认值为一个空串。

sampling info：一个包括采样信息的簇。共有 Fs 和#s 两个参数。

Fs：采样率，单位是样本数/s，默认值为 1000。

#s：波形的样本数，默认值为 1000。

duty cycle（%）：占空比，对方波信号是反映一个周期内高低电平所占的比例，默认值为 50%。

signal out：信号输出端。

phase out：波形的相位，单位为（°）。

error out：错误信息。如果 error in 指示一个错误，error out 包含同样的错误信息。否则，它描述该 Vi 引起的错误状态。

2）LabView 的数字信号处理模板也包含信号发生函数，进入 Functions 模板 Analyze >> Signal Processing 子模板。其中 Signal Generation（信号发生）用于产生数字特性曲线和波形（见图 10-35）。

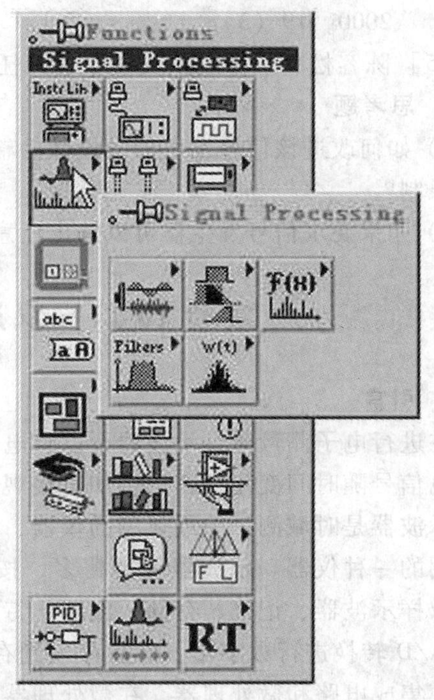

图 10-35　LabView 信号处理函数子模板

3）具有数/模转换功能的板卡或者模块可以被用来作为仪器硬件实现模拟信号的输出，如美国国家仪器公司（NI）以及台湾研华公司等有多种可选择的基于 PCI 的板卡，中国多家公司开发的基于 USB 的数据采集和数模转换模块等。这些板卡和模块一般都提供 LabView 的驱动程序。选择硬件时要选择具有模拟信号输出通道的板卡或模块。重点要考虑的参数有模拟信号数据通道的信号输出范围、数模转换的精度、模拟信号输出的频率等。有兴趣的同学还可以查阅资料自己设计数据采集和数模转换模块。

4）信号发生器面板设计示例。面板设计要求具有开关、频率选择旋钮、频段选择按钮、波形选择按钮、直流偏置电压选择旋钮、波形幅度旋钮等，同时还要有产生波形的频率显示以及波形显示（见图 10-36）。

进一步的设计还可以包括占空比选择旋钮、初始相位选择旋钮等。

如果选择的硬件具有两路模拟信号输出通道，有兴趣的同学可以设计两路信号发生器。

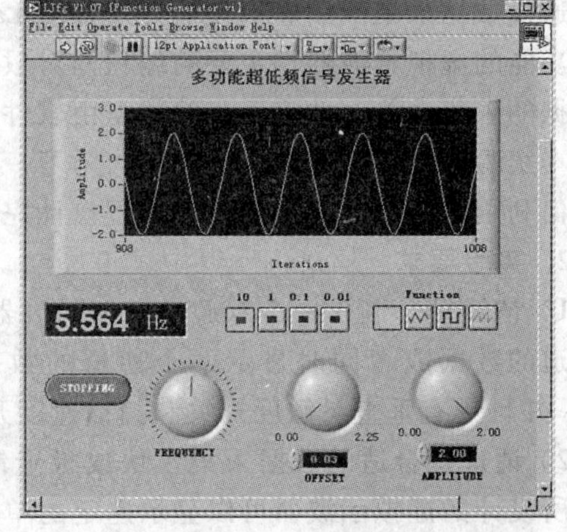

图 10-36　用 LabView 设计的信号发生器面板示例

4. 注意事项

输出的模拟信号幅度不要超出所选择硬件的输出信号幅度。

5. 参考资料

［1］刘君华. 基于 LabView 的虚拟仪器设计［M］. 北京：电子工业出版社，2003.

［2］陆绮荣. 电子测量技术［M］. 北京：电子工业出版社，2003.

［3］李念强，等. 虚拟双通道任意波形发生器的设计方法［J］. 自动化与仪器仪表，2001（4）.

［4］王宏. 虚拟仪器技术及虚拟示波器和信号源的构建［J］. 兰州铁道学院学报，

2000, 19 (3).

[5] 陈客松. 一种虚拟仪器概念的任意波形发生器的研制 [J]. 仪表技术, 2000 (6).

6. 思考题

1）如何改进该信号发生器的设计使输出信号幅度不受选定数模转换硬件能输出信号幅度的限制？

2）如果要求信号发生器可以输出任意波形，如何改变信号发生器的设计？

实验 10-11　双通道虚拟示波器的设计

1. 引言

在进行电子测量时，示波器可以将电信号作为时间的函数显示在屏幕上，使我们直观地看到电信号随时间变化的图形，如直接观察并测量信号的幅度、频率、周期等基本参量。

示波器是时域测量中最典型的仪器，也是当前电子测量领域中，品种最多、数量最大、最常用的一种仪器。示波器种类繁多，按其用途和特点，可分为：通用示波器、多束示波器、取样示波器、记忆、存储示波器、特种示波器等。其中数字存储示波器是将捕捉的波形通过 A/D 转换进行数字化，而后存入到存储器中，并显示出来，数字存储示波器经常采用大规模集成电路和微处理器，在微处理器的统一指挥下工作，具有自动化程度高、功能强等特点（参见附录 E）。

通过数据采集卡用虚拟仪器开发环境 LabView 可以设计出具有测量实际信号并显示被测信号功能的虚拟示波器，主要的编程是对数据采集卡进行的，通过软件控制数据采集卡，完成数据的采集功能，并将采集的数据由软件显示测量的波形。

本实验通过虚拟示波器的制作，学习一些应用 LabView 进行数据采集和显示的知识，学习如何利用相应的计算机硬件，编程设计完成特定功能的虚拟仪器。

2. 实验要求

1）请设计、制作一个双通道虚拟示波器。要求所设计的虚拟示波器可以显示选定的单个通道的数据或者同时显示两个通道的数据（数据用 LabView 中的信号发生函数进行模拟），并且具有垂直灵敏度开关和扫描速度开关，实现直流信号和交流信号的测量。

2）请选择合适的数据采集模块或板卡制作一个可测量实际信号的双通道虚拟示波器。要求所设计的虚拟示波器可以显示选定的单个通道的数据或者同时显示两个通道的数据，并且具有垂直灵敏度开关和扫描速度开关，实现直流信号和交流信号的测量。

3. 实验提示

（1）虚拟示波器的组成及功能　虚拟示波器的原理框图如图 10-37 所示。

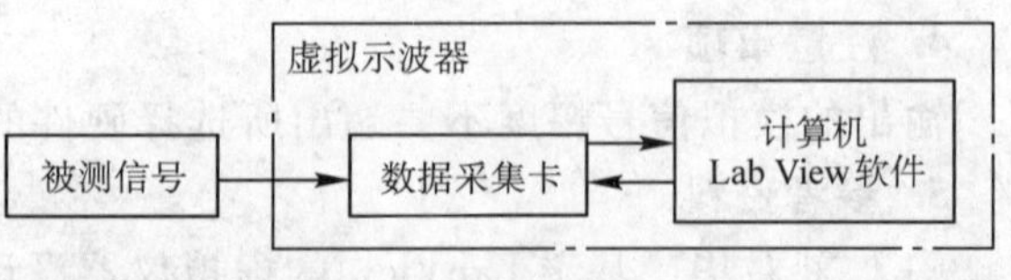

图 10-37　虚拟示波器原理框图

计算机对数据采集卡发出指令，启动数据采集卡，计算机将采集的信号数据进行存储、处理和显示，从而实现虚拟示波器的功能。数据采集卡将被测信号转化为离散的数字信号，并保存在计算机中，计算机通过虚拟仪器设计软件 LabView 将采集到的离散数字信号显示在图形控件中，就可以实现对被测信号波形的测量。

(2) 显示随时间变化的函数　被测信号实时显示时，数据采集卡采集被测信号转化为一组离散的信号值，存放在数组中，在图形控件上逐点连线显示。

(3) 数据采集卡的编程　对数据采集卡编程主要包括采集卡通道的设置、查询方式和采集点设置的编程，数据采集板卡一般提供 LabView 驱动程序，可以完成这些任务。

(4) 虚拟示波器的设计步骤

① 启动 LabView 软件。

② 新建 Vi 文件。

③ 设计虚拟示波器的仪器面板，应包含设计要求的按钮。

④ 保存仪器面板文件。

⑤ 编写仪器源代码。

⑥ 调试运行 Vi 文件。

⑦ 连接实际的被测信号到数据采集板卡进行测量，检验双通道虚拟示波器的设计能否满足测量要求。

4. 注意事项

要注意被测量信号是否在数据采集板卡的模拟信号输入范围内，如果不在，需要改变数据采集板卡的工作方式或者在被测量信号进入数据采集板卡前加入合适的硬件电路进行处理。

5. 参考资料

[1] 刘君华. 基于 LabView 的虚拟仪器设计 [M]. 北京：电子工业出版社，2003.

[2] 陆绮荣. 电子测量技术 [M]. 北京：电子工业出版社，2003.

[3] 张易知，肖啸，张喜斌. 虚拟仪器的设计与实现 [M]. 西安：西安电子科技大学出版社，2002.

[4] 王宏. 虚拟仪器技术及虚拟示波器和信号源的构建 [J]. 兰州铁道学院学报，2000，19 (3).

[5] 杨乐平，等. 虚拟数字示波器的设计与实现 [J]. 电子技术应用，2000 (7).

[6] 曾涛，等. 具有示波/频谱显示功能的虚拟仪器在教学试验中的应用研究 [J]. 电气电子教学学报，2001，23 (1).

[7] 王再明，等. 虚拟示波器的设计 [J]. 黄石高等专科学校学报，2002，18 (1).

6. 思考题

1) LabView 与通常应用的 VB、VC 等编程语言相比有哪些优缺点?

2) 虚拟示波器与传统示波器各有什么优缺点?

3) 示波器采集记录的波形是否可以通过网络实现共享，如何实现?

实验 10-12　网络化虚拟远程开关控制器的设计

1. 引言

随着网络带宽的不断提高，网络化虚拟测控系统将是自动测控系统的发展方向。将因特网和计算机软硬件产品相结合，把网络技术和虚拟仪器相结合，构成网络化虚拟仪器系统是虚拟仪器的发展方向之一。

Internet 的出现和爆炸式的增长、网络技术更新之快令人目不暇接。基于 TCP/IP 的网络化智能仪器通过嵌入式 TCP/IP 软件，使现场变送器或仪器直接具有 Intranet/Internet 功能。它们与计算机一样，成为了网络中的独立节点，很方便地就能与最近的网络通信电缆直接连接，直接将现场测试数据上网。这样测试数据就可以通过网络实现数据共享。

网络化虚拟仪器改变了以往测试技术的面貌，可以使用户远程监控测控过程和试验数据，实时性非常好；通过网络，一个用户可以远程监控多个过程，而多个用户也能同时对一个过程监控；通过网络，我们能够有效地远程控制仪器设备，在任何地方采集，在任何地方分析，在任何地方显示。网络化虚拟仪器将随着网络技术的发展而进一步发展。

本实验通过网络化虚拟远程开关控制器的制作，学习一些对网络化虚拟仪器的设计知识。

2. 实验要求

设计、制作一个远程电灯开关控制器。远程客户通过 TCP/IP 协议遥控服务器端所连接开关状态（闭合或断开）来控制电灯的亮灭。

3. 实验提示

1）可以基于 TCP/IP 协议采用 Client/Server 模式（客户/服务器模式）来进行设计，通常集散控制系统多采用这种结构。它一般有多个客户端来采集数据，而通常有一个服务器充当数据库的角色，客户端通过通信协议把测试数据写入到远程服务器数据库。需要分两部分设计，一个是客户端数据采集程序和数据远程发布程序的设计，一个是客户端数据接收程序的设计。

2）服务器端编程时需要监听 TCP 连接请求的到来，并不断扫描指定的 TCP 端口，查看客户端的写入命令，根据这个命令是断开开关还是闭合开关而执行相应的操作，程序结束时关闭连接。

4. 注意事项

必须首先运行服务器端的程序，后运行客户端的程序。

5. 参考资料

[1] 刘君华. 基于 LabView 的虚拟仪器设计 [M]. 北京：电子工业出版社，2003.

[2] 陆绮荣. 电子测量技术 [M]. 北京：电子工业出版社，2003.

[3] 姜志玲，等. 虚拟仪器的网络化 [J]. 微计算机应用，2003，24 (1).

[4] 龚海燕，等. 网络化虚拟仪器 [J]. 实用测试技术，2003 (3).

[5] 杨春燕，等. 网络测量系统及组建 [J]. 电测技术，2000，37 (414).

[6] 朱孝勇，等. 基于网络的远程虚拟仪器及其应用 [J]. 江苏大学学报，2003，24 (3).

[7] 何岭松，等. 基于 WEB 的网络化虚拟仪器技术及应用 [J]. 中国机械工程，2002，13 (9).

6. 思考题

1）通过浏览器/服务器模式（B/S 模式）是否可以实现相同的虚拟开关控制器？

2）如何用 DataSocket 技术实现功能相同的虚拟开关控制器？

7. 附录

TCP/IP 协议及在 LabView 下的图标简介：

（1）TCP/IP 协议简介　TCP/IP 是目前在网络通信中广泛采用的一组协议。在 Internet 上必须依赖 TCP/IP 协议组来管理 Internet 上的信息。

TCP/IP 这个名字来源于这簇协议中最著名的两个协议，传输控制协议（TCP）和网际协议（IP）。TCP、IP 和用户数据报文协议（UDP）是网络通信的基础工具。

TCP/IP 使通过单个网络或多个相连的网络（互联网）进行通信成为可能。单个的网络可被巨大的地理距离分开。TCP/IP 将数据从一个网络传递到另一个。因为 TCP/IP 在绝大多数计算机上都可用，它可以在各种系统之间传送信息。

网际协议（IP）跨越网络传送数据。这个协议将数据划分成固定大小，当作一个数据报文在网络上发送。因为它并不保证数据会到达另一端，IP 很少被程序直接使用。同时，当你发送几个数据报文时，它们有时会不按顺序到达，或被多次发送，这取决于网络怎样传送。建立在 IP 上层的 UDP，有相似的问题。

TCP 是使用 IP 传送数据的更高层协议。TCP 将数据分成 IP 可处理的单元，还提供错误检测和确保数据不重复的按序到达。因此，TCP 通常是网络程序的最好选择。

（2）LabView 下的 TCP/IP 模板简介　TCP 子模板调用途径：执行 Functions > > Communications > > TCP 子模板，如图 10-38 所示。

TCP 子模板上有 9 个图标，下面是几个常用图标的使用方法。

1）TCP Listen. Vi

图标的作用：该图标用来创建一个听者，并在指定的端口等待客户端的 TCP 连接请求。

图标的端口：图标及端口参数如图 10-39 所示。

输入端口：

port：端口号

timeout：超时时间。如果在给定的时间内，没有创建 TCP 连接，则返回一个错误代码。

error in：输入错误代码。

输出端口：

connection ID：TCP 连接的识别号。

remote address：显示和 TCP 连接的远程计算机的 IP 地址。

error out：显示输出错误代码。

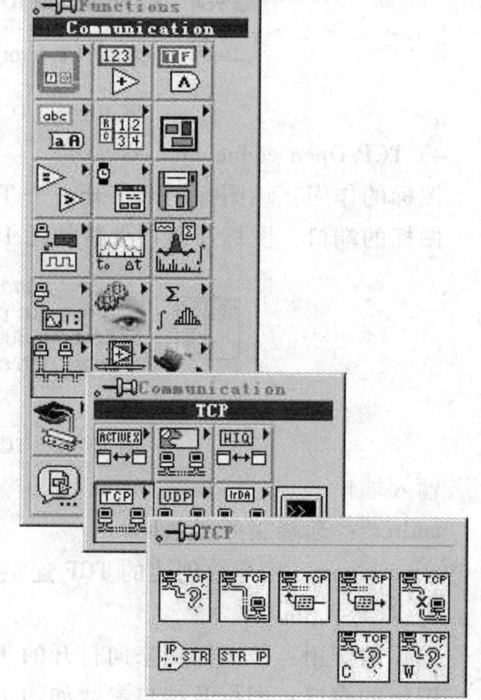

图 10-38　TCP 子模板

2）TCP Read. Vi

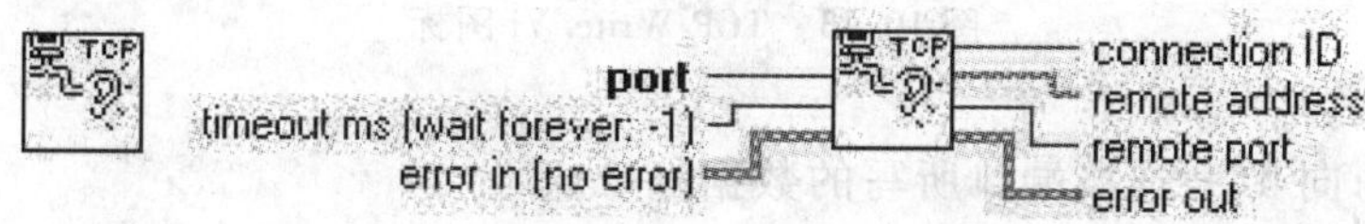

图 10-39　TCP Listen. Vi 图标

图标的作用：该图标用来从一个打开的 TCP 端口读取数据。

图标的端口：图标及端口参数如图 10-40 所示。

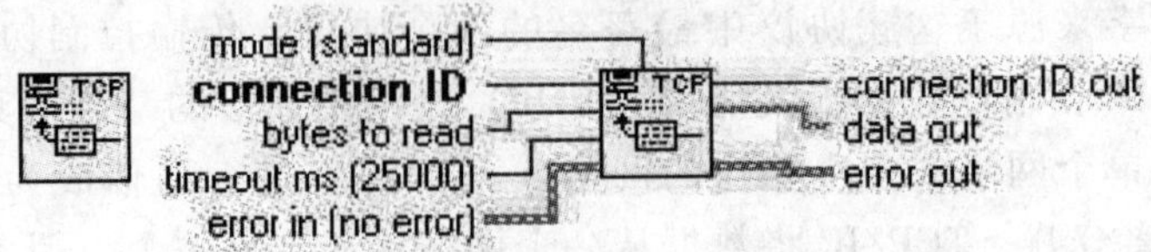

图 10-40　TCP Read. Vi 图标

输入端口：

bytes to read：从指定的 TCP 端口读取的最多的字节数。

data out：从 TCP 端口读取的数据。

3）TCP Close connection. Vi

图标的作用：该图标用来断开 TCP 连接。

图标的端口：图标及端口参数如图 10-41 所示。

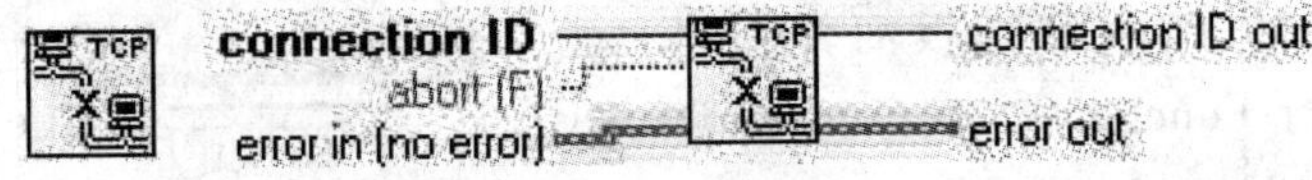

图 10-41　TCP Close connection. Vi 图标

4）TCP Open connection. Vi

图标的作用：该图标用来打开一个 TCP 连接。

图标的端口：图标及端口参数如图 10-42 所示。

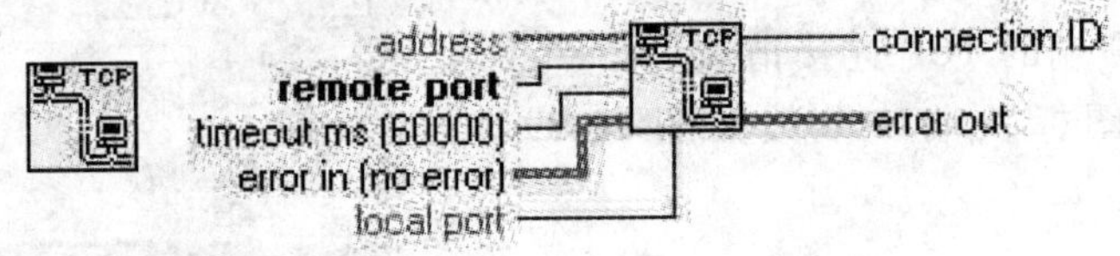

图 10-42　TCP Open connection. Vi 图标

输入端口：

address：远端服务器地址。

remote port：用户欲创建的 TCP 连接的端口号。

5）TCP Write. Vi

图标的作用：该图标用来向打开的 TCP 端口写入数据。

图标的端口：图标及端口参数如图 10-43 所示。

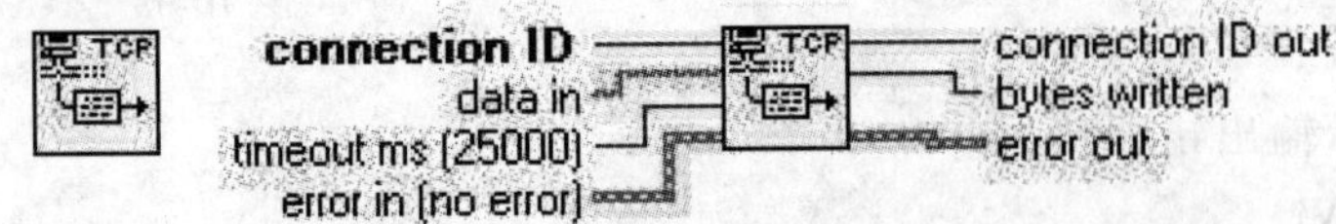

图 10-43　TCP Write. Vi 图标

输入端口：

data in：用户向 TCP 连接端口所写的数据。

第11章 创意性实验

实验11-1 转速测定及数据显示系统

1. 实验任务

设计一台测量转速并可显示转速及具有超速报警功能的仪器。

2. 实验要求

1）用LED数码管显示转速。

2）速度显示精度达到转速个位。

3）有高、低速报警装置，转速高、低限报警提示，数值可通过键盘输入设定。

3. 实验提示

1）测量对象可选用电动机、电风扇等转动物体。

2）该实验涉及传感器的选用、检测信号处理、LED显示电路及报警方式的选取。

3）系统实现方法可采用单片机技术，也可以采用电子技术方式，报警方式声、光均可。

4. 参考资料

[1] 任致程．经典智能电路300例［M］．北京：机械工业出版社，2003.

[2] 胡键．单片机原理及接口技术实践教程［M］．北京：机械工业出版社，2004.

[3] 孙竞潇，等．临界转速测量与实时显示［J］．微电子技术，2003，31（4）.

[4] 吕宏诗，等．一种利用激光多普勒技术测量扭矩的原理研究［J］．计量学报，2004. 25（1）.

实验11-2 仓库温度、湿度综合参数显示

1. 实验任务

设计一台可测量温度、湿度并由LED数码管显示其数值且具有报警功能的仪器，该仪器可用于监视仓库中的温度、湿度，当温度或湿度超过限定值会自动报警。

2. 实验要求

（1）仪器功能

1）计时功能　24h制连续计时，显示：时、分。

2）温度测试　指示环境温度，记录24h内最高、最低温度。

3）湿度测试　指示环境湿度，记录由此派生出的绝对湿度、露点温度参数。

4）打印功能　每天早8时打印前24h内最高、最低温度值，瞬时相对湿度、绝对湿度、露点温度值。

5）停电记忆功能　断电24h内，该仪器具有计时功能，来电后能自动恢复显示。

（2）显示内容　时间：时、分。温度：温度、露点温度。湿度：相对湿度。

（3）打印内容　前一日最高温度、最低温度及发生时间，前一日最高湿度、最低湿度及

发生时间。

（4）精度　温度 ±1°C，相对湿度 ±3%。

3. 实验提示

1）停电记忆功能的实现　当停电时由电池供电，电池的选取根据电路的功耗及最大供电时间决定。

2）湿度　即相对湿度，由此可计算出绝对湿度和露点温度，计算方法请查阅相关资料。

3）打印功能的实现　可选用微型打印机，例如 TPμP-40A，打印内容除上述要求外，还可打印温度、湿度随时间变化的曲线。

4）报警方式采用声音报警。

4. 参考资料

［1］王治刚．单片机应用技术及实训［M］．北京：清华大学出版社，2004.

［2］任致程．经典智能电路300例［M］．北京：机械工业出版社，2003.

［3］付家才．单片机控制工程实践技术［M］．北京：化学工业出版社，2004.

［4］汤建民．仓库温度与湿度自动测试仪的设计［J］．工业计量，2004，14（1）.

［5］黄晓因．烤烟房温湿度显示和报警装置的研究［J］．农机化研究，2003（4）.

实验 11-3　汽车自动报站器

1. 实验任务

设计制作一台公共汽车自动报站器。

2. 实验要求

1）具有语音报站和 LED 汉字显示站名两种功能。

2）公共汽车的全程设置若干停靠站，当车到达某站时，按下与该站对应的数字键，扬声器发出“×站到了”的语音信号，系统处于等待状态，一旦检测到汽车启动信号，扬声器发出“车开动，请拉紧扶手，注意安全，下一站×站”的语音信号。

3）在语音报站的同时，用 16×16 的 LED 点阵显示汉字站名，每个站名最多使用 3 个汉字。

3. 实验提示

1）语音芯片有多种，可根据需要自行选取。

2）汽车启动信号可自行设置，如：关门信号，也可由按键替代。

4. 参考资料

［1］万光毅，严义．单片机实验与实践教程［M］．北京：北京航空航天大学出版社，2003.

［2］陈西文．I/O 接口程序设计入门与应用［M］．北京：机械工业出版社，1996.

［3］韦宏利，张奇峰．汽车自动报站器的设计［J］．西安工业学院学报，2003，23（3）.

实验 11-4 传送带计数装置

1. 实验任务

设计制作一个传送带计数装置。

2. 实验要求

1）准确记录传送带通过物体的个数，不要遗漏也不要重复计数。

2）要有数字显示装置。

3. 实验提示

1）数字显示可用 LED 数码管，也可用电磁脉冲计数器，3 位数字即可。

2）传感器的选取视传送物体而定。如果物体设定为玻璃瓶，则可选用光敏晶体管；如果为金属，则可选用磁敏元件。

4. 参考资料

［1］任致程．经典智能电路 300 例［M］．北京：机械工业出版社，2003.

［2］王林宽，等．药品自动包装机的系列研究［J］．医疗卫生装备，2000，21(6).

［3］陈岳林，等．CCD 计数器的设计及误差分析［J］．桂林电子工业学院学报，2002，22（3）．

实验 11-5 数字子母钟系统

1. 实验任务

设计制作一个建筑物内的数字子母钟系统，其中母钟带动 3 个子钟同步运行。

2. 实验要求

1）设计制作一个数字母钟，12h 制，显示时、分、秒。

2）设计制作三个子钟，显示时、分、秒，安放在不同楼层，其时间由母钟授时。

3）数据传输带误码校验。

3. 实验提示

1）可采用单片机的串行口完成。

2）要考虑通信距离。单片机串行口通信接口的 I/O 为 TTL 电平，高电平为 3.8V，低电平为 0.3V，当通信距离较远时就会由于 TTL 电平太低及抗干扰能力弱而影响可靠性。为了提高串行通信接口的抗干扰能力，增强可靠性，出现了许多通信标准和规程，可自行选用某种标准。当选定某种标准时，要注意电平转换。

3）波特率设置。在实际应用中波特率一般设为 9600bit/s，如果使用时抗干扰性差，可以降到 4800bit/s。

4. 参考资料

［1］胡键．单片机原理及接口技术实践教程［M］．北京：机械工业出版社，2004.

［2］傅金声，叶云清．主从分工微机监控子母钟系统［J］．电子技术应用，1996（6）．

［3］张道宏，等．基于 DS1302 的子母钟系统［J］．电子技术，2002，29（4）．

［4］陈志浩．用单片机构成的子母钟系统［J］．电子技术．1991，18（4）．

实验 11-6 防盗监视仪

1. 实验任务

设计制作一台具有报警功能的防盗监视仪器。

2. 实验要求

1）探测距离 10 ~ 15m，探测角度 80°。

2）具有异常情况报警功能。

3. 实验提示

1）人体都有恒定的体温，一般在 37°C，所以会发出特定波长 10μm 左右的红外线，被动式红外探头就是靠探测人体发射的 10μm 左右的红外线而进行工作的。人体发射的 10μm 左右的红外线通过菲涅尔滤光片后聚集到红外感应源上。红外感应源通常采用热释电元件，这种元件在接收到人体红外辐射温度发生变化时就会失去电荷平衡，向外释放电荷，后续电路经检测处理后就能产生报警信号。

2）该仪器传感器可选用 CK 型热释红外线传感器。热释红外线传感器主要由高热系数的皓钛酸铅系陶瓷以及钽酸锂、硫酸三甘钛等配合滤光镜片窗口组成，它能以非接触形式检测出物体放射出来的红外能量变化，并将其转换成电信号输出。人体辐射的红外线中心波长为 9 ~ 10μm，而这种探测元件的波长灵敏度特性在 0.2 ~ 20μm 范围内几乎是稳定不变的。在硅片表面贴上截止波长为 7 ~ 10μm 的滤光片，使波长超过 7 ~ 10μm 的红外线通过，而小于 7μm 的红外线被吸收，于是就得到只对人体敏感的热释红外线。在此波长范围内，光线不被空气吸收，因而可高效率地检测红外线。如果用菲涅耳透镜配合放大电路，将检测出来的红外信号放大 60 ~ 70dB，则可检测出 10 ~ 20m 处人的行动。透镜面向监视现场，且距地面 2 ~ 2.2m。

4. 参考资料

[1] 任致程. 经典智能电路 300 例 [M]. 北京：机械工业出版社，2003.

[2] 朱国文，王庆峰. 油库自动防盗监视与跟踪系统设计 [J]. 油气田地面工程，2001，20（5）.

[3] 电子制作实验室网站（OL）. www. xie-gang. com，2008. 8. 8.

实验 11-7 防撞报警仪

1. 实验任务

设计制作一种汽车倒车防撞报警装置。

2. 实验要求

设计一种自动探测、报警的汽车倒车防撞报警装置。其有传感探测器及处理控制部分构成，能自动探知车物等障碍体，当遇到障碍物时发出报警信号。

3. 实验提示

可采用超声波传感器完成信号检测。超声波传感器由发射头和接收头组成。T/R40 系列超声波传感器的工作过程是：从两个引脚输入 40kHz 的脉冲电信号，通过其内部的陶瓷片激励器和谐振片转换成机械振动能量，经锥形辐射口将振动信号向外发射。发射出的信号遇到障碍物后被反射回来，接收端收到40kHz的反射信号，使谐振片产生谐振，通过内部转换输出一组电信号。应用输出的电信号即可控制各种电气设备。

4. 参考资料

[1] 任致程．经典智能电路300例［M］．北京：机械工业出版社，2003.

[2] 雷辉．基于AT89C2051的智能型汽车防撞报警器的设计［J］．电子工程师，2003，29（2）．

[3] 钟化兰．Z86E08微处理器在汽车倒车防撞报警器中的应用［J］．华东交通大学学报，2003，20（4）．

[4] 赵建顺，王玉泰．超声汽车防撞系统的研究［J］．济南大学学报，2001，15（3）．

实验11-8 光控路灯开关控制器

1. 实验任务

1）设计制作一个路灯自动照明的控制电路。

2）研究控制电路的不同设计方案。

2. 实验要求

1）当日照光亮到一定程度时使灯自动熄灭，而日照光暗到一定程度时又能自动点亮，开启和关断的日照光照度根据用户要求进行调节。

2）用数码管显示路灯本次连续开启时间。

3）设计计数显示电路，统计路灯的开启次数。

4）写出实验总结报告，实验总结报告要求有电路图、原理说明、电路所需元件清单、电路参数计算、元件选择、测试结果分析等。

3. 实验提示

1）要用日照光的亮度来控制灯的开启和关断，首先必须检测出日照光的亮度，可采用光敏晶体管、光敏二极管或光敏电阻等光敏元器件作传感器得到信号，再通过信号鉴幅，取得上限和下限门槛值，用以实现对路灯的启和停控制。

2）若将路灯开启的启动脉冲信号作计时起点，控制一个计数器对标准时基信号作计数，则可计算出路灯的开启时间，使计数器中总是保留着最后一次的开启时间。

3）路灯的驱动电路可用继电器或晶闸管电路。

4）参考原理框图（见图11-1）。

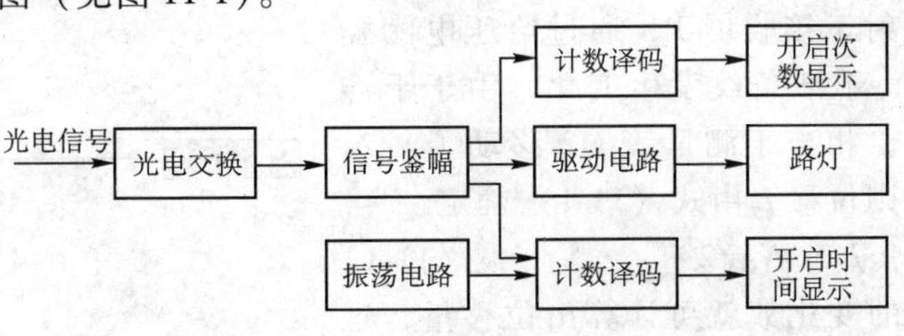

图11-1 路灯控制器原理框图

4. 参考资料

[1] 郑钧华，凌汉华．红外光控路灯系统的设计［J］．南方冶金学院学报，2003，24（2）．

[2] 葛亮，等．光控太阳能路灯的设计［J］．太阳能，2002（5）．

[3] 周永明，周荣玮．一种性能优良的路灯声光控制电路［J］．南方冶金学院学报，2001，22（2）．

[4] 尹巧珍．大桥照明自动化控制发展的前景［J］．铁道标准设计，2002（5）．

实验 11-9　干涉法测量压电陶瓷特性

1. 实验任务

1）熟悉简易防振台的结构及其防振原理、分析影响防振性能的各种因素（台面质量、气压、振源频率等）。

2）掌握激光测长仪的基本工作原理和微小位移测量方法。

3）利用激光干涉法测量压电陶瓷在额定驱动电压下最大伸长量。

4）根据测出位移 L 随电压 U 变化的实验数据，用 Excel 绘制 U-L 曲线。

5）根据干涉条纹变化反应位移变化的特点，利用所学光电变换技术、电子电路技术及单片机技术，试设计一干涉条纹变化量自动采集与位移量显示实验装置。

2. 实验要求

1）推导位移 L 与条纹变化量 N 的关系式。

2）设计迈克尔逊干涉仪测量系统，实验原理如图 11-2 所示。压电陶瓷不能与反射镜粘接在一起，同时要保证压电陶瓷的伸缩过程实现单向位移。

3）搭建激光迈克尔逊干涉仪测量压电陶瓷实验系统。要求激光光束与实验台台面平行，并对激光进行扩束，扩束镜与激光束共轴，分光镜、反射镜与台面垂直。压电陶瓷额定驱动电压为 0～300V。

4）分析测量误差，改进测量方案。

特别提示：在搭设激光光路时，不能用眼睛直接观察激光束，以免损伤视网膜。需要观察时，使用毛玻璃或白纸接收激光束，观察其漫反射光。

3. 实验提示

测量位移是迈克尔逊干涉仪的典型应用，测量原理如图 11-2 所示。

由 He-Ne 激光器发出的光经分光镜 G 后，光束被分成两路，反射光射向参考镜 M1（固定），透射光射向测量镜 M2（可移动），两路光分别经 M1、M2 反射后，在分光镜处会合，产生干涉条纹并投射于接收屏 P，通过给压电陶瓷加电压使 M2 移动，干涉条纹发生变化，由于干涉条纹明暗变化一次，相当于测量镜 M2 移动了 $\lambda/2$，若条纹变化 N 次，则位移 L 由式（11-1）确定

$$L = N\lambda/2 \tag{11-1}$$

所以通过测出条纹的变化数就可计算出位移量，这就是激光测长仪的基本原理。

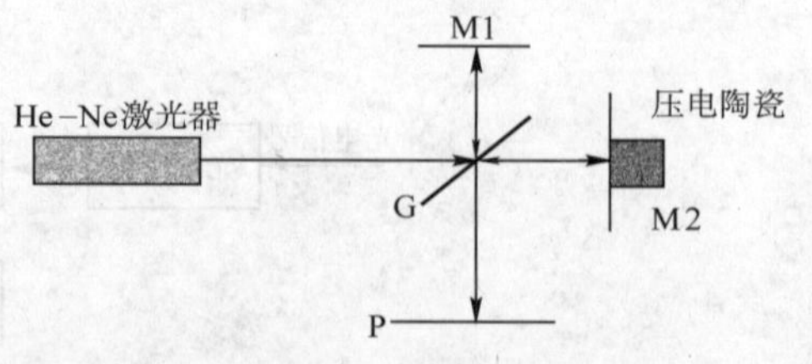

图 11-2　实验装置原理图

4. 参考资料

[1] 何勇，等．压电陶瓷微位移机械装置的研究 [J]．机械设计与制造，2004 (2)．

[2] 李东旭，管于球．压电陶瓷控制元件的机电特性研究 [J]．国防科技大学学报，2000，22 (6)．

[3] 傅继武，等．一种利用激光干涉条纹位相进行微位移测量方法 [J]．南昌大学学报，2003，27 (3)．

[4] 李志全，吴朝霞．双干涉式微位移测量系统的研究与性能改善 [J]．传感技术学报，2000，13 (3)．

实验 11-10 位置传感器（PSD）测量振动

1. 实验任务

1）利用 PSD 监测旋转轴的跳动。

2）分析旋转轴的跳动曲线。

2. 实验要求

1）设计实验装置（可以任意旋转轴作为被测对象）。

2）测量旋转轴跳动曲线。

3）设计 PSD 的其他一种应用。

3. 实验提示

1）高灵敏度光电位置传感器 PSD（Position Sensitive Detector）是一种新型的光电器件，被称为坐标光电池。它基于非均匀半导体“横向光电效应”，达到器件对入射光或粒子位置敏感。它是一种非分割型器件，结构有一维和二维之分，可将光敏面上的光点位置转化为电信号。PSD 的主要特点是位置分辨率高、响应速度快、光谱响应范围宽、可靠性高，处理电路简单、光敏面内无盲区，可同时检测位置的光强，测量结果与光斑尺寸和形状无关。由于其具有特有的性能，因而能获得目标位置连续变化的信号，在位置、位移、距离、角度及其相关量的检测中获得越来越广泛的应用。

在 PSD 光电实验中，根据读出电压值的变化，可以知道物体的位置变化。由于其具有精度高的优点，在测量物体时，即使测量物体位置有微小的变化，电压值都会有很明显的变化。PSD 的光斑活动位置可由光传感器的两端电极输出的电流决定。当一束光射到 PSD 的光敏面上时，在同一面上的不同电极之间将会有电流流过，这种电压或电流随着光点位置变化而变化的现象就是半导体的横向光电效应。如图 11-3 所示，P 层为感光面，两边各有一个信号输出电极；I 区较厚但具有更高的光电转换效率，更高的灵敏度和响应速度；底层 N

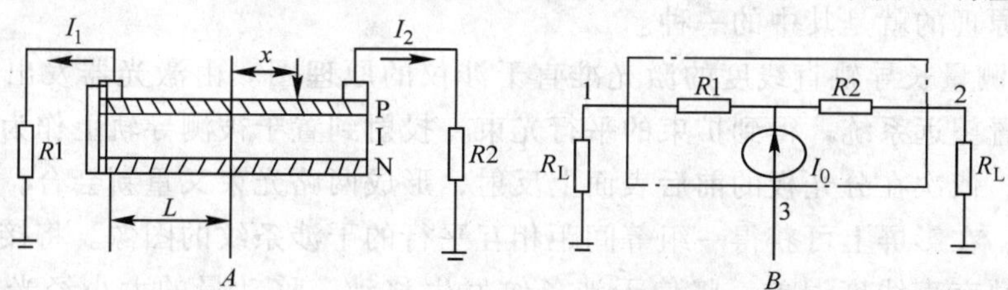

图 11-3 一维 PSD 结构及等效电路

引出一个公共电极，用来加反偏电压。

2）实验原理简图如图 11-4 所示。半导体激光器的光束需加准直光学系统，把发散角进一步压缩。

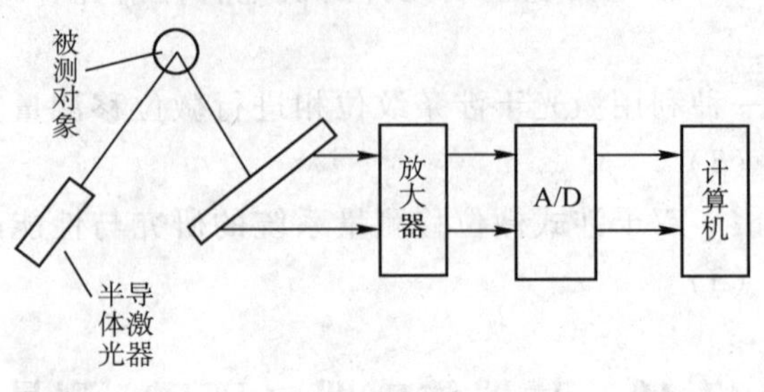

图 11-4　实验装置原理简图

4. 参考资料

［1］ 高经伍 . PSD 传感器的原理及应用［J］. 国外电子元器件，2002（19）.

［2］ 曾超，等 . 光电位置传感器 PSD 特性及其应用［J］. 光学仪器，2002，24（4-5）.

［3］ 刘兴占，等 . 利用 PSD 的柔性臂末端振动测量系统［J］. 计量技术，2000（3）.

［4］ 刘兴占，等 . 柔性双连杆机械臂末端振动测量的研究［J］. 光学技术，2000，26（3）.

实验 11-11　激光干涉准直仪的制作

1. 实验任务

1）设计制作基于光楔干涉原理（见图 11-5）的激光准直仪。

2）实测一条长导轨，处理测量结果，并作出曲线。

2. 实验要求

1）设计基于光楔干涉原理（见图 11-5）的激光准直仪，包括光学系统和接收、处理、显示电路。

2）分析测量原理，给出数学模型。

3）实测一条长导轨，并处理测量结果。

4）分析仪器的测量误差。

3. 实验提示

直线度测量是长度测量经常面对课题之一。激光准直仪是应用最广的直线度测量仪器，常见的有基于光强测量法、相位板法等。近年来，基于干涉原理的激光准直仪发展很快，采用楔形板干涉原理的就是其中的一种。

图 11-5 是测量长导轨直线度的激光准直干涉仪的原理图。由激光器发出的光束，经开普勒内调焦倒置望远系统，得到扩束的平行光束，投射到置于被测导轨上作为接收靶的楔形光学玻璃板上，依次在分光板的前后表面上反射，形成两路光束又重新会合，其中会合重叠部分相互干涉，在影屏上可获得一组等间距相互平行的干涉条纹的图像。将接收靶沿被测导轨移动，若导轨有直线度误差，将使干涉条纹发生移动，移动量的大小经光电转换及处理后，即可在数字显示器上显示出被测导轨表面倾斜的微小角度，此角度即为楔形光学平板相

对于光束入射角的变量，它与干涉条纹移动量的函数关系可由图 11-6 导出。先按平行光学平板进行分析。图中平行激光束照到平行光学平板的上表面分成两路光，一路光束 I_2 经上表面反射，另一路光束 I_1 经玻璃折射后到下表面，再由下表面反射到上表面又折射到空气中，此时从下表面来的 I_1 光束与上表面反射的 I_2 光束相遇产生干涉，光程差为

$$\Delta = n(AB + BC) - CD$$

$$CD = AC\sin i_1 = 2L\tan i_2 \sin i_1$$

$$AB = BC = \frac{L}{\cos i_2}$$

$$\sin i_1 = n\sin i_2 \quad \sin i_2 = \frac{\sin i_1}{n}$$

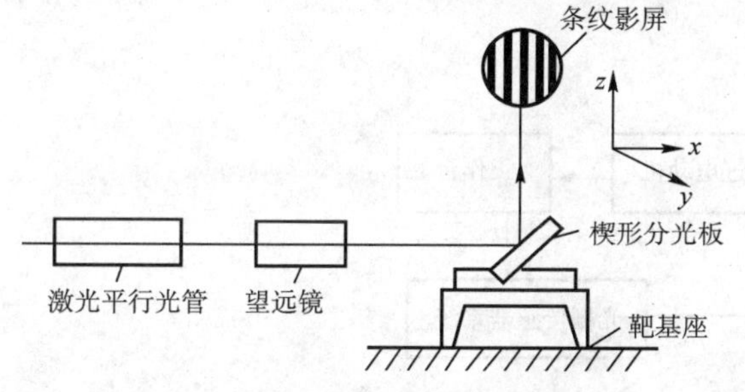

图 11-5　激光干涉准直装置原理图

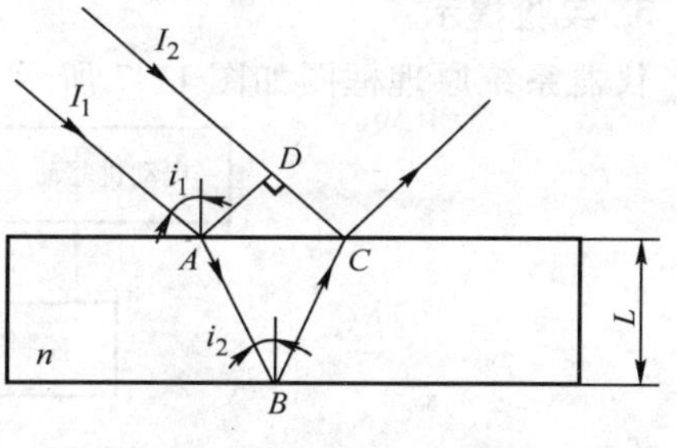

图 11-6　干涉原理图

再考虑到从光疏到光密表面上反射时的半波损失，故可得

$$\Delta = 2L\sqrt{n^2 - \sin^2 i_1} - \frac{\lambda}{2}$$

对 i_1 求导，得

$$\frac{d\Delta}{di_1} = -\frac{L\sin(2i_1)}{\sqrt{n^2 - \sin^2 i_1}} \tag{11-2}$$

式（11-2）即为这一测量方法的传动比，即光入射角的变化引起的光程差的变化，进而可求出干涉条纹的移动量。需要说明，式（11-2）是按光学平行平板出发推算的结果，实际装置所用的是楔形平板，这时对推导来说只影响干涉条纹的疏密，而不影响装置的传动比。

若取 $L=24\text{mm}$，$n=1.52$，$i_1=45°$，实验结果表明当干涉条纹移动一个条纹时，相应的入射角的变动量为 7″多，这与根据式（11-2）的计算结果基本相符。

在上述测量原理中，光靶移动时除根据测量要求绕 y 轴倾斜外，光靶还会绕 z 轴及 x 轴转动，这些会引起测量误差。此外，激光束的角漂移也会引起测量误差。

4. 参考资料

［1］张琢．激光干涉测试技术及应用［M］．北京：机械工业出版社，1998.

［2］孙长库，叶声华．激光测量技术［M］．天津：天津大学出版社，2001.

［3］裴中方，林玉池，赵美蓉．激光干涉准直技术的研究［J］．仪器仪表学报，2003，24（4）．

实验 11-12　精密测量工作台

1. 实验任务

1）设计制作精密测量工作台。

2）测量范围大于 200mm，测量不确定度小于 0.005mm。

2. 实验要求

1）设计一维精密测量工作台。

2）采用步进电动机驱动、光栅传感器测量，形成闭环测量控制系统，确保精度指标。

3）给出实际结果精度指标。

3. 实验提示

仪器系统原理框图如图 11-7 所示。

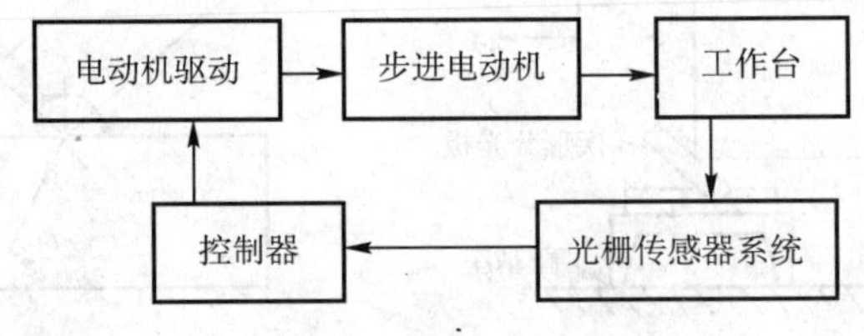

图 11-7　系统原理框图

4. 参考资料

［1］沈全洪，等．高精密工作台伺服驱动环节的设计与研究［J］．电子技术应用，2003，29（12）．

［2］孙立宁，等．基于 PZT 的微驱动定位控制方法的研究［J］．压电与声光，2003，25（5）．

［3］王立松，等．大行程高精度两级定位工作台的控制方法研究［J］．机械设计与制造，2001（4）．

［4］陈本永，等．激光双法-珀干涉纳米测量系统总体设计［J］．激光技术，2000（24）．

实验 11-13　激光扫描测径技术

1. 实验任务

设计激光扫描测量棒材、管材的直径测量系统。

2. 实验要求

1）采用转镜扫描技术。

2）棒材、管材等线材直径小于 $\phi100$mm。

3）设计测量系统，包括光学系统及接收处理电路。

4）实测实验。

3. 实验提示

激光扫描测径技术原理：

（1）传统的激光测径方法——遮挡法　传统的激光测径方法一般采用遮挡法，测量原理如图11-8所示。激光管在发射电路的作用下产生激光带，穿过测量区后被光电池接收。当管材进入测量区时，一部分激光束被管材遮挡，并随着钢管直径的改变而使光电池接收到的光能量产生变化，从而导致光电池输出信号发生改变，经接收电路处理后实现钢管直径的测量。

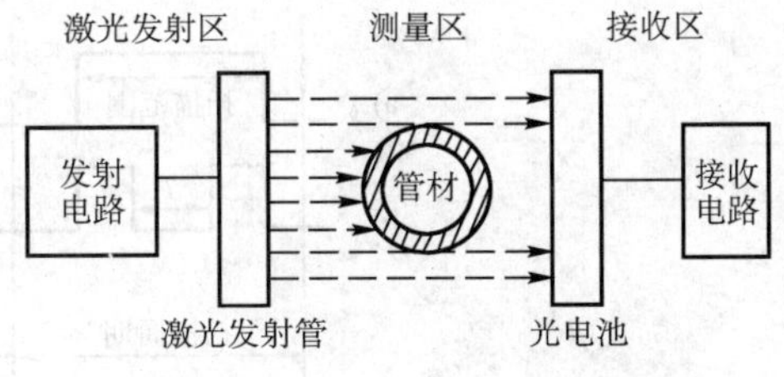

图 11-8　激光遮挡测径原理

（2）激光扫描测径原理

1）激光调制　八棱镜是在八棱柱的八面贴上反射镜而制成的，如图 11-9 所示。当激光入射到八棱镜的位置 1 时，反射光向斜上方反射；八棱镜旋至位置 2 时，形成水平反射光束；旋至位置 3 时，产生斜向下方的反射光束。当八棱镜匀速旋转时，就把一束激光调制成一个扇形区域内连续扫描的激光束。

2）激光扫描光学系统的构成及原理　激光扫描的光学系统构成如图 11-10 所示，激光器 1 受激后产生激光束，经平面反射镜 2 反射后射到八棱镜 3 上，将八棱镜的反射点置于凹透镜 4 的焦点上，当八棱镜匀速旋转时，扫描光经凹透镜透射，在测量区形成平行扫描的光束。在激光接收区经凹透镜透射，扫描的光束都将通过凹透镜的焦点，将一光敏二极管 6 置于接收区凹透镜的焦点上，则在二极管上产生连续的方波信号，如图 11-11 所示，当钢管 5 进入测量区后，扫描光束扫到钢管时被遮挡，在光敏二极管上形成图 11-11a、b 所示的波形。这样匀速扫描的光束在扫钢管底侧和上侧时产生了时间差 T，设激光扫描速度为 v，那么，钢管的直径 $D=vT$。因此，只要求得时间 T 就可以计算出钢管的直径。在处理器 7 的信号处理电路中，设计了高频计数器，通过激光束扫描出被测物前沿与后沿的精确时间，计算出直径的准确值，实现直径的准确测量。

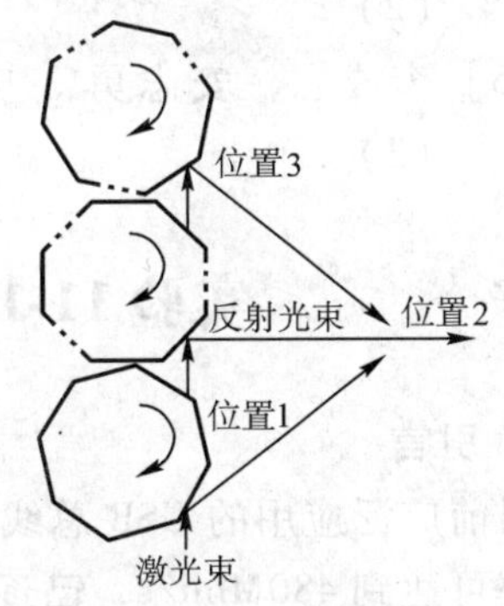

图 11-9　八棱反射镜的工作原理

激光扫描测径技术具有很多优点：不仅能实现在线、高速、非接触的测量，而且还具有抗干扰能力强、稳定性高的特点。尤其是在高温等恶劣环境下，也能可靠准确地测量管材、棒材的直径。

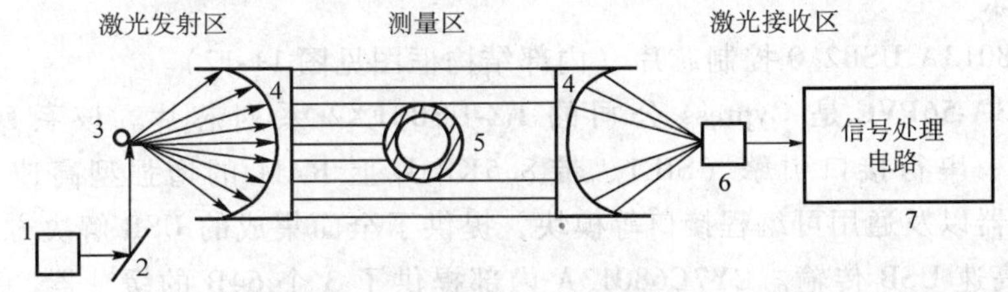

图 11-10　激光扫描测径原理

1—激光器　2—平面反射镜　3—八棱镜　4—凹透镜

5—钢管　6—光敏二极管　7—处理器

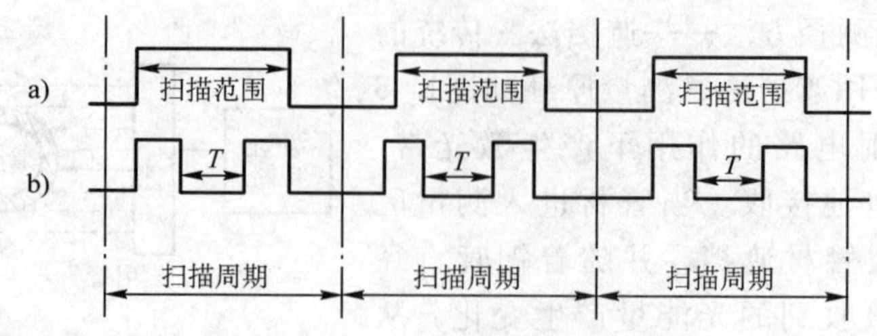

图 11-11　扫描波形示意

4. 参考资料

[1] 杨国光. 近代光学测试技术 [M]. 杭州：浙江大学出版社，1997.
[2] 孙长庠，叶声华. 激光测量技术 [M]. 天津：天津大学出版社，2001.
[3] 马国欣. 激光扫描测量直径 [J]. 光电工程，2004，31 (2).
[4] 宋甲午，等. 大直径的激光扫描在线动态测量系统 [J]. 兵工学报，2000，21 (2).
[5] 李成志，安志勇. 反射式激光扫描检测系统研究 [J]. 兵工学报，2002，23 (3).

实验 11-14　USB2.0 数据传输接口的设计

1. 引言

目前广泛应用的 USB 总线接口具有安装方便、高带宽、易于扩展等优点，USB2.0 的传输速率可达到 480Mbit/s，已逐渐成为现代数据传输的发展趋势之一。

实验利用 Cypress 公司的 USB2.0 芯片构建最简单的 USB2.0 数据采集系统，使单片机能够通过 USB2.0 接口与 PC 通信。

2. 设计要求

1）根据设计提示和原理框图查阅相关资料，完成单片机和 PC 通信的 USB2.0 外围电路设计。

2）调试、制作 USB2.0 电路。

3）利用 Cypress 公司提供的开发包工具实现在 PC 与单片机之间发送/接收数据，设计调试程序。

3. 设计提示

1）CY7C68013A USB2.0 控制芯片（内部结构框图见图 11-12）。

CY7C68013A-56PVC 是 Cypress 公司的 EZ-USB FX2 系列芯片。该系列芯片集成了 USB2.0 收发器、串行接口引擎（SIE1、带 8.5KB 片上 RAM 的增强型高速 8051 单片机、4KB FIFO 存储器以及通用可编程接口等模块，提供了全面集成的 USB 解决方案，无需外加芯片即可实现高速 USB 传输。CY7C68013A 内部提供了 3 个 64B 的缓冲器，并且还有 4KB 的缓冲器空间可以根据具体需要进行配置。

FX2 的 4 KB FIFO 可由外部主控制器（此实验中为单片机）控制，此时 FX2 工作在 Slave FIFO 模式。为将管脚配置为 Slave FIFO 模式，IFCONFIG 寄存器的 IFCFG1:0 必须设置

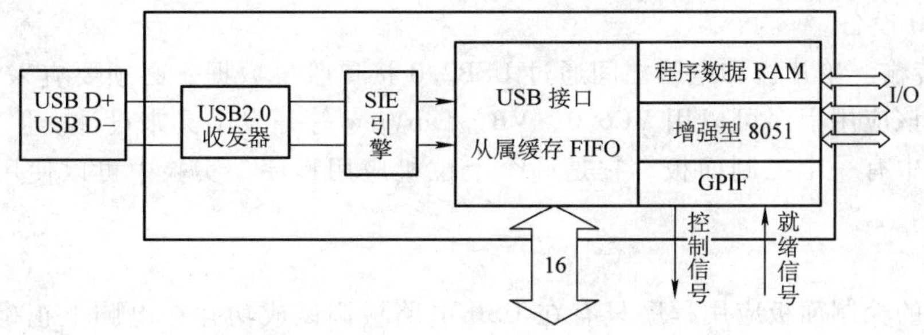

图 11-12 CY7C68013A-56PVC 芯片框图

为 1∶1 。

外部单片机在异步模式下控制 CY7C68013A 时，主要使用的管脚见表 11-1。

表 11-1 CY7C68013A 主要使用管脚

管脚	类型	说明
FLAGA	CY7C68013A 内部 FIFO 状态	可编程选用
FLAGB	CY7C68013A 内部 FIFO 状态	可编程选用
FLAGC	CY7C68013A 内部 FIFO 状态	可编程选用
SLCS	CY7C68013A 片选信号	低电平有效
SLOE	输出使能信号	低电平有效
SLRD	FIFO 读指针累加信号	低电平有效
SLWR	写 FIFO 信号	低电平有效
PKEND	“短” 包允许信号	低电平有效
FD ［15∶0］	数据总线	可设置为 8 位
FIFOADR ［1∶0］	FIFO 选择信号	选择 EP2，EP4，EP 和 EP8

2）接口系统框图（见图 11-13）。

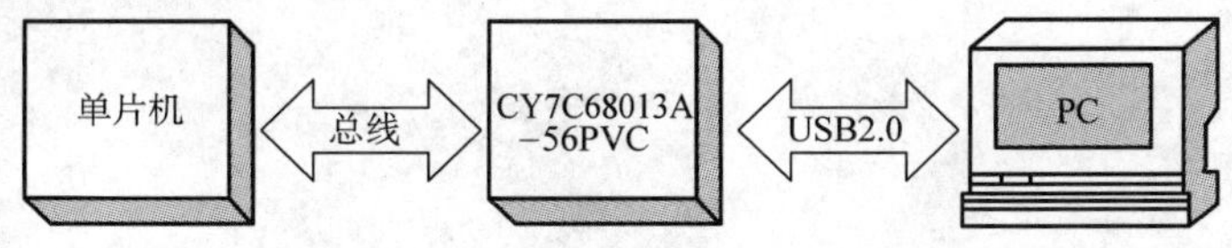

图 11-13 USB2. 0 接口系统框图

3）固件程序。在 CY7C68013A 芯片内部运行的程序叫做固件程序（Firmware）。设备固件程序的主要功能是控制 EZ－USB FX2 接收并处理来自电脑的 USB 驱动程序的请求。

Cypress 公司的提供的开发包（该开发包可以在 Cypress 的网站下载），包括一个控制面板、一个通用驱动程序和一个完整的固件程序框架，并且提供了 Slave FIFO 工作模式的全部固件例子代码，可以只做稍微修改，再用 KEIL 软件编译生成 . HEX 文件。然后使用开发包提供的控制面板应用程序下载 . HEX 文件到电路板上。

4）驱动程序。本次实验中利用控制面板应用程序下载固件，因此不需要 ezloader. sys，只需安装开发包提供的通用驱动 ezusb. sys。但在安装通用驱动时，需要 INF 文件，该文件的编写可以借鉴开发包中提供的例子。安装完成后，就可以在电脑的设备管理器中找到已经安装的 USB2.0 设备。

5）数据传输。单片机和电脑之间通过 USB2.0 接口收发数据，必须要有采集/发送数据的应用程序。该应用程序可以用 VC6.0、VB、LabView 等开发工具来设计。但 Cypress 公司提供的开发包中有一个控制面板，它是一个上位机应用程序，实验中可以使用它来收发数据。

4. 注意事项

开发包中的控制面板应用程序只有在 USB 电路板调试成功并在电脑上正确安装后才能使用。如果用控制面板下载固件到电路板的 RAM 中，掉电后程序将会丢失，解决此问题有两种方法：一是将程序固化在 E^2ROM 等存储器中，二是使用下载固件驱动（ezloader.sys）。

5. 参考资料

［1］钱峰．EZ-USB FX2 单片机原理、编程及开发应用［M］．北京：北京航空航天大学出版社，2006.

［2］王红凯．基于 CY7C68013A 的 USB 接口系统设计［J］．现代机械，2008（1）．

第 12 章　快乐 DIY

DIY 是“Do It Yourself”的英文缩写，意思是自己动手做，在 20 世纪 60 年代起源于西方，兴起于近几年，逐渐成为一种流行。简单来说，DIY 就是自己动手，没有性别、年龄的区别，每个人都可以自己做，利用 DIY 做出来的物品自有一份自在与舒适。

自己动手完成一项作品，收获的是自信与快乐，而且在愉悦的工作中增长才干，增强动手动脑能力。几年来兴起的电脑 DIY，使许多青少年成为电脑通或电脑爱好者的实践表明：DIY 是一种非常好的学习形式。把这种形式引入教学实验中，让学生在综合实践中自主、快乐地学习，是实验教学改革的一次尝试。

本章实验可以一人完成，也可以一个小组多人合作完成。既可从本章中选择课题，也可以由学生自选课题，或者由老师另外指定课题。这种只有题目，没有具体过程要求的课题，是让参与者从收集资料、制定与论证方案、准备器材与器件、具体制作到成果验证的全过程中接受锻炼，体验过程的艰辛和收获的喜悦。

实验 12-1　声控音乐“圣诞老人”

1. 注释

自己动手给这种普通绒布做成的“圣诞老人”加装上一种声控音乐闪光电路，则会使你所拥有的“圣诞老人”与众不同，有声有色，更加生动、有趣：每当有人在“圣诞老人”周围 1m 以内的地方拍一下手掌时，“圣诞老人”便会演奏出一遍《圣诞歌》乐曲，同时，“圣诞老人”的双眼还会随着乐曲节奏闪闪发光，十分逗人欢心。

2. 参考资料

［1］声控音乐“圣诞老人”［O/OL］. www. dzcpkf. com/scjs/sort0176/127767. html, 2008. 3. 2.

［2］晓兴有限公司. 音乐玩具：中国，CN200320102442. 4［P］，2005.

实验 12-2　高亮度白光 LED 灯制作

1. 注释

高亮度白光 LED 灯（以下简称白光灯）具有光色好（与日光接近），节能（电光转换效率远高于白炽灯，也高于荧光灯，是一种冷光源），寿命长（寿命是荧光灯的几倍（白炽灯的几十倍），环保无污染的特点，成为白炽灯和荧光灯的有力挑战者。LED 驱动电路的主要功能是将交流电压转换为恒流电源，并同时完成与 LED 的电压和电流的匹配。LED 驱动电路在输入电压和环境温度等因素发生变动的情况下最好能控制 LED 电流的大小，不然 LED 的光输出将随输入电压和温度等因素变化而变化，

2. 参考资料

［1］高亮度白光 LED 灯制作［OL］. www. 56dz. com，2008. 2. 10.

［2］简奉任. 高效率 LED 制作技术［J］. 海峡两岸第十届照明科技与营销研讨会专题报告文集，2003.

实验 12-3　简易晶振检验器

1. 注释

用一般的万用表是不能测出晶振的好坏的，但可以用小功率晶体管、发光管和一些阻容元件自制简单电路，通过发光管指示是否起振，来检查晶振的好坏。

2. 参考资料

［1］一种简单的晶振检验器［OL］. 电子实验制作所网站，2008. 1. 4.

［2］袁贵庆. 遥控器和晶振两用检测器［OL］. 遥控网，2004. 9. 24.

实验 12-4　红外线遥控器

1. 注释

红外线遥控是目前使用最广的一种遥控手段。红外线遥控装置具有体积小、功耗低、功能强、成本低等特点，因而继彩电、录像机之后，在录音机、音响设备、空调机，以及玩具等其他小型电器装置上也纷纷采用红外线遥控。红外通信数据采用脉冲编码，经解码实现数据通信。

2. 参考资料

［1］赵海兰. 红外学习机的设计原理及应用［J］. 电子世界，2004（12）.

［2］梁燕，邵凯. 用单片机实现遥控器的红外发射［J］. 成都信息工程学院学报，2005（4）.

实验 12-5　红外遥控窗帘

1. 注释

红外遥控窗帘由 3 部分组成：①控制窗帘开、闭的主控制器；②操作和设置主控制器的红外遥控器；③拉动窗帘的执行机构——电动机和拉绳。主机控制电动机的正向、反向转动，通过滑轮拉动窗帘自动闭合或者打开。红外遥控器可以直接遥控窗帘的开闭，也可以使用遥控器对主控制器进行自动功能的设置，一旦设置并开启自动控制功能，主控制器将按设定功能自动完成控制。

实验 12-6　自动调光窗帘

1. 注释

自动“调光窗帘”能对室内光照进行自动调节。当室外光照增强时，室内光照也增强，电动机控制窗帘缓缓关闭，直至室内光照减弱；反之，当光照减弱时，电动机反转，窗帘缓缓打开，直至室内光照增强，使室内光照基本保持恒定。

实验 12-7　无线防盗报警器

1. 注释

报警器采用无线反馈报警原理，由两大部分组成：第一部分由防盗入侵探测器和微型无线报警发射机组成；第二部分为无线报警接收控制器。使用时将第一部分安装在储藏室、车库等需要防范的场所；第二部分则放置在居民住室等监控室内。

2. 参考资料

［1］无线防盗报警器［J］. 天空电子制作网，2008. 1. 23.
［2］多路无线防盗报警器的设计与制作［J］. 杭州电子市场网上商城，2007. 10. 18.

实验 12-8　智能行驶速度限制

1. 注释

机动车辆已进入普通家庭，但随之也带来了交通安全隐患。为消除行车安全隐患，设计一个可随时监视行驶速度和当速度超出设置范围时，发出提示报警的装置，是非常有意义的。

2. 参考资料

［1］陈新岗，等. 基于单片机的智能行驶速度限制、疲惫唤醒器［J］. 重庆工学院学报，2007，21（8）.
［2］智能行驶速度限制、疲惫唤醒器［OL］. 广电电器网，2007. 6. 21.

实验 12-9　自制仰角方位角测试仪

1. 注释

安装调试卫星接收天线等许多场合，仰角及方位角的调试是一件比较麻烦的事。自制仰角方位角测试仪的方案之一是利用一个量角器、两个 1m 长的尺子和一个小指南针制作，完成制作，并考虑其他方案。

2. 参考资料

［1］闫兴隆. 自制仰角方位角测试仪［J］. 电子制作天地网，2008. 4. 9.
［2］旭化成电子材料元件株式会社. 位角测量装置和方位角测量方法：中国，CN03815813. 2［P］. 2005. 9.

实验 12-10　小功率充电器的设计

注释

手机、电动自行车等所使用的充电器实现自动充电的功能，大都采用各种各样的专用 IC 充电器集成电路和各种采样电路。设计一款简单、实用的自动充电功能的电路。

实验 12-11　会说话的布娃娃

注释

聪明的布娃娃可用普通布娃娃改制成，内部装上一片语音录放芯片。实现功能：碰触娃娃的不同部位，娃娃会说出不同的话。

实验 12-12　电子驱蚊器

注释

咬人的蚊子一般都是怀卵的雌蚊，雄蚊并不咬人。而雌蚊在怀卵期间又不喜欢与雄蚊接近，它们一感觉到雄蚊所发出的频率在 21 ~ 23kHz 的超声波信号，就会避而离去。制作电子驱蚊器，使其发出模拟雄蚊的超声波，从而驱逐雌蚊，避免蚊子叮咬。

实验 12-13　电蚊拍

注释

电蚊拍工作原理是利用电子线路升压产生功率，在瞬间“拍”死蚊子。目前市场上该类产品有使用干电池做电源的，也有使用蓄电池做电源的。其原理是通过放电来杀蚊子的，升压后的输出功率极小，对人或宠物无妨碍。它在金属网上通电，在瞬间将蚊子置于死地。

实验 12-14　电子驱鸟器

注释

在农作物成熟期，由于鸟类危害，造成粮食欠收。电子驱鸟器内装电子电路，使用时安装在稻草人等身上，在夜晚不工作，白天能间歇地自动敲锣，发出驱鸟声和驱动动作，驱赶偷吃粮食的鸟。

实验 12-15　人体感应自动灯

1. 注释

人体感应自动灯在白天电灯熄灭，在夜间人来灯亮，人去灯灭，既节约电能，又免去开、关灯动作，适用于走廊、楼道、公共厕所等场合。

2. 参考资料

［1］林长浩．人体感应自动灯［J］．现代通信，1996（3）．

［2］刘良福，黄隆胜．人体感应智能控制器的设计［J］．赣南师范学院学报，2004（6）．

实验 12-16　感应式电子门铃电路

注释

当有客人来到门前时，由感应式电子开关和音乐发生器电路组成的感应式电子门铃电路能发出优美的音乐声。将该门铃的感应电极片放在仓库等处的门窗上，还可作为防盗报警器使用。

实验 12-17　自制快速干手器

注释

洗完手后将手放在快速干手器下面，就会自动有热气吹出，手烘干后，将手拿开就会自动关闭。

实验 12-18　红外自动水龙头控制器

注释

控制器包括发射器和接收、译码、控制两部分，可自动瞬时来水，自动延时断水，既方便，又节水。

实验 12-19　红外线遥控的鼠标器

注释

鼠标器是用来产生控制屏幕光标移动的一种装置，是计算机最重要的外部输入设备之一，可用于人机会话的图形系统。鼠标器和计算机之间有一根连线，并且需要在桌面（鼠标垫）上进行操作。在使用计算机和大屏幕投影机作多媒体教学时，由于鼠标器操作的牵制，会使教员的教学活动受到限制，不利于教学双方的交流。用红外线取代了鼠标器和计算机之间的连线，用按键控制光标的移动，可解决上述鼠标器使用不便的问题。

实验 12-20　跟踪太阳型太阳能智能凉爽帽

注释

跟踪太阳型太阳能智能凉爽帽，由帽身和帽檐两部分组成。帽身的顶部通过转轴安装有偏心扇形太阳能电池板、空腔、风道等，帽檐上设有风扇和开关，它们之间电路相连。根据人的运动，动态跟踪以维持太阳光的最佳入射角，达到最佳的吸能效果，获取持续稳定的电能供风扇有效运转，使帽子具有极好的凉爽效果。

实验 12-21　智能太阳能跟踪

1. 注释

准确识别太阳升起和落下的位置。它由太阳位置传感器、太阳辐射传感器、太阳定位传感器等组成，可用于中小型太阳能抛物面聚焦跟踪，太阳光伏电池板跟踪，反聚光跟踪，太阳能发电站的反聚光镜跟踪以及车、船上太阳方位指示。

2. 参考资料

[1] 智能太阳能跟踪 [OL]. 中国注塑网，2008. 8. 4.

[2] 李建英，等. 一种智能型全自动太阳跟踪装置的机械设计 [J]. 太阳能学报，2003，24 (3).

实验 12-22　趣味电子爆竹

注释

燃放爆竹是我国劳动人民庆祝节日的传统习俗。利用模拟声集成电路，产生长约 20s 的“噼噼—啪啪—”爆竹声，可以达到以假乱真的地步。具有安全、无污染、可重复使用等特点，是逢年过节喜庆时的理想电子小装置。

实验 12-23　做梦机

注释

做梦机是藉助电子设备而令人酣睡，进入梦乡，每个人都乐意组装和试验的制作。它的功能是产生松弛的催眠信号，有助于晚上好好地睡上一觉。做梦机的原理是产生粉红噪声。粉红噪声的声音类似海边的拍岸涛声、树林间的风声或者细雨声，是很富诗意的，听起来使人很放松。如果功率与频率的变化成反比，噪声含有较多的低频（红色），因而称为粉红噪声。在半导体器件中，$1/f$（粉红）噪声在 1kHz 以下占支配地位。把做梦机放在你的床边，把音量和音色控制调节到你所适合的要求，然后躺在床上，集中注意它发出的声音。过一会，它开始发生催眠作用，很快你就会被声波带入梦乡。

实验 12-24　LED 电子生日蜡烛

注释

由电路产生了一套基于 LED 的电子生日蜡烛。这种蜡烛与吹灭蜡制蜡烛一样具有相同的乐趣，并且它是可重复利用的、可改进的以及环保的。该电路采用一个热传感器使温度高于周围的温度。当你对传感器吹气时，其电阻发生了改变。电路探测到这种改变后会关闭 8 个 LED。当你停止吹气时，除了一个外所有的 LED 都会亮起。你每吹过一次传感器就会进行一个这样的循环，直到 8 次后所有的 LED 关闭。

实验 12-25 LED 骰子

注释

当轻拍桌子，7 个 LED 不断变换发光，显示不同的点数。当停止发光前，你必须猜测将会显示的点数是多少？新奇有趣，适用不同年龄人群使用。适用于酒吧、KTV 娱乐场所、聚会、儿童游戏等。其工作原理是：当触摸金属丝时，对电解电容充电，晶体管（BC557）导通，振荡器（555）振荡，计数器（CD4017）对振荡计数，由于触摸时，对电容充电的时间、电流是随机的，所以最后结果也是随机的。

实验 12-26 母鸡下蛋

注释

电路可产生类似于母鸡下蛋后发出的叫声，可给养鸡场营造出一个下蛋的环境。略加改动，还可模拟公鸡、马等动物鸣叫的多种声音效果。

实验 12-27 自制投影仪

1. 注释

很多人可能觉得，这种制作一定具有很高的难度，其实在搞清液晶投影机原理之后，您也许就不这么认为了。液晶板实质上就相当于一块可表现活动图像的幻灯片，如果我们让一束均匀的强光透过液晶板，然后配合一只凸透镜的话，根据凸透镜成像原理，就可以在镜头外的某个位置得到一个清晰的实像。液晶投影机的基本原理就是如此简单而已！因此，最简单的投影机就是用一块拆去了背光装置的 LCD 液晶板取代一个幻灯机上幻灯片或教学投影仪。

2. 参考资料

[1] 液晶板投影机 [J]. 互联网周刊，2006. 2. 25.

[2] 自制 LCD 彩色液晶投影机 [J]. 天极网—新闻频道，2006. 2. 24.

实验 12-28 简单的 USB 接口数据采集系统

注释

用 USB 接口的数据采集系统，使用简单方便，无需外接电源，还可以利用 PC 强大的运算能力处理数据。这类系统一般都要用单片机做接口控制，对于不会使用单片机的人是个难题。设计一个不用单片机的 USB 数据采集系统，解决上述问题。

实验 12-29 基于 CDMA 的无线图像监控终端设计

注释

设计带有嵌入式操作系统的无线图像监控终端。该终端通过 CDMA 网络接收前端采集的现场单帧或连续帧图像，然后解压并在模拟液晶屏上显示出来。

实验 12-30　单片机图像采集与网络传输

注释

随着网络技术的发展和网络应用的普及，如何充分利用网络资源来实现低成本、高可靠的远程视频监控，已成为一个技术热点。用单片机与图像采集模块接口，嵌入 TCP/IP 协议栈，制作“网络摄像头”，实现图像数据在以太网中的传输。

附　录

附录A　电路实验须知

电子电路实验必须规范操作，了解安全常识，保证人身及设备安全，保证实验的顺利进行。对电子电路实验应注意以下几点：

（1）实验前对所要进行的实验进行严格设计（包括原理设计，电子线路布局设计，导线颜色、走向，测试点等）。

（2）在强电与弱电、强信号与弱信号混合的电路中，应特别注意避免之间的耦合干扰问题，应仔细考虑线路布局，强弱分开，切忌布局混乱。

（3）避免用手或身体接触电路中导体，调试大规模集成线路应注意静电防护，使用防静电的手环、手套（参见附录D）。

（4）连完线路应仔细检查。例如，开关是否断开，电源和电表的正负极是否接对，电表量程是否正确等等。确认无误后，方能接通电源。

（5）电子线路实验必然使用电源，使用各种电源要防止短路（即严禁电源正负两极直接接通或可能造成两极短接的任何误碰、误操作）。连接线路时要“先接线路，后接电源”；拆除线路时要“先断电源，后拆线路”；实验中改接电路时要断开电源。

（6）接通电源瞬间要综观全面，密切注意电表（尤其是电流表）的反应是否正常，若发现反常现象（如指针反转、超过量限、有焦糊味等），需立即断电，重新检查线路。如果电路工作正常，各电表指针均有偏转且不超过量限，则可使电压或电流由小至大地调节，根据观察到的现象做必要调整，然后开始测量读数。我们把整个操作过程概括为四句话：手合电源、眼观全局、先看现象、后测数据。

（7）对不熟悉的电子仪器、元器件，应仔细阅读说明书，按要求规范使用。

（8）实验完毕，应检查数据是否齐全，对结果数据应进行处理分析，观察测量数据是否正确，对发生错误的原因应进行仔细检查分析。确认已完成实验任务后再拆除线路，将仪器、工具整理复原，将仪器的旋钮拨至安全的位置，整理实验场所，保持整齐、清洁。

附录B　电路焊接技术

在电路板制作与调试过程中，元器件焊接是非常重要的一个环节，焊接质量将直接影响到电路工作的可靠性。因此，焊接技术是从事电类工作者的基本功，只有熟练掌握焊接技术，才能保证电路的焊接质量，以减少电路调试过程中不必要的故障隐患。

1. 焊接基础知识

（1）焊接质量　焊接质量主要包括：电器的可靠连接、力学性能牢固和光洁美观三个方面，其中最关键的一点是必须避免虚焊。虚焊可能引起电路噪声、工作状态不稳定、元器件脱落，同时又不易检查，是电路调整和维修中的重大隐患。造成虚焊的主要原因为

① 焊锡质量差，助焊剂质量不良或用量不当（过少或过多），被焊接表面可焊性处理不好。

② 烙铁头的温度过高或过低、表面有氧化层。

③ 焊接时间掌握不好，焊锡尚未凝固便摇动被焊元件。

（2）焊接工具　焊接工具主要包括：电烙铁、焊料、助焊剂等。

1）电烙铁（参见附录 D）　电烙铁是手工焊接的重要工具，表述其性能的指标有输出功率及其加热方式。电烙铁输出功率越大，发出的热量就越大，温度则越高，常用的规格有 20W、25W、30W、45W、75W、100W 等，电子线路实验中以低瓦数的为主。按照加热方式，电烙铁分为外热式、内热式和控温式等。

选用何种规格的电烙铁，要根据被焊元件而定。外热式电烙铁适用于焊接电子管电路、体积较大的元器件；内热式和控温式电烙铁适用于焊接电子元器件、集成电路和印制电路板电路。如果电烙铁规格使用不当，轻者造成焊点质量不高，重者损害所焊元器件或印制电路板的焊点与连线。

常用的几种烙铁头的外形有圆斜面式、凿式，锥式和斜面复合式。凿式烙铁头多用于电器维修工作，锥式烙铁头适合于焊接高密度的焊点和小面积怕热的元件，当焊接对象变化大时，可选用适合于大多数情况的斜面复合式的烙铁头。

为了保证可靠方便的焊接，必须合理使用烙铁头形状和尺寸。选择烙铁头的依据是，应使它的接触面积小于被焊点（焊盘）的面积。烙铁头接触面积过大，会使过量的热量传导给焊接部位，损坏元器件。一般来说，烙铁头越长越粗，则温度越低，焊接时间就越长；反之，烙铁头尖的温度越高，焊接越快。电烙铁使用应注意下列事项：

① 注意安全。使用电烙铁首先要注意安全。使用前除了用万用表欧姆挡测量插头两端是否短路或开路现象外，还要用 $R\times10\text{k}$ 挡或 $R\times1\text{k}$ 挡测量插头和外壳之间的电阻。如电阻大于 2～3MΩ 就可以使用，否则需要检查漏电原因，并加以排除方能使用。

② 初次使用。电烙铁初次使用时，要先将烙铁头浸上一层焊锡。方法是将烙铁头加热以后，用烙铁架上的海棉垫（海棉垫需要浸水）旋转摩擦数遍，直到烙铁头变亮，涂上焊锡膏，加锡即可。这样做，不但能够保护烙铁头不被氧化，而且使烙铁头传热加快。

③ 握持方法。使用电烙铁需要掌握正确的握持方法。持烙铁方法一般有“握笔式”和“拳握式”两种，前者是使用小型电烙铁常用的一种方式，适用于焊接小型电子元器件。当被焊元器件体积较大，使用的电烙铁也较大时，一般采用后者。电烙铁在使用中不能用来任意敲击，应轻拿轻放，以免损坏内部发热器件而影响使用寿命。

2）焊料　凡是用来熔合两种或两种以上的金属面，使之成为一个整体的金属或合金都叫焊料。按组成成分焊料可分为：锡铅焊料、银焊料和铜焊料；按熔点焊料又可分为：软焊料（熔点在 450°C 以下）和硬焊料（熔点高于 450°C）。常用的是锡铅焊料，即焊锡丝，它是锡和铅的合金，是软焊料。

锡铅合金焊锡的共晶点配比为锡 63%，铅 37%，这种焊锡称为共晶焊锡，共晶点的温度为 183°C。当锡含量高于 63% 时，熔化温度升高，强度降低。当锡含量小于 10% 时，焊接强度差，接头发脆，焊料润滑能力差。最理想的是共晶焊锡，在共晶温度下，焊锡由固体直接变为液体，无需经过半液体状态。共晶焊锡的熔化温度比非共晶焊锡要低，这样就减少了被焊接的元器件受热损坏的机会。同时，由于共晶焊锡固化时是由液体直接变成固体，也减少了虚焊现象，所以共晶焊锡应用广泛。

为了使用方便，常用焊锡丝。焊锡丝用锡铅焊料制成，有的焊锡丝中心加有助焊剂松香，则称松香焊锡丝。如果在助焊剂松香中加入盐酸二乙胺，就构成活性焊锡丝。焊锡丝的直径有：0.5，0.8，0.9，1.0，1.2，1.5，2.0，3.0，4.0，5.0mm 等多种。

3）助焊剂　对助焊剂要求熔点低于焊锡熔点，有较高的活化性和较低的表面张力，受热后能迅速而均匀地流动，不产生有刺激性的气味和有害气体。不导电、无腐蚀性，残留物无副作用，容易清洗、配制简单、原料易得、成本低。

助焊剂一般分无机系列、有机系列和树脂系列。常用的是松香酒精助焊剂，这种助焊剂松香和酒精的重量比一般为 3:1。为了改善助焊剂的活性，可添加适量的活性剂，如澳化水杨酸、氟碳表面活性剂等。

（3）焊接方法

1）焊接步骤

① 上锡。电烙铁头长时间不用，其表面会有一层氧化物，使电烙铁头呈黑色状态，这时不易上锡，应去掉氧化层上锡。方法是将电烙铁头在含水的海绵垫上摩擦几下，就可去掉氧化层，烙铁头就可以上锡。保持这层锡，可延长烙铁头寿命。

② 加热。烙铁头加热被焊接面，注意烙铁头要同时接触焊盘和元器件的引线，时间大约为 1 ~2s。

③ 送锡丝。焊接面被加热到一定温度时，焊锡丝从烙铁对面接触被焊接的引线（不是送到烙铁头上），时间大约 1 ~2s。

④ 移开。当焊丝熔化并浸润焊盘和引线后，同时向左右 45°方向移开焊锡丝和电烙铁，整个焊接过程约 2s 左右。

2）注意事项

① 掌握好电烙铁的温度。电烙铁温度的高低，可从电烙铁头和松香接触时的情况来判断。当烙铁头蘸上松香后，如果冒出柔顺的白烟，松香向烙铁头的面上扩展，而又不“吱吱”作响时，那么就是烙铁头最好的焊接状态，此时焊出的焊点比较光亮。若松香只是在烙铁头上缓慢溶化发出轻烟，那么即使电烙铁吃上锡，但由于温度低，焊点上的锡也会像豆腐渣一样不易焊牢。

② 控制好焊接加热时间。如果加热时间太短，焊剂未能充分挥发，在焊锡和金属之间会隔一层焊剂，焊锡不能将焊点充分覆盖，形成松香灰渣而造成虚焊。如加热时间过长，会造成过量的加热，使助焊剂全部挥发完，当烙铁离开时容易拉成锡尖，同时焊点发白，失去光泽，表面粗糙。还会出现松香炭化引起虚焊的现象，甚至导致印制电路板上铜箔焊盘的剥落，又易烫坏元器件。

③ 不要用烙铁对焊件加力。用烙铁头对焊接面施加压力，不仅会加速烙铁头的损耗，还容易损伤元器件。

④ 加热工件，不单加热焊丝。将烙铁头的接触面加热被焊工件，然后将焊锡丝放入烙铁头与工件的间隙中，让锡液流动而焊接。焊锡不得过多，否则易掩饰虚焊点。

⑤ 让焊锡自然冷却，不必用口吹来加速冷却。

⑥ 随时保持烙铁头的清洁、经常擦去烙铁头上的氧化物及杂质炭渣。

3）质量检查　焊点的质量检查：合格的焊点不仅没有虚焊，而且焊锡量合适，大小均匀，表面有金属光泽，没有拉尖、气泡、裂纹等现象。注意，表面有金属光泽是焊接温度合适的标志，也是美观的要求。合格的焊点形状为近似圆锥面表面微凹呈慢坡状。不合格点甚至虚焊点表面往往呈凸形，有尖角、气泡、裂纹、结构松散、白色无光泽、不对称，可以鉴别出来。

2. 电子装配基础知识

电子装配过程中各阶段的工艺和操作方法都有严格要求，下面简单介绍一些装配基础知识。

(1) 可焊性处理　为避免虚焊，提高焊接的质量和速度，在装配前需要对元器件的焊接表面进行可焊性处理——镀锡。通常是对经过清洁的元器件引线浸涂助焊剂（盒式焊锡膏）后，用蘸锡的电烙铁头沿着引线镀锡（注意：要使引线镀层薄而均匀，表面光亮），然后再一次浸涂助焊剂。在镀锡前要仔细观察元器件引线原来是何种镀层，按照不同的方法进行清洁。常见的镀层有银、金和铅锡合金等几种材料，镀银引线容易产生不可焊的黑白氧化膜，必须用小刀刮去，直到露出纯铜表面；如果是镀金引线，一般基材难于镀锡，不可将镀金层刮掉，可以用绘图粗橡皮擦去表面污物；近年出现的镀铅锡合金引线可在较长时间内保持良好的可焊性。新购买的正品元器件（即在可焊性合格期内）可免去镀锡工作，用镊子轻捋管腿，然后直接浸涂助焊剂。

(2) 元器件的插装和成形　元器件在印制电路板上的插装分卧式和立式两种（见图 B-1）：卧式是元器件与印制电路板平行，立式是元器件与印制电路板垂直，两种形式都应使元器件的引线尽量短。在单面印制电路板上卧式装配时，小功率的元器件总是平行地紧贴板面，在双面板上，元器件则需离开板面约 1mm，避免因元器件发热而减弱铜箔的附着力，并防止短路。立式装配时，单位面积上容纳元器件的数量多，适合于紧凑密集的产品，但立式装配的机械性能较差、抗振能力弱，如果元器件倾斜，有可能接触邻近元器件而造成短路。

元器件引线成型方法如图 B-1 所示。

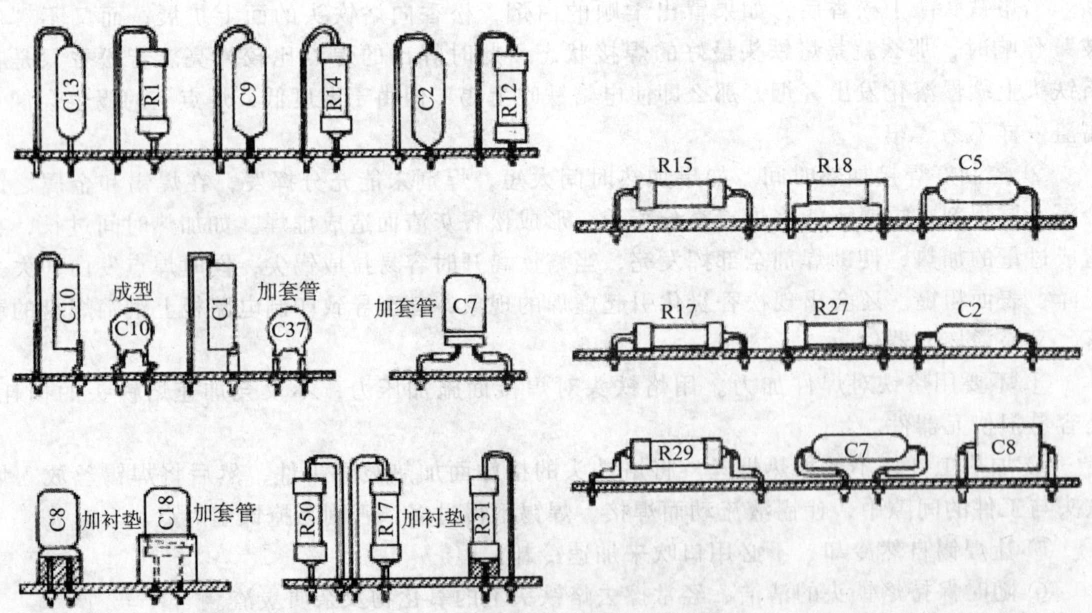

图 B-1　元器件引线成型方法

元器件在清洗镀锡后，应按照印制电路板的尺寸要求使其引线弯曲成形，以便于插入孔内。为了避免损坏元器件，成形时必须注意：①引线弯曲的最小半径不得小于引线直径的2倍，即不能打死弯；②引线弯曲处距离元器件本体至少3mm，对于容易崩裂的玻璃封装元器件，引线成形更应该注意这一点。插装元器件要注意以下原则：

1）装配时，应先安装那些需要机械固定的元器件，如散热片、卡子、支架等，后安装靠焊接固定的元器件。否则，就会在机械紧固时因印制电路板受力变形而损坏其他元器件。

2）各种元器件的插装，应使标记和色码朝上，易于辨认，标记的方向应从左到右，或从上到下；尽量使元器件两端的引线长度相等，把元器件放在两插孔中央，排列要整齐。有极性的元器件，插装时要保证极性正确。

3）焊接时应先焊那些比较耐热的元器件，如接插件、小型变压器、电阻。电容等，后焊接那些比较怕热的元器件，如各种半导体器件及塑料元件、集成电路等。

（3）散热片安装　大功率器件常需装散热片。安装散热片时应使各引脚都从孔的中心穿过，避免短路，孔的周围不应有毛刺和碎屑。散热片与器件的表面应贴紧，上螺母时一定要加上弹簧垫圈（或称锁紧垫圈），以免以后散热片松动。螺母不能上得太紧，以免损坏器件。先用螺母固定然后再焊相应引脚。

（4）装配检验　装配的基本要求是牢固可靠、不损伤元器件、不破坏元器件的绝缘性能，安装件的方向，位置要正确，上道工序不得影响下道工序。

装配检验首先要检查各接线点焊接情况，有无虚焊、漏焊和短路；检查各导线有无裸露部位、绝缘有无损伤、压破，有无落入金属异物（如锡球、导线头、螺母、垫圈等），避免造成接线点之间短路等。当焊接情况检查后，应检查每个零件的机械固定是否牢固，有无漏装螺丝，漏加垫圈等现象。面板上旋钮、按键等零件操作时有无松动、转动，排列是否整齐，有极性的元器件安装方向是否正确等。

（5）多脚元件的拆装　随着技术的进步，多脚元器件日益增多，特别是各种集成电路和转换开关，往往有几十个焊脚。当需要拆焊这些零件时比较困难，这里介绍几种常用的拆焊方法。

1）用吸锡电烙铁拆装多脚元件　吸锡电烙铁是拆焊的专用工具，其烙铁头中间有一类似打气筒的细管。使用时，先压缩空气，用烙铁烫熔了接点上的焊锡之后，一按烙铁上的按键，弹簧活塞弹出，细管即把焊锡吸出，焊脚脱离印制电路板。如此一个脚一个脚地拨离，直到全部引脚均脱离印制电路板后，即可取下多脚元件。

2）用电烙铁加吸锡器拆装多脚元件　这与上述方法相似，用电烙铁和不带加热部分的专用吸锡器也能方便地完成拆装工作。当电烙铁熔化接点上的焊锡后，迅速把熔锡吸入管内，从而使元器件和印制电路板分离。

3）用电烙铁和金属网带拆装多脚元件　还有一种毛细管原理吸锡的方法，就是将易吃锡的编织铜线置于待拆焊的接点上，将电烙铁放在编织铜线上面，当焊锡熔化时即被编织铜线吸收，元件脚自然脱开印制电路板。

4）用热风机拆装多脚元器件　方法是手握热风机，先远距离对准元器件旋转吹风逐渐靠近，直到元器件活动为止。

附录C 常用电子元器件的选用

任何电路都是由一些元器件组成的，了解这些元器件的基本特性、主要参数、测试识别方法，以及应用中的注意事项是非常必要的。下面着重介绍一些常用器件（电阻、电容、电感、二极管、晶体管、场效应晶体管放大器、继电器、显示器件、CMOS与TTL芯片）、贴片元器件的相关内容。

1. 电阻

电阻是电路元件中应用最广泛的一种，其质量的好坏对电路工作的稳定性有极大影响。电阻在电路中的主要用途是稳定和调节电路中的电流和电压，还作为分流、限流、分压、偏置、消耗电能的负载等。

(1) 电阻的主要技术指标　额定功率、标称阻值、允许误差、最高工作电压、电阻温度系数和噪声。在要求不高的使用场合下，一般只考虑前两个指标。

1）标称阻值　标称阻值是电阻产品标志的“名义”阻值。

设计电路时计算出来的电阻值经常会与电阻的标称值不相符，有时候需要根据标称值来修正电路的计算。表C-1是目前最常用的E24系列电阻标称值，所有E24系列电阻器都是表中标称值的 10^n 倍（$n=0, 1, 2, 3, \cdots$）

表C-1　最常用的E24系列电阻标称值

系列	电阻标称值/Ω							
E24系列	1.0	1.1	1.2	1.3	1.5	1.6	1.8	2.0
	2.2	2.4	2.7	3.0	3.3	3.6	3.9	4.3
	4.7	5.1	5.6	6.2	6.8	7.5	8.2	9.1

2）允许误差（见表C-2）　允许误差是指电阻实际阻值对于标称阻值的最大允许偏差范围，它表示电阻的阻值精度。线绕电位器允许误差范围为±10%，非线绕电位器允许误差范围为±20%。

表C-2　阻值允许误差等级

级别	005	01	02	Ⅰ	Ⅱ	Ⅲ
允许误差	±0.5%	±1%	±2%	±5%	±10%	±20%

3）最高工作电压　最高工作电压是由电阻最大电流密度、电阻体击穿及结构等因素所规定的工作电压限度。当工作电压过高时，虽功率不超过规定值，但内部会发生火花放电，导致电阻变质损坏。一般1/8W碳膜电阻或金属膜电阻最高工作电压不能超过150V（200V）。

4）额定功率　额定功率是在规定的环境温度和湿度下，假定周围空气不流通，在长期连续负载而不损坏或基本不改变性能的情况下，电阻上允许的最大功率。当超过额定功率时电阻值将发生变化，甚至发热烧毁。一般情况下，选其额定功率比它在电路中实际消耗的功率要高1到2倍。额定功率常用的有1/20W、1/8W、1/4W、1/2W、1W、2W、4W、5W、……

5）电阻温度系数　它表示温度每变化1°C时，电阻阻值的相对变化量。电阻温度系数越大，电阻器的热稳定性越差。

（2）电阻的分类与标识

1）电阻的型号命名　电阻的型号命名详见表 C-3。

表 C-3　电阻器的型号命名法

第一部分		第二部分		第三部分		第四部分
用字母表示主称		用字母表示材料		用数字或字母表示特征		用数字表示序号
符号	意义	符号	意义	符号	意义	
R	电阻器	T	碳膜	1，2	普通	包括：
RP	电位器	P	硼碳膜	3	超高频	额定功率
		U	硅碳膜	4	高阻	阻值
		C	沉积膜	5	高温	允许误差
		H	合成膜	7	精密	精度等级
		I	玻璃釉膜	8	电阻器——高压	
		J	金属膜		电位器——特殊函数	
		Y	氧化膜			
		S	有机实芯	9	特殊	
		N	无机实芯	G	高功率	
		X	线绕	T	可调	
		R	热敏	X	小型	
		G	光敏	L	测量用	
		M	压敏	W	微调	
				D	多圈	

2）电阻分类　按结构分为固定式和可变式两大类。

① 固定式电阻又分为膜式电阻、实芯式电阻、金属线绕电阻和特殊电阻。膜式电阻包括碳膜电阻、金属膜电阻、合成膜电阻和氧化膜电阻；实芯式电阻包括有机实芯电阻和无机实芯电阻；特殊电阻包括 MG 型光敏电阻和 MF 型热敏电阻。

② 可变式电阻分为滑线式变阻器和电位器，其中电位器应用较多。

电位器是一种有三个接头的可变式电阻器，其阻值在一定范围内连续可调。按其电阻体的材料可分为薄膜和线绕两种。薄膜又分为小型碳膜电位器、合成碳膜电位器和有机实芯电位器等。按其结构分单联、多联、带开关、不带开关等；按其阻值随转角变化分线性和非线性电位器；按其用途可分为普通电位器、精密电位器、功率电位器、微调电位器和专用电位器等。

3）电阻参数识别：电阻的单位：欧姆（Ω），倍率单位有：千欧（kΩ），兆欧（MΩ）。

换算关系：1MΩ = 1000kΩ = 1000000Ω。

电阻的参数标注方法有 3 种：直标法、色标法和数标法。

① 直标法。直接将电阻值、允许误差标在元件上，主要用于线绕电阻和碳膜电阻。

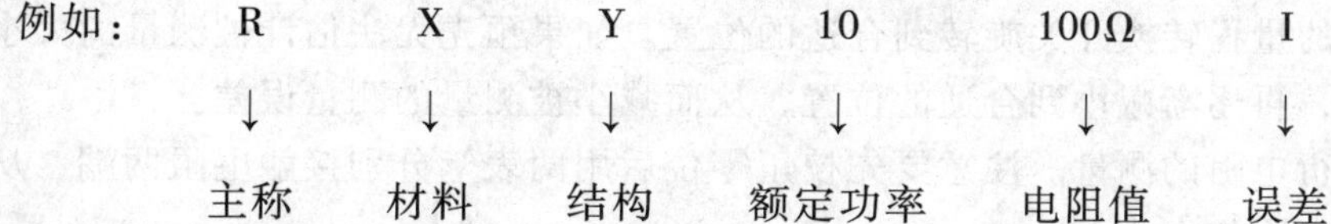

② 数标法主要用于贴片等小体积的电阻

如：472 表示 47 × 100Ω（即 4.7k）；104 则表示 100kΩ。

③ 色环标注法使用最多，一般用于金属膜电阻，有四色环电阻和五色环电阻（精密电阻）。电阻上各道色环颜色的意义如表 C-4 及图 C-1、图 C-2 所示。

表 C-4 电阻色环颜色的意义

颜色	黑	棕	红	橙	黄	绿	蓝	紫	灰	白	金	银	本色
代表数值	0	1	2	3	4	5	6	7	8	9			
倍乘	10^0	10^1	10^2	10^3	10^4	10^5	10^6	10^7	10^8	10^9	10^{-1}	10^{-2}	
允许误差		F ±1%	G ±2%			D ±0.5%	C ±0.25%	B ±0.1%			J ±5%	K ±10%	M ±20%

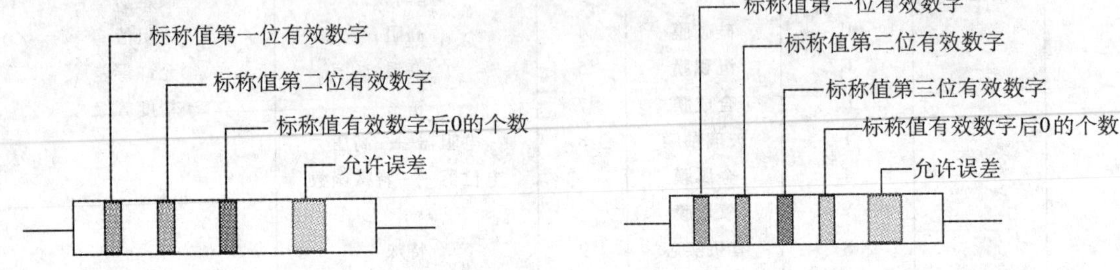

图 C-1 四色环电阻各色环意义　　图 C-2 五色环电阻各色环意义

第一道色环、第二道色环和精密电阻的第三道色环都表示其相应位数的数字。其后的一道色环表示前面数字乘以 10 的 n 次幂，最后一道色环表示阻值的允许误差。

例如：四色环电阻的第一、二、三、四道色环分别是棕橙黄金色，则该电阻阻值是 $13\times10^4\Omega$（130kΩ），允许误差 ±5%。

例如：五道色环电阻的第一、二、三、四、五道色环分别是红紫黑红棕色，则该电阻阻值是 27000Ω（27kΩ），允许误差 ±1%。

又如：五道色环电阻的第一、二、三、四、五道色环分别是黄白橙金红色，则该电阻阻值是 $493\times10^{-1}\Omega$（49.3Ω），允许误差 ±2%。

注意：有些色环电阻器由于厂家生产不规范，无法用上面的特征判断，这时只能借助万用表判断。

(3) 电阻测试与选用时的注意事项

1) 电阻测试　测量电阻的方法很多，当测量精度要求较高时常采用电阻电桥测量；当测量精度要求不高时可直接用万用表的欧姆挡测量电阻。用指针式万用表的欧姆挡测量电阻的方法如下：

首先，为了减少测量误差，要保证万用表内电池电压足够，检查方法是将挡位旋钮置于电阻挡，将倍率置于 R×1 挡，然后将两表笔短接，观察表的指针是否到零位。如果调整电阻挡调零旋钮后，指针仍不能到零位，则说明电池电压不足，需要更换电池。

其次，根据一般表针应指在标度尺的中心部分，读数才准确的原则选择合适的倍率挡，并将万用表的量程转换开关旋转到合适的位置。如果预先无法估计被测量的大小，应先拨到最大量程上，再逐渐减小到合适的位置，从而减小被测量的测量误差。

最后进行电阻的测量。注意要先校正零位后用两表笔分别接触电阻两端，从表头读取数值即为被测电阻的大小。

注意：每次更换电阻挡时需重新校正零位。不要在带电的情况下测量电阻。测量电阻时，双手不能同时接触电阻或表笔的金属部分。

2）选用电阻常识

① 根据电阻的具体要求、电子设备的技术指标和电路中信号频率高低等选用电阻的型号误差等级，并应选用额定功率大于实际消耗功率的1.5～2倍。

② 可用几个电阻串并联得到需要的电阻值，可以串并联小功率的电阻代替大功率电阻。

③ 电阻的绝缘性能要好，不能有脱漆现象。

2. 电容

电容是一种储能元件，其容量的大小表示能贮存电能的大小，在电路中用于调谐、滤波、耦合、旁路、能量转换等。电容的特性主要是隔直流信号通交流信号，其对交流信号的阻碍作用称为容抗，容抗与交流信号的频率和电容量有关，表示为

$$X_c = 1/(2\pi fC) \qquad (f\text{表示交流信号的频率，}C\text{表示电容容量}) \tag{C-1}$$

（1）电容的主要特性参数　它包括标称容量、允许误差、额定工作电压、电容温度系数、绝缘电阻、频率特性及损耗等。

1）标称电容量　标称电容量是标志在电容器上的“名义”电容量。

2）允许误差　允许误差是电容器的实际容量对于标称容量的最大允许偏差范围。

精密电容器的允许误差较小，而电解电容器的误差较大，它们采用不同的误差等级。常用的电容器其精度等级和电阻器的表示方法相同，如表C-5所示。

表 C-5　允许误差等级

级别	D 005	F 01	G 02	J Ⅰ	K Ⅱ	M Ⅲ
允许误差	±0.5%	±1%	±2%	±5%	±10%	±20%

如：瓷片电容为104J，表示容量为0.1μF、误差为±5%。

3）额定工作电压　电容器在电路中能够长期稳定、可靠工作所承受的最大直流电压，又称耐压。对于结构、介质、容量相同的器件，耐压越高，体积越大。选择电容时，电容的耐压应大于或等于实际工作承受的电压。如果电容器工作在交流电路中，则交流电压的峰值不得超过额定工作电压。常用耐压值有1.6V、6.3V、10V、25V、32V、63V、100V、125V、250V。

4）电容温度系数　在一定温度范围内，温度每变化1°C，电容量的相对变化值。电容温度系数越小越好。

5）绝缘电阻　绝缘电阻是指电容器两极之间的电阻，也称漏电阻，用来表明漏电大小的。一般小容量的电容，绝缘电阻很大，在几百兆欧姆或几千兆欧姆。电解电容的绝缘电阻一般较小。相对而言，绝缘电阻越大越好，漏电也小。

6）损耗　在电场的作用下，电容器在单位时间内发热而消耗的能量。这些损耗主要来自介质损耗和金属损耗。通常用损耗角正切值来表示。在同容量、同工作条件下，损耗角越大，电容器损耗越大。

7）频率特性　电容器的电参数随电场频率而变化的性质。在高频条件下工作的电容器，由于介电常数在高频时比低频时小，电容量也相应减小。损耗也随频率的升高而增加。另外，在高频工作时，电容器的分布参数，如极片电阻、引线和极片间的电阻、极片的自身电感、引线电感等，都会影响电容器的性能。所有这些，使得电容器的使用频率受到限制。不同品种的电容器，最高使用频率不同。小型云母电容器在250MHz以内；圆片型瓷介电容器

为300MHz；圆管型瓷介电容器为200MHz；圆盘型瓷介可达3000MHz；小型纸介电容器为80MHz；中型纸介电容器只有8MHz。

（2）电容的分类与标识别方法

1）电容分类　电容器一般可以分为没有极性的普通电容器和有极性的电解电容。

普通电容器又分为固定电容器、半可调电容器（微调电容器）、可变电容器。

① 固定电容器。指一经制成后，其电容量不能再改变的电容器。一般按电介质来分，可分为纸介电容器、有机薄膜电容器、云母电容器、玻璃釉电容器、瓷介电容器。

② 可变电容器。其电容量可在一定范围内连续变化。有单联可变电容和双联可变电容。

③ 半可调电容器。其电容量可在小范围内变化。适用于整机调整后电容量不许经常改变的场合。

2）电容器型号命名如表C-6所示。

表C-6　电容器的型号命名法

第一部分		第二部分		第三部分		第四部分
用字母表示名称		用字母表示材料		用字母表示特征		用字母或数字表示序号
符号	意义	符号	意义	符号	意义	
C	电容器	C	瓷介	T	铁电	
		I	玻璃釉	W	微调	
		O	玻璃膜	J	金属化	
		Y	云母	X	小型	
		V	云母纸	S	独石	
		Z	纸介	D	低压	
		J	金属化纸	M	密封	
		B	聚苯乙烯	Y	高压	
		F	聚四氟乙烯	C	穿心式	包括：尺寸代号、温度特性、直流工作电压、标称值、允许误差
		L	涤纶			
		S	聚碳酸酯			
		Q	漆膜			
		H	纸膜复合			
		D	铝电解			
		A	钽电解			
		G	金属电解			
		N	铌电解			
		T	钛电解			
		M	压敏			
		E	其他材料电解			

3）电容的识别方法　与电阻的识别方法基本相同，分直标法、数字表示法和色标法三种。

电容的基本单位用法拉（F）表示，单位还有：毫法（mF）、微法（μF）、纳法（nF）、皮法（pF）。

它们之间的换算关系：$1F = 10^3 mF = 10^6 \mu F = 10^9 nF = 10^{12} pF$

① 直标法。用字母和数字把型号、规格直接标在电容器外壳上。

一般容量大的电容容量值在电容上直接标明，如10μF/16V；容量小的电容其容量值在电容上用字母表示或数字表示。

在 100pF ~ 1μF 之间的电容常不标单位，有小数点者为 μF，无小数点者为 pF。如：0.1 是指 0.1μF，3300 是指 3300pF，1P2 = 1.2pF。

② 数字表示法。一般用三位数字表示容量大小，单位为 pF。前两位表示有效数字，第三位数字是倍率，但是第三位为 9 时表示对有效数字乘以 0.1。

例如：102 表示 10×10^2pF = 1000pF，224 表示 22×10^4pF = 0.22μF，479 表示 4.7pF。

③ 色标法。和电阻的表示方法相同，单位一般为 pF。

小型电解电容器的耐压也有用色标法的，位置靠近正极引出线的根部，所表示的意义如下：

颜色	黑	棕	红	橙	黄	绿	蓝	紫	灰
耐压	4V	6.3V	10V	16V	25V	32V	40V	50V	63V

4）进口电容器的标志方法。进口电容器一般由 6 项组成。

第一项：用字母表示类别。

第二项：用两位数字表示其外形、结构、封装方式、引线开始及与轴的关系。

第三项：温度补偿型电容器的温度特性，有用字母的，也有用颜色的。

第四项：用数字和字母表示耐压，字母代表有效数值，数字代表被乘数的 10 的幂。

第五项：标称容量，用三位数字表示，前两位为有效数值，第三位是 10 的幂。当有小数时，用 R 或 P 表示。普通电容器的单位是 pF，电解电容器的单位是 μF。

第六项：允许偏差。用一个字母表示，意义和国产电容器相同。也有用色标法的，意义和国产电容器的标志方法相同。

（3）电容的选用与测试

1）电容的选用　根据不同的电路以及电路中信号频率的高低选择合适的型号。合理确定电容器的精度与电容器的额定工作电压。尽量选择绝缘电阻大的电容，同时考虑温度系数和频率特性以及使用环境。当有脉动电压时，工作电压应为脉动的最高电压。当应用于交流时，额定电压随频率的增加而要相应增大。当温度环境比较高时，额定电压还要选用更大的。

2）使用注意事项　使用电容时其两端的电压不能超过额定值，否则电容可能被损坏或击穿。可用高频电容器代替低频电容器，但不可用低频电容器代替高频电容器。可用优质电容代替一般电容，耐压不够的可用串联电容的方法。介质损耗大的电容不适合高频电路，金属化纸介电容器一般不能用于高频电路，一般电解电容只能用在 50°C 以下的环境并且极性不能接反，可变电容动片应良好接地，用于脉冲电路的电容应选择频率特性和温度特性好的电容器。

3）电解电容极性判别　不知道极性的电解电容可用模拟式万用表的电阻挡测量其极性。我们知道只有电解电容的正极接电源正（电阻挡时的黑表笔），负端接电源负（电阻挡时的红表笔）时，电解电容的漏电流才小（漏电阻大）。反之，则电解电容的漏电流增加（漏电阻减小）。测量时，先假定某极为“+”极，让其与万用表的黑表笔相接，另一电极与万用表的红表笔相接，记下表针停止的刻度（表针靠左阻值大），然后将电容器放电（既两根引线碰一下），两只表笔对调，重新进行测量。两次测量中，表针最后停留的位置靠左（阻值大）的那次，黑表笔接的就是电解电容的正极。测量时最好选用 R×100（大于 47μF）或 R×1k（1～47μF）挡。

4）用万用表判断电容器质量　根据电解电容器容量大小，通常选模拟式用万用表的 R×10、R×100、R×1k挡进行测试判断。红、黑表笔分别接电容器的负极、正极（每次测试前，需将电容器放电），由表针的偏摆来判断电容器质量。若表针迅速向右摆起，然后慢慢向左退回原位，一般来说电容器是好的。如果表针摆起后不再回转，说明电容器已经击穿。如果表针摆起后逐渐退回到某一位置停位，则说明电容器已经漏电。如果表针摆不起来，说明电容器电解质已经干涸，失去容量。

有些漏电的电容器，用上述方法不易准确判断出好坏。当电容器的耐压值大于万用表内电池电压值时，根据电解电容器正向充电时漏电电流小，反向充电时漏电电流大的特点，可采用 R×10k 挡，对电容器进行反向充电，观察表针停留处是否稳定（即反向漏电电流是否恒定），由此判断电容器质量，准确度较高。黑表笔接电容器的负极，红表笔接电容器的正极，表针迅速摆起，然后逐渐退至某处停留不动，则说明电容器是好的，凡是表针在某一位置停留不稳或停留后又逐渐慢慢向右移动的电容器已经漏电，不能继续使用了。表针一般停留并稳定在 50～200k 刻度范围内。如果要求精确测量，可用交流电桥和 Q 表测量。

3. 电感

电感也是一种储能元件。电感元件是电感、互感及变压器的总称。电感通常指空心线圈或磁心线圈。电感在电路中可与电容组成振荡电路，也用于能量转换等。

电感线圈是将绝缘的导线在绝缘的骨架上绕一定的圈数制成。为了增加电感量，提高品质因数和减少体积，通常在线圈中加入软磁性材料的磁心。直流可通过线圈，直流电阻就是导线本身的电阻，压降很小；当交流信号通过线圈时，线圈两端将会产生自感电动势，自感电动势的方向与外加电压的方向相反，阻碍交流的通过，所以电感的特性是通直流阻交流，频率越高，线圈阻抗越大，其对交流信号的阻碍作用称为感抗，感抗与交流信号的频率和电感量有关，表示为

$$X_L = 2\pi fL \tag{C-2}$$

式中　f表示交流信号的频率；L表示电感量。

（1）电感分类与标识

1）电感标识　电感标识一般有直标法、色标法和数值码表示法。

① 数值码表示法　用三位数字，前两位表示电感值的有效数字，第三位数字表示 0 的个数，小数点用 R 表示，单位为 μH。例如：151 表示 150μH　2R7 表示 2.7μH，R36 表示 0.36μH。

② 直标法　指在小型固定电感器的外壳上直接用文字标出电感器的主要参数。其中额定电流常用字母标注。小型固定电感器的工作电流和字母的关系如表 C-7 所示。

表 C-7　小型固定电感器的工作电流和字母的关系

字母	A	B	C	D	E
最大工作电流/mA	50	150	300	700	1600

③ 色标法与电阻类似　如：“棕黑金金”表示大小为 1μH、误差为 5% 的电感。电感各道色环颜色的意义如表 C-8 所示。

表 C-8　固定电感器的色环颜色意义　（单位：μH）

颜色	黑	棕	红	橙	黄	绿	蓝	紫	灰	白	金	银
第一、二数字	0	1	2	3	4	5	6	7	8	9		
倍乘	10^0	10^1	10^2	10^3							0.1	0.01
允许误差	±20%										±5%	±10%

2）电感分类　大电感全部是线绕的，按结构分为空心电感和磁心电感。空心电感的线性度好，但受外界干扰严重；磁心电感器存在饱和现象，磁化曲线的弯曲使得电感值不固定。

按电感量是否可调分为固定电感、可调电感、微调电感。固定电感如小磁环，小引线等；可调电感如中周等，中周在检波和发射电路中使用，必须带屏蔽罩，克服干扰。带骨架的电感也是一种线绕电感，骨架起固定作用，如果骨架是磁心，则为磁心电感。

微调电感可满足整机调试的需要，补偿电感生产中的分散性，一次调好后一般不再变动。

（2）电感主要特性参数

1）电感量 L　电感量是指电感器通过变化电流时产生感应电动势的能力。其大小与磁导率 μ、线圈单位长度中匝数 n 及体积 V 有关。当线圈长度大于直径时，电感量可表示为

$$L=\mu n^2 V \tag{C-3}$$

电感的基本单位为：亨（H）换算单位有：$1\text{H}=10^3\text{mH}=10^6\mu\text{H}$。

2）品质因数 Q　指电感器在某一频率的交流电压作用下工作时，电感的感抗与本身直流电阻的比值。品质因数 Q 的大小反映电感传输能量的本领，Q 越大，传输能量的本领越大，损耗越小，一般要求 $Q=50\sim300$。

$$Q=\omega L/R \tag{C-4}$$

式中，ω 为工作角频率；L 为线圈电感量；R 为线圈电阻。

3）额定电流　指电感器正常工作时允许通过的最大电流。

额定电流主要对高频电感器和大功率调谐电感而言。通过电感器电流超过额定值时，电感将发热，严重时会烧坏。

4）固有电容　电感线圈的匝与匝之间存在寄生电容，绕组与地之间、与屏蔽罩之间等存在电容，这些电容都是电感器固有的。

（3）电感的选用　使用电感时，电流不能超过额定电流，否则可能损坏电感。电感的类型不同，结构形状不同，其特点与应用也不同，在选择电感器时要明确使用频率范围，铁心线圈只能用于低频；一般铁氧体线圈、空心线圈用于高频。另外线圈是磁感应元件，它对周围的电感元件有影响，必要时可在电感元件上加屏蔽罩。

（4）电感器质量的判别　用万用表的电阻挡测量电感器阻值的大小。若被测电感器阻值为零，说明电感器内部绕组有短路性故障。注意测量前万用表要先调零。

若被测电感器阻值为无穷大，说明电感器内部绕组或引出脚与绕组接点处发生了断路性故障。

4. 二极管

在电子电路中经常用到半导体二极管，它在许多电路中起着重要的作用，是诞生最早的

半导体器件之一，其应用非常广泛。常把它用在整流、隔离、稳压、极性保护、编码控制、调频调制和静噪等电路中。

(1) 二极管的分类与标识

1) 分类　按照所用的半导体材料，可分为锗二极管（Ge 管）和硅二极管（Si 管）。

按照不同用途，二极管分普通二极管和特殊二极管，特殊二极管又分为整流二极管、稳压二极管、变容二极管、发光二极管、光敏二极管、检波二极管、开关二极管等。

按照管芯结构，又可分为点接触型二极管、面接触型二极管及平面型二极管。

2) 二极管的标识　二极管的识别很简单，小功率二极管的 N 极（负极），在二极管外表大多采用一种色圈标出来，有些二极管也用二极管专用符号来表示 P 极（正极）或 N 极（负极），也有采用符号标志为“P”、“N”来确定二极管极性的。发光二极管的正负极可从引脚长短来识别，长脚为正，短脚为负。

(2) 二极管的导电特性　二极管最重要的特性就是单向导电性。也就是在正向电压的作用下，导通电阻很小；而在反向电压作用下导通电阻极大或无穷大。在电路中，电流只能从二极管的正极流入，负极流出。

1) 正向特性　在电子电路中，将二极管的正极接在高电位端，负极接在低电位端，二极管就会导通，这种连接方式，称为正向偏置。当加在二极管两端的正向电压很小时，二极管仍然不能导通，流过二极管的正向电流十分微弱。只有当正向电压达到某一数值（这一数值称为“门槛电压”，锗管约为 0.2V，硅管约为 0.6V）以后，二极管才能真正导通。导通后二极管两端的电压基本上保持不变（锗管约为 0.3V，硅管约为 0.7V），称为二极管的“正向压降”。

2) 反向特性　在电子电路中，二极管正极接在低电位端，负极接在高电位端，此时二极管中几乎没有电流流过，二极管处于截止状态，这种连接方式，称为反向偏置。二极管处于反向偏置时，仍然会有微弱的反向电流流过二极管，称为漏电流。当二极管两端的反向电压增大到某一数值，反向电流会急剧增大，二极管将失去单方向导电特性，这种状态称为二极管的击穿。

(3) 晶体二极管的主要参数

1) 额定正向工作电流　是指二极管长期连续工作时允许通过的最大正向电流值。注意二极管使用中不要超过二极管额定正向工作电流值，否则就会使管芯过热而损坏。例如，常用的 IN4001 ~ IN4007 型锗二极管的额定正向工作电流为 1A。

2) 最高反向工作电压　加在二极管两端的反向电压高到一定值时，会将管子击穿，失去单向导电能力。为了保证使用安全，规定了最高反向工作电压值。例如，IN4001 二极管反向耐压为 50V，IN4007 反向耐压为 1000V。

3) 反向电流　反向电流是指二极管在规定的温度和最高反向电压作用下，流过二极管的反向电流。反向电流越小，管子的单方向导电性能越好。值得注意的是反向电流与温度有着密切的关系，大约温度每升高 10°C，反向电流增大一倍。一般硅二极管比锗二极管在高温下具有较好的稳定性。

4) 最高工作频率　指二极管能承受的最高频率。通过 PN 结交流电频率高于此值，二极管不能正常工作。

(4) 二极管的应用　二极管类型不同，主要参数不同，在选择应用时应根据使用场合的不同选用合适的类型。

点接触型二极管由于是点接触，只允许通过较小的电流（不超过几十毫安），适用于小电流电路。因为接触点小，所以极间电容量也很小，故适用于高频电路检波。

面接触型二极管与点接触型二极管相反，面接触型二极管的“PN结”面积较大，允许通过较大的电流（几安到几十安），但极间电容量大，因此不能用于高频电路，而主要用做整流。

平面型二极管是一种特制的硅二极管，它不仅能通过较大的电流，而且性能稳定可靠，多用于开关、脉冲及高频电路中。

1）整流二极管　利用二极管单向导电性，可以把方向交替变化的交流电变换成单一方向的脉动直流电。

2）开关元件　二极管在正向电压作用下电阻很小，处于导通状态，相当于一只接通的开关；在反向电压作用下，电阻很大，处于截止状态，如同一只断开的开关。利用二极管的开关特性，可以组成各种逻辑电路。开关二极管是一种高频管，在电路中是工作在开关状态的。

3）限幅元件　二极管正向导通后，它的正向压降基本保持不变（硅管为0.7V，锗管为0.3V）。利用这一特性，在电路中作为限幅元件，可以把信号幅度限制在一定范围内。

4）检波二极管　检波二极管的主要作用是把高频信号中的低频信号检出来。选用检波二极管主要考虑工作频率高，反向电流小。常用的点接触型二极管有2AP1～2AP17等型号；对小功率整流二极管，主要考虑最大整流电流与最高工作电压应符合电路要求，一般采用面接触型2CP1～2CP6、2CP10～2CP20、2CP1A～2CP1H等型号。

5）变容二极管　变容二极管大都用在高频电路中，其结电容随着反向电压的增大而减小。

6）稳压二极管　稳压二极管是利用二极管的反向击穿特性，在电路中将其两端的电压保持基本不变，起到稳定电压的作用。

稳压二极管又叫齐纳二极管。此二极管是一种直到临界反向击穿电压前都具有很高电阻的半导体器件。在这临界击穿点上，反向电阻降低到一个很小的数值，在这个低阻区中电流增加而电压则保持恒定，稳压二极管是根据击穿电压来分挡的，因为这种特性，稳压管主要被作为稳压器或电压基准元件使用。稳压二极管可以串联起来以便在较高的电压上使用，通过串联可获得更多的稳定电压，但不能并联使用。稳压管电路连接时，应使其工作在反向击穿状态，同时在电路中加适当的限流保护电阻。在工作中稳压管的电流和功率不允许超过极限值。

7）光敏二极管及光敏晶体管　光敏二极管、光敏晶体管是电子电路中广泛采用的光敏器件。二者主要区别是光敏晶体管具有放大作用，其灵敏度比光敏二极管的灵敏度高几十倍。光敏二极管和普通二极管一样具有一个PN结，不同之处是在光敏二极管的外壳上有一个透明的窗口以接收光线照射，实现光电转换。光敏晶体管与普通晶体管的区别是普通晶体管由基极向发射结注入载流子控制发射区扩散电流，而光敏晶体管由光生载流子注入发射结控制发射区扩散电流。它可以接收光线照射，实现光电转换。

8）发光二极管　发光二极管是一种把电能变成光能的半导体器件。在电子仪表中常用作显示、状态信息指示等。发光二极管正向工作电压一般在1.5～3V，允许通过的电流为2

~20mA，正向导通时发光，电流的大小决定发光二极管的亮度。在使用中常串接一个限流电阻，防止器件的损坏。例如，电路中电源电压为5V，设发光二极管正向工作电压2V，正常工作电流为10mA则应串入300Ω限流电阻。

（5）晶体二极管的好坏判别　使用模拟式万用表测试二极管性能的好坏。

1）测试前先把模拟式万用表的转换开关拨到欧姆挡的$R\times1\text{k}$挡位（注意不要使用$R\times1$档，以免电流过大烧坏二极管），再将红、黑两根表笔短路，进行调零。

2）用模拟式万用表$R\times100$或$R\times1\text{k}$挡测量二极管的正反向电阻。把万用表的黑表笔（表内正极）接触二极管的正极，红表笔（表内负极）接触二极管的负极。若表针不摆到0值而是停在标度盘的中间，这时的阻值就是二极管的正向电阻，一般正向电阻越小越好。若正向电阻为0值，说明管芯短路损坏，若正向电阻接近无穷大值（表针不动），说明二极管内部断路。

3）把模拟式万用表的红表笔接触二极管的正极，黑表笔接触二极管的负极，若表针指在无穷大值或接近无穷大值，管子就是合格的。若反相电阻接近零，表明二极管已击穿。内部短路、断开或击穿的二极管均不能使用。

（6）晶体二极管的极性判别

方法1：使用数字万用表"二极管"挡，将万用表的红表笔接二极管的一极，黑（COM）表笔接另一极。在测得正向压降值小的情况下，红表笔（表内电池的正极）所接的是正极，黑表笔所接是负极。一般所显示的二极管正向压降，硅二极管为0.55~0.700V，锗二极管为0.150~0.300V。若显示"0000"，说明管子已短路。若显示"过载"，说明二极管内部开路或处于反向状态（可对调表笔再测）。

方法2：用模拟式万用表$R\times100$或$R\times1\text{k}$档，任意测量二极管的两根引线，如果量出的电阻只有几百欧姆（正向电阻），则黑表笔（即万用表内电源正极）所接引线为正极，红表笔（即万用表内电源负极）所接引线为负极。

由于发光二极管不发光时，其正反向电阻均较大且无明显差异，故一般不用万用表判断发光二极管的极性。常用的办法是将发光二极管与一个数百欧（如330Ω）电阻串联，然后加3~5V的直流电压，若发光二极管亮，说明二极管正向导通，则与电源正端相接的为正极，与负端相接的为负极。如果二极管反接则不亮。

稳压二极管与变容二极管的PN结都具有正向电阻小、反向电阻大的特点，其测量方法与普通二极管相同。但须注意：稳压二极管的反向电阻较普通二极管小。

5. 晶体管

晶体管是内部含有两个PN结，并且具有放大能力的特殊器件。它分NPN型和PNP型两种类型，这两种类型的晶体管从工作特性上可互相弥补。PNP型晶体管有：A92、9015等型号；NPN型晶体管有：A42、9012、9013、9014、9018等型号。我国生产的锗晶体管多为PNP型，硅晶体管多为NPN型，它们的结构原理是相同的。

晶体管在电路中对信号具有放大作用和开关作用。常用于多级放大器中间级，低频放大输入级、输出级或作阻抗匹配用高频或宽频带电路及恒流源电路中。

（1）晶体管分类　按导电类型分NPN型晶体管和PNP型晶体管，按频率分高频晶体管和低频晶体管，按功率分大功率、中功率、小功率晶体管等。

（2）晶体管的主要参数

V_{CBO}、V_{CEO}、I_{CM}、P_{CM}、h_{FE}

V_{CEO}：集、射极击穿电压

h_{FE}：共发射极直流电流放大系数

β：共发射极交流电流放大系数

I_{CM}：集电极最大允许电流

P_{CM}：集电极最大允许耗散功率

（3）晶体管的型号命名　晶体管的型号命名见表 C-9。

表 C-9　半导体器件型号命名法

第一部分		第二部分		第三部分		第四部分	第五部分
用阿拉伯数字表示器件的电极数目		用汉语拼音字母表示器件的材料和极性		用汉语拼音字母表示器件的类别		用阿拉伯数字表示序号	用汉语拼音字母表示规格号
符号	意义	符号	意义	符号			
2	二极管	A	N 型，锗材料	P	小信号管		
		B	P 型，锗材料	V	混频检波管		
		C	N 型，硅材料	W	电压调整管和电压基准管		
		D	P 型，硅材料	C	变容管		
3	三极管	A	PNP 型，锗材料	Z	整流管		
		B	NPN 型，锗材料	L	整流堆		
		C	PNP 型，硅材料	S	隧道管		
		D	NPN 型，硅材料	K	开关管		
		E	化合物材料	X	低频小功率晶体管 ($f_a<3MHz$，$P_c<1W$)		
				G	高频小功率晶体管 ($f_a\geqslant3MHz$，$P_c<1W$)		
				D	低频大功率晶体管 ($f_a<3MHz$，$P_c\geqslant1W$)		
				A	高频大功率晶体管 ($f_a\geqslant3MHz$，$P_c\geqslant1W$)		
				T	闸流管		
				Y	体效应管		
				B	雪崩管		
				J	阶跃恢复管		

例如：3DG6 该型号晶体管是 NPN 型高频小功率硅晶体管。

（4）晶体管的放大能力（β）

1）晶体管 β 值标识方法，见表 C-10。

表 C-10　晶体管 β 值标识方法

色点	棕	红	橙	黄	绿	蓝	紫	灰	白	黑
β	<15	15 ~ 25	25 ~ 40	40 ~ 55	55 ~ 80	80 ~ 120	120 ~ 180	180 ~ 270	270 ~ 400	>400

2）测量放大能力（β）。目前有些型号的万用表具有测量晶体管 h_{FE} 的刻度线及其测试插座，可以很方便地测量三极管的放大倍数。先将万用表功能开关拨至 h_{FE} 挡，量程开关拨到 ADJ 位置，把红、黑表笔短接，调整调零旋钮，使万用表指针指示为零，然后将量程开

关拨到 h_{FE}位置，并使两短接的表笔分开，把被测三极管插入测试插座，即可从 h_{FE}刻度线上读出管子的放大倍数。

（5）晶体管的极性判别

1）用万用表判别晶体管的管脚依据　NPN 型晶体管基极到发射极、基极到集电极均为 PN 结正向，PNP 型晶体管基极到发射极、基极到集电极均为 PN 结反向。

2）判定基极 b　对于功率在 1W 以下的中、小功率管，用模拟式万用表 $R\times100$ 或 $R\times1k$ 挡测量；对于功率在 1W 以上的大功率管，用万用表 $R\times10$ 或 $R\times1$ 挡测量。

如果用模拟式万用表 $R\times100$ 或 $R\times1k$ 挡测量晶体管三个电极中每两个极之间的正、反向电阻值。当用第一根表笔接某一电极，而第二表笔先后接触另外两个电极，均测得低阻值时，则第一根表笔所接的那个电极即为基极 b。这时，要注意万用表表笔的极性，如果红表笔接的是基极 b，黑表笔分别接在其他两极时，测得的阻值都较小，则可判定被测三极管为 PNP 型管；如果黑表笔接的是基极 b，红表笔分别接触其他两极时，测得的阻值较小，则被测三极管为 NPN 型管。

3）判定集电极 c 和发射极 e　现以 PNP 为例，将模拟式万用表置于 $R\times100$ 或 $R\times1k$ 挡，红表笔基极 b，用黑表笔分别接触另外两个管脚时，所测得的两个电阻值会是一个大一些，一个小一些。在阻值小的一次测量中，黑表笔所接管脚为集电极；在阻值较大的一次测量中，黑表笔所接管脚为发射极。

（6）晶体三极管的选用

1）I_{CEO}的增大将直接影响管子工作的稳定性，所以在使用中应尽量选用 I_{CEO}小的管子。

2）在开关电路工作中要考虑晶体管的开关特性。一般 NPN 型三极管 V_{BE}约为 0.7V，PNP 型晶体管 V_{BE}约为 0.2～0.3V。

3）在使用中防止电流电压超出最大值，也不许有两项参数同时到达极限。管子的基本参数相同就能替换，性能高的可代替性能低的。但是一般硅管、锗管不能替换。

6. 场效应晶体管放大器

场效应晶体管与普通晶体管不同，它属于电压控制器件，其管子电流受控于栅源电压，与电子管的特性类似。场效应晶体管具有较高输入阻抗、较大的功率增益和低噪声等优点，因而也被广泛应用于各种电子设备中。尤其使用场效应晶体管做整个电子设备的输入级，可以获得一般晶体管很难达到的性能。

（1）场效应晶体管与晶体管的比较

1）场效应晶体管是电压控制元件，而晶体管是电流控制元件。在只允许从信号源取较少电流的情况下，应选用场效应晶体管；而在信号电压较低，又允许从信号源取较多电流的条件下，选用晶体管。

2）场效应晶体管是利用多数载流子导电，所以称之为单极型器件，而晶体管是即有多数载流子，也利用少数载流子导电。被称之为双极型器件。

3）有些场效应晶体管的源极和漏极可以互换使用，栅压也可正可负，灵活性比晶体管好。

4）场效应晶体管能在很小电流和很低电压的条件下工作，而且它的制造工艺可以很方便地把很多场效应晶体管集成在一块硅片上，因此场效应晶体管在大规模集成电路中得到了广泛的应用。

(2）场效应晶体管的分类

1）按其工艺结构可分为结型场效应晶体管（JEFT）和绝缘栅场效应管（MOS）类。其控制原理都是一样的。绝缘栅型场效应晶体管，又称 MOS 场效应晶体管，它可工作在反向偏置，零偏置和正向偏置状态。结型场效应晶体管，它只能工作在反向偏置状态。

2）按沟道所用的半导体材料又可分为 N 沟道和 P 沟道两种。

3）按零栅压条件下源漏通断状态分，可分为增强型和耗尽型。

所谓耗尽型是指零栅源电压时，场效应晶体管已经存在导电沟道，而增强型只有栅源电压达到一定值（即超过开启电压）才出现导电沟道。耗尽型场效应晶体管的特点，它可以在正或负的栅源电压（正或负偏压）下工作，而且栅极上基本无栅流（非常高的输入电阻)。

(3）场效应晶体管的参数定义

1）夹断电压　在规定的漏源电压下，使漏源电流下降到规定值的栅源电压。

2）开启电压　在规定的漏源电压下，使漏源电流达到规定值的栅源电压。

3）漏源饱和电流　在栅源短路，漏源电压足够大时的漏源电流。

4）正向跨导　在共源电路中，栅源输入电压每增加 1V 所引起的漏源输出电流的变化量。

(4）结型场效应晶体管的好坏的判断

先用模拟式万用表 $R\times100\mathrm{k}\Omega$ 挡（内置有 15V 电池），把负表笔（黑）接栅极（G），正表笔（红）接源极（S)。给栅、源极之间充电，此时万用表指针有轻微偏转。再用该万用表 $R\times1\Omega$ 挡，将负表笔接漏极（D)，正表笔接源极（S)，万用表指示值若为几欧姆，则说明该结型场效应晶体管是好的。

(5）场效应晶体管使用注意事项

1）MOS 场效应晶体管在使用时应注意分类，不能随意互换。结型栅场效应晶体管应用的电路可以使用绝缘栅型场效应晶体管，但绝缘栅增强型场效应晶体管应用的电路不能用结型栅场效应晶体管代替。

2）MOS 场效应晶体管由于输入阻抗高（包括 MOS 集成电路）极易被静电击穿，将管子损坏。因此 MOS 器件出厂时常装在黑色的导电泡沫塑料袋中，切勿自行随便拿个塑料袋装。也可用细铜线把各个引脚连接在一起，或用锡纸包装，使 G 极与 S 极呈等电位，防止积累静电荷。存放时也应注意将三个管脚短接，在测量时应格外小心，并采取相应的防静电措施。取出的 MOS 器件不能在塑料板上滑动，应用金属盘来盛放待用器件。

3）焊接用的电烙铁必须良好接地。

4）在焊接前应把电路板的电源线与地线短接，在 MOS 器件焊接完成后再把电路板的电源线与地线分开。

5）MOS 器件各引脚的焊接顺序是漏极、源极、栅极。拆机时顺序相反。

6）电路板在装机之前，要用接地的线夹子去碰一下机器的各接线端子，再把电路板接上去。

MOS 场效应晶体管的栅极在允许条件下，最好接入保护二极管。在检修电路时应注意查证原有的保护二极管是否损坏。

7）可用万用表判断结型场效应晶体管好坏，不能用万用表判断绝缘栅型场效应晶体管好坏，要用测试仪，而且要求在接入测试以后才能去掉各电极短路线。

7. 继电器

继电器是一种当输入量（电、磁、声、光、热）达到一定值时，输出量将发生跳跃式变化的自动控制器件。继电器通常用于自动控制系统，当被控制的参数达到预定值时开始动作，使被控电路接通或断开，从而实现所要求的控制或保护。

（1）继电器的继电特性　继电器的输入信号从零连续增加达到衔铁开始吸合时的动作值，继电器的输出信号立刻从 $y=0$ 跳跃到 $y=y_m$，即常开触点从断到通。一旦触点闭合，输入量 x 继续增大，输出信号 y 将不再起变化。当输入量下降到某一值时继电器开始释放，常开触点断开。我们把继电器的这种特性叫做继电特性，也叫继电器的输入—输出特性。

（2）继电器的分类

1）按作用原理分　电磁继电器、固态继电器、时间继电器、温度继电器、风速继电器、加速度继电器、其他类型的继电器。

2）按外形尺寸分　微型继电器、超小型继电器、小型继电器。

3）按触点负载分　微功率继电器、弱功率继电器、中功率继电器、大功率继电器、节能功率继电器。

4）按继电器的防护特征分类　密封继电器、封闭式继电器、敞开式继电器。

（3）固体继电器（SSR）　它是一种全电子电路组合的元件，依靠半导体器件和电子元件的电、磁和光特性来完成其隔离和继电切换功能。固体继电器与传统的电磁继电器（EMR）相比，是一种没有机械、不含运动零部件的继电器，但具有与电磁继电器本质上相同功能。输入端加上直流或脉冲信号到一定电流值后，输出端就能从断态转变成通态。

1）固体继电器按其工作性质分直流输入—交流输出型、直流输入—直流输出型、交流输入—交流输出型、交流输入—直流输出型。

按其结构分机架安装型（面板安装）、线路板安装型。

2）SSR 优缺点　固体继电器工作可靠，寿命长，无噪声，无火花，无电磁干扰，开关速度快，抗干扰能力强，且体积小，耐冲击，耐振荡，防爆、防潮、防腐蚀、能与 TTL、DTL、HTL 等逻辑电路兼容，以微小的控制信号达到直接驱动大电流负载。主要不足是存在通态压降（需相应散热措施），有断态漏电流，交直流不能通用，触点组数少，另外过电流、过电压及电压上升率、电流上升率等指标差。

3）SSR 的使用场合　由于固体继电器的所需驱动功率较低，直接和逻辑电路兼容。不必加中间缓冲器或驱动器即可直接驱动。目前固体继电器被广泛应用于工业自动化控制，如电机、灯、加热器、螺线管、电磁阀、变压器等。特别适用于腐蚀、潮湿和要求防爆等恶劣环境，以及工作频繁的场合。

（4）使用 SSR 注意事项

1）在感性或容性负载场合宜选取增强型 SSR。

2）用户驱动电压超过 DC5V 时，建议串接电阻，使输入电流限制在 12～20mA 内。

3）SSR 为电流驱动型。在逻辑电路驱动时应尽可能采用低电平输出进行驱动，以保证有足够的带负载能力和尽可能低的零电平。

4）万用表电阻挡测量出固体继电器交流两端电阻接近为零时，说明此固体继电器内部的可控硅已损坏。除此以外，判断固体继电器的好坏必须采用带负载的电路。

5）当加在固体继电器交流两端的电压峰值超过 SSR 所能承受的最高电压峰值时，固体继电器内的元件便会被电压击穿而造成 SSR 损坏，选取合适的电压等级和并联压敏电阻可以较好地保护 SSR。

6）过电流（最严重的情况为负载短路）是造成 SSR 内部输出晶闸管永久性损坏的最主要原因。快速熔断器和空气开关是过电流保护方法之一，小容量 SSR 也可选用熔丝；另外选取固体继电器时，保证一定的电流裕量是极其重要的。

8. 显示器件

（1）发光二极管　半导体发光器件包括半导体发光二极管（简称 LED）、数码管、符号管、米字管及点阵式显示屏（简称矩阵管）等。事实上，数码管、符号管、米字管及矩阵管中的每个发光单元都是一个发光二极管。LED 被广泛用于种电子仪器和电子设备中，可作为电源指示灯、电平指示或微光源之用。红外发光管常被用于电视机、录像机等的遥控器中。

1）LED 的特性参数

① 允许功耗 P_m。允许加于 LED 两端正向直流电压与流过它的电流之积的最大值。超过此值，LED 发热、损坏。

② 最大正向直流电流。允许加的最大的正向直流电流。超过此值可损坏二极管。

③ 最大反向电压。所允许加的最大反向电压。超过此值，发光二极管可能被击穿损坏。

④ 工作环境。发光二极管可正常工作的环境温度范围。低于或高于此温度范围，发光二极管将不能正常工作，效率大大降低。

⑤ 正向工作电流。它是指发光二极管正常发光时的正向电流值。

⑥ 正向工作电压 V_F。参数表中给出的工作电压是在给定的正向电流下得到的。一般是在 $I_F = 20mA$ 时测得的。发光二极管正向工作电压 V_F 在 1.4～3V。在外界温度升高时，V_F 将下降。

2）LED 的分类

① 按发光管发光颜色可分成红色、橙色、绿色（又细分黄绿、标准绿和纯绿）、蓝光等。另外，有的发光二极管中包含二种或三种颜色的芯片。

② 根据发光二极管出光处掺或不掺散射剂、有色还是无色，上述各种颜色的发光二极管还可分成有色透明、无色透明、有色散射和无色散射四种类型。

③ 按发光管出光面特征可分为圆灯、方灯、矩形、面发光管、侧向管等。

④ 按发光二极管的结构可分为全环氧包封、金属底座环氧封装、陶瓷底座环氧封装及玻璃封装等结构。

⑤ 按发光强度和工作电流分：有普通亮度的 LED（发光强度 <10mcd）；超高亮度的 LED（发光强度 >100mcd）；把发光强度在 10～100mcd 间的叫高亮度发光二极管。

一般 LED 的工作电流在十几毫安至几十毫安，而低电流 LED 的工作电流在 2mA 以下（亮度与普通发光管相同）。

3）LED 的应用　由于发光二极管的颜色、尺寸、形状、发光强度及透明情况等不同，所以使用发光二极管时应根据实际需要进行恰当选择。

使用时，应保证发光二极管不超过最大正向电流、最大反向电压的限制。为安全起见，实际电流 I_F 应在 0.6 倍最大正向电流以下。

4）发光二极管的检测

① 普通发光二极管的检测可用万用表。利用具有 ×10kΩ 挡的指针式万用表可以大致判断发光二极管的好坏。正常时，二极管正向电阻阻值为几十至 200kΩ。如果正向电阻值为 0 或为∞，反向电阻值很小或为 0，则已损坏。这种检测方法，不能实地看到发光管的发光情况，因为 ×10kΩ 挡不能向 LED 提供较大正向电流。

② 外接电源测量。用 3V 稳压源或两节串联的干电池及万用表（指针式或数字式皆可）可以较准确测量发光二极管的光、电特性。如果测得 V_F 在 1.4 ~ 3V 之间，且发光亮度正常，可以说明发光正常。如果测得 $V_F = 0$ 或 $V_F \approx 3V$，且不发光，说明发光管已坏。

（2）数码管　通过发光二极管芯片的适当连接（包括串联和并联）和适当的光学结构。可构成发光显示器的发光段或发光点。由这些发光段或发光点可以组成数码管、符号管、米字管、矩阵管、电平显示器管等等。通常把数码管、符号管、米字管共称笔画显示器，而把笔画显示器和矩阵管统称为字符显示器。

1）LED 显示器结构　基本的半导体数码管是由七个条状发光二极管芯片按一定方式排列而成的。可实现 0 ~ 9 的显示。其具体结构有“反射罩式”、“条形七段式”及“单片集成式多位数字式”等。

2）LED 显示器分类

① 按字高分，笔画显示器字高最小有 1mm（单片集成式多位数码管字高一般在 2 ~ 3mm）。其他类型笔画显示器最高可达 12.7mm（0.5 英寸）甚至达数百毫米。

② 按颜色分有红、橙、黄、绿等数种。

③ 按结构分，有反射罩式、单条七段式及单片集成式。

④ 从各发光段电极连接方式分有共阳极和共阴极两种。

所谓共阳方式是指笔画显示器各段发光管的阳极（即 P 区）是公共的，而阴极互相隔离。所谓共阴方式是笔画显示器各段发光管的阴极（即 N 区）是公共的，而阳极是互相隔离的。

3）LED 显示器的参数　由于 LED 显示器是以发光二极管为基础的，所以它的光、电特性及极限参数意义大部分与发光二极管的相同。但由于 LED 显示器内含多个发光二极管，所以需有发光强度比和脉冲正向电流两个特殊参数。

发光强度比：由于数码管各段在同样的驱动电压时，各段正向电流不相同，所以各段发光强度不同。所有段的发光强度值中最大值与最小值之比为发光强度比。比值可以在 1.5 ~ 2.3 间，最大不能超过 2.5。

4）LED 显示器的应用指南　LED 点阵管可以代替数码管、符号管和米字管。不仅可以显示数字，也可显示所有西文字母和符号。如果将多块组合，可以构成大屏幕显示屏，用于汉字、图形、图表等等的显示。被广泛用于机场、车站、码头、银行及许多公共场所的指示、说明、广告等场合。

七段数码管在工业控制中有着很广泛的应用，例如用来显示温度、数量、重量、日期、时间，还可以用来显示比赛的比分等，具有显示醒目、直观的优点。

在各类显示器件中液晶显示器件具有很多独到的优异特性，如低压、微功耗（极低的工作电压，只要 2 ~ 3V 即可工作，而工作电流仅几个微安；其平板型结构便于大批量、自动化生产。

9. CMOS 与 TTL 芯片的选用

集成电路有 TTL 和 MOS 电路两种。在使用 CMOS 与 TTL 电路时，要认真阅读产品有关资料，了解其引脚分布情况及极限参数之外，并注意以下问题：

TTL 电路为正逻辑系统，即高电平是大约 3.4V 的正电压，低电平 0.2 ~ 0.35V。TTL 器件有 5400 系列（军用）和 7400 系列（民用）两种，7400 系列的电源电压范围为 4.75 ~ 5.25V（5V ±0.25V），工作温度范围 0 ~ 70°C。

CMOS 电路是互补金属氧化物半导体集成电路的简称。我国最常用的 CMOS 逻辑电路为 CC4000 系列，其工作电压范围为 3 ~ 18V。CC4000 系列产品与国际标准相同，只要后四位的数字相同，均为相同功能、相同特性的器件，可以与国外 CD、MC、TC 等系列直接互换。

不同供电电压的 TTL 器件在输入端具有 5V 容限的情况下可以直接接口；不同供电电压的 CMOS 器件由于电平不匹配不能直接连接。

（1）模拟集成电路的命名方法

1）国产模拟集成电路命名方法如表 C-11 所示。

表 C-11　器件型号的组成

第 0 部分		第一部分		第二部分	第三部分		第四部分	
用字母表示器件符合国家标准		用字母表示器件的类型		用阿拉伯数字表示器件的系列和品种代号	用字母表示器件的工作温度范围		用字母表示器件的封装	
符号	意义	符号	意义		符号	意义	符号	意义
C	符合国家标准	T	TTL 电路		C	0 ~ 70℃	W	陶瓷扁平
		H	HTL 电路		E	-40 ~ 85℃	B	塑料扁平
		E	ECL 电路		R	-55 ~ 85℃	F	多层陶瓷扁平
		C	CMOS 电路		M	-55 ~ 125℃	D	多层陶瓷双列直插
		F	线性放大器		⋮	⋮	P	塑料双列直插
		D	音响、电视电路				J	黑陶瓷双列直插
		W	稳压器				K	金属菱形
		J	接口电路				T	金属圆形
		B	非线性电路				⋮	⋮
		M	存储器					
		⋮	⋮					

2）国外部分公司及产品代号如表 C-12 所示。

表 C-12　国外部分公司及产品代号

公司名称	代号	公司名称	代号
美国无线电公司（BCA）	CA	美国悉克尼特公司（SIC）	NE
美国国家半导体公司（NSC）	LM	日本电气工业公司（NEC）	μPC
美国莫托洛拉公司（MOTA）	MC	日本日立公司（HIT）	RA
美国仙童公司（PSC）	μA	日本东芝公司（TOS）	TA
美国德克萨斯公司（TII）	TL	日本三洋公司（SANYO）	LA，LB
美国模拟器件公司（ANA）	AD	日本松下公司	AN
美国英特西尔公司（INL）	IC	日本三菱公司	M

(2) TTL 集成电路使用注意事项

1) 电源

① 正常使用时供电电源 7400 系列电压范围为 4.75 ~ 5.25V (5V ± 0.25V)。若电源过高可能造成集成电路的损坏。

② 在集成电路电源和地之间接 0.01μF 的高频滤波电容，在电源输入端接 20 ~ 50μF 的低频滤波钽电容或电解电容，能够有效地消除电源线上的噪声干扰，同时，要保证电路有良好的接地。

③ 注意不要将电源和地线接反，否则将烧坏电路。

2) 输入端

① 各输入端不能直接与高于 5.5V 和低于 -0.5V 的低内阻电源连接，低阻电源会产生较大电流而烧坏电路。

② 对门电路的多余输入端一般采取接地以直接获得低电平（或门、或非门），接电源 V_{CC} 以获得高电平（与门、与非门）。

3) 输出端

① 输出端不能直接接低内阻电源，但可以通过适当阻值的电阻与电源相连，以提高输出电平。

② 输出端接有较大容性负载时，电路在断开到接通的瞬时，会产生很大的冲击电流损坏电路，应用时应串入电阻加以保护。

③ 除具有 OC 结构（集电极开路输出）和三态输出结构的电路以外，不允许将电路输出端并联使用。

4) 焊接

如用手工焊接电路，不得使用大于 45W 的电烙铁，焊剂选用中性焊剂。

(3) CMOS 电路使用注意事项

1) 电源　CMOS 集成电路的工作电源电压一般在 3 ~ 18V 之间，但当系统中有门电路的模拟应用（如脉冲振荡、线性放大）时，最低工作电压则不应低于 4.5V。由于工作电压范围宽，故使用不稳压的电源电路也可以工作。CMOS 有微功耗的特点，所以特别适用于电池做电源或备用电源。工作在不同电源电压下的器件，其输出阻抗、工作速度和功耗也会不同，在使用中应注意。

2) 输入端

① 输入信号不可大于正电源电压值（V_{DD}）或小于负电源电压值（V_{SS}），否则输入保护二极管会因正向偏置而引起大电流。因此，在工作或测试时，要按照先接通电源，后加入信号，先撤除信号后再关闭电源顺序进行操作。

② CMOS 电路的输入端不允许悬空，因为悬空会使电位不定，破坏正常的逻辑关系。另外，悬空时输入阻抗高，易受外界噪声干扰，使电路产生误动作，而且也极易使栅极感应静电造成击穿。所以，对于“与”门、“与非”门的多余端接高电平，对于“或”门、“或非”门的多余端接低电平。如果电路的工作速度不高，功耗也不需要特别考虑，则可将多余的输入端和使用端并联。

③ 输入端的电流不能超过 1mA（极限值为 10mA），一般要在输入端加适当的电阻进行限流保护。

④ 输入信号的上升或下降时间不宜过长，否则一方面容易造成虚假触发而导致器件失去正常功能，另一方面还会造成大的损耗。对4000B 系列，上升或下降时间限于15μs 以内；对于74HC 系列限于0.5μs 以内。如果不满足这个要求，应使用史密特触发器对输入进行整形。

⑤ 输入端需要接入长线，但长输入线必然有较大的分布电容和分布电感，很容易形成LC 振荡。特别当输入端一旦发生负电压，容易破坏CMOS 中的保护二极管。因此在输入端串接一个电阻。

3）输出端

① 除具有OC 结构和三态输出结构的门电路以外，不允许将电路输出端并联使用。因为不同的器件参数不一致，有可能导致NMOS 和PMOS 器件同时导通，形成大电流。但为了增加电路的驱动能力，允许把同一芯片上的同类电路并联使用。

② 各输出端不能直接与 V_{DD} 或 V_{SS} 电源连接。

③ 输出与大电容、电感直接相连时，要在电路的输出与大电容之间加入保护电阻。

4）驱动能力　CMOS 电路的驱动能力，除选用驱动能力较强的大缓冲器来提高之外，还可以将同一个芯片几个同类电路并接起来提高，这时驱动能力提高到N 倍（N 为并联门电路的数量）。

5）焊接与保护

① 在焊接CMOS 管时，电烙铁必须可靠接地，以防电烙铁漏电击穿器件输入端。一般可利用电烙铁断电后的余热焊接，并先焊接其接地脚。

② 防止用大电阻串入 V_{DD} 和 V_{SS} 端，以免在电路开关期间由于电阻上的压降引起保护二极管瞬时导通，而损坏器件。

③ 在防静电材料中存储或运输。对于CMOS 电路，如果输入电路中没有一定的抗静电措施，很容易造成电路的毁灭性破坏。因此要求工作台面有良好的导电性，并且可靠接地。工作人员不宜穿尼龙、化纤衣服，不穿硬塑料底的鞋子，手或工具在接触集成块前最好先接一下地。对器件引线矫直、弯曲或人工焊接时，使用的设备必须接地。

④ 在安装电路、改变电路连接、插拔CMOS 器件时，必须切断电源，否则CMOS 器件很容易受到极大的感应或电冲击而损坏。

⑤ 注意不要将电源和地线接反，否则将烧坏电路。

10. 新型表面贴装元件（片式元器件）

为了满足电子整机的小型化、轻量化及组装自动化的要求，表面安装技术（SMT）发展十分迅速。表面安装技术的发展推动了片式元器件的快速发展。表面贴装元件的应用标志着一个国家电子信息产品的发展水平，它已成为当今世界电子元件发展的潮流。表面贴装元器件比传统的穿孔元器件所占面积和重量都大为减小，可靠性高，抗振动能力强，高频特性好，便于自动化生产。目前世界上发达国家电子元件片式化率达70%以上。

表面安装技术 surface mount technology（SMT）是将无引线的片状元件（表面贴装元器件）安放在基板的表面上，通过浸焊或再流焊等方法加以焊接的组装技术。

表面贴装元器件 surface mount device（SMD）或叫表面组装元器件 surface mount component（SMC）是外形为矩形片状、圆柱形或异形，其焊端或引脚制作在同一平面内，并适用于表面组装的电子元器件（见图 C-3）。

图 C-3　贴片元器件

下面简单介绍表面贴装元器件中片式电阻、片式电位器、片式电容、片式电感、半导体器件、芯片等的一些知识。这方面的详细介绍请参阅有关文献资料。

（1）表面贴装电阻　主要有矩形片式电阻、圆柱形固定电阻、片式电位器。

1）矩形片式电阻　由于制造工艺的不同有厚膜型（RN 型）和薄膜型（RK 型）。RN 型电阻精度高、电阻温度系数小、稳定性好，但阻值范围比较窄，适合于精密和高频领域；而（RK 型）电阻应用较广。其主要技术指标：额定功率、标称阻值、允许误差、最高工作电压、温度系数等。例如：功率有 1/16W、1/8W、1/4W。允许误差有 F（±1%）、G（±2%）、J（±5%）、K（±10%）。

片式电阻常以它们外形尺寸的长宽命名，以 in（1in = 25.4mm）及 SI（mm）为单位，如外形尺寸为 0.12in × 0.06in，记为 1206；SI 制记为 3.2mm × 1.6mm。片式电阻外形尺寸见表 C-13。

表 C-13　片式电阻外形尺寸表

尺寸号	长（L）/mm	宽（W）/mm	高（H）/mm	端头宽度（T）/mm
RC0201	0.6 ± 0.03	0.3 ± 0.03	0.3 ± 0.03	0.15 ~ 0.18
RC0402	1.0 ± 0.03	0.5 ± 0.03	0.3 ± 0.03	0.3 ± 0.03
RC0603	1.56 ± 0.03	0.8 ± 0.03	0.4 ± 0.03	0.3 ± 0.03
RC0805	1.8 ~ 2.2	1.0 ~ 1.4	0.3 ~ 0.7	0.3 ~ 0.6
RC1206	3.0 ~ 3.4	1.4 ~ 1.8	0.4 ~ 0.7	0.4 ~ 0.7
RC1210	3.0 ~ 3.4	2.3 ~ 2.7	0.4 ~ 0.7	0.4 ~ 0.7

片式电阻标识方法：一般直接标在元件上。例如：4R7 表示 4.7Ω，472 表示 47 × 100Ω（即 4.7kΩ）。

2）圆柱形固定电阻　即金属电极无端子端面元件，简称 MELF 电阻。这种电阻无方向性和正反面性。其主要有碳膜 ERD 型、高性能金属膜 ERO 及跨接用的 0Ω 电阻三种。以色环标识法表示。

3）片式电位器　包括片状、圆柱状、扁平矩形结构等，片式电位器外形尺寸见表 C-14。

表 C-14　片式电位器外形尺寸表

型号	尺寸/（mm×mm×mm）	
3 型	3×3.2×2	3×3×1.6
4 型	3.8×4.5×2.4	4×4.5×1.8
	4×5×2	4×4.5×2
	4.5×5×2.5	4.5×5×2.2
6 型	6×6×4	φ6×4.5

（2）表面贴装电容　主要有多层片状瓷介电容器、钽电解电容器、铝电解电容器、有机薄膜和云母电容器。片式电容的外形尺寸见表 C-15。

表 C-15　片式电容外形尺寸表

电容型号	长（L）/mm	宽（W）/mm	高（H_{max}）/mm	端头宽度（T）/mm
CC0805	1.8～2.2	1.0～1.4	1.3	0.3～0.6
CC1206	3.0～3.4	1.4～1.8	1.5	0.4～0.7
CC1210	3.0～3.4	2.3～2.7	1.7	0.4～0.7
CC1812	4.2～4.8	3.0～3.4	1.7	0.4～0.7
CC1825	4.2～4.8	6.0～6.8	1.7	0.4～0.7

表面贴装电容的标识方法：有的直接标在元件表面；有的片式电容表面印有英文字母及数字，这些字母和数字代表特定的值，只要查表就可知道电容值。

矩形钽电解电容器的标识方法：其外壳是有色塑料封装，一端印有深色标志线，为正极。在封面上有电容量的数值及耐压值。

铝电解电容器的标识方法：其外壳上的深色标志线，为负极。在封面上也有电容量的数值及耐压值。

多层片状瓷介电容器根据用途分为Ⅰ类陶瓷、Ⅱ类陶瓷两种。Ⅰ类陶瓷电容是温度补偿型电容，多用于谐振回路、耦合回路等。Ⅱ类陶瓷电容是高介电常数类电容，多用于旁路、滤波、鉴频等电路。钽电解电容器容量较大，常用于需要高速运算处理的大规模集成电路。铝电解电容器常用于各种消费类电子产品中。

（3）表面贴装电感　片式电感器的种类较多，按形状分为矩形和圆柱形；按磁路分为开磁路型和闭磁路型；按电感量分为固定的和可调的；按结构的制造工艺分为绕线型、多层型和卷绕型。一般绕线型电感器的电感量范围大、工艺简单、Q 值高，用得较多。

（4）表面贴装半导体器件　从形状来分，其主要有以下三种形式：翼形端子、J 形端子、球栅阵列。

具有翼形端子的器件焊接后具有吸收应力的特点，与 PCB 匹配性好，但端子共面性差，端子易损坏。

J 形端子刚性好、间距大、共面性好，但有阴影效应，焊接温度不易调节。

表面贴装二极管：有三种封装形式：圆柱形的无端子二极管、片状二极管、SOT-23 封装形式的片状二极管。

表面贴装晶体管：封装形式主要有：SOT-23、SOT-89、SOT-143、TO-252。

小外形封装集成电路：常见于线性电路、逻辑电路、随机存储器等。

有端子塑封芯片载体：当端子超过40只时采用此封装形式。多用于微处理器阵列、标准单元、逻辑电路。

11. 常用器件的图形符号（见表C-16、表C-17、表C-18）

表C-16 电阻器、电容器、电感器和变压器

图形符号	名称与说明	图形符号	名称与说明
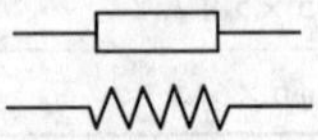	电阻器一般符号		电感器、线圈、绕组或扼流圈 注：符号中半圆数不得少于3个
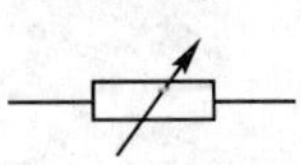	可变电阻器或可调电阻器	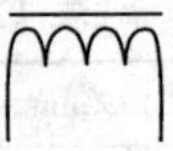	带磁心、铁心的电感器
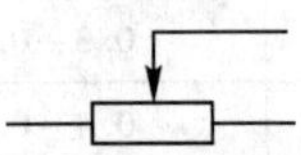	滑动触点电位器		带磁心连续可调的电感器
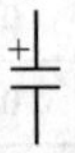	极性电容	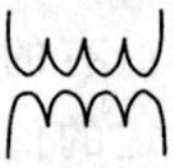	双绕组变压器 注：可增加绕组数目
	可变电容器或可调电容器	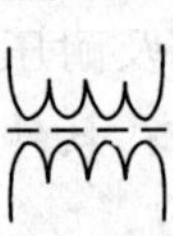	绕组间有屏蔽的双绕组变压器 注：可增加绕组数目
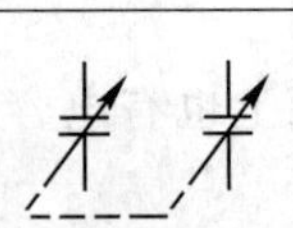	双联同调可变电容器 注：可增加同调联数	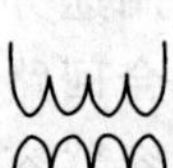	在一个绕组上有抽头的变压器
	微调电容器		

表C-17 半导体管

图形符号	名称与说明	图形符号	名称与说明
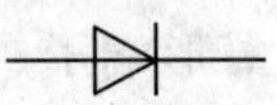	二极管的符号	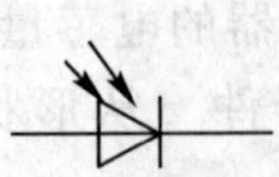	光敏二极管
	发光二极管	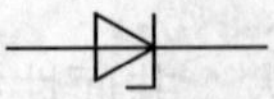	稳压管

（续）

图形符号	名称与说明	图形符号	名称与说明
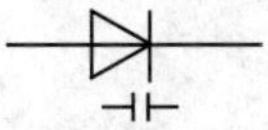	变容二极管	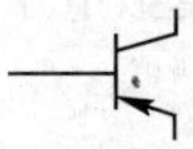	PNP 型晶体管
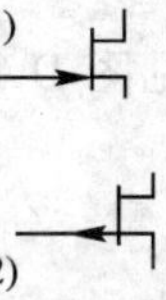 (1) (2)	JFET 结型场效应晶体管 （1）N 沟道 （2）P 沟道	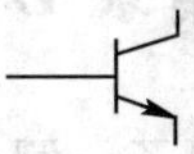	NPN 型晶体管
		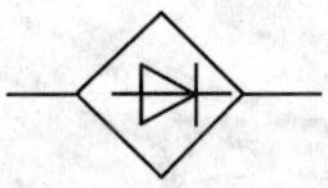	全波桥式整流器

表 C-18　其他电气图形符号

图形符号	名称与说明	图形符号	名称与说明
	具有两个电极的压电晶体 注：电极数目可增加	 或	接机壳或底板
	熔断器	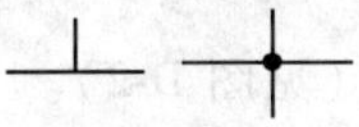	导线的连接
	指示灯及信号灯	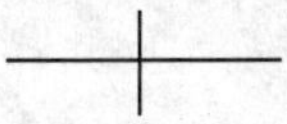	导线的不连接
	扬声器		动合（常开）触点开关
	蜂鸣器	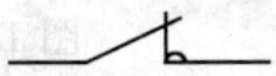	动断（常闭）触点开关
	接大地	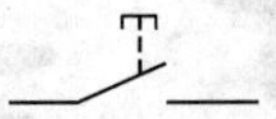	手动开关

12. 参考资料

[1] 吴立新．实用电子技术手册［M］．北京：机械工业出版社，2002.

[2] 高吉祥．电子技术基础实验与课程设计［M］．北京：电子工业出版社，2002.

[3] 康华光．电子技术基础［M］．北京：高等教育出版社，1999.

[4] 付家才．电子实验与实践［M］．北京：高等教育出版社，2004.

[5] 肖冰等．数字电路与逻辑设计实验技术［M］．北京：北京邮电大学出版社，2000.

[6] 邓延安．模拟电子技术实验与实训教程［M］．上海：上海交通大学出版社，2002.

[7] 王成安，刘瑞国．模拟电子技术（实训篇）［M］．大连：大连理工大学出版社，2003.

附录 D　电子常用工具简介

（1）镊子　主要有长尖镊子、圆尖镊子、弯尖镊子、鸟嘴尖镊子等（见图 D-1）。

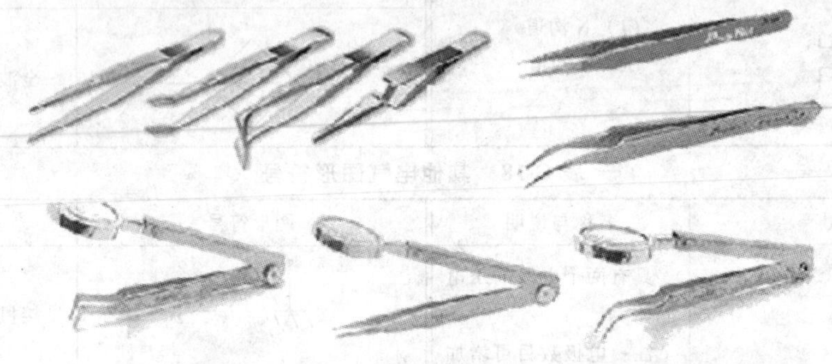

图 D-1　镊子

（2）尖嘴钳、偏口钳（见图 D-2）。

图 D-2　尖嘴钳、偏口钳

（3）剥线钳（见图 D-3）。

图 D-3　剥线钳

(4) 螺钉旋具（见图 D-4）。

(5) IC 拔取器（见图 D-5）。

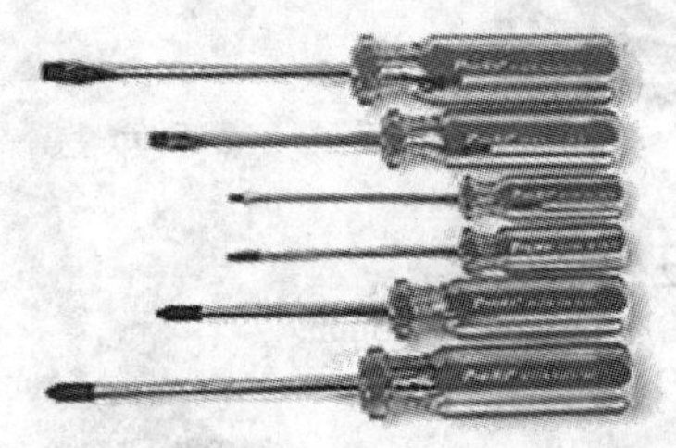

图 D-4　螺钉旋具

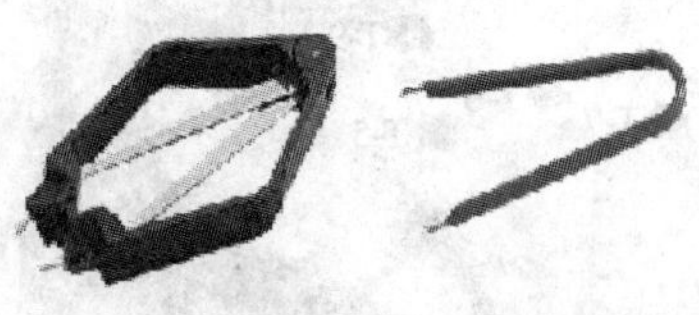

图 D-5　IC（集成块）拔取器

(6) 电烙铁（见图 D-6）。

外热式电烙铁

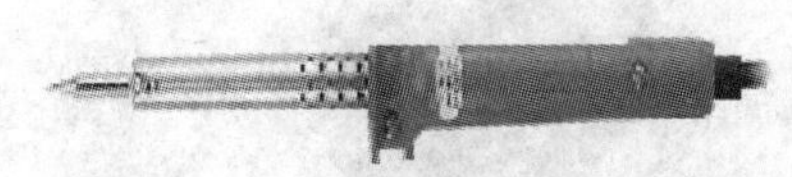

内热式电烙铁

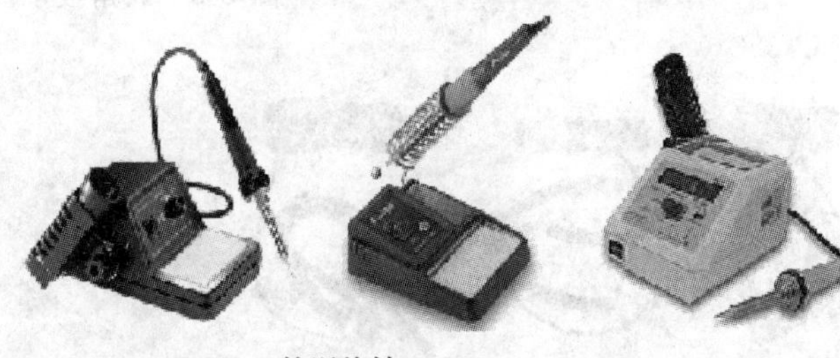

控温烙铁

图 D-6　电烙铁

(7) 放大镜（见图 D-7）。

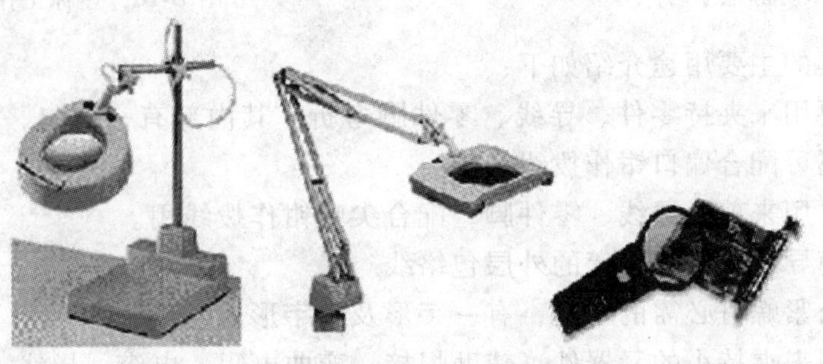

图 D-7　放大镜

(8) 六角扳手（见图 D-8）。

(9) 防静电手环（套）（见图 D-9）。

(10) 迷你工作钳台（见图 D-10）。

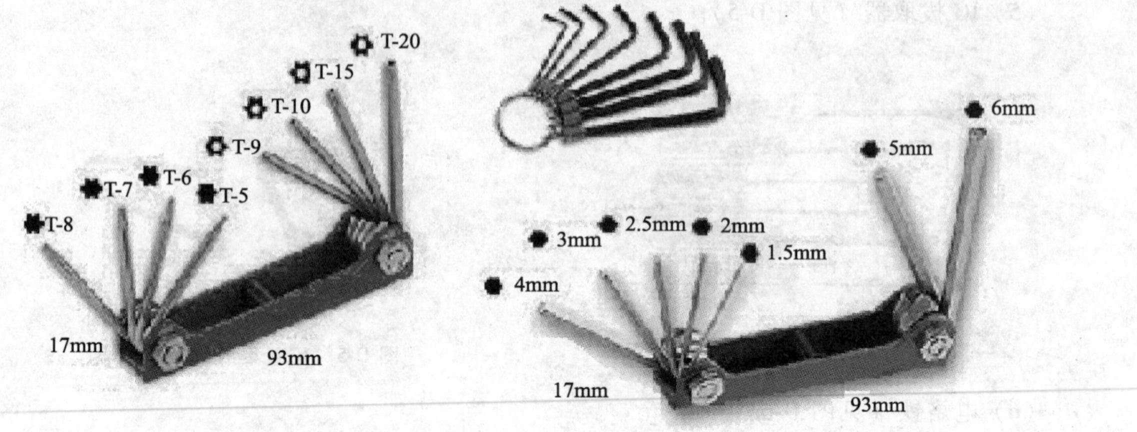

图 D-8 六角扳手

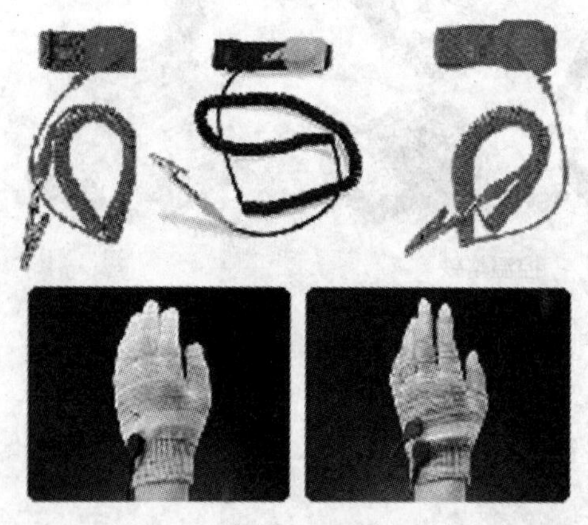
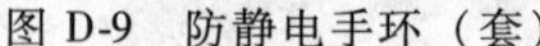

图 D-9 防静电手环（套）

图 D-10 迷你工作钳台

以上各种工具的主要用途介绍如下：

尖嘴钳：主要用来夹持零件、导线、零件脚弯折。其内部有一剪口，用来剪断 1mm 以下细小的电线，还可配合偏口钳作拨线用。

偏口钳：主要用来剪断导线、零件脚，配合尖嘴钳作拨线用。

剥线钳：剥掉导线、电缆线等的外层包络线。

螺钉旋具：松紧螺钉必需的工具，有一字形及十字形。

镊子：主要用来夹持小的元器件，辅助焊接，弯曲电阻、电容、导线。主要有尖头和弯头两种形状的镊子。

电烙铁：焊接元器件、芯片的工具，根据需要和不同用途可选用不同类型的电烙铁。

防静电手环：焊接时戴在手上，防止静电，保护器件。

放大镜：起放大作用，常用来放大微小器件、电路板等，检查焊接质量或微小器件等。

工作钳台：夹持、加工小型零件。

附录E　常用电子仪器的功能与使用

电路实验研究的对象是由各种电子元器件连接而成的各种功能电路和系统，基本任务包括：

（1）电路分析　用实验的方法分析各种功能电路的特性。

（2）电路设计　根据特定技术指标要求设计构成各种功能电路，用实验的方法对设计电路进行分析、修正，使之达到所规定的技术指标。

无论是电路分析，还是电路设计，都需要进行电路中关键点的电流、电压、波形等各项参数的测定，这些必须借助一些常用的电子仪器来实现。因此，熟练掌握各种常用仪器的使用操作方法是进行电路实验的基础。

在电路实验中，常用电子仪器主要包括：信号源、直流稳压电源、示波器、毫伏表、万用表等。其主要用途为：

直流稳压电源：输出各种幅值的直流电压，为被测电路提供电源。

信号源：输出正弦波、三角波、方波等各种标准波形，为被测电路提供工作信号。

示波器：用于观测电路中任意点的波形和电压值。

毫伏表：用于测量电路中任意点的交流电压有效值。

万用表：用于电阻、电容、二极管、晶体管等元器件的参数测量，以及电路中电流、电压值的测量。

这些仪器在电路中的连接关系如图E-1所示，特别注意，使用过程中所有电子仪器与实验电路必须共地。

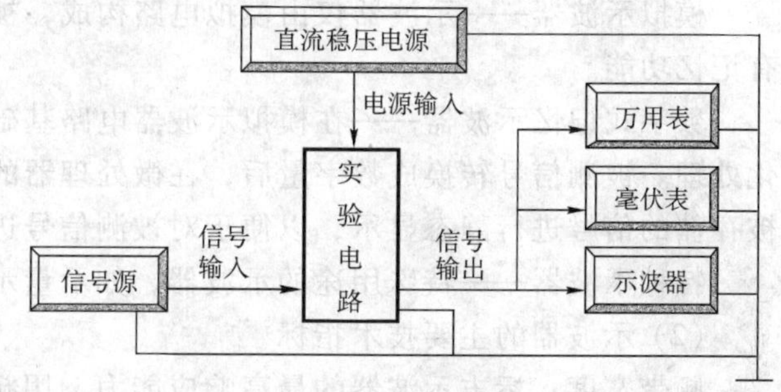

图E-1　常用电子仪器在电路中的连接

1. 示波器

示波器是一种能够反映两个互相关联参数的X-Y坐标图形的显示仪器，如图E-2所示，不仅可以将随时间变化的任意曲线形状直观形象地用图形表示出来（称之为A扫描方式），而且可以对两路同时输入的被测信号进行X-Y向量方式显示（称之为X-Y扫描方式）。除此之外，示波器还可以定量测量被测信号的电压、周期、频率、相位等参数。它是时域测量中最典型的仪器，也是当前电子测量领域中，品种最多、数量最大、最常用的一种仪器。

（1）示波器分类　通常按照内部结构、使用领域、测量范围等特性，可将示波器分为多种类型。

1）按被测信号频率范围分类

超低频示波器——适用于超低频信号的测量。

普通示波器——适用于中频信号的测量。

高频示波器——适用于高频信号的测量。

2）按显示信号数量分类

单踪示波器——只显示一路信号。

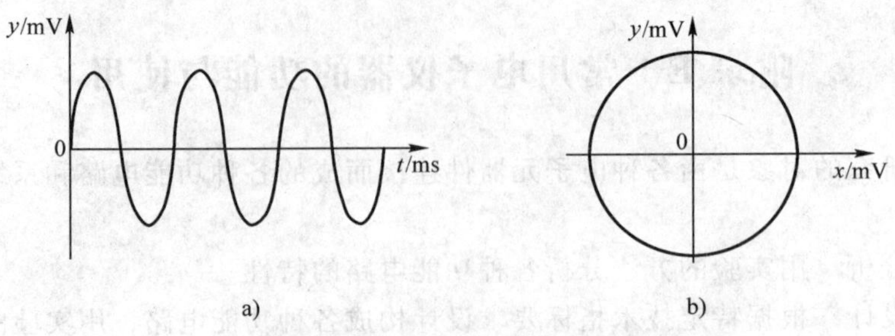

图 E-2 示波器扫描方式

a）A 扫描方式 b）X-Y 扫描方式

双踪示波器——可同时显示两路信号。

多踪示波器——采用多束示波管，在屏幕上可同时显示多个波形，观察比较两个以上的信号时非常方便。

3）按电路结构分类

电子管示波器——示波器电路由电子管及其他电子元件构成。

晶体管示波器——示波器电路由晶体管及其他电子元件构成。

集成电路示波器——示波器电路由集成电路及其他电子元件构成。

4）按测量功能分类

模拟示波器——示波器仅由模拟电路构成，被扫描的信号波形直接在示波管上显示，没有记忆功能。

数字式记忆示波器——在模拟示波器电路基础上增加了数字电路，对被测信号进行数字化处理。被测信号转换成数字量后，在微处理器的控制下可以对其进行存储，这样就可以对被存储的信号进行静态显示，以便于对被测信号进行分析。它具有记忆功能。

特种示波器——特殊用途的示波器，如示量示波器、心电示波器等。

（2）示波器的主要技术指标

频带宽度：标志示波器的最高响应能力，用频率和上升时间表示。

垂直灵敏度：示波器可以分辨的最小信号幅度和输入信号的动态范围，一般用 V/cm、V/div 表示。

输入阻抗：一般用 Ω（MΩ）/pF 表示，是指示波器输入端额定的直流电阻值和并联电容值。

扫描速度：是指光点水平移动的速度，一般用 cm/s、div/s 表示，它说明了示波器能观察的时间和频率的范围。

同步（或触发）电压：指波形稳定的最小输入电压。

（3）常用模拟示波器基本构成及使用方法示例

1）模拟示波器工作原理 模拟示波器工作原理及波形显示方式如图 E-3 所示，主要由示波管（CRT）、Y/X 方向放大器、扫描发生器、触发同步电路等部分组成。其中示波管是示波器的核心部件，用于产生用 X/Y 方向的两组电信号扫描出来的一条曲线，其他部分电路分别用于控制输入信号的耦合方式，调整示波管 X 和 Y 方向偏转灵敏度及扫描同步，以确保在示波管上显示一条 X 和 Y 方向比例适当且波形稳定的扫描曲线。

示波管：如图 E-3a 所示，主要由被密封在一个真空玻璃壳内的电子枪、偏转系统、荧光屏等组成。分别给垂直和水平偏转板施加电压，该电压可使电子枪发射的电子束发生偏移，使得电子束点亮的荧光屏上的发光亮点产生移动。这样即可将 X 和 Y 端输入的电信号转变成荧光屏上发光亮点的运动轨迹，进而达到显示输入信号波形的目的。

X/Y 放大器：如图 E-3a 所示，用于放大信号电压，以提高示波管偏转灵敏度，从而获得适当幅值的显示波形。

扫描发生器：如图 E-3b 所示，用于产生一个在 X 方向的周期为 T_X 的锯齿波电压，该电压可使示波管内电子束在水平方向产生周期性位移。示波器以此作为时间基线，将加在垂直方向的被测信号幅值按时间的变化显示在荧光屏上。

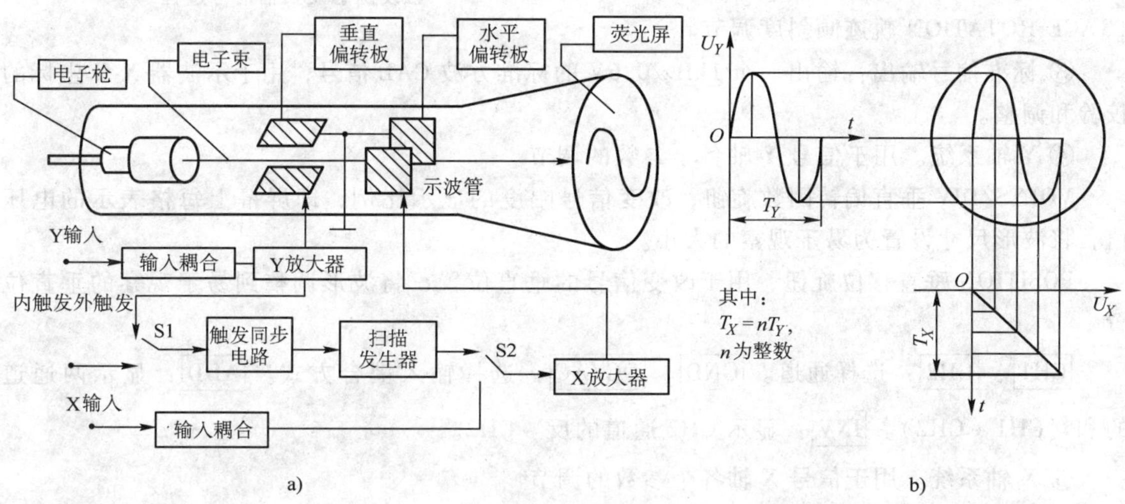

图 E-3 示波器的工作原理及波形显示方式

a）工作原理 b）显示方式

触发同步电路：如图 E-4 所示，当 T_X 不是 T_Y 整倍数时将使荧光屏上每个扫描周期显示的波形不重叠，因而将得不到稳定清晰的显示波形。触发同步电路的作用是寻找一个触发时间，用触发时间控制扫描周期的开始，使得每次扫描均从被显示信号的同一特征点开始，以消除波形不重叠现象。

如图 E-5 所示，示波器中用触发源及触发电平的方式得到触发时间。即设定一个触发源及触发电平的幅值及斜率方向，在每个扫描周期开始前，以触发电平为基准，在被选择的触发源上寻找达到触发电平的时刻作为触发时间，在此时产生一个触发脉冲，并用触发脉冲触发扫描发生器电路，使得每次扫描均从触发源信号的同一特征点开始。

因此，若触发源选择不当或触发电平设置不当，均无法获得一个稳定波形。

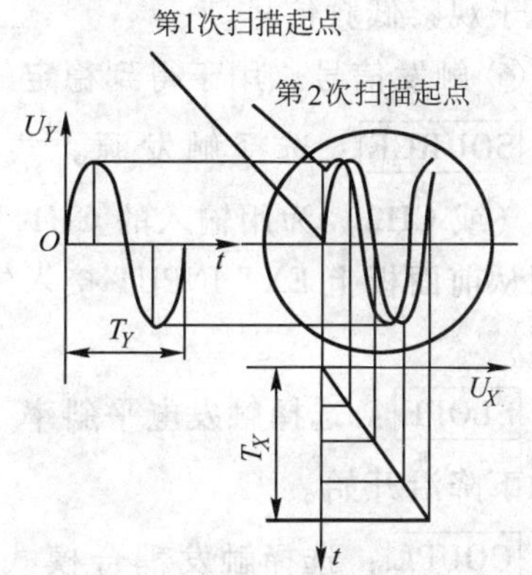

图 E-4 T_X 不是 T_Y 整倍数时显示效果

2）SS-7802 型双踪示波器面板介绍

SS-7802 型示波器的主要技术参数：20MHz 带宽、

双通道信号显示。图 E-6 为 SS-7802 型双踪示波器前面板图，前面板各部分功能大致分成 9 类，分别叙述如下：

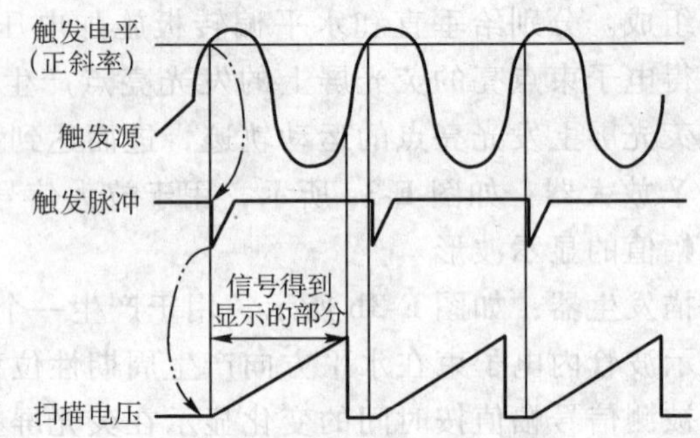

图 E-5　触发源触发扫描信号过程

① 电源开关。

② 屏幕显示控制。它的作用是调节屏幕显示性能，主要包括：INTEN 轨迹亮度调节、READ OUT 字符显示亮度调节、FOCUS 聚焦调节、TRACE ROTATION 轨迹倾斜度调节。

③ 标准信号输出：输出一个 1kHz/0.6V 的标准方波 CAL 信号，用于示波器 X-Y 坐标的校验和调整。

④ Y 轴系统。用于信号 Y 轴各个参数的调节。

VOLTS/DIV 垂直偏转因数旋钮，改变信号幅度的显示比例，即屏幕上每格表示的电压值，将波形尺寸设置为易于观察的大小。

POSITION 垂直移位旋钮，用于改变信号的垂直位置，将波形调整到易于观察的垂直位置。

[CH1]、[CH2]：选择通道。[GND]、[DC/AC]：选择输入耦合方式。[ADD]：显示两通道的和（CH1 + CH2）。[INV]：显示 CH2 通道的反 - CH2。

⑤ X 轴系统。用于信号 X 轴各个参数的调节

POSITION 水平移位旋钮，将波形调整到易于观察的水平位置。按[FINE]按钮，使 FINE 指示灯亮，此时旋转 POSITION 旋钮，波形滚动。

TIME/DIV 扫描速度旋钮，改变时间轴的显示比例，即屏幕上每格表示的时间值。

[MAG ×10]：相对于屏幕中心，对波形进行时间轴的 10 倍放大。

[ALT/CHOP]：两通道同时显示时，此按钮选择显示模式。其中：ALT 为两通道信号交替扫描方式，适用于观察高频信号；CHOP 为两通道信号以约 555kHz 频率切换扫描方式，适用于观察低频信号。

⑥ 触发信号。用于得到稳定的屏幕显示波形。

[SOURCE]：选择触发源。共有 CH1、CH2、LINE、EXT、VERT 五种触发源，其中：CH1（或 CH2）为用输入的 CH1（或 CH2）信号做触发源；LINE 为用电源作触发源；EXT 为用从前面板上 EXT INPUT 接入外接触发信号做触发源；VERT 为用小序号通道的信号作触发源。

[SLOPE]：选择触发电平斜率（ + 或 - ）。+：扫描在波形的上升沿开始； -：扫描在波形的下降沿开始。

[COUPL]：选择触发耦合模式。共有：AC、DC、HF-R、LF-R 四种触发耦合模式，其中：AC 为阻去触发信号中的 DC 成分，下限频率为 100Hz；DC 为信号所有成分都可通过；

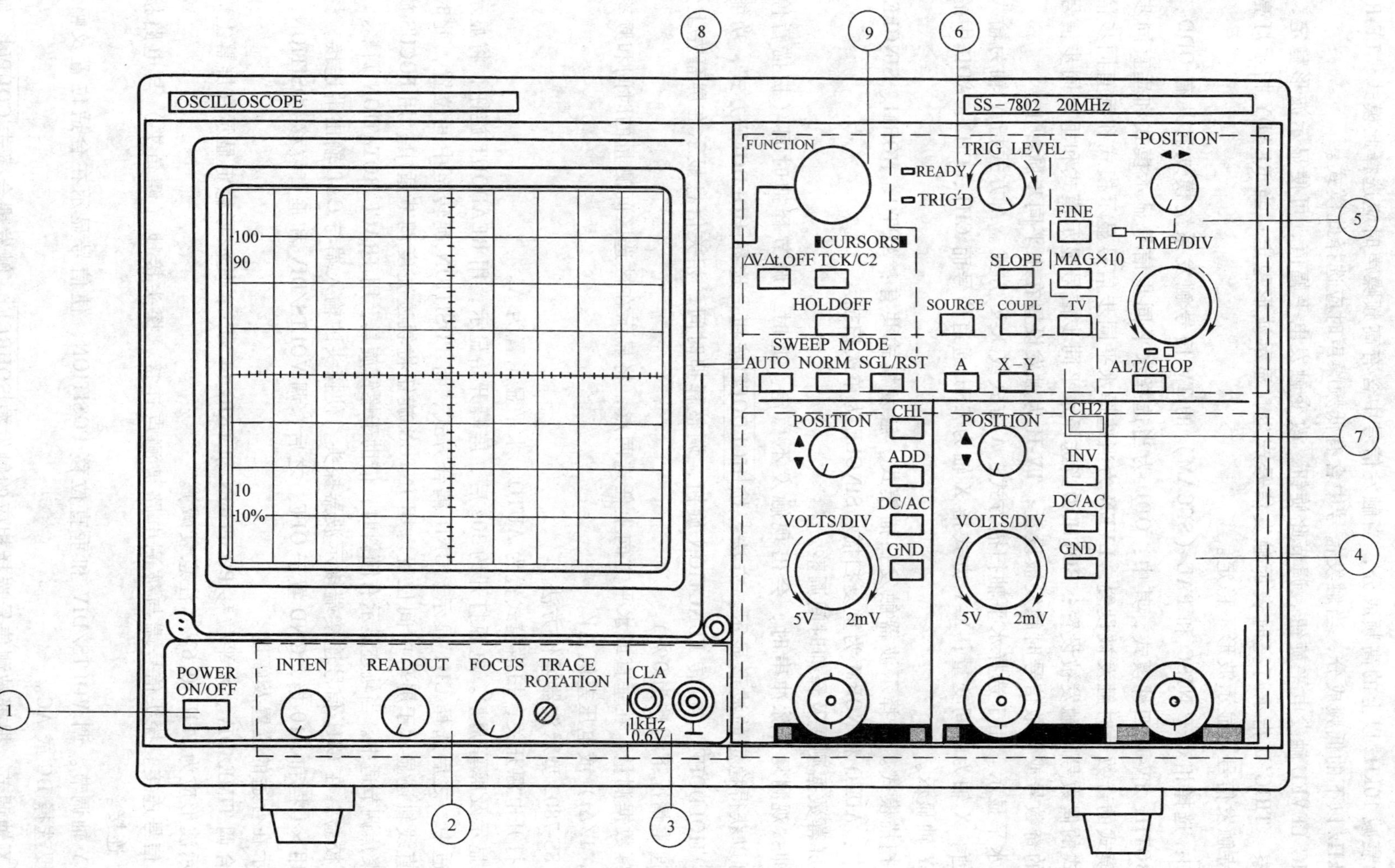

图 E-6 SS-7802 型双踪示波器前面板图

HF-R 为衰减 10kHz 以上的高频成分，当触发信号中含有高频噪声时应选择此模式；LF-R 为衰减 10kHz 以下的低频成分，当触发信号中含有低频噪声时应选择此模式。

TRIG LEVEL 触发电平旋钮。调节此旋钮，改变触发电平幅值，可使显示波形稳定，以便于观察。TRIG′D 指示灯亮时表示触发信号产生，显示波形稳定；当 READY 指示灯亮时表示等待触发信号，显示波形不稳定。

[TV]：选择相对于 NTSC 和 PAL（SECAM）的 TV 信号触发系统模式。共有 ODD、EVEN、BOTH、TV-H 四种模式，其中：ODD 为当选择水平同步信号显示模式和垂直同步信号显示模式的奇数号时触发被设置；EVEN 为当选择水平同步信号显示模式和垂直同步信号显示模式的偶数号时触发被设置；BOTH 为当选择水平同步信号显示模式和垂直同步信号显示模式的奇数号或偶数信号时触发被设置；TV-H 为触发设置在水平同步脉冲上。

⑦ 水平显示。用于选择水平轴扫描方式：A 方式或 X-Y 方式。A 方式指 Y 轴为输入信号的幅值，X 轴为时间变量；X-Y 方式指 X 轴为 CH1 通道信号而 CH1、CH2、ADD 中的一个作为 Y 轴显示。

⑧ 扫描模式。选择示波器触发扫描模式。触发模式共有：AUTO、NORM、SINGLE 三种，其中：AUTO 和 NORM 为重复扫描；SINGLE 为单次扫描。

⑨ 屏幕数据测量及释抑时间调整。

释抑：观测复合脉冲串时，会出现触发不稳定。此时，调节释抑时间（扫描暂停时间），可以获得稳定的波形显示。方法：按[HOLDOFF]按钮，选择 HOLDOFF 方式，功能显示："f：HOLDOFF"。旋转 FUNCTION 旋钮，调整释抑时间，相关信息显示在屏幕左上角：nn%（通常情况下调整为 0%）。

屏幕数据测量：在垂直或水平方向上任选两点，将显示在被选区间测量的时间和频率差值（Δt，$1/\Delta t$）或电压差值 ΔV。

3）SS-7802 型示波器操作方法

① 打开电源开关，扫描模式置为 AUTO，水平显示置为 A。

② 显示及屏幕调整。电源打开约 30s 后，屏幕开始显示，用 READOUT 旋钮，将显示亮度调节适中。之后选择 CH1 显示、GND 耦合方式，将 POSITION 旋转至中间位置，此时应有一条直线轨迹显示于屏幕中间位置。用 INTEN 旋钮将轨迹亮度调节适中，用 FOCUS 旋钮将轨迹聚焦调节适中。当轨迹显示有倾斜时，借助于螺钉旋具，用 TRACE ROTATION 调整。

③ 校验。在 CH1 信号连接端接示波器探头，使探头的输入端与 CAL 输出端连接，探头分别选用 ×1 挡和 ×10 挡，GND 置于 OFF。之后，调 VOLTS/DIV 和垂直位移 POSITION，使信号显示在合适的位置及幅度。

配合调 TIME/DIV、水平位移 POSITION 和 TRIG LEVEL，使波形稳定显示在屏幕上。此时，显示波形应为 1kHz/0.6V（注意衰减）。

④ 信号连接。探头信号端与被测电路被测点连接，探头接地（鳄鱼夹）与电路接地（GND）连接。

⑤ Y 轴调节。调 VOLTS/DIV 和垂直位移 POSITION，使信号显示在合适位置及幅度。根据需要选择 DC 或 AC。

⑥ X 轴调节。根据被测信号选择相应的触发源[SOURCE]、触发耦合模式[COUPL]，触发

电平斜率 SLOPE ，配合调 TIME/DIV、水平位移 POSITION 和 TRIG LEVEL 旋钮，使波形稳定显示在屏幕上。

另外，根据需要选择水平显示方式、扫描模式、ALT 或 CHOP（两通道显示时）等参数。

⑦ 屏幕数据测量。

（4）数字示波器简介

1）工作原理　在模拟示波器基础上增加了 A/D、D/A 转换、微处理器、存储器等电路后，便产生了一种对被测信号具有记忆存储功能的数字示波器。数字示波器的主要特点是将被测模拟信号转换成数字信号，并在微处理器控制下进行存储。这样，使得数字示波器较之模拟示波器增加了一些新功能：

① 信号冻结。使被测信号在某时刻的波形静止在荧光屏上，对于观察比较复杂的数字信号和模拟信号将是非常有利的。

② 信号处理。对存储的被测信号可以进行信号的峰值检出、波形运算、FFT 等多种手段的信号处理。

③ 数据交流。将存储信号传送给其他计算机，为用户计算机系统提供信号数据。

与模拟示波器相比较，数字示波器也存在一些缺陷：

① 操作性能。模拟示波器操作功能选择一般由单功能键实现，操作简单，波形反应及时。数字示波器操作功能复杂，功能选择多为复合键，使用不便，波形反应较缓。

② 垂直分辨率。模拟示波器幅度信号连续而且无限级，而数字示波器采用的 A/D 转换器分辨率一般只有 8 ~ 10 位。

③ 实时带宽。模拟示波器连续波形与单次波形的带宽相同，而数字示波器的带宽与取样率密切相关，取样率不高时需借助内插计算，容易出现混淆波形。

随着电子工业的飞速发展，集成芯片功能在不断改进，使得数字示波器性能不断提高，功能不断扩展，特别是数字系统的广泛应用，为数字示波器发展开拓了广阔空间。

2）功能及使用方法　例如 TDS3034 型数字示波器，带宽 300MHz，4 通道，2.5MS/s 采样率（即表示单位时间内对模拟信号的采样次数），10KB 存储，9 位垂直分辨率，垂直精确度 2%，图 E-7 为 TDS3034 型数字示波器。

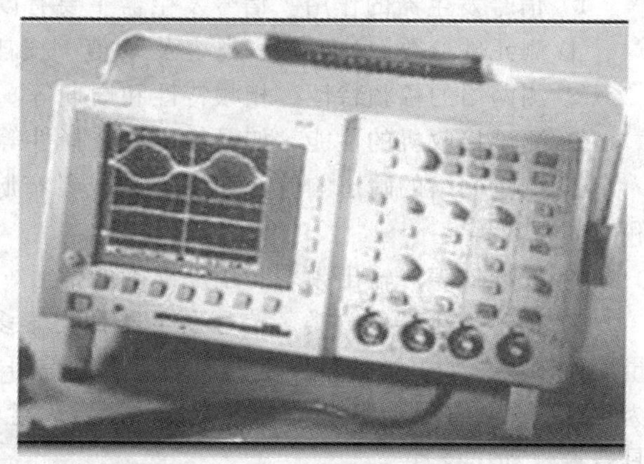

图 E-7　TDS3034 型数字示波器

① 捕获特性

A/D 转换器——使用每通道分离的 A/D 转换器，以确保准确的定时测量。

采样率——设置正常/快速触发采样分辨率选择，这项设置影响波形采样长度。

预触发——可以捕获触发点前的信号。

延迟触发——可以捕获触发点后的信号。

峰值检测——用来限制发生信号混淆的可能性。

② 信号处理特性

平均——对信号采用平均的方法消除噪声，改善测量精度。

包络——使用包络来捕获和显示最大信号变化。

数学计算——可以对波形进行加、减、乘、除运算。

③ 测量特性

光标测量——用光标进行电压、时间、频率的测量。

自动测量——可以进行 21 种方法的测量。

④ 可选特性

应用模块——可以安装高级触发、扩展视频、电信屏蔽测试或 FFT 应用模块，以增加测试和测量功能。

通信模块——安装通讯模块后，可以添加 RS-232、GPIB、VGA 或以太局域网（LAN）端口。

TDS3034 型数字示波器的基本操作方法与模拟示波器大致相同。对于一些常用功能的实现，如：显示通道选择、垂直/水平位置调整、垂直/水平比例调整、触发电平调节、触发模式等用按键或旋钮，可直接操作。对于更专门的功能，如：波形测量、光标控制、垂直控制、触发控制、捕获控制、波形数据保存等功能，可用菜单进行选择。

2. 信号发生器

在电路实验中，经常要为实验电路提供一个输入信号，用以验证实验电路是否符合设计要求，或了解实验电路的功能特性。信号发生器（或称信号源、函数信号发生器）就是这样的一种电子仪器。

（1）信号发生器概述

1）信号发生器的作用。信号发生器主要有以下几个作用：

① 测元件参数。如电感、电容及 Q 值、损耗角等。

② 测网络的幅频特性、相频特性和周期等。

③ 测试接收机的性能。如灵敏度、选择性等指标。

④ 测量网络的瞬态响应，如用方波或者窄脉冲激励，测量网络的阶跃响应、冲击响应和时间常数等。

⑤ 校准仪表。输出频率、幅度准确的信号，校准仪表的衰减、增益及刻度。

2）信号发生器的分类。信号发生器种类繁多，专用信号发生器是专门为某种特殊的测量而研制的，如电视信号发生器、编码脉冲信号发生器等。通用信号发生器按输出波形可分为正弦信号发生器、脉冲信号发生器、函数发生器和噪声发生器等，其中正弦信号发生器最具普遍性和广泛性。

3）正弦信号发生器的分类。正弦信号发生器可根据信号的频段、性能优劣、调制类型和产生频率的方法进行分类，按其产生信号的频段大致可分为以下几类。

① 超低频信号发生器。其频率在 0.0001 ~ 1kHz 范围内。

② 低频信号发生器。其频率在 1 ~ 20kHz 或 1MHz 范围内，其中用得最多的是音频信号发生器，频率范围在 20Hz ~ 20kHz 之间。

③ 视频信号发生器。其频率在 20Hz ~ 10MHz 范围内。

④ 高频信号发生器。其频率在 200kHz ~ 30MHz 范围内，大致相当于长、中、短波段的

范围。

⑤ 甚高频信号发生器。其频率在 30 ~ 300MHz 范围内，相当于米波波段。

⑥ 超高频信号发生器。其频率一般在 300MHz 以上，相当于分米波、厘米波波段。工作在厘米波及更短波长的信号发生器常被称为微波信号发生器。

4）函数信号发生器。函数信号发生器是一种多波形信号源，可以输出正弦波、方波、三角波、锯齿波等。除了作为正弦信号源使用外，还可以用来测试各种电路和机电设备的瞬态特性、数字电路的逻辑功能、模/数转换器、压控振荡器以及锁相环的性能。

5）扫频信号发生器。扫频信号发生器是频域测试常用的仪器之一，可以直接测量各种元器件和系统的频率特性。

6）信号发生器的选择。信号发生器种类繁多，使用时应根据情况进行选择。

① 根据信号的频率进行选择。在对应频段选择超低频信号发生器、低频信号发生器、视频信号发生器、高频信号发生器、甚高频信号发生器、超高频信号发生器等。

② 根据测试功能选择。低频信号发生器主要用于检修、测试和调整各种低频放大器、滤波器的频率特性；高频信号发生器主要用于测试各种接收机的灵敏度、选择性等参数，同时也可为调试高频电子线路提供射频信号；函数发生器可提供多种信号波形，可用于波形响应研究及各种试验研究；脉冲信号发生器可用于测试器件的振幅特性、过渡特性和开关速度等。

③ 根据被测信号波形选择。

④ 根据测量准确度的要求进行选择。在学生试验时，对输出信号的频率、幅度准确度和稳定度以及波形失真等要求不严格时，可采用普通信号发生器；在对仪器校准或测量准确度有严格要求的场合中，应选用准确度和稳定度较高的标准信号发生器。

（2）FG-506 型函数发生器功能　FG-506 型信号源主要技术参数：连续信号带宽 6MHz，TTL 信号带宽 12MHz；单通道信号输出；可产生正弦波、三角波、方波、斜波、TTL 脉冲信号等；具有计数器、工作周期和对称度调整、线性或对数扫描等功能。

图 E-8 为 FG-506 型信号源前面板图，共有：信号输入/输出端口 5 个、调节旋钮 6 个、功能选择按键 8 个，表 E-1 给出前面板上按键、旋钮、输入/输出端口具备的主要功能，图

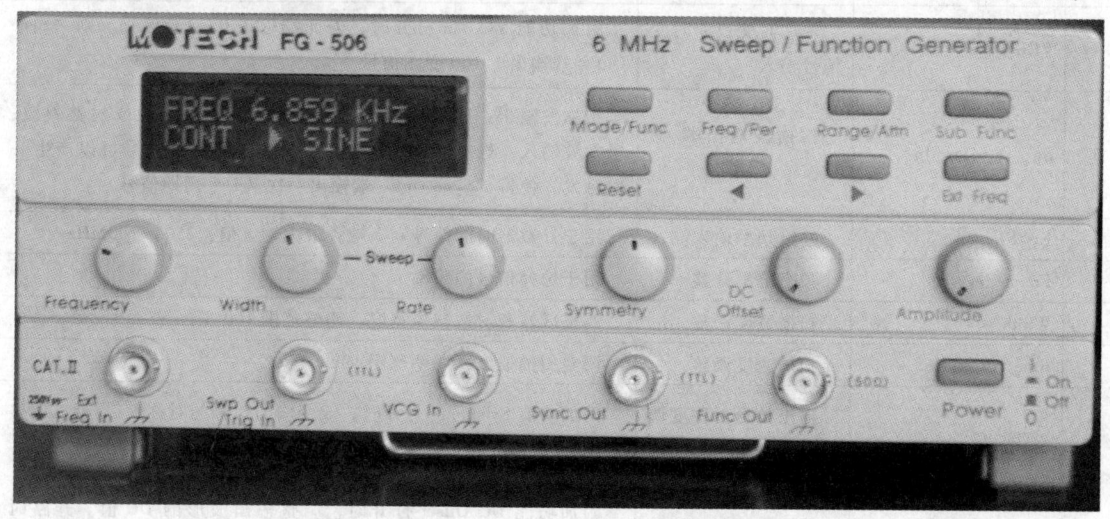

图 E-8　FG-506 型信号源前面板图

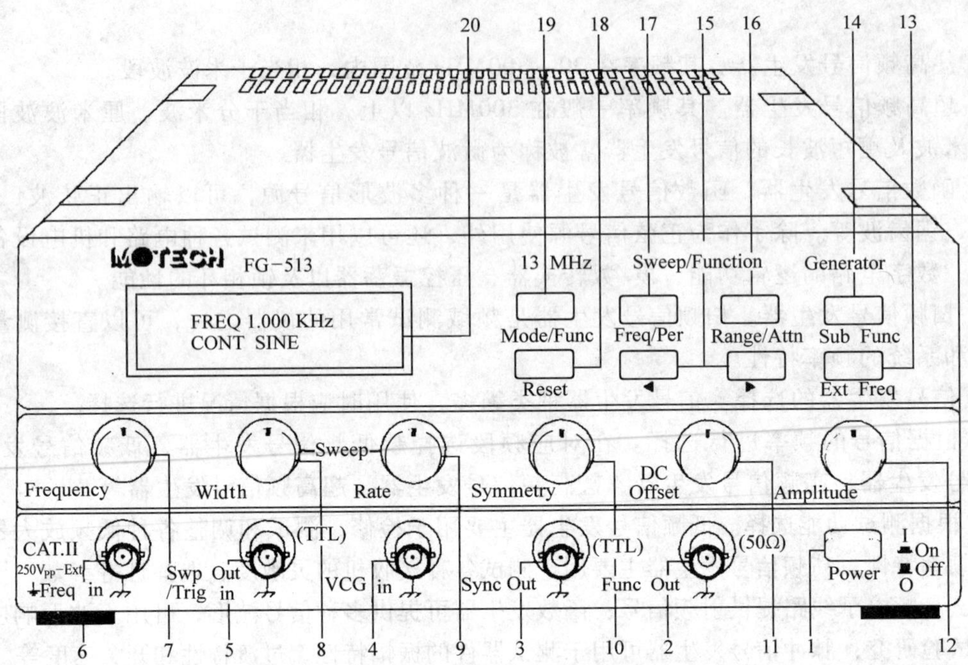

图 E-8 FG-506 型信号源前面板图（续）

E-9 为每个功能按键下包含的功能选项。

表 E-1 FG-506 型信号源功能

编号	面板标示	名 称	功 能
1	Power On/Off	电源开关	按下开关则开机，再按即关机
2	Func Out	各种波形输出	幅值：50Ω 负载时输出 0 ~ 10$V_{p\text{-}p}$，开路时输出 0 ~ 20$V_{p\text{-}p}$。频率：2Hz ~ 6MHz
3	Sync Out	TTL 脉冲（时钟）输出	幅度 5V 不可调；频率 2Hz ~ 12MHz
4	VCG In	外加时变或非时变信号输入	附加功能 VCG In 打开时，若此端输入 0 ~ 1V 信号，则“Sync Out”端输出 1∶100 变频信号
5	Swp Out/Trig In	扫描波输出端/触发波输入端	扫描波输出：附加功能 Sweep 打开时，输出线性或对数斜波；触发波输入：选择触发模式时，此端输入的上升信号可以产生一次触发，使得“Sync Out”端输出一次（1 个周期信号）
6	Ext Freq In	外接频率输入端	用于计数器时的信号输入端，最大输入值：250V/100MHz
7	Frequency	频率范围调整	用于选择信号的频率
8	Width	扫描宽度调整	调整线性和对数扫描宽度，调整范围 100∶1
9	Rate	扫描速度调整	调整扫描速度，调整范围 10ms ~ 5s
10	Symmetry	输出波形对称度调整	附加功能 Symmetry 打开时，改变输出信号的对称度/周期，调整范围 10% ~ 90%
11	DC Offset	直流补偿调整	附加功能 DC Offset 打开时，调整输出波形的 DC 值。开路时 ±10V，50Ω 负载时 ±5V

（续）

编号	面板标示	名　称	功　能
12	Amplitude	波幅大小调整	调整“Func Out”输出信号幅值，开路时最大20V_{p-p}，50Ω负载时最大10V_{p-p}
13	Ext Freq	显示外接频率	计数器功能，显示从“Ext Freq In”端输入连续信号（最大250V/100MHz）的频率。同时可选择衰减（Att）和低通滤波器（LPF）
14	Sub Func	附加功能选择	附加功能：波形对称度调整（Symmetry）、VCG In、扫描输出（Sweep Out）、直流补偿（DC Offset）、TTL反向（TTL Inv）
15	〈和〉	功能变换	递增或递减被选择的对象
16	Range/Attn.	频率范围/输出衰减	确定是频率范围（Range）选择还是输出衰减（attenuation）选择。对应使用功能变换按钮可以选择频率范围或衰减值
17	Freq/Per.	显示频率/周期	确定显示频率值或显示周期值
18	Reset	重新设定起始状态	输出正弦波，关闭所有附加功能开关
19	Mode/Func	工作状态/波形选择	每次按键分别在模式（Mode）或函数（Func）间切换，用三角形光标表示被选定的状态。若显示右三角形光标，用功能变换按钮可选出四种信号：正弦波（SINE）、方波（SQUARE）、三角波（TRIANGLE）、直流（DC）之一；若显示左三角形光标，用功能变换按钮可选择四种模式：连续（CONT）、触发（TRIG）、门（GATE）、时钟（CLOCK）之一
20	LCD display	液晶显示器	16字符2行，6位半计数器，其他4位显示

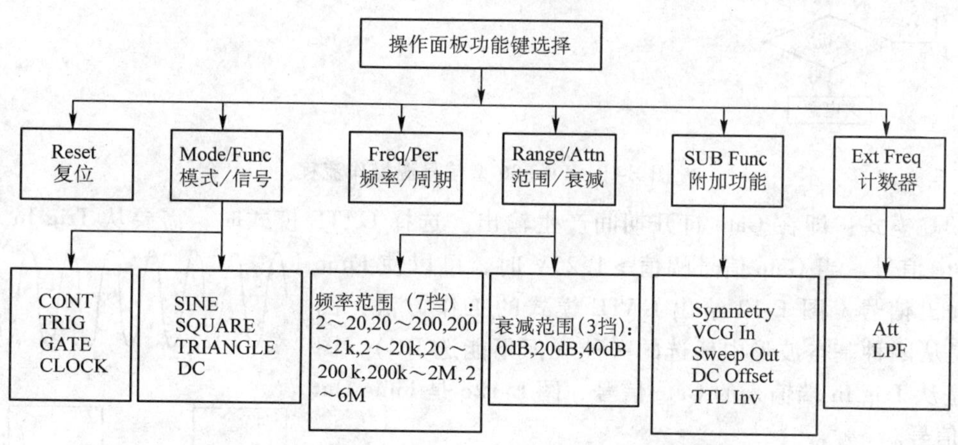

图 E-9　FG-506型信号源面板每个功能按键下包含的功能选项

（3）FG-506型信号源操作方法　FG-506型信号源操作方法如图E-10所示。各种信号的输出方式如下：

CONT模式：连续（Continuous）模式是FG-506型信号源的基本模式，选择CONT模式时，四种基本波形SINE、SQUARE、TRIANGLE、DC均从Func Out端输出。

TRIG模式：即在Trigger信号到来时产生一次输出。选择TRIG模式时，需要从Trig In

端输入一个 Trigger 信号。当 Trigger 信号处于上升沿时，可以产生一次触发或抑制，使 Func Out 端输出一次信号（1 个周期）。图 E-11 给出 TRIG 模式的工作方法：图 E-11a 是从四种基本波形中任选的一种（但不能选 DC），图 E-11b 是从 Trig In 端输入的 Trigger 信号，图E-11c 是 Func Out 端输出信号。

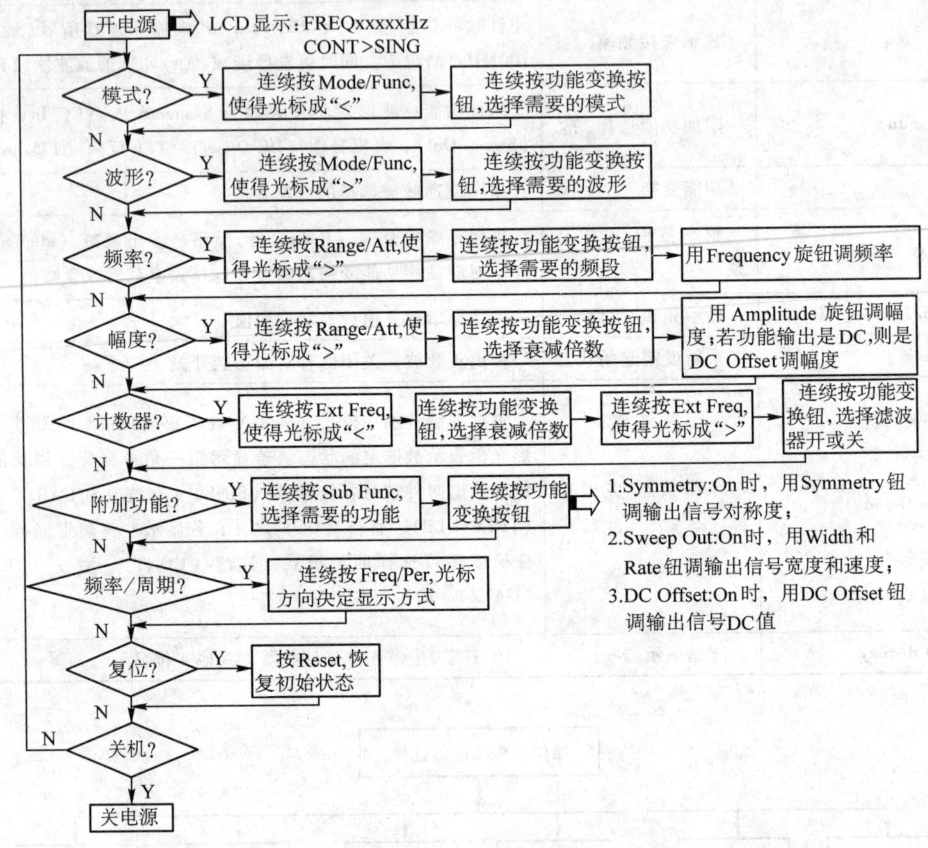

图 E-10　FG-506 型信号源操作流程

GATE 模式：即在 Gate 打开期间产生输出。选择 GATE 模式时，需要从 Trig In 端输入一个 Gate 信号。当 Gate 信号幅值 >1.25V 时，可以使 Func Out 端输出信号。图 E-12 给出 GATE 模式的工作方法：图 E-12a 是从四种基本波形中任选的一种（但不能选 DC），图 E-12b 是从 Trig In 端输入的 Gate 信号，图 E-12c 是 Func Out 端输出信号。

CLOCK（TTL）模式：选择 CLOCK（TTL）模式时，从 Func Out 端输出 Clock 信号。可以用 Amplitude 旋钮调信号幅度，打开 Symmetry 附加功能后，可用 Symmetry 旋钮调信号占空比。TTL 信号从 Sync Out 端输出，幅度 0～5V 不可调，占空比的调节方法同 Clock。

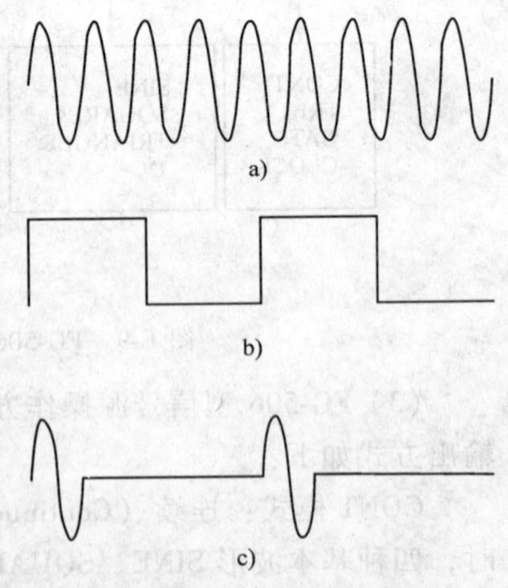

图 E-11　TRIG 模式下的信号输出

计数器：Ext Freq In 端与输入信号连接，按 Ext Freq 按钮，信号源即可对输入信号的频率进行显示。当需要调节输入信号的幅值或对输入信号进行低通滤波处理时，连续按 Ext Freq 按钮，以改变三角形光标的方向。根据三角形光标的方向，可以分别调节衰减值和选择是否打开 LPF。

Symmetry：打开附加功能 1. Symmetry 后，对 Func Out 的各种波形及 Sync Out 输出的 TTL（时钟）信号，均可用 Symmetry 旋钮调整波形得对称度或占空比。

VCG In：打开附加功能 2. VCG 后，当 VCG In 端输入一个电压从 0 ~ 10V 变化的信号时，Func Out 输出 100∶1 频率变化的信号。

Sweep：打开附加功能 3. Sweep 后，从 Sweep Out 端输出线性或对数扫描波。

DC Offset：打开附加功能 4. DC Offset 后，可以调整输出信号的直流电位。信号峰值加 DC Offset（直流补偿）应小于输出最大值，否则输出波形会被截掉。

TTL Inv：TTL 反向功能，将从 Sync Out 端输出的 TTL 信号取反。

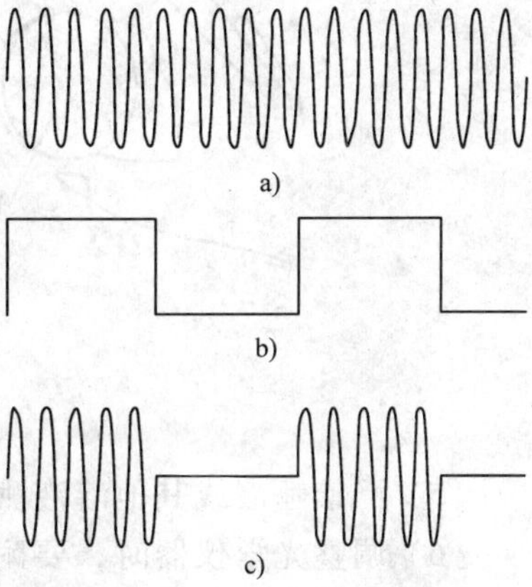

a)

b)

c)

图 E-12　GATE 模式下的信号输出

附录 F　光学实验基础知识

光学是仪器科学基础中的重要内容之一，掌握光学实验的实验技术和技能是测控专业学生实践能力必须具备的一部分内容，光学实验也是工程光学课程的一个重要组成部分。这里介绍光学实验中经常用到的知识和操作技术。

1. 光学元件和仪器的维护

透镜、棱镜等光学元件，大多数是用光学玻璃制成的。它们的光学表面都经过精细的研磨和抛光，有些还镀有一层或多层薄膜。这些元件或材料的光学性能（例如折射率、反射率、透射率等）都有一定的指标或要求，而它们的机械性能和化学性能一般都不是很好，若使用和维护不当，就会降低光学性能甚至损坏报废。造成损坏的常见原因有摔坏、磨损、污损、发霉、腐蚀等。为了安全使用光学元件和仪器，必须遵守以下规则：

1）在使用仪器前必须认真阅读仪器使用说明书，详细了解仪器的结构、工作原理，操作光学仪器时要耐心细致，切忌盲目动手。使用和搬动光学仪器时，应轻拿轻放，避免受振磕碰。

2）轻拿轻放，勿使仪器或光学元件受到冲击或震动，特别要防止摔落。不使用的光学元件应随时装入专用盒内。

3）保护好光学元件的光学表面，不能用手触及光学表面，以免印上汗渍和指纹。如必须用手拿光学元件时，只能接触其磨砂面，如透镜的边缘、棱镜的上下底面等，如图 F-1 所示。

4）光学表面上如有灰尘，可用脱脂棉球或专用软毛刷等清除，也可用清洁的镜头纸轻轻拂去，但不要加压擦拭，更不准用手帕、普通纸片、衣服等擦拭。如发现汗渍、指纹污损可用实验室准备的擦镜纸擦拭干净，有镀膜的光学表面上的污迹常用脱脂棉球蘸少量乙醇和乙醚混合液转动擦拭多遍才行（镀膜面的处理应由有经验的实验室人员进行，学生对镀膜面均不得触碰或擦拭）。

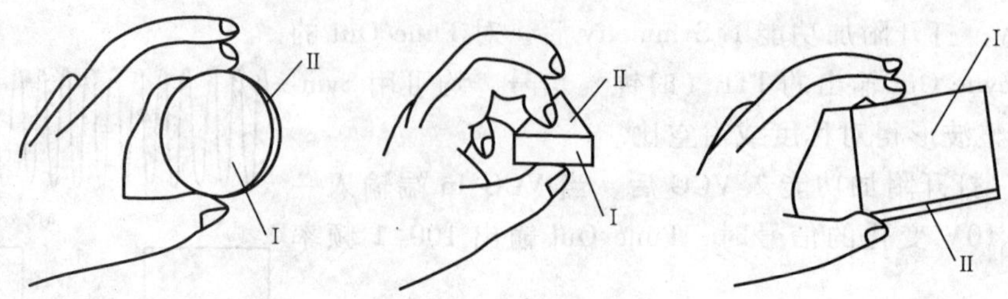

图 F-1　手持光学元件的方法

Ⅰ—光学面　Ⅱ—磨砂面

5）严禁唾液或其他溶液溅落在光学表面上。

6）调整光学仪器时，要耐心细致，一边观察一边调整，动作要轻、慢，严禁盲目及粗鲁操作。

7）仪器用毕应该加罩，长期不用的，应放回带有干燥剂的木箱内，防止沾染灰尘。光学仪器的机械部分应及时添加润滑剂，以保持各转动部件转动自如、防止生锈。

8）使用激光光源时切不可直视激光束，以免灼伤眼睛。

2. 消视差

光学实验中经常要测量像的位置和大小。经验告诉我们，要测准物体的大小，必须将量度标尺与被测物体紧贴在一起。如果标尺远离被测物体，读数将随眼睛的位置不同而有所改变，难以测准，如图 F-2 所示。在光学实验中被测物往往是一个看得见摸不着的像，怎样才能确定标尺和待测像是紧贴在一起的呢？利用“视差”现象可以帮助我们解决这个问题。为了认识“视差”现象，可做一简单实验：双手各伸出一只手指，并使一指在前一指在后相隔一定距离，且两指互相平行，用一只眼睛观察，当左右（或上下）晃动眼睛时（眼睛移动方向应与被观察手指垂直），就会发现两指间有相对移动。这种现象称为“视差”。而且还会看到，离眼近者，其移动方向与眼睛移动方向相反，离眼远者则与眼睛移动方向相同。若将两指紧贴在一起，则无上述现象，即无“视差”。由此可以利用视差现象来判断待测像与标尺是否紧贴。若待测像和标尺间有视差，说明它们没有紧贴在一起，则应该稍稍调节像或标尺位置，并同时微微晃动眼睛观察，直到它们之间无视差后方可进行测量。这一调节步骤常称之为“消视差”。

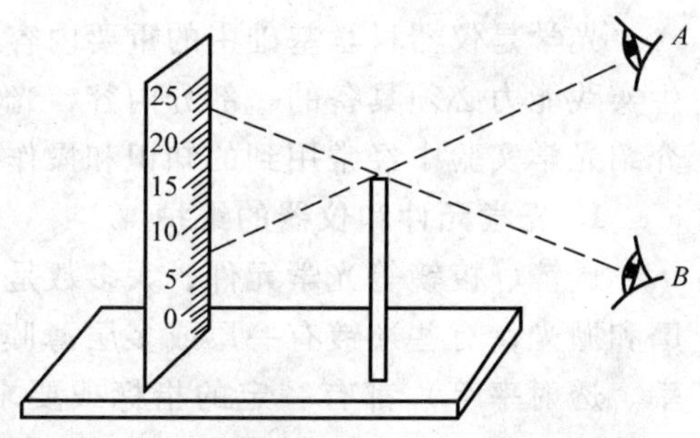

图 F-2　眼睛位置不同，所得观测结果不同

在光学实验中，“消视差”常常是正式测量前必不可少的操作步骤。在用米尺测量长度或在使用电表时，应使视线、指针及指针在平面镜中的像三者重合。以达到消除视差的目的。

3. 共轴调节

光学实验中经常要用一个或多个透镜成像。为了获得质量好的成像，必须使各个透镜的主光轴重合（即共轴）并使物体位于透镜的主光轴附近。此外，透镜成像公式中的物距、像距等都是沿主光轴计算长度的，为了测量准确，必须使透镜的主光轴与带有刻度的导轨平行。为达到上述要求的调节统称为共轴调节。共轴调节的方法如下。

（1）粗调　将光源、物和透镜靠拢，调节它们的取向和高低左右位置，凭眼睛观察，使它们的中心处在一条和导轨平行的直线上，使透镜的主光轴与导轨平行，并且使物（或物屏）和成像平面（或像屏）与导轨垂直。这一步因单凭眼睛判断，调节效果与实验者的经验有关，故称为粗调。

（2）细调　这一步骤要靠其他仪器或成像规律来判断和调节。不同的装置可能有不同的具体调节方法。下面介绍物与单个凸透镜共轴的调节方法。使物与单个凸透镜共轴实际上是指将物上的某一点调到透镜的主光轴上。要解决这一问题，首先要知道如何判断物上的点是否在透镜的主光轴上。这一点可根据凸透镜成像规律判断。如图 F-3 所示，当物 AB 与像屏之间的距离 b 大于 $4f$ 时，将凸透镜沿光轴移到 O_1 或 O_2 位置都能在屏上成像，一次成大像 A_1B_1，一次成小像 A_2B_2。物点 A 位于光轴上，其两次像点 A_1 和 A_2 都在光轴上而且重合。物点 B 不在光轴上，其两次像点 B_1 和 B_2 一定都不在光轴上，而且不重合。但是，小像的 B_2 点总是比大像的 B_1 点更接近光轴。据此可知，若要将 B 点调到凸透镜光轴上，只需记住像屏上小像的 B_2 点位置（屏上贴有坐标纸供记录位置时作参照物），调节透镜（或物）的高低左右，使 B_1 向 B_2 靠拢，反复调节几次直到 B_1 与 B_2 重合，即说明 B 点已调到透镜的主光轴上了。

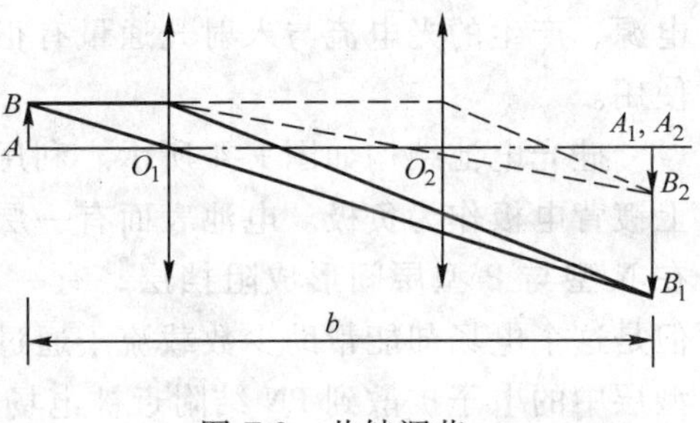

图 F-3　共轴调节

若要调多个透镜共轴，则应先将物上 B 点调到一个凸透镜的主光轴上，然后，同样根据轴上物点的像总在轴上的道理，逐个增加待调透镜，调节它们使之逐个与另一个透镜共轴。

4. 光学实验的观测方法

（1）用眼睛直接观察　在光学实验中常通过眼睛直接对光学实验现象进行观察。用眼睛直接进行观测具有简单灵敏，同时观察到的图像具有立体感和色彩等特点。这种用眼睛直接观察的方法，常称为主观观察方法。

人的眼睛可以说是一个相当完善的天然光学仪器，从结构上说它类似于一架照相机。人眼能感觉的亮度范围很宽，随着亮度的改变眼睛中瞳孔大小可以自动调节。人眼分辨物体细节的能力称为人眼的分辨力，在正常照度下，人眼黄斑区的最小分辨角约为 1′。人眼的视觉对于不同波长的光的灵敏度是不同的，它对绿光的感觉灵敏度最高。人眼还是一个变焦距系统，它通过改变水晶体两曲面的曲率半径来改变焦距，约有 20% 的变化范围。

（2）用光电探测器进行客观测量　除了用人眼直接观察外，还常用光电探测器来进行客观测量，对超出可见光范围的光学现象或对光强测量需要较高精度要求时就必须采用光电探测器进行测量，以弥补人眼的局限性。

常用的光探测器有光电管、光敏电阻和光电池等。

光电管是利用光电效应原理制成的一光电发射二极管。它有一个阴极和一个阳极，装在抽成真空后充有惰性气体的玻璃管中。当满足一定条件的光照射到涂有适当光电发射材料的光阴极时，就会有电子从阴极发出，在二极间的电压作用下产生光电流。一般情况下光电流的大小与光通量成正比。

光敏电阻是用硫化镉、硒化镉等半导体材料制成的光导管。当有光照射到光导管时，并没有光电子发射，但半导体材料内电子的能量状态发生变化，导致电导率增加（即电阻变小）。照射的光通量越大，电阻就变得越小。这样就可利用光电管电阻的变化来测量光通量大小。

光电池是利用半导体材料的光生伏特效应制成的一种光探测器，由于光电池有不需要加电源、产生的光电流与入射光通量有很好的线性关系等优点，常作为光电探测器件在实验中使用。

硅光电池结构如图 F-4 所示。利用硅片制成 PN 结，在 P 型层上贴一栅形电极，N 型层上镀背电极作为负极。电池表面有一层增透膜，以减少光的反射。由于多数载流子的扩散，在 N 型与 P 型层间形成阻挡层，有一由 N 型层指向 P 型层的电场阻止多数载流子的扩散，但是这个电场却能帮助少数载流子通过。当有光照射时，半导体内产生正负电子对，这样 P 型层中的电子扩散到 PN 结附近被电场拉向 N 型层，N 型层中的空穴扩散到 PN 结附近被阻挡层拉向 P 区，因此正负电极间产生电流；如停止光照，则少数载流子没有来源，电流就会停止。硅光电池的光谱灵敏度最大值在可见光红光附近（800nm），截止波长为 1100nm。图 F-5 表示硅光电池的光谱灵敏度的相对值。

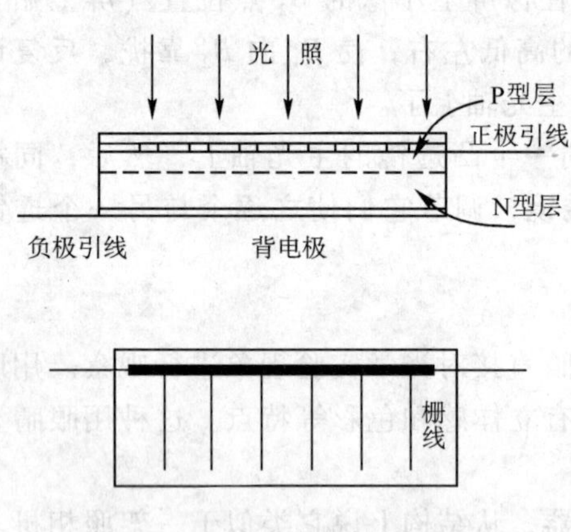

图 F-4　硅光电池构造

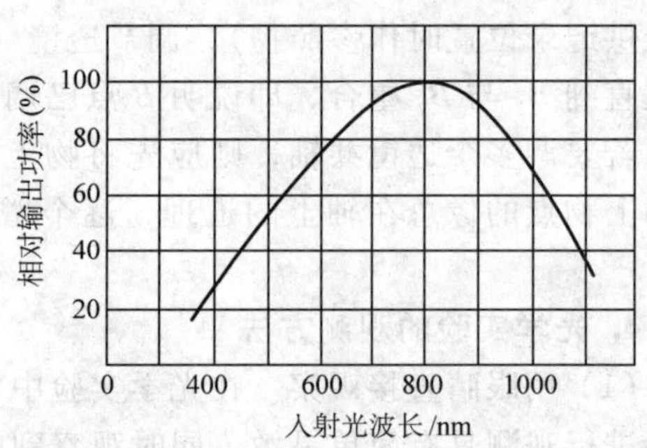

图 F-5　硅光电池的光谱灵敏度

使用时应注意，硅光电池质脆，不可用力按压。不要拉动电极引线，以免脱落。电池表面勿用手摸。如需清理表面，可用软毛刷或酒精棉，防止损伤增透膜。

附录 G　通用量具简介

常见的通用量具有卡尺、千分尺、指示表、量块、量规等几种。

1. 卡尺

卡尺如图 G-1 及表 G-1 所示。

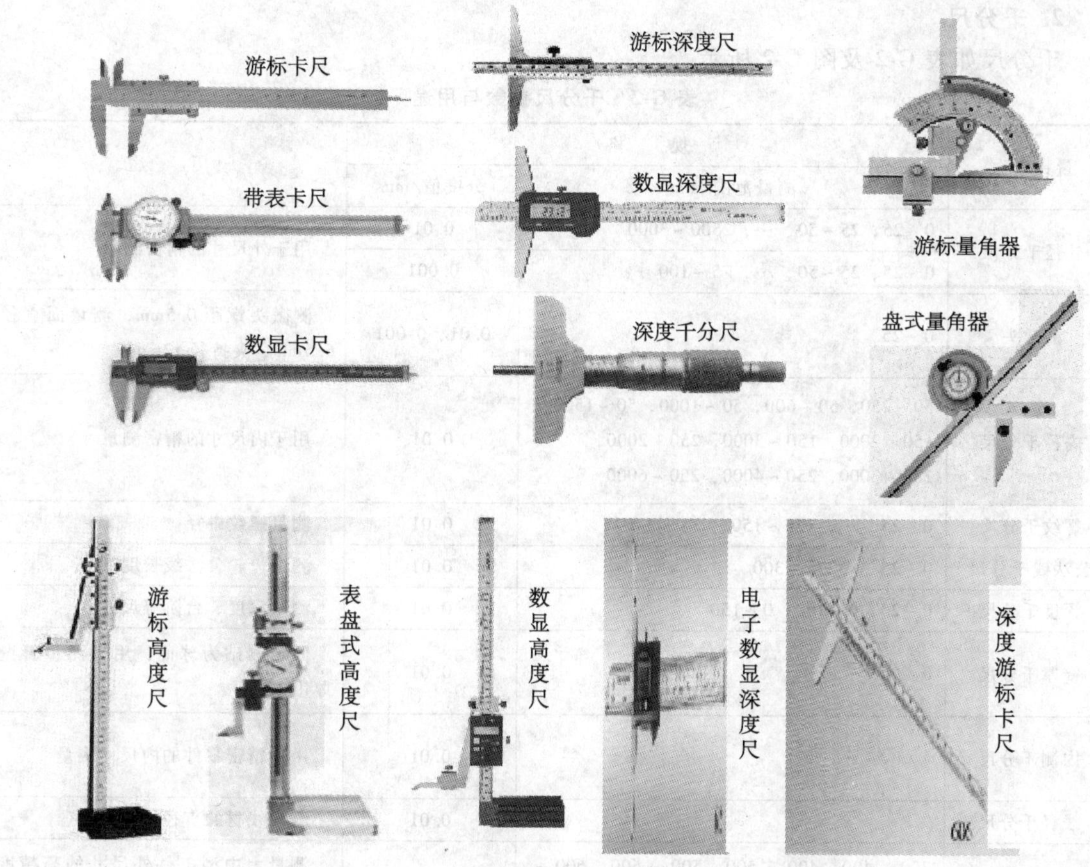

图 G-1　卡尺类

表 G-1　卡尺参数与用途

量具名称	规　格		用　途
	测量范围/mm	分度值/mm	
游标卡尺	0～70，0～125，0～150，…，0～2000，0～3000	0.02，0.05，0.10	用于一般机械加工中的测量，可测量内、外径尺寸
带表卡尺	0～70，0～125，0～150，…，0～2000，0～3000	0.02	用表式机构代替游标读数。用于一般机械加工中的测量
电子数显卡尺	0～150（可带测深附件），…，0～1500	0.01	采用LCD数字显示并可进行公英制转换，在任意位置置零，数据输出功能
深度游标卡尺	0～200，0～300，0～400，0～500	0.02，0.05	用于测量深度、台阶等
高度游标卡尺	0～200，0～300，0～500，0～600，0～1000，0～1500，0～2000	0.02，0.05	用于测量高度或划线等
电子数显高度卡尺	0～200，0～300，0～500	0.01	采用LCD数字显示并可进行公英制转换，在任意位置置零，具有数据输出功能。采用数字显示技术，测量精确效率高
万能角度尺	0°～320°	2′，5′	用于机械加工中的内、外角度测量
电子数显深度卡尺	0～200，0～300，0～500	0.01	采用LCD数字显示并可进行公英制转换，在任意位置置零，具有数据输出功能

2. 千分尺

千分尺如表 G-2 及图 G-2 所示。

表 G-2　千分尺参数与用途

量具名称	规格		用　途
	测量范围/mm	分度值/mm	
外径千分尺	0～25，25～50，…，2500～3000	0.01	用于外尺寸的精密测量
	0～25，25～50，…，75～100	0.001	
测微头	0～25	0.01，0.001	测微头螺距 0.5mm，测量面直径 6.5mm，夹持径 12mm
内径千分尺	50～250，50～600，50～1000，50～1500，150～2000，150～3000，250～2000，250～3000，250～4000，250～6000	0.01	用于内尺寸的精密测量
螺纹千分尺	0～25，…，125～150	0.01	测量螺纹中径
公法线千分尺	0～25……275～300	0.01	测量齿轮公法线长度
深度千分尺	0～25；0～100；0～150	0.01	测量深度、台阶等尺寸
壁厚千分尺	0～25	0.01	固定测砧为球面，用于测量管壁厚度
内测千分尺		0.01	用于精密零件的内尺寸测量
线径千分尺		0.01	测量线材的直径
带表外径千分尺	300～400，400～500，500～600，600～700，700～800，800～900，900～1000	0.01	测量大中型工件外尺寸的高精度量具
板厚千分尺	0～10，0～25	0.01	测量板材和板状工件厚度

3. 指示表

指示表如表 G-3、图 G-3 所示。

表 G-3　指示表参数与用途

量具名称	规格		用　途
	测量范围/mm	分度值/mm	
百分表	0～5，0～10，0～30	0.01	长度测量工具，测量几何形状误差及相互位置偏差
	0～3	0.01	
千分表	0～1	0.001	是高精度的长度测量工具，测量几何形状误差及相互位置偏差
杠杆百分表	0～0.8	0.01	适于一般百分表难以测量的场所，有水平式、端面式两种
杠杆千分表	0～0.2	0.002	
电子数显百分表，电子数显千分表	0～5，0～10	0.01，0.001	采用 LCD 数字显示

（续）

量具名称	规　　格		用　　途
	测量范围/mm	分度值/mm	
内径百分表 内径千分表	0～4，4～6，6～10，10～18 18～35，35～50，50～100，50～160， 100～160，160～250，250～450	0.01，0.001	适于测量不同直径和不同深度的孔
扭簧比较仪	±0.006，…，±0.3	0.0002，…，0.01	测量工件形状偏差和位置偏差
杠杆齿轮比较仪	0.06，0.10	0.001	测量工件形状偏差和位置偏差
百分比较仪	±0.4	0.01	用于测量工件尺寸及形位误差
千分比较仪	±0.07	0.001	用于测量工件尺寸及形位误差
对刀器	50	0.01	用于加工中心及数控机床，用以对刀具长度补偿的一种测量装置
双面百分表	0～3	0.01	用于需同时双面读数的场合
深度百分表	0～100	0.01	用于工件深度、台阶等尺寸的测量

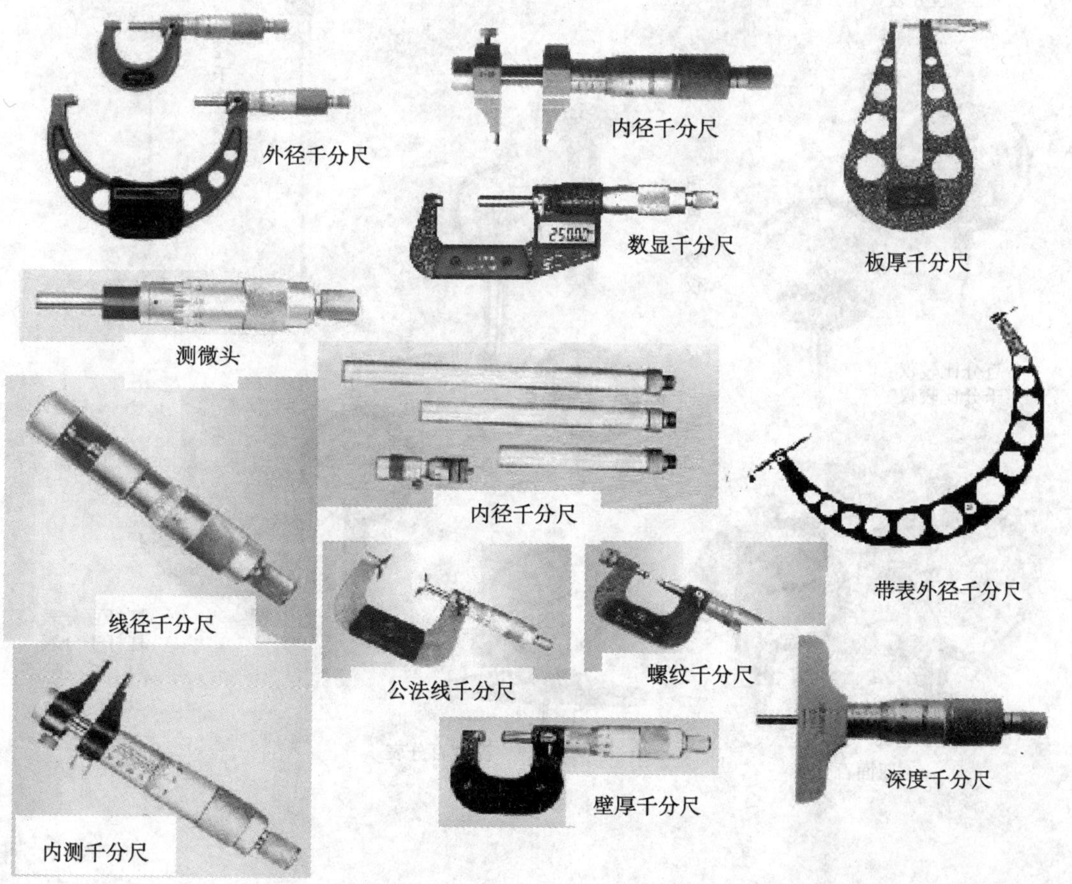

图 G-2　千分尺类

百分表　千分表
数显百分表
数显千分表
防尘百分表
齿轮杠杆表
内径百分表　内径千分表
扭簧比较仪
百分比较仪
千分比较仪
杠杆百分表
杠杆千分表
双面百分表
深度百分表

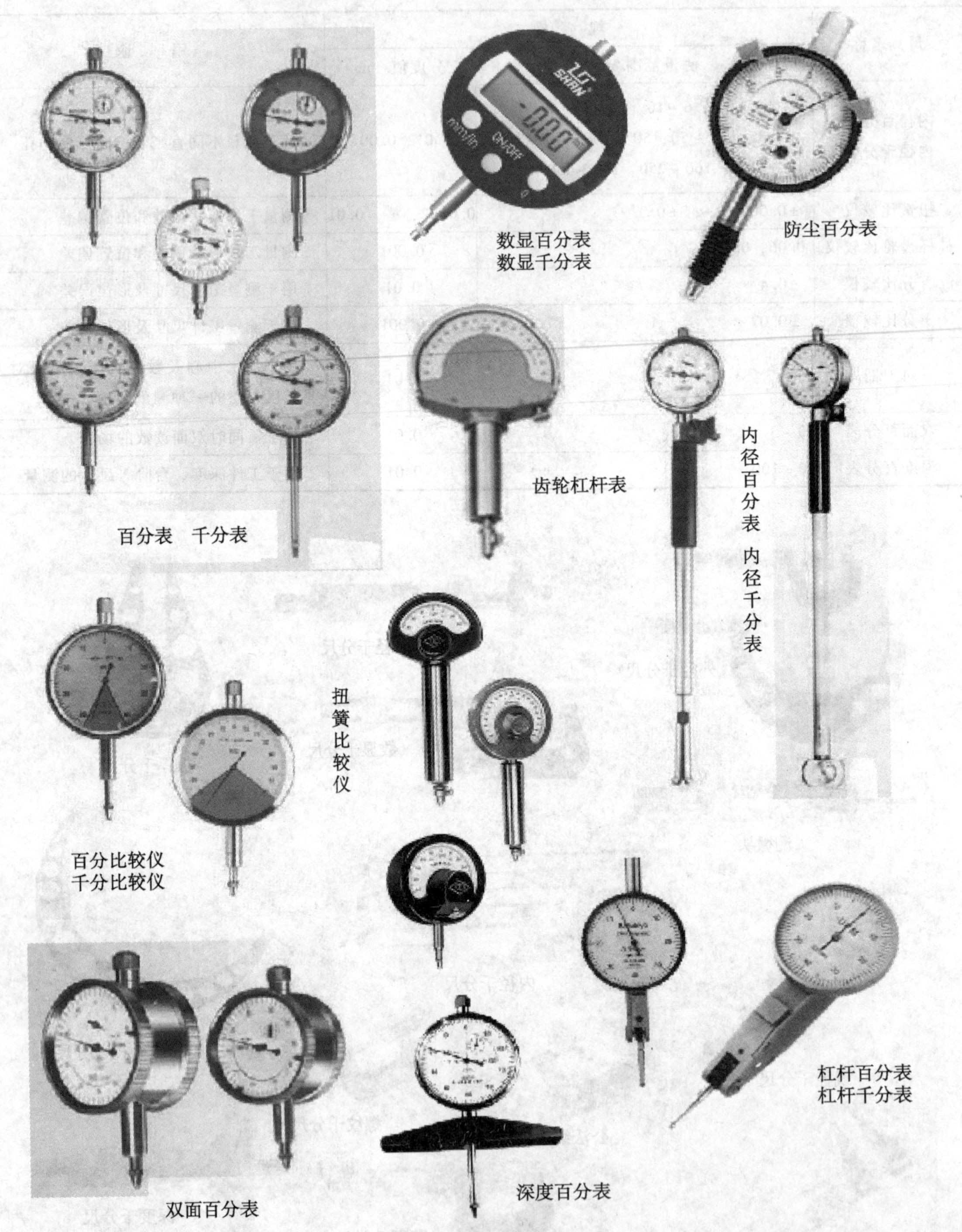

图 G-3　指示表类

4. 量块

量块如图 G-4、表 G-4 所示。

量块　　陶瓷量块　　角度量块

单值角度块　　多值角度量块　　正多面棱体

图 G-4　量块类

表 G-4　量块参数与用途

量具名称	规格		用途
	总块数/工作角的公称值	级别	
量块，陶瓷量块	91,83,46,43,25,20,12,10+,10-,8,7,6,5(12,10,6,4 专用检定块)	0,1,2	是长度的计量基准,用于长度尺寸的传递
	112,88,47,87(美标)		
	47,103,76,32(德标)		
	88,81,36,35,20,9(英制)	A+,A&B,B	
角度量块	94,36,7	0,1,2	是角度的计量基准,用于万能角度尺和角度样板的检定
多值角度块	45°×45°×90°,30°×60°×90°	精度:±20″	是 90°60°45°30°角度计量基准,用于机械加工及检测
单值角度块	0.25°,0.5°,1°,2°,3°,4°,5°,10°,15°,20°,25°,30°		是角度计量基准,精度±20″
正多面棱体	12,18,24,36,72	12,18,24,36,72	用于角度传递基准
英制方量块	0.050~4.000	B,b	用于长度的测量基准及高速机床用

5. 量规

量规如表 G-5、图 G-5 所示。

表 G-5　量规参数与用途

量具名称	规　格		用　途
	直径/mm	级　别	
量针	0.118,…,6.212	0,1	测量螺纹中径
针规	标称直径:3.00 ~ 3.50,3.50 ~ 4.00,…,5.50 ~ 6.00		适于孔径、孔距,内螺纹小径的测量
普通螺纹量规	公称直径:2.0,…,140	螺距:0.20,…,6.0	适于孔径、孔距,内螺纹小径的测量
美标统一螺纹量规	标准尺寸、每英寸牙数:0.073 ~ 64,…,2.000 ~ 4.5	标准尺寸、每英寸牙数:0.073 ~ 64,…,2.000 ~ 4.5	符合美标
莫氏圆锥量规	0,1,2,3,4,5,6#		用于检查机床与工具圆锥孔和圆锥柄的锥度和尺寸的正确性
7:24 圆锥量规	30,40,45,50,55,60,65,70,75,80#	1,2,3	可满足机床制造业锥体制件的互换,实现锥度传递及检测
表面粗糙度样块	可满足机床制造业锥体制件的互换,实现锥度传递及检测		用比较法检查零件表面粗糙度的一种量具

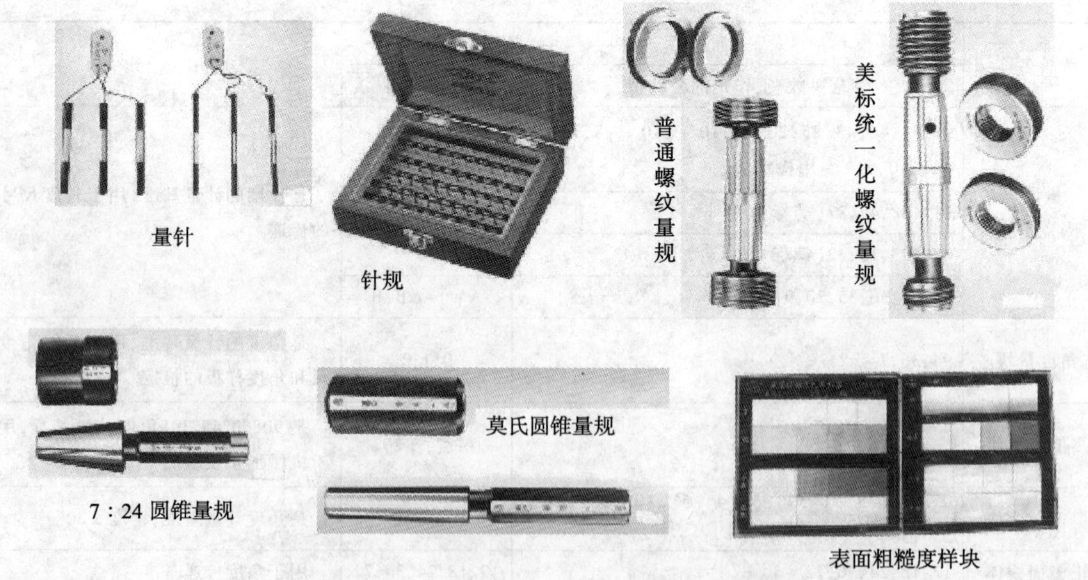

图 G-5　量规类

附录H 测量仪器

1. 工具显微镜

工具显微镜是一种多用途的光学测量仪器，可以对复杂形状的工件进行测量。

该仪器以显微镜放大工件形状和瞄准测量部位，通过坐标工作台两个方向的精密位移读出被测尺寸，并用多种附件扩大其测量功能。

工具显微镜的附件有测角目镜、螺纹轮廓目镜、圆弧轮廓目镜，用以测量角度和一些形状；有圆分度台和分度头，可以提供不同坐标系的测量基准或用作分度测量：有顶尖座、V形架，用以夹持各种形状的工件；有光学灵敏杠杆、双象目镜和量刀等用来对工件进行不同方法的定位测量，既能作不接触测量，还可作接触测量。还可附加投影屏作轮廓形状比较测量。这些附件大大提高了仪器的万能性。

由于上述组成结构工具显微镜可以测量圆柱、块状和板状零件的形状和尺寸，齿轮、螺纹、锥体、样板、凸轮、切削刀具等复杂参数也都可进行测量，所以工具显微镜不仅是机械制造厂最常用的测量仪器，也是科学研究和实验教学的基本设备。

工具显微镜按测量范围不同分为：小型工具显微镜、大型工具显微镜、万能工具显微镜。

（1）小型、大型工具显微镜　小型工具显微镜一般只有方工作台，不带圆工作台。大型工具显微镜带有圆工作台。两者都备有顶尖架和V形架以夹持圆柱工件。

小型和大型工具显微镜的光路为了生产上的简化，常采用相同的光路设计。显微镜有四种放大倍数的物镜可更换（小型工具显微镜较少）。目镜焦面上有米字线分划板，用以对线瞄准工件轮廓。工作台可沿底座上的导轨在两个垂直方向移动。移动距离由25mm量程的测微丝杆读数。大于25mm的距离时，丝杆顶端工作台与定位面间可加垫量块。

显微镜筒架设在仪器立柱的悬臂上。并与立柱一起摆动而使测量光轴倾斜。摆动时的摆轴轴线与工作台上附加顶尖的中心线处于同一平面内，并且与显微镜的光轴三者共交于一点。显微镜测量螺纹参数时需要这种光轴的倾斜。进行接触测量时，有光学灵敏杠杆触头。

（2）万能工具显微镜　万能工具显微镜（简称万工显）测量量程较大，坐标定位精度较高，配备多种测量附件，能适应多种测量的需要。图H-1是万能工具显微镜的实物图。

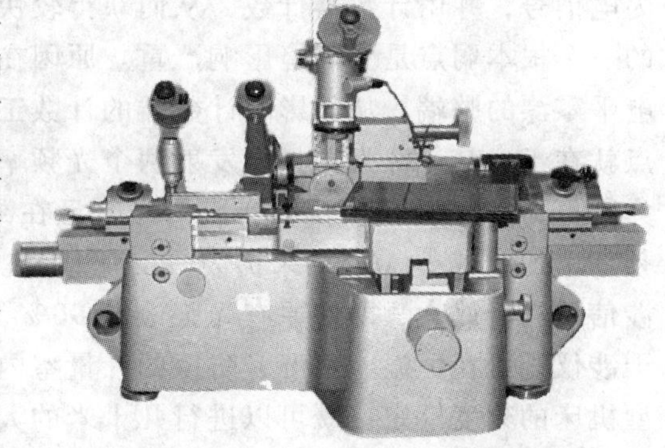

图H-1　万能工具显微镜的实物图

万工显测量时可以对被测件的放大像通过目镜或投影屏进行对准或比较，还可用光学灵敏杠杆进行接触测量。在测量螺纹参数时用量刀附件的轴切法测量，可以消除螺纹升角对瞄准精度的影响。

万工显配有光学转台和光学分度头，不仅能以直角坐标系对坐标尺寸进行测量外，还能以极坐标系和圆柱坐标系进行测量。如对平面阿基米德螺线和圆柱面上螺旋线的测量。

万工显的传统结构是在其底座上有相互垂直的两导轨，导轨上分别有纵向滑台和横向滑台。纵向滑台上安置平工作台与顶尖座，横向滑台上装有立柱、臂架和主显微镜。纵、横向滑台上分别装有毫米刻线玻璃标尺，用读数显微镜读数，可细分至 0.001mm。横向标尺位于立柱倾斜转动轴线的延长线上，倾斜转动轴、主显微镜尖轴和顶尖轴线相交于一点，所以横向读数符合阿贝原则。纵向标尺位于纵向滑座侧上方，不符合阿贝原则，因此纵向测量误差较横向大。

微机型万能工具显微镜，是应用计算机辅助测量的新一代万能工具显微镜，能解决各种复杂的二维测量问题。

传统的万工显对于视场中不能直接观测到的几何元素，如圆心、中点、交点、中心线及其相互距离、夹角等等都很难进行测量，而在微机型万能工具显微镜仪器上均能迎刃而解。

该仪器采用精密光栅传感器和 PC 系列微机以及数据接口卡采集测量数据，同时以二维测量程序进行数据处理、显示并打印测量结果。仪器操作方便，按照屏幕显示图形菜单，键入测量命令就可开始测量。

仪器在测量过程中，彩色显示器屏幕上可实时显示瞄准点的工件坐标，直角坐标或极坐标可随时转换，对于极坐标测量及凸轮测量尤为方便。仪器使用公制和英制两种计量单位。仪器可对工作台滑座导轨的装配误差自动修正，进一步提高了测量精度。

2. 双频激光干涉仪

双频激光干涉仪是 20 世纪 60 年代末 70 年代初问世的一种新型激光干涉仪。它以稳频的双频氦氖激光器作为光源，按照拍频原理，在计算机配合下，可以在较差的工作环境中，以相当高的精度完成其他常规激光干涉仪所不能完成的测量工作。具有较高的经济效益，因而得到较快发展。

（1）双频激光干涉仪的特点　激光的出现，赋予古老的光干涉度量学以新的活力。用稳频的氦氖激光器作光源，由于它的相干长度比氪灯长得多，干涉仪的测量范围可以大大扩展。且由于它的光束发散角小，能量集中，因而它产生的干涉条纹可用光电接收器接收，变为电信号，并由计数器计数，从而获得较快的测速和较高的测量精度。但常规的激光干涉仪的一个根本弱点是受环境影响严重。原因在于它是一种直流测试系统，必然具有光能和直流电平零漂的弊端，从而影响计数器的计数工作，产生测量误差。而双频激光干涉仪的突出特点就在于，其光源为一只能发射两个光频率的激光器：其一为 f_1，另一为 f_2，而干涉信号则为频率为 $f_2-f_1=2\text{MHz}$ 的交流信号。且在测量过程中，可动棱镜的移动使原有的交流信号频率增加或减小 Δf，结果仍为一交流信号。这样就可用一放大倍数较大的交流放大器对干涉信号进行放大，即使原有光强衰减 90%，仍可得到合适电信号。正因为如此，双频激光干涉仪既可在恒温、恒湿、防振的计量室内进行各种检定测量，也可用在普通车间内进行大型机床的刻度标定：既可以进行几十米的大量程精度检测，也可用于微小精密零件的检测。从而大大开阔了激光干涉测量的应用范围。

（2）双频激光干涉仪的工作原理　双频激光干涉系统的结构及工作原理如图 H-2 所示。

1）干涉仪的结构及工作原理　双频激光干涉仪是利用两个频率相差很小的光波的干涉来工作的。其工作原理如图 H-2 所示。

从双频激光器 1 输出频率为 f_1 的左旋圆偏振光及频率为 f_2 的右旋圆偏振光，经 1/4 波片 2 变为两束振动方向互相垂直的线偏振光。用分光镜 3 取出一小部分（约 40%），经检偏器 14 形成 f_1 和 f_2 的拍频信号，由接收器 17 接收作为参考信号 $\cos[2\pi(f_2-f_1)t]$。其余

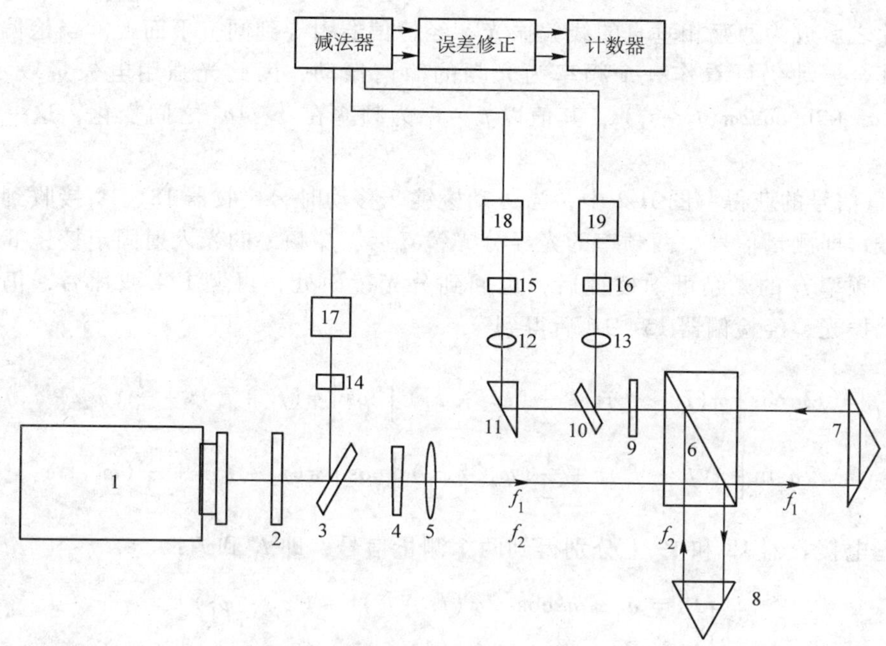

图 H-2　双频激光干涉系统的工作原理

大部分经括束器 4、5 进入干涉系统。偏振分光镜 6 将频率为 f_2 的线偏振光全部反射到固定棱镜 8 上，而频率为 f_1 的线偏振光全部透过，进入可动棱镜 7。这两束光分别经 7 和 8 反射回来，在偏振分光镜面会合。当可动棱镜移动时，f_1 变为 $f_1 \pm \Delta f$，它们经 1/4 波片 9 重新变为左、右旋的圆偏振光，一部分透过分光镜 10，从反射镜 11 反射后，经透镜 12 和检偏器 15 形成测量信号 $\cos\left[2\pi\ (f_2 - f_1 \mp \Delta f)\ t\right]$，并被光电接收器 18 接收。从分光镜 10 反射的一部分光束，经透镜 13 和检偏器 16 形成另一测量信号 $\sin\left[2\pi\ (f_2 - f_1 \mp \Delta f)\ t\right]$，由接收器 19 接收。将这两路信号送入减法器，同参考信号进行频率相减，得到多普勒频率 $\Delta f = f\dfrac{2v}{c}$，其中设 v 为可动棱镜的移动速度，则光电接收器相对于光源的移动速度即为 $2v$。又设可动棱镜在时间 t 内，移动距离 L（即待测距离）。由 $v = \dfrac{\mathrm{d}L}{\mathrm{d}t}$ 得 $\mathrm{d}L = \dfrac{\Delta f}{2}\dfrac{c}{f}\mathrm{d}t$，且由 $\lambda = \dfrac{c}{f}$ 得 $\mathrm{d}L = \dfrac{\lambda}{2}\Delta f\mathrm{d}t$，从而 $L = \int_0^t \dfrac{\lambda}{2}\Delta f\mathrm{d}t$。而 $\int_0^t \Delta f\mathrm{d}t$ 即为在时间 t 内计数器计得的脉冲数 N，因此 $L = \dfrac{\lambda}{2}N$。

在双频激光干涉仪中干涉是两个光频率的拍，它的频差公式取如下形式：$f_1 + \Delta f - f_2 = (f_1 - f_2) + \Delta f$。在这个公式中，$f_1 - f_2$ 是激光器由于塞曼效应而分裂的两个光频之差，这一差值与被测件移动与否无关，即使可动棱镜静止这一差值仍然存在。也就是说，双频起了“载波”的作用，被测件的移动只是使这个频差增加或减少，即产生了调频。这样就可以采用倍数较大的交流放大器来放大信号，即使在光强衰减 90% 的情况下，干涉仪也能照常工作。

2）参考信号的产生　双频激光器的左右旋圆偏振光的振动方程为

$$\begin{cases} E_1 y(t) = a\cos 2\pi f_1 t \\ E_1 x(t) = a\sin 2\pi f_1 t \end{cases}（左旋）$$

$$\begin{cases} E_2 y(t) = a\cos 2\pi f_2 t \\ E_2 x(t) = a\sin 2\pi f_2 t \end{cases}（右旋）$$

经波片之后成为两互相垂直的线偏振光，经检偏器引导到同一平面上。当检偏轴 Y 沿轴配置时，其合振动仍可看作一个频率为光频的简谐振动，因此光强用电矢量表示为：$I=E'y^2(t)=2a^2+2a^2\cos2\pi(f_2-f_1)t$，其值以 f_2-f_1 为频率在 $0\sim4a^2$ 之间变化，这一频率称为拍频。

3）测量信号的获得　图 H-2 中，当可动棱镜 7 移动时，接收器 18、19 接收到的是多普勒频差信号，即测量信号。两频率的光经分光镜 6 后，f_2 频率的光入射固定棱镜 8 再折回分光镜面处，频率 f_1 的光经可动棱镜后，也回到分光镜面处，再经 1/4 波片后，仍成为旋向相反的圆偏振光，经检偏器 15、16 后得到

$$\begin{cases}E_1=\sqrt{2}a\cos\left[\pi(f_2-f_1)t+\dfrac{1}{2}(\varphi_2-\varphi_1)\right]\cos\left[\pi(f_2+f_1)t+\dfrac{1}{2}(\varphi_2+\varphi_1)\right]\\E_2=\sqrt{2}a\sin\left[\pi(f_2-f_1)t+\dfrac{1}{2}(\varphi_2-\varphi_1)\right]\cos\left[\pi(f_2+f_1)+\dfrac{1}{2}(\varphi_2+\varphi_1)\right]\end{cases}$$

则在光电接收器 18 和 19 上分别得到两个测量信号，即 I_1 和 I_2：

$$\begin{cases}I_1=a^2+a^2\cos[2\pi(f_2-f_1)t+(\varphi_2-\varphi_1)]\\I_2=a^2+a^2\sin[2\pi(f_2-f_1)t+(\varphi_2-\varphi_1)]\end{cases}$$

因而由可动棱镜移动引起的相位差为

$$\varphi_2-\varphi_1=2\pi\Delta f\mathrm{d}t=\frac{4\pi\mathrm{d}L}{\lambda}$$

所以

$$L=\int_0^t\frac{\lambda}{2}\Delta f\mathrm{d}t=\frac{\lambda}{2}N$$

双频激光干涉仪除了用于长度的精密测量外，还可用于测量角度、直线度、平面度等形状位置误差、时间基准包括速度、加速度等各方面的测量。它的结构简单、紧凑，干涉性能稳定，抗环境干扰能力强，是一种常用的高精度综合测量仪器。除用在实验室内的检定外，还可用于车间内的精密机床的校验，如车床导轨直线度的测量等。双频激光干涉仪还可用于振动的测量，用于机床定位，光栅刻划等。

3. 三坐标测量机

三坐标测量机是近 30 年发展起来的一种高效率的新型精密测量仪器。它广泛地用于机械制造、电子、汽车和航空航天等工业中。它可以进行零件和部件的尺寸、形状及相互位置的检测，例如箱体、导轨、涡轮和叶片、缸体、凸轮、齿轮等空间型面的测量。此外，还可用于划线、定中心孔、光刻集成线路等，并可对连续曲面进行扫描及制备数控机床的加工程序等。由于它的通用性强、测量范围大、精度高、效率高、性能好、能与柔性制造系统相连接，已成为一类大型精密仪器，故有“测量中心”之称。图 H-3 是三坐标测量机的实物图。

三坐标测量机作为大型精密仪器，可方便地进行空间三维尺寸的测量，可实现在线检测及自动化测量。它的优点是：①通用性强，可实现空间坐标点位置的测量，方便地测量出各种零件的三维轮廓尺寸和位置精度；②测量精确可靠；③可方便地进行数据处理与程序控制。

随着机械、汽车、航空航天和电子工业兴起后，各种复杂零件的研制和生产需要先进

的检测技术与仪器，因而体现三维测量技术的三坐标测量机应运而生，并迅速发展和日趋完善。三坐标测量机的出现是标志计量仪器从古典的手动方式向现代化自动测试技术过渡的一个里程碑。三坐标测量机在下述方面对三维测量技术有重要作用。

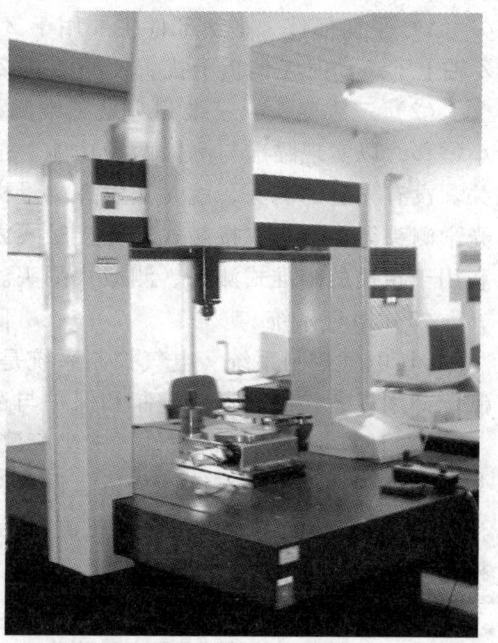

图 H-3　三坐标测量机

1）解决了复杂形状表面轮廓尺寸的测量，例如箱体零件的孔径与孔位、叶片与齿轮、汽车与飞机等的外轮廓尺寸检测。

2）提高了三维测量的测量精度。

3）由于三坐标测量机可与数控机床和加工中心配套组成生产加工线或柔性制造系统，从而促进了自动生产线的发展。

4）随着三坐标测量机的精度不断提高，自动化程度不断发展，促进了三维测量技术的进步，大大提高了测量效率。

目前，国内外三坐标测量机正迅速发展。国外著名的生产厂家有德国的蔡司（Zeiss）和莱茨（Leitz）、意大利的DEA、美国的布朗—夏普（Brown & Sharpe）、日本的三丰（Mitutoyo）等公司。我国自20世纪70年代开始引进研制三坐标测量机以来，也有了很大发展。我国的主要生产厂家有中国航空精密机械研究所、青岛前哨英柯发测量设备有限公司、上海机床厂、北京机床研究所、哈尔滨量具刃具厂、昆明机床厂和新天光学仪器厂等。现在，我国具有年产几百台各种型号三坐标测量机的能力。

三坐标测量机种类繁多、形式各异、性能多样，所测对象和放置环境也不尽相同，但大体上皆由若干具有一定功能的部分组合而成。

作为一种测量仪器，三坐标测量机主要是比较被测量与标准量，并将比较结果用数值表示出来。三坐标测量机需要3个方向的标准器（标尺），利用导轨实现沿相应方向的运动，还需要三维测头对被测量进行探测和瞄准。此外，测量机还具有数据处理和自动检测等功能，需由相应的电气控制系统与计算机软硬件实现。

三坐标测量机主要由主机、三维测头、电气系统三大部分组成。

（1）主机　主机由以下部分组成。

1）框架结构　框架是指测量机的主体机械结构架子。它包括工作台、立柱、桥框、壳体等机械结构。

2）标尺系统　标尺系统是测量机的重要组成部分，是决定仪器精度的重要环节。该系统还包括数显电气装置。

3）导轨　导轨是测量机实现三维运动的重要部件。三坐标测量机多采用滑动导轨、滚动轴承导轨和气浮导轨。而以气浮静压导轨为主要形式。气浮导轨主要由导轨体和气垫组成，还包括气源、稳压器、过滤器、气管、分流器等。

4）驱动装置　驱动装置是测量机的重要运动机构，可实现机动和程序控制伺服运动的功能。

5）平衡部件　平衡部件主要用于 Z 轴框架结构中。它的功能是平衡 Z 轴的重量，以使 Z 轴上下运动时无偏重干扰，使检测时 Z 向测力稳定。

（2）三维测头　三维测头是三维测量的传感器，它可在三个方向上感受瞄准信号和微小位移，以实现瞄准与测微两种功能。三坐标测量机的功能、工作效率、精度与测头密切相关。没有先进的测头，就无法发挥测量机的功能。测量机的测头主要有硬测头、电气测头、光学测头等。测头有接触式和非接触式之分。按输出的信号分，有用于发信号的触发式测头和用于扫描的瞄准式测头、测微式测头。此外，还有测头回转体等附件。

（3）电气系统

1）电气控制系统　电气控制系统是测量机的电气控制部分。它具有单轴与多轴联动控制、外围设备控制、通信控制和保护与逻辑控制等。

2）计算机及测量机软件　二坐标测量机可以配各种计算机。测量机软件包括控制软件与数据处理软件。具有统计分析、误差补偿和网络通信等功能。

3）打印与绘图装置　测量机测量结果的输出设备。可根据测量要求，打印出数据、表格、绘制图形。

三坐标测量机的主要要求是精度高、功能强、操作方便。三坐标测量机的精度与速度主要取决于机械结构、控制系统和测头，功能则主要取决于软件和测头，而操作方便与否与软件有很大关系。如果把整个三坐标测量机系统比作“人”的话，软件系统则是“人”的大脑。如果三坐标测量机的软件系统不强，即使机械、电控系统和测头系统再好，也只不过是“四肢发达，头脑简单”的“低能儿”。

三坐标测量机的基本测量原理是，首先将各种几何元素的测量转化为这些几何元素上一些点集坐标位置的测量，在测得这些点的坐标位置后，再由软件按一定的评定准则算出这些几何元素的尺寸、形状、相对位置等等。在计算机控制下，测量机可以按所要求的采样策略自动对这些点的坐标进行测量，并算出这些几何元素的参数值。这一建立在坐标测量基础上的工作原理，使三坐标测量机具有很大的通用性与柔性。从原理上说，它可以测量任何工件的任何几何元素的任何参数，因为测量机一律将它们转化为点集的坐标测量。只要适当改变控制软件，就可以采集不同点的坐标；只要适当变换数据处理软件，就可以按不同评定准则算出不同几何元素的各种参数值。

三坐标测量机测量工件区别于传统测量方法的主要特点是：测量空间大、精度高和通用性强、测量效率高。效率高来源于两个方面：一是三坐标测量机通常都具有数据自动处理程序；二是待测工件易于安装定位，不需要像传统仪器那样调整找正，费时费劲，而是通过测量软件系统对任意放置的待测工件建立工件坐标系，测量时由软件系统进行坐标变换，实现自动找正。

三坐标测量机主要是对点、线、面、圆、椭圆、圆柱、圆锥、球等基本几何元素及其形状、位置、相互关系等进行测量。同时还可对齿轮、螺纹、凸轮与凸轮轴、曲线、曲面等常见零件进行专用测量。有的测量机还有螺旋压缩器、汽车车身、翼片等专用测量功能。

三坐标测量机正在成为最重要的几何量测量工具之一。但与其他检测工具一样，只有正确地使用，充分发挥其优点，才能经济、快速、准确地得到测量结果。

三坐标测量机是综合了万能工具显微镜、平台测量技术和精密坐标镗床的技术和经验逐步发展起来的，特别是 20 世纪 70 年代以来随着电子技术和计算技术的发展，大容量电子计算机的引入，三坐标测量机已从结构、范围、功能、精度和效率等多方面迅速发展到目前的先进水平，越来越为人们所重视。

三坐标测量机具有 x、y、z 三个相互垂直移动的导轨，可测出空间范围内各点三个坐标的位置，根据各测点的空间坐标值进行数学运算，便可求出待测的几何尺寸和相互位置尺寸，如空间 A、B 两点（见图 H-4），若测得它们的坐标值分别为 A（x_1、y_1、z_1），B（x_2、y_2、z_2），则 A、B 两点的距离为

$$L = \sqrt{(x_1 - x_2)^2 + (y_1 - y_2)^2 + (z_1 - z_2)^2}$$

由于三个坐标方向都装有导向机构，位移的测量元件和读数装置，测量头在各测量点间移动由数字显示或计算机打印出来，故 A、B 两点坐标值的测量、数据处理均可自动进行。由两点推广到多点坐标值的测量，根据测量的目的即可实现点、线，面的高效率测量。

三坐标测量机由主机和联机计算机及其外部设备两大部分组成。主机是由机座、导轨、测量系统、测量头组成。联机计算机一般采用小型多功能通用计算机，也有采用小型专用计算机的。联机计算机的功能是：根据测量者的要求，按各种标准测量程序处理测得数据，输出处理结果，对于一批零件的测量，向计算机输入相应的测量程序，可实现计算机数字控制的测量（即所谓 CNC 控制）；控制打印机、显示器、绘图仪等外围设备。外围设备还含外部存储器，它是计算机的附属部分，扩大了计算机的存储容量，即能存储更多的测量程序及指令，以满足复杂零件测量要求。

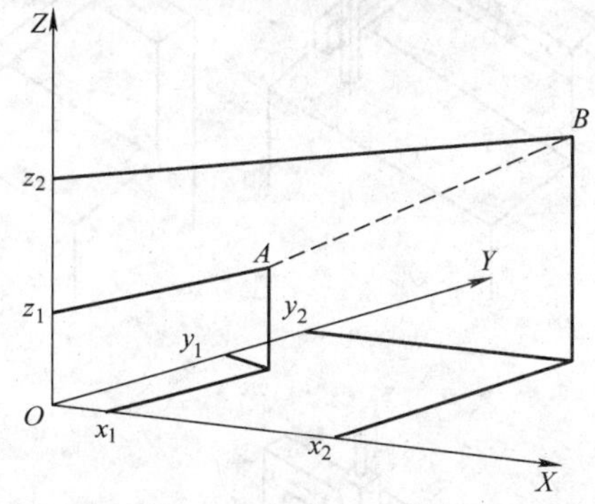

图 H-4 空间两点间距离的测量

三坐标测量机的布局类型如图 H-5 所示，其中图 a 为悬臂式 z 轴移动，特点是左右方向开阔，操作方便，但因 z 轴在悬臂 y 轴上移动，易引起 y 轴挠曲，使 y 轴的测量范围限制在 500mm 以内。图 b 为悬臂式 y 轴移动。特点是 z 轴固定在悬臂 y 轴上，随 y 轴一起前后移动，利于工件装卸，但悬臂在 y 轴方向移动，重心的变化较明显。图 c、图 d 为桥式，即以桥框为导向面，x 轴可沿 y 方向移动，结构刚性较好，适于大型测量机、桥框 x 轴的移动距离可至 10m。图 e、图 f 为龙门移动式和龙门固定式。当龙门或工作台移动时，装卸工件极方便，易操作，适于小型测量机，精度也较高。图 g、图 h 为在卧式镗床或坐标镗床的基础上发展起来的卧式镗沫式或坐标镗床式，精度较高，但结构复杂。

三坐标测量机主要用于测量诸如空间两圆柱面中心线间的最短距离，球体直径和球心坐标以及凸轮、叶片等复杂零件的几何尺寸和形状位置误差。有的三坐标测量机还具有加工的功能，可用于精密零件的划线、定中心；精密镗孔，磨制精度较高的样板、刻划光栅、线纹尺和集成线路的模板等。

三坐标测量机按其测量范围来说，大小不一，规格品种很多。各测量机生产厂家一般都按自己的系列生产，例如意大利 DEA 公司生产的测量机规格品种相当齐全，从小到大分为 IOTA，GAMMA，SIGMA，BETA，DELTA，ALPHA 和 LAMBDA 等几种系列，每个系列又细分为若干不同的规格，因而共有几十种产品。

三坐标测量机按其精度来说可以分为两大类；一类是精密型万能测量机（UMM），一般放在有恒温条件的计量室内，用于精密测量，分辨率为 0.5μm，1μm 或 2μm，也有达到

0.2μm 或 0.1μm 的，另一类是生产型测量机（CMM），一般放在生产车间，用于生产过程的检测，并可进行末道工序的精加工，分辨率为 5μm 或 10μm，小型生产测量机也有 1μm 或 2μm 的。

三坐标测量机按其技术水平大致可以分为三种：较低水平的是手动或机动测量，数显或打印输出测量数据，测量结果需要人工处理；目前应用较多的是略高一级的，测量仍为手动或机动，但用电子计算机处理测量数据。例如可以进行自动校正计算、差值计算、超差计算、直角坐标与极坐标的转换、内孔、外圆及其中心坐标计算、孔间距尺寸计算、圆弧半径计算等。第三种是由程序控制的自动测量，也就是与加工中心对应的自动程序测量。

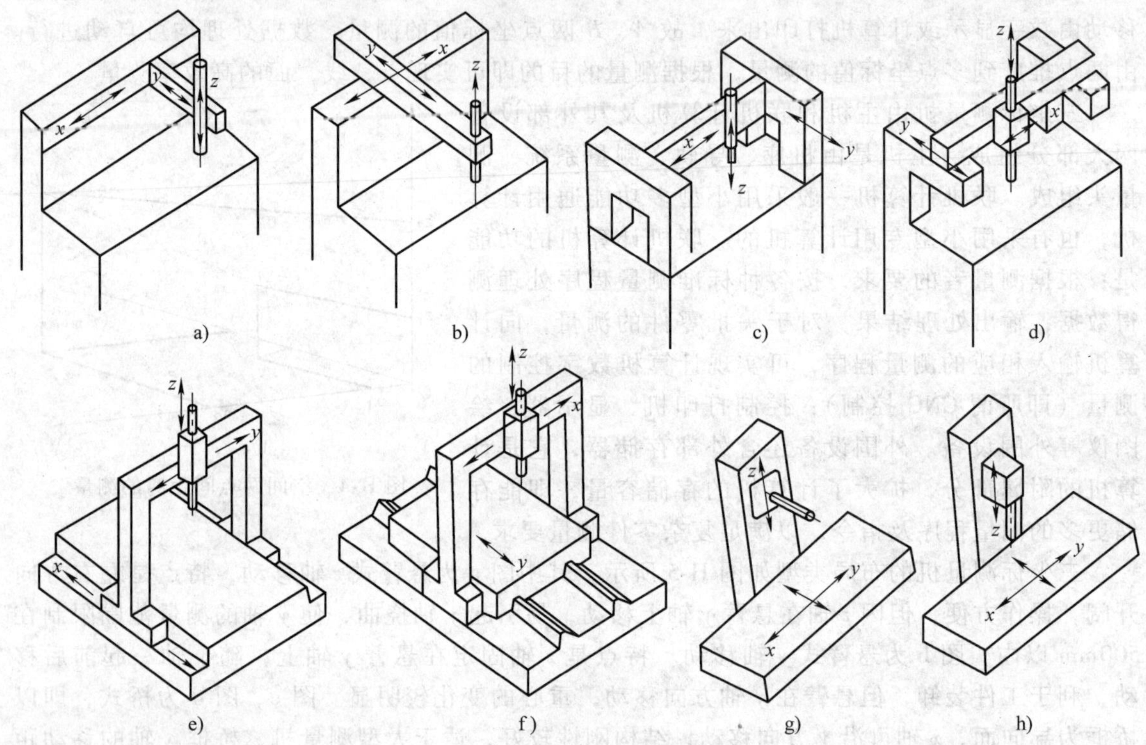

图 H-5　三坐标测量机布局类型

附录 I　CCD 应用简介

1. CCD 的基本工作原理

CCD（Charge Couple Device）电荷耦合器件是一种空间阵列光电转换传感器件，20 世纪 70 年代中期由美国贝尔实验室发明，我国 80 年代初也研制成功了表面沟道的一维 CCD 器件，并在科研和国防中得到应用。

CCD 的突出特点是以电荷作为信号，而其他大多数光电器件是以电流或者电压为信号。CCD 的基本功能是信号电荷的产生、存储、传输和检测。CCD 的基本结构非常简单，如图 I-1 所示，它由半导体硅片上紧密排列的 MOS 电容器阵列或 PN 光敏二极管阵列构成。

（1）CCD 光电荷的产生

$$Q_{IP} = \eta q \Delta n_{eo} A T_C \tag{I-1}$$

式中，η 为材料的量子效率；q 为电子电荷量，Δn_{eo} 为入射光的光子流速率；A 为光敏单元的受光面积；T_C 为光注入时间。

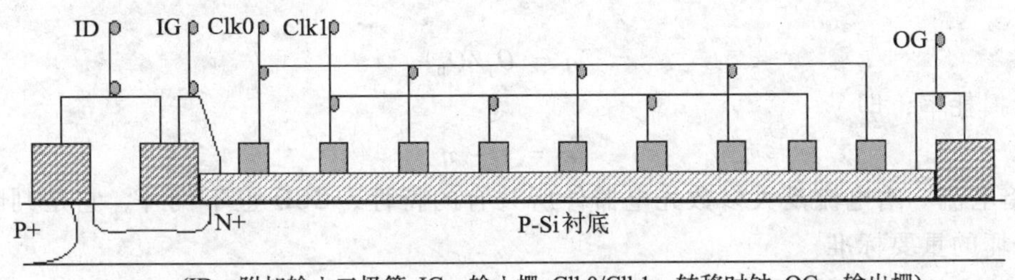

图 I-1　CCD 基本结构

（2）CCD 电荷包的产生和转移　CCD 中电荷包的转移是由各极板下面的势阱不对称和势阱耦合引起的，它的电荷转移过程就像一排水杯，从第一个水杯开始将一杯水挨个倒到下一个杯中，一直将这杯水从最后一个杯中倒出，见图 I-2 中的（1）～（6）。当完成对光敏元阵列的扫描后，CCD 将光电荷从光敏区域转移至屏蔽存储区域。然后，光电荷被按顺序转移至读出寄存器。CCD 器件按像元空间分布分为一维（线阵）和二维（面阵）两种形式。线阵 CCD 按照电荷转移结构不同分成单沟道线阵 CCD 和双沟道线阵 CCD。单沟道线阵 CCD 转移次数多、效率低、调制传递函数 MTF 较差，只适用于像敏单元较少的成像器件。双沟道线阵 CCD 转移次数少一半，它的总转移效率大大提高，故一般高于 256 位的线阵 CCD 都为双沟道的。线阵 CCD 还有一种形式为 TDI 器件，TDI（Time Delay and Integration）是一种时间延迟积分扫描方式，是基于对同一物体的多次曝光累加的概念发展的。TDI CCD 比常规扫描方式具有更高的灵敏度和信噪比。在面阵列 CCD 中，根据转移方式和成像结构的不同又分为：全帧转移 CCD、帧转移 CCD、行间转移（内线转移）CCD 和帧行间转移 CCD。

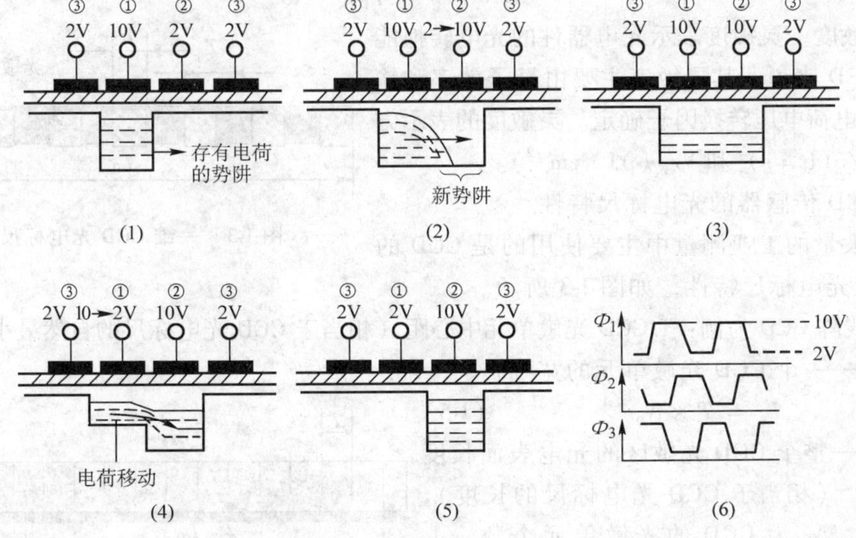

图 I-2　CCD 电荷转移原理

（3）CCD 的特性参数

1）转移效率与损耗率　电荷包从一个势阱向另一个势阱中转移，不是立即的和全部的，而是有一个过程。为了描述电荷包转移的不完全性，引入转移效率的概念。在一定的时钟脉冲驱动下，设电荷包的原电量为 Q_0，转移到下一个势阱时电荷包的电量为 Q_1，则转移效率 η 定义为

$$\eta = Q_1/Q_0 \tag{I-2}$$

用 ε 表示损耗率，即

$$\varepsilon = 1 - \eta \tag{I-3}$$

2）暗电流　暗电流是大多数光电器件所共有的特性，CCD 也不例外，它是判断一个光电器件好坏的重要标准。

产生暗电流的主要原因有：耗尽的硅衬底中电子自价带至导带的本征跃迁，少数载流子在中性体内的扩散，$Si\text{-}SiO_2$ 界面引起的暗电流。

3）光谱响应　CCD 的光谱响应是指 CCD 对于不同波长光线的响应能力。可见光 CCD 灵敏范围为 0.4～1.15μm，但光谱特性曲线不象单个硅光敏二极管那么锐利，峰值波长为 0.65～0.9μm。

4）动态范围　CCD 传感器的动态范围由满阱容量（“Full-well” capacity）和噪声之比决定，它反映了器件的工作范围。

CCD 的满阱容量是指单个 CCD 势阱中可容纳的最大信号电荷量。它取决于 CCD 的电极面积、器件结构、时钟驱动方式及驱动脉冲电压的幅度等因素。

在 CCD 中有以下几种噪声源：由于电荷注入器件时由电荷量的起伏引起的噪声；电荷转移过程中，电荷量的变化引起的噪声；检测电荷时，对检测二极管进行复位时所产生的检测噪声等。

动态范围的数值可以用输出端的信号峰值电压与方均根噪声电压之比表示，单位为 dB，也可直接用 CCD 器件的饱和输出值 V_{Sat} 与暗电压 V_{DAK} 之比方便的表示：

$$DR = V_{Sat}/V_{DAK} \tag{I-4}$$

5）灵敏度　灵敏度表示光电器件的光电转换能力　对于 CCD 来说，其灵敏度主要由量子效率和输出放大器的电荷电压转换因子确定。灵敏度的表示方法一般有 V/（lx·s）和 V/（μJ·cm^{-2}）。

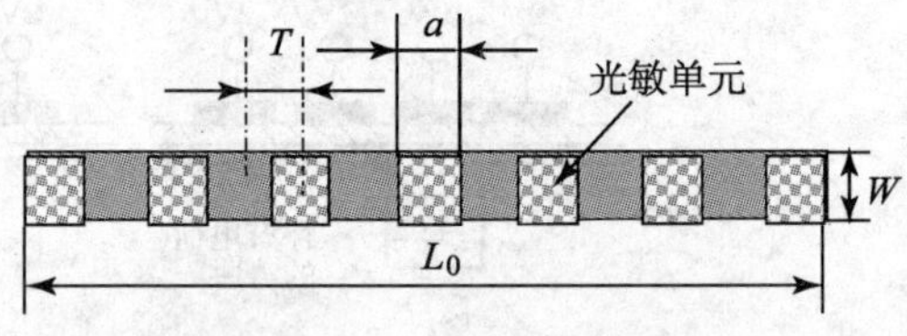

图 I-3　一维 CCD 光电标尺特性

（4）CCD 传感器的光电标尺特性

1）在大量的工业测量中主要使用的是 CCD 的一维和二维光电标尺特性，如图 I-3 所示。

2）以线阵 CCD 为例：T-CCD 光敏单元中心距（相当于 CCD 光电标尺的自然最小分度值）。

a/W——一个 CCD 光敏单元的宽/高。

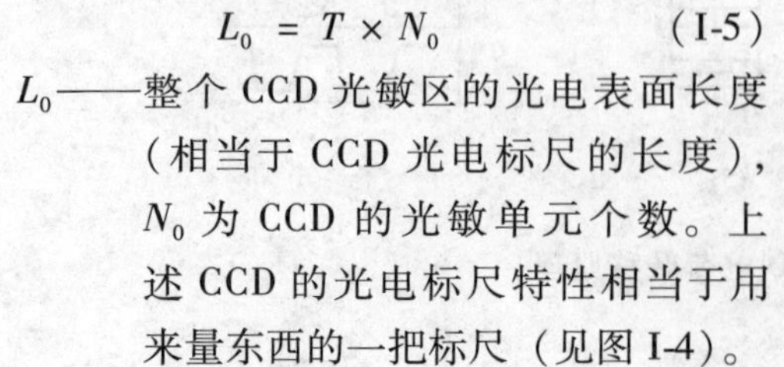

$$L_0 = T \times N_0 \tag{I-5}$$

L_0——整个 CCD 光敏区的光电表面长度（相当于 CCD 光电标尺的长度），N_0 为 CCD 的光敏单元个数。上述 CCD 的光电标尺特性相当于用来量东西的一把标尺（见图 I-4）。

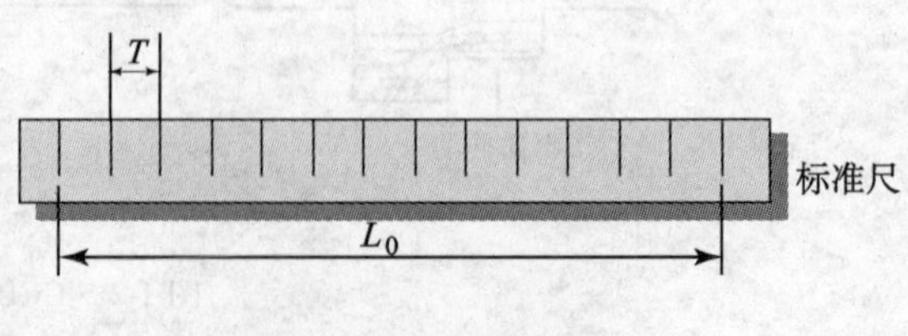

图 I-4　通常的标尺

2. 如何组成一个好的光电测量系统

一个好的成像光电测量系统从技术角度讲取决于三个重要因素：光学系统、照明和阵列式光电传感器。

（1）光学系统　选择一个好的和适合于成像测量的光学系统需要考虑和遵守如下原则：

1）光学镜头的 *F*#数（或 NA）　因为它决定一个成像镜头的光聚集能力（强度）、景深、分辨率和失调大小，所以应该综合地考虑和选择成像镜头的 *F*#数，不要只考虑改善不良的照明和提高传感器的照度。

2）光学镜头的弥散环（Blur Circle）　任何光学成像镜头都有弥散环，应该使镜头的弥散与 CCD 的像元间距 *T* 匹配。弥散环等于 CCD 的一个像元间距 *T* 较好，而小于 CCD 的一个像元间距 *T* 更好，但镜头的成本会很高。

3）匹配传感器尺寸　光学成像镜头所成的像面大小一定要与所使用的 CCD 传感器的接收面尺度匹配，如果是二维面阵 CCD 传感器，则镜头的成像面直径要大于 CCD 传感器的对角线长度。

4）除非必需，否则应避免在成像测量应用中选择和使用变焦镜头，因为变焦镜头像不稳定、需要调整、价格贵和图像质量相对较差等。

（2）照明　关于照明的重要参数有强度、方向、光谱、均匀和稳定不变。选择一个好的和适合于成像测量的照明方案需要考虑和遵守如下原则：

1）过弱的照明强度将降低或破坏 CCD 测量系统的功能。

2）通过增加照明来增强传感器接收的被测光信号是采用照明的主要目的。

3）好的照明可以改善测量系统的光信号质量和降低噪声，即降低光信号的噪声也是照明的一项主要工作。

4）对于照明来说，只是来自被测场景和完全进入镜头入瞳的照明才是有用的照明，因此应该考虑照明的效率。

5）进入镜头入瞳而不是来自于被测场景的照明光属于漂移杂散光，它会降低被测场景成像的质量，因此应该避免。

6）来自被测场景任一点的光必须充满镜头的整个入瞳，否则测量系统的真正 *F*#数就会大大降低，使照明效果也大大降低。

7）采用照明光源的光谱必须与成像镜头和 CCD 传感器的光谱响应区域匹配。

8）照明光的均匀性直接影响空间成像光信号的大小，非均匀照明光将对被测视场产生附加的空间光强调制，影响测量光信号的精度。

9）照明的稳定性直接影响成像测量系统的可靠性。

（3）阵列式传感器　阵列式光电传感器 CCD 的选用需要考虑如下技术参数：像面尺寸、像元数、像元间距、一维还是二维阵列、帧率、动态范围、灵敏度、响应光谱。

1）CCD 的像面尺寸应与成像镜头匹配。

2）像元数越多，传感器的分辨力越高，对于同样大小的被测视场可以获得更好的图像清晰度。

3）传感器的像元间距是 CCD 传感器的绝对空间分辨率，它与像元数共同影响传感器的像面尺寸。通常越小的 CCD 像元间距具有更小的白噪声和热噪声，但光电灵敏度相对较低和相对较长的响应时间。它应与光学系统的分辨率和弥散环相匹配。

4）一维线扫描 CCD 比二维阵列 CCD 具有更快的探测帧率和更高的数据处理效率，同时也可在一维方向获得相对更高的分辨率和更低的价格。除非在必须使用二维阵列 CCD 的应用场合，否则应优先选择一维线扫描 CCD 传感器。

5）所有的应用对 CCD 传感器的动态范围和灵敏度都有要求，但在更依赖自然照明的应用场合，对 CCD 传感器的动态范围有更高的要求；而高灵敏度更适合于微弱光信号探测和微小像空间尺度的测量。

6）对于高速移动的被测对象，选用高速 CCD 传感器工作在低速帧率段比选用低速 CCD 传感器使其工作在高速帧率段更有利。

7）CCD 传感器的光谱响应必须与照明光源和光学成像镜头匹配，必须使被测光信号的谱段处在 CCD 传感器响应光谱峰值区域的有效范围内。

总之，在一个好的光电成像测量系统中，成像镜头应该与光电传感器和被测视场匹配，照明光源应该与光学成像镜头和被测对象匹配。

3. 典型成像测量光路（见图 I-5）

与前景照明成像测量相关的成像光路有：常用摄像物镜、近摄物镜、远摄物镜、远心物镜、远距物镜、反远距物镜和畸变物镜等。

在测量系统中，物距常发生变化，从而使像高发生变化，所以测得的物体尺寸也发生变化，即产生了测量误差。即使物距是固定的，也会因为 CCD 敏感表面不易精确调整在像平面上，同样会产生测量误差。采用物方远心光路可以消除物距变化带来的影响。

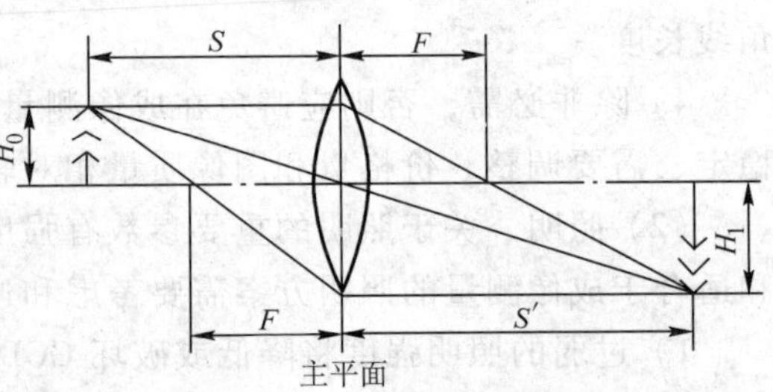

图 I-5　透镜成像原理

物方远心光路是将孔径光阑放置在光学系统的像方焦平面上。像方远心光路是将孔径光阑放置在光学系统的物方焦平面上，而像方的主光线平行于光轴。

（1）有关透镜成像原理的实用公式

$$\beta = \frac{H_1}{H_0} = \frac{S'}{S} \tag{I-6}$$

$$\frac{1}{f} = \frac{1}{S'} + \frac{1}{S} \tag{I-7}$$

$$f = \frac{S\beta}{(1+\beta)} \tag{I-8}$$

$$S = \frac{f(1+\beta)}{\beta} \tag{I-9}$$

（2）成像透镜的 $F\#$

$$F\# = f/D_{\text{Lens}}$$

$$F\#_{\text{EFF}} = F\#(1+\beta) \tag{I-10}$$

成像镜头的 $F\#$数（或 NA）决定一个成像镜头的光聚集能力（强度）、景深、分辨率和成像畸变大小（见图 I-6）。其中

1）光聚集能力

$$I \propto 1/F\#^2 \tag{I-11}$$

2）景深 DOF

$$DOF = f^2 S\left[\frac{1}{f^2 - F\#R(S-f)} - \frac{1}{f^2 + F\#R(S-f)}\right] \tag{I-12}$$

3）分辨率（衍射极限）R

$$R = 1.22\lambda F\#(1+\beta) \tag{I-13}$$

4）成像畸变：场曲、球差、色差、畸变、像散。

（3）物方远心成像光路　关于光学透镜的选择和透镜的一般成像公式已有很多书籍介绍，在此不再重复，有关内容请参考有关书籍。下面介绍利用物方远心光路的远心测量光路（Telecentre Optical Lens）。

一般远心光路可分为物方远心光路和像方远心光路两种。在物方远心光路中，孔径光阑设在物镜的像方焦平面上，光阑也是出射光瞳，如图 I-7 所示，入射光瞳位于物方无限远处。

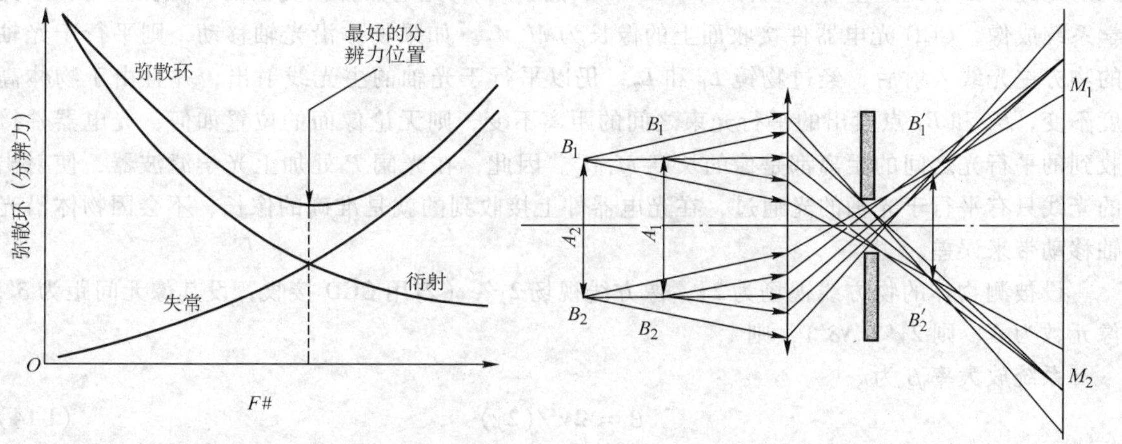

图 I-6　不考虑景深和曝光时对 F#的综合考虑　　图 I-7　物方远心光路

平行于光轴的物方主光线经物镜射出后都通过光阑中心所在的像方焦点。如果物体 B_1（或 B_2）正确地位于 CCD 光电器件接收面 M_1 与 M_2 的共轭位置 A_1 处，则 CCD 光电器件上像的长度为 M_1M_2。如果物体沿光轴移动到 A_2 处，则像面 $B_1'B_2'$ 与光电器件接收面不重合，而在光电器件上得到的是 B_1'和 B_2'点的投影像，为一弥散斑，但物体上同一点发出光束的主光线不随物体位置的移动而变化，CCD 光电器件接收面上的弥散斑中心仍是 M_1 和 M_2 点，这就是物方远心成像光路比其他成像光路更适合用于测量的原因。

但是在实际观察时很难准确找到 M_1 和 M_2 点，因此会给测量带来误差。像方远心光路也是如此。

随着精密光电测试技术和相关检测技术的发展，特别是当被测物体是运动时，位置实时变化，上述通常的远心光路也会给测量带来不可接受的误差。物像远心成像光学系统，可以很好地克服被测物体影像虚焦而产生的测量误差，提高测量精度，如图 I-8 所示。

该系统由物镜 L_1 和 L_2 组成，L_1 的像方焦点与 L_2 的物方焦点重合，光学间隔为 0，因此平行光射入物镜 L_1 后，仍以平行光从 L_2 射出。光阑 P 设在两个物镜的公共焦点 F 处，并且

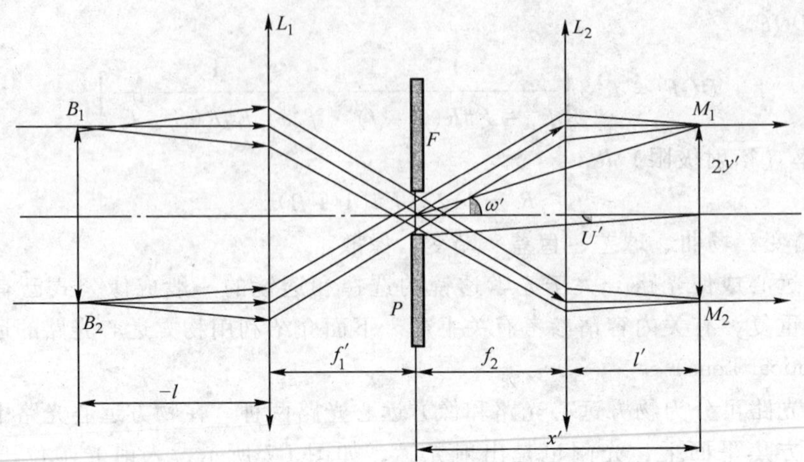

图 I-8 物像远心光路

入射光瞳与出射光瞳重合。物体 B_1（或 B_2）位于 CCD 光电器件接受面的共轭位置时，经光学系统成像，CCD 光电器件接收面上的像长为 M_1M_2。如果物体沿光轴移动，则平行于光轴的物方主光线入射后，经过物镜 L_1 和 L_2，仍以平行于光轴的主光线射出，并且由于物体高度不变，B_1 和 B_2 点发出的平行光束之间的距离不变，则无论像面的位置如何，光电器件接收到的平行光之间的距离都是像的长度 M_1M_2。因此，在光阑 P 处加上光学滤波器，使射出的光线只有平行于光轴的光通过，在光电器件上接收到的就是准确的像长，不会因物体沿光轴移动带来误差。

设被测物体的物方线视场为 $2y$，像方线视场 $2y'$，（若用 CCD 接收，设其像元间距为 δ'，像元数为 N，则 $2y'=N\delta'$），则

系统放大率 β 为

$$\beta = 2y'/(2y) \tag{I-14}$$

物镜的数值孔径 NA：由物镜的分辨力 δ 可以确定

$$NA = 0.5\lambda/\delta \tag{I-15}$$

并且由式 $NA=n\sin U$ 和 $n\delta\sin U=n'\delta'\sin U'$ 分别求出物方孔径角 U 和像方孔径角 U' 的值。式中 n 和 n' 分别表示物方和像方介质的折射率，δ' 为 CCD 光电器件的分辨力。

视场角 $2\omega'$：

$$\tan\omega' = y'/x' \tag{I-16}$$

式中，$x'=l'+f_2$ 为 CCD 光电器件接收面到共轭焦点 F 的距离。

光阑 P 的直径 D：

$$D = 2x'\tan U' = 2(l'+f_2)\tan U' \tag{I-17}$$

这种物像远心成像光学系统与一般远心光学系统相比，视角和放大率在视场各点恒定，减少了因物体沿光轴移动而带来的测量误差，从而提高了成像精度。

将物和像两个远心光路组合在一起，一个等效的光学系统如图 I-9 所示。在等效系统的像方焦点处设置光阑，同时也是出瞳，设光阑直径为 D。当物体放在与光电器件接收面共轭的平面时（物距为 l），测得准确的像长。若物体沿光轴移动 Δl，则成像位置与 CCD 光电器件接收面不重合，在 CCD 光电器件上接收到的为弥散斑，而弥散斑中心距离为像长。由于

主光线不变，弥散斑中心也是不变的，只是由于弥散斑会造成读数误差，应控制它的大小，以提高精度。

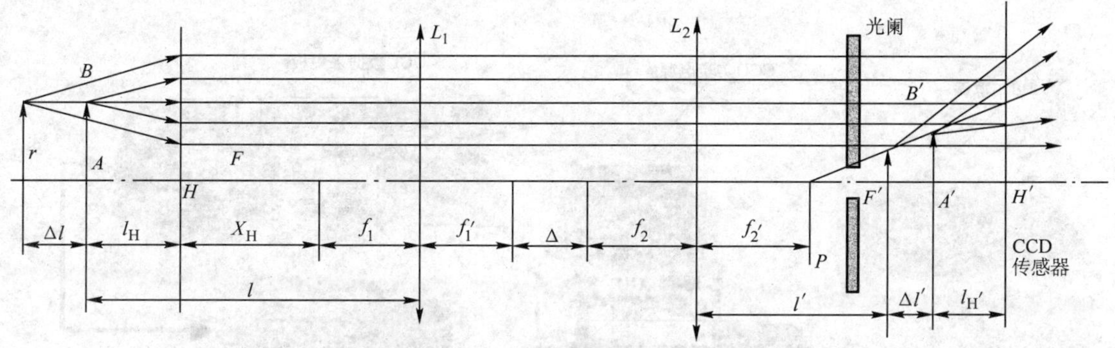

图 I-9　具有 Δ 调整误差的实际物像远心光路

设弥散斑半径为 r，通过等效光学系统计算可得

$$r = \frac{D|\Delta l|}{[2(l_H - f)]} \tag{I-18}$$

对一般物方远心光路来说：

$$r_1 = \frac{D|\Delta l|}{[2(l - f_1)]} \tag{I-19}$$

而对上述物像远心成像组合光路：

$$\begin{cases} l_H = l - f_1 - X_H \\ X_H = f_1(f_1' - f_2)/\Delta \\ f = f_1'f_2'/\Delta \end{cases} \tag{I-20}$$

可以解得：

$$r_2 = D|\Delta l|/[2(l - f_1 - f_1f_2'/\Delta)] \tag{I-21}$$

比较式（I-19）、式（I-21）两式可以看出，Δ 越小，r_2 越小，r_2/r_1 也越小。

而当 Δ=0 时，恰好是我们所讨论的理想物像远心光学系统，此时 r_2 近似为 0。因此由物体沿光轴移动在像高产生的测量误差比一般远心光路要小得多。当将光阑设在等效系统的物方焦点时，与像方远心光路比较也可得此结论。

物像远心成像光路是阵列式光电测量系统的较理想的光路形式。它可以很好地解决动态在线测量问题，因为在这种测量问题中，被测对象往往是运动的，相对于视觉检测系统的光轴方向存在实时的移动。另一方面，被测对象的各个几何要素往往不在同一测量平面内，这对通常的成像系统来说，不同测量面光学放大率不同，因此会带来较大的离焦像差，给测量带来无法接受的测量误差。物像远心成像光路可以获得视角和放大率在视场各点恒定的光学特性，它特别适合于利用背景平行光照明的应用环境，这也是本设计实验所依据的测量光路设计原理。

4. XDOCU_CCD 教学实验系统

图 I-10 所示为 CCD 教学实验系统，它由 1m 光学导轨组件、背景照明光源、前景环形照明光源、万物载物台架、50mm 光学镜头、CCD 及照明调整实验电源、线扫描 CCD 传感器板、线扫描 CCD 高速数据采集板及数据处理软件组成。另外本实验中可以配合 40MHz 以上频率的双通道示波器，以便于对 CCD 实验系统的前端电路信号进行观察和测量。

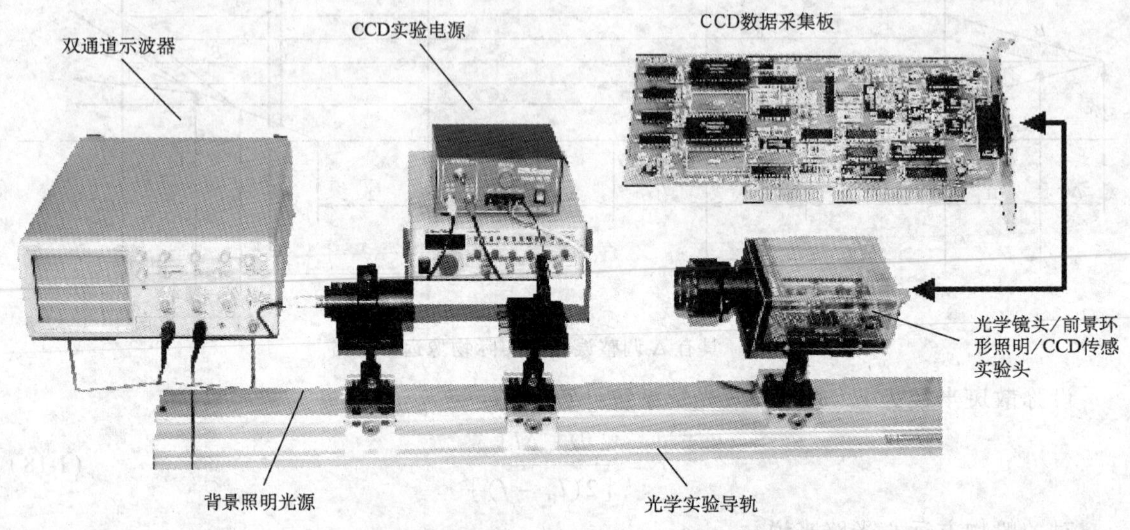

图 I-10　XDOCU_CCD 教学实验系统

(1) 光学实验导轨　调整实验装置有：1m 长铝合金光学导轨，上面有 XYZ 三维可调整光具架及载物台三个，可以分别独立实现 XYZ 三方向位置调整，用于装卡背景照明光源、承载实验测试物体、装卡 CCD 传感器实验头，在必要部位的禁锢装置用于保证位置的稳定性。

(2) 背景光实验照明系统及光学镜头　背景照明光源采用红色 LED 的近似平行光照明方式，可以通过 CCD 实验电源进行照明强度连续调整。光学实验镜头采用多片组合 50mm 焦距镜头，焦距和光圈可调。

(3) 线扫描 CCD 传感器实验板　CCD 传感器件适配器头可以自由插拔，以便适合于不同型号和分辨率的 CCD 传感器件。

1) 可以独立使用进行 CCD 工作原理实验。具有信号测试引出端，可以进行所有驱动时钟时序和 CCD 输出信号的测试。

2) 驱动时钟根据 CCD 的不同分成片内和片外两种驱动，分别具有对应的驱动时钟测试端。

3) 实验板的设计是按 CCD 驱动电路的功能模块分区布局的，有时序生成、边缘定位、功率驱动、滤波、增益等电路模块，在实验中便于对电路的理解。

4) 实验板具有电源保护，可有效防止接错电源或外接电源损坏对实验板的损坏。

5) CCD 的时钟工作状态可以进行大范围的调整。

(4) 线扫描 CCD 高速数据采集板及数据处理软件

1) 实验系统的数据采集板可与 CCD 传感器实验板配合使用，实现 CCD 传感及数据采集。

2）分辨力：8bit（12bit）。

3）连续采集速度为3Mbit/s。

4）同步方式采用由PC计算机起动、停止和复位。由CCD的CLKO和SH实现外同步。

5）控制方式采用二级外触发及数据查询方式。

6）使用的CCD实验数据处理软件包括以下两部分：

① CCD数字示波器软件：可以动态实时观察CCD信号波形，并可进行各种数据处理。

② CCD信号采集与处理仿真软件：可以采集CCD数据，并进行各种数字滤波、微分、边缘提取、定位峰值、像元细分及曲线拟合、标定及测量演示。